普通高等教育"十五"国家级规划教材

过程装备制造与检测

邹广华　刘　强　编著
龙占云　审

化学工业出版社

教材出版中心

·北　京·

图书在版编目(CIP)数据

过程装备制造与检测/邹广华,刘强编著 . —北京:
化学工业出版社,2003.7(2023.8重印)
普通高等教育"十五"国家级规划教材
ISBN 978-7-5025-4576-5

Ⅰ.过… Ⅱ.①邹…②刘… Ⅲ.①化工过程-化
工设备-制造-高等学校-教材②化工过程-化工设备-
检测-高等学校-教材 Ⅳ.TQ051

中国版本图书馆 CIP 数据核字(2003)第 025979 号

责任编辑:程树珍 文字编辑:张燕文
责任校对:郑 捷 装帧设计:将艳君

出版发行:化学工业出版社 教材出版中心(北京市东城区青年湖南街 13 号 邮政编码 100011)
印 装:北京七彩京通数码快印有限公司
787mm×960mm 1/16 印张 22¼ 字数 408 千字 2023 年 8 月北京第 1 版第 20 次印刷

购书咨询:010-64518888 售后服务:010-6451 899
网 址:http://www.cip.com.cn

定 价:48.00 元 版权所有 违者必究

过程装备与控制工程学科的研究方向、趋势和前沿

代　序

人类的主要特点是能制造工具，富兰克林曾把人定义为制造工具的动物。通过制造和使用工具，人把自然物变成他的活动器官，从而延伸了他的肢体和感官。人们制造和使用工具，有目的、有计划地改造自然、变革自然，才有了名符其实的生产劳动。

现代人越来越依赖高度机械化、自动化和智能化的产业来创造财富，因此必然要创造出现代化的工业装备和控制系统来满足生产的需要。流程工业是加工制造流程性材料产品的现代国民经济支柱产业之一，必然要求越来越高度机械化、自动化和智能化的过程装备与控制工程。如果说制造工具是原始人与动物区别的最主要标志，那么就可以说，现代过程装备与控制系统是现代人类文明的最主要标志。

工程是人类将现有状态改造成所需状态的实践活动，而工程科学是关于工程实践的科学基础。现代工程科学是自然科学和工程技术的桥梁。工程科学具有宽广的研究领域和学科分支，如机械工程科学、化学工程科学、材料工程科学、信息工程科学、控制工程科学、能源工程科学、冶金工程科学、建筑与土木工程科学、水利工程科学、采矿工程科学和电子/电气工程科学等。

现代过程装备与控制工程是工程科学的一个分支，严格地讲它并不能完全归属于上述任何一个研究领域或学科。它是机械、化学、电、能源、信息、材料工程乃至医学、系统学等学科的交叉学科，是在多个大学科发展的基础上交叉、融合而出现的新兴学科分支，也是生产需求牵引、工程科技发展的必然产物。显而易见，过程装备与控制工程学科具有强大的生命力和广阔的发展前景。

学科交叉、融合和用信息化改造传统的"化工设备与机械"学科产生了过程装备与控制工程学科。化工设备与机械专业是在建国初期向前苏联学习，在我国几所高校首先设立后发展起来的，半个世纪以来，毕业生几乎一直供不应求，为我国社会主义建设输送了大批优秀工程科技人才。1998年3月教育部应上届教学指导委员会建议正式批准建立了"过程装备与控制工程"学科。这一学科在美欧等国家本科和研究生专业目录上是没有的，在我国已有60多所高校开设这一专业，是适合我国国情，具有中国特色的一门新兴交叉学科。其主要特点如下。

（1）过程装备　与生产工艺即加工流程性材料紧密结合，有其独特的过程单元设备和工程技术，如混合工程、反应工程、分离工程及其设备等，与一般机械设备完全不同，有其独特之处。

（2）控制工程　对过程装备及其系统的状态和工况进行监测、控制，以确保生产工艺有序稳定运行，提高过程装备的可靠度和功能可利用度。

（3）过程装备与控制工程　是指机、电、仪一体化连续的复杂系统，它需要长周期稳定运行；并且系统中的各组成部分（机泵、过程单元设备、管道、阀、监测仪表、计算机

系统等）均互相关联、互相作用和互相制约，任何一点发生故障都会影响整个系统；又由于加工的过程材料有些易燃易爆、有毒或是加工要在高温、高压下进行，系统的安全可靠性十分重要。

过程装备与控制工程的上述特点就决定了其学科研究的领域十分宽广，一是要以机电工程为主干与工艺过程密切结合，创新单元工艺装备；二是与信息技术和知识工程密切结合，实现智能监控和机电一体化；三是不仅研究单一的设备和机器，而且更主要的是要研究与过程生产融为一体的机、电、仪连续复杂系统，在工程上就是要设计建造过程工业大型成套装备。因此，要密切关注其他学科的新的发展动向，博采众长、集成创新，把诸多学科最新研究成果之他山之石为我所用；同时要以现代系统论（Systemics）和耗散结构理论为指导，研究本学科过程装备与控制工程复杂系统独特的工程理论，不断创新和发展过程装备与控制工程学科是我们的重要研究方向。

我国科技部和国家自然科学基金委员会在本世纪初发表了《中国基础学科发展报告》，其中分析了世界工程科学研究的发展趋势和前沿，这也为过程装备与控制工程学科的发展指明了方向，值得借鉴和参考。

（1）全生命周期的设计/制造正成为研究的重要发展趋势。由过去单纯考虑正常使用的设计，前后延伸到考虑建造、生产、使用、维修、废弃、回收和再利用在内的全生命周期的综合决策。

过程装备的监测与诊断工程、绿色再制造工程和装备的全寿命周期费用分析、安全和风险评估等正在流程工业开始得到应用。工程科技界已开始移植和借鉴现代医学与疾病做斗争的理论和方法，去研究过程装备故障自愈调控（Fault Self-recovering Regulation），探讨装备医工程（Plant Medical Engineering）理论。

（2）工程科学的研究尺度向两极延伸。过程装备的大型化是多年发展方向，近年来又有向小型化集成化的趋势。

（3）广泛的学科交叉、融合，推动了工程科学不断深入、不断精细化，同时也提出了更高的前沿科学问题，尤其是计算机科学和信息技术的发展冲击着每个工程科学领域，影响着学科的基础格局。过程装备与控制工程学科的发展也必须依靠学科交叉和信息化，改变传统的生产观念和生产模式，过程装备复杂系统的监控一体化和数字化是发展的必然趋势。

（4）产品的个性化、多样化和标准化已经成为工程领域竞争力的标志，要求产品更精细、灵巧并满足特殊的功能要求。产品创新和功能扩展/强化是工程科学研究的首要目标，柔性制造和快速重组技术在大流程工业中也得到了重视。

（5）先进工艺技术得到前所未有的广泛重视，如精密、高效、短流程、敏捷制造、虚拟制造等先进制造技术对机械、冶金、化工、石油等制造工业产生了重要影响。

（6）可持续发展的战略思想渗透到工程科学的多个方面，表现了人类社会与自然相协调的发展趋势。制造工业和大型工程建设都面临着有限资源和破坏环境等迫切需要解决的难题，从源头控制污染的绿色设计和制造系统为今后发展的主要趋势之一。

众所周知，过程工业是国民经济的支柱产业；是发展经济提高我国国际竞争力的不可缺少的基础；过程工业是提高人民生活水平的基础；过程工业是保障国家安全、打赢现代战争的重要支撑，没有过程工业就没有强大的国防；过程工业是实现经济、社会发展与自然相协调从而实现可持续发展的重要基础和手段。因而，过程装备与控制工程在发展国民经济的重要地位是显而易见的。

新中国成立以来，特别是改革开放以来，中国的制造业得到蓬勃发展。中国的制造业和装备制造业的工业增加值已居世界第四位，仅次于美国、日本和德国。但中国制造业的劳动生产率远低于发达国家，约为美国的 5.76%、日本的 5.35%、德国的 7.32%。其中最主要原因是技术创新能力十分薄弱，基本上停留在仿制，实现国产化的低层次阶段。从 20 世纪 70 年代末，中国大规模、全方位地引进国外技术和进口国外设备，但没做好引进技术装备的消化、吸收和创新，没有同时加快装备制造业的发展，因此，步入引进——落后——再引进的怪圈。以石油化工设备为例，20 年来，化肥生产企业先后共引进 31 套合成氨装置、26 套尿素装置、47 套磷复肥装置，总计耗资 48 亿美元；乙烯生产企业先后引进 18 套乙烯装置，总计耗资 200 亿美元。因此，要振兴我国的装备制造业，必须变"国际引进型"为"自主集成创新型"，这是历史赋予我们过程装备与控制工程教育和科技工作者的历史重任。过程装备与控制工程学科的发展不仅仅要发表 EI、SCI 文章，而且要十分重视发明专利和标准，也要重视工程实践，实现产、学、研相结合。这样才能为结束我国过程装备"出不去，挡不住"的局面做出应有的贡献。

过程装备与控制工程是应用科学和工程技术，这一学科的发展会立竿见影，直接促进国民经济的发展。过程装备的现代化也会促进机械工程、材料工程、热能动力工程、化学工程、电子/电气工程、信息工程等工程技术的发展。我们不能只看到过程装备与控制工程是一个新兴的学科，是博采诸多自然科学学科的成果而综合集成的一项工程科学技术，而忽略了反过来的一面，一个反馈作用，也就是过程装备与控制工程学科也应对自然科学的发展做出应有的贡献。

实际上，早在 18 世纪末期，自然科学的研究就超出了自然界，从而包括了整个世界，即自然界和人工自然物。过程装备与控制工程属人工自然物，它也理所当然是自然科学研究的对象之一。工程科学能把过程装备与控制工程在工程实践中的宝贵经验和初步理论精练成具有普遍意义的规律，这些工程科学的规律就可能含有自然科学里现在没有的东西。所以对工程科学研究的成果即工程理论加以分析，再加以提高就可能成为自然科学的一部分。钱学森先生曾提出："工程控制论的内容就是完全从实际自动控制技术总结出来的，没有设计和运用控制系统的经验，绝不会有工程控制论。也可以说工程控制论在自然科学中是没有它的祖先的。"因此对现代过程装备与工程的研究也有可能创造出新的工程理论，为自然科学的发展做出贡献。

过程装备与控制工程学科的发展历史地落在我们这一代人的肩上，任重道远。我们深信，经过一代又一代人的努力奋斗，过程装备与控制工程这一新兴学科一定会兴旺发达，不但会为国民经济的发展建功立业，而且会为自然科学的发展做出应有的贡献。

高质量的精品教材是培养高素质人才的重要基础，因此编写面向 21 世纪的迫切需要的过程装备与控制工程"十五"规划教材，是学科建设的重要内容。遵照教育部《关于"十五"期间普通高等教育教材建设与改革的意见》，以邓小平理论为指导，全面贯彻国家的教育方针和科教兴国战略，面向现代化、面向世界、面向未来，充分发挥高等学校在教材建设中的主体作用，在有关教师和教学指导委员会委员的共同努力下，过程装备与控制工程的"十五"规划教材陆续与广大师生和工程科技界读者见面了。这套教材力求反映近年来教学改革成果，适应多样化的教学需要；在选择教材内容和编写体系时注意体现素质教育和创新能力和实践能力的培养，为学生知识、能力、素质协调发展创造条件。在此向所有为这些教材问世付出辛勤劳动的人们表示诚挚的敬意。

教材的建设往往滞后于教学改革的实践，教材的内容很难包含最新的科研成果，这套教材还要在教学和教改实践中不断丰富和完善；由于对教学改革研究深度和认识水平都有限，在这套书中不妥之处在所难免。为此，恳请广大读者予以批评指正。

教育部高等学校机械学科教学指导委员会副主任委员

过程装备与控制工程专业教学指导分委员会主任委员

北京化工大学 教授

中国工程院 院士

高寿吉

2003 年 5 月　于北京

前　　言

随着国内普通高等学校本科专业的建设和改革，原"化工设备与机械专业"名称已定为"过程装备与控制工程（080304）专业"（仍隶属于机械类），新的课程体系和课程内容的改革也在深入进行。

《过程装备制造与检测》教材于1999年编写，是在完成了面向21世纪高等学校教育科研成果《化工机械制造工艺课改革方案和教学基本要求的研究》基础上进行的。《过程装备制造与检测》是一门工程实践性很强的专业课，课程教学包括课堂教学，相应的实验和必要的生产实习，在"加强基础、密切结合工程实践、注重能力培养"的思想指导下，教研成果提出了开展工程教育的"四结合"：①课堂教学与工程实践相结合；②教学内容与工程法规相结合；③实验项目与工程问题相结合；④生产实习与典型产品生产相结合。这为本课程体系和课程内容的改革，为本教材的编写指明了方向、打下了基础。本教材的编写以生产中的产品为内容，在制造、检测等过程中密切结合国内、外的现行相关标准、法规。本教材既有先进的基础理论知识又有工程实际上的应用成果，是一本开拓型的创新教材，为普通高等工科院校深入教育、教学改革、开展工程教育，为培养面向21世纪的高等专业技术人才做出了重要的实践。本教材既可作为高等学校过程装备与控制工程等机械类专业的教学用书，也可作为从事化工、石油、制药、轻工、能源、电力、环保、食品等过程装备的设计、制造、检测、维修和经营、管理等工程技术人员或管理人员的参考书。

全书共分为Ⅲ篇，把检测部分放在第Ⅰ篇是考虑到在装备制造工艺过程中，检测工作是自始至终的，同时首先学习、了解检测内容，对全面掌握、控制装备制造的质量有利，对学习课程的后续内容有帮助，另外也方便了检测实验教学的安排。在过程装备检测这部分内容中，适当地增加了检测工艺，定期检测、常规检测，无损检测的缺陷等级评定，从而使装备检测部分内容更系统、全面，像在实际工程中和实际社会管理中的位置一样突出和重要。

本书第Ⅰ篇、第Ⅱ篇由邹广华教授编著，第Ⅲ篇由刘强副教授（博士）编著，全书由邹广华教授定稿。

本书由东北大学龙占云教授主审。

虽然准备较充分、编著认真，但鉴于作者水平有限，诚望指正。

编　者
2002 年 12 月

目　　录

第Ⅲ篇　过程机器制造的质量要求

绪　　论

0.1　课程内容

过程装备主要是指化工、石油、制药、轻工、能源、环保和食品等行业生产工艺过程中所涉及的关键典型装备。从过程装备制造角度可将上述过程装备大致分为两大类：以焊接为主要制造手段的过程设备部分，如换热器、塔器、反应容器、储存容器及锅炉等；以机械加工为主要制造手段的过程机器部分，如泵、压缩机、离心机等。另外，过程装备也包含由于各种特殊生产工艺要求，如吸附、离子交换、膜分离技术等而以综合制造手段生产的各种工艺装置。

过程装备制造对于过程装备与控制工程专业来讲，应该突出过程设备的制造内容，这也正是本专业与其他机械类专业的重要区别，同时也应该掌握过程机器在制造过程中影响制造质量的主要因素和原因，以利于在实际工作中对机器选型、维修、管理等。在装备制造的全过程中必须要进行检测工作，为此本书分三部分予以介绍：第Ⅰ篇过程装备的检测；第Ⅱ篇过程设备制造工艺；第Ⅲ篇过程机器制造质量要求。

0.1.1　过程设备制造部分

在设备制造过程中，要涉及很多零部件的制造，最重要的或者说直接影响到安全生产的承压部件的制造是最关键的。例如，一台列管式换热器主要由壳体、接管、法兰、支座、管板、管束等零部件所组成，承压壳体的制造是核心问题。同样，塔器、反应容器、储存容器及锅炉等过程设备制造中最重要的核心问题也是承压壳体的制造问题。了解、掌握了承压壳体的制造工艺内容也就抓住了过程设备制造的重点。

（1）压力容器的压力等级

按压力容器的设计压力（p）分为低压、中压、高压、超高压四个压力等级，划分如下。

① 低压（代号 L）　　0.1MPa≤p<1.6MPa

② 中压（代号 M）　　1.6MPa≤p<10MPa

③ 高压（代号 H）　　10MPa≤p<100MPa

④ 超高压（代号 U）　　p>100MPa

（2）压力容器的种类

按压力容器在生产工艺过程中的作用原理，将压力容器分为反应压力容器、换热压力容器、分离压力容器、储存压力容器。

a. 反应压力容器（代号 R）　主要用于完成介质的物理、化学反应的压力容器，如反应釜、合成塔、煤气发生炉等。

b. 换热压力容器（代号 E）　主要用于完成介质的热量交换的压力容器，如热交换器、冷却器、冷凝器、管壳式余热锅炉、加热器等。

　　c. 分离压力容器（代号 S）　主要用于完成介质的流体压力平衡和气体净化分离等的压力容器，如分离器、过滤器、吸收塔、干燥塔等。

　　d. 储存压力容器（代号 C，其中球罐代号 B）　主要用于盛装生产用的原料气体、液体、液化气体等的压力容器，如各种型式的储罐。

　　（3）压力容器的划分

　　为有利于安全技术监督和管理，按压力容器的工作条件将压力容器划分为三类。

　　a. 第三类压力容器（下列情况之一）

　　① 毒性程度为极度和高度危害介质的中压容器和 $p \cdot V \geqslant 0.2 \mathrm{MPa} \cdot \mathrm{m}^3$ 的低压容器。

　　② 易燃或毒性程度为中度危害介质且 $p \cdot V \geqslant 0.5 \mathrm{MPa} \cdot \mathrm{m}^3$ 的中压反应容器和 $p \cdot V \geqslant 10 \mathrm{MPa} \cdot \mathrm{m}^3$ 的中压储存容器。

　　③ 高压、中压管壳式余热锅炉。

　　④ 高压容器。

　　b. 第二类压力容器（下列情况之一）

　　① 中压容器［第 a 条规定除外］。

　　② 易燃介质或毒性程度为中度危害介质的低压反应容器和储存容器。

　　③ 毒性程度为极度和高度危害介质的低压容器。

　　④ 低压管壳式余热锅炉。

　　⑤ 搪玻璃压力容器。

　　c. 第一类压力容器

　　除第 a、b 条规定外，为第一类压力容器。

　　目前，压力容器按制造方法不同可分为单层容器和多层容器两大类。见表 0-1。

表 0-1　压力容器的品种

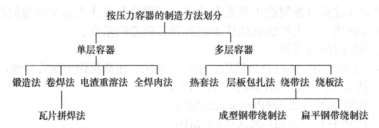

　　上述压力容器的几种制造方法（除全焊肉法外），国内均已采用，其中大型压力容器以热套法和单层卷焊法制造，尤其是后者最为常用。

　　某超高压锅炉汽包的主要制造工艺流程（单层卷焊法制造压力容器）如图 0-1 所示，材料为 BHW-35（前西德）；内径为 $\phi 1600 \mathrm{mm}$，厚 80mm。

　　中国年产 30 万 t 合成氨塔壳体的主要制造工艺流程如图 0-2 所示。该壳体用热套法制造，三层热套式结构。大筒体内径 $\phi 3200 \mathrm{mm}$，由三层 50mm 的钢板热套式制造，小筒体内径 $\phi 1100 \mathrm{mm}$，单层 50mm 钢板，材料均为 18MnMoNb；封头为单层 110mm 的 BHW-35（前西德）钢板冲压成型。

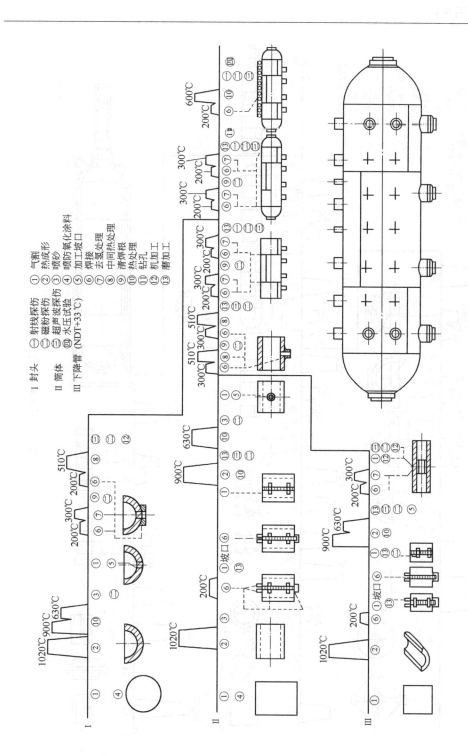

图 0-1 超高压锅炉汽包制造流程

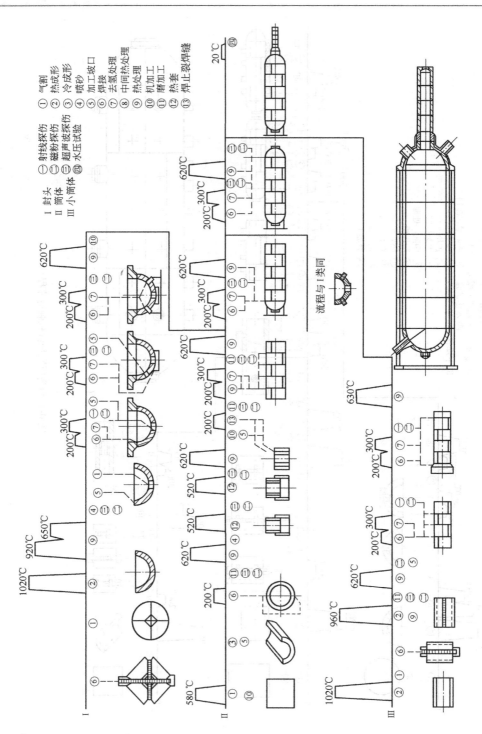

图 0-2 氨合成塔制造流程

从以上两例壳体制造工艺流程上清楚地看出其基本的制造工艺流程大致为：选择材料→复检材料→净化处理→矫形→划线（包括零件的展开计算、留余量、排料）→切割→成型（包括筒节的卷制、封头的加工成型、管子的弯曲等）→组对装配→焊接→热处理→检验（无损检测、耐压实验等）。

本书将以单层卷焊式结构为主，介绍压力容器的材料、成型、焊接和检测等制造工艺内容，与"过程设备设计"等课程配套形成本专业的一个特点。

0.1.2 过程机器制造部分

本专业隶属于机械类，工程实践中要求本专业工程技术人员要掌握一些典型机器（如泵、压缩机、离心机等）中的重要零部件及整机的制造工艺内容。本专业与机械类专业有所不同，课程体系受学时及专业特点限制，不可能将"机械制造工程学"课程中的金属切削原理、切削机床、机械制造工艺和机床夹具设计原理等内容都介绍，但由于机器中的重要零件（如轴类、箱体等）的制造工艺是相同的，因此本书重点介绍了机械制造工艺的基本理论知识，衡量机加工零件产品质量的主要标准（机加工精度和表面质量），机加工工艺规程的制定等内容。

过程机器制造工艺内容与专业课"过程流体机械"等课程配套形成了本专业的另一个特点。

0.2 压力容器制造技术的进展

随着化工、石油、能源、锅炉等工业的迅速发展，近年来压力容器制造技术的进展主要表现在以下四个方面：① 压力容器向大型化发展，容器的直径、厚度和质量等参数增大，容器的工作条件，如温度、压力、介质越来越恶劣、复杂，而且这一大型化的趋势仍在继续；②压力容器用钢逐渐完善，专业用钢特点越来越明显；③焊接新材料、新技术的不断出现和使用，使焊接质量日趋稳定并提高；④无损检测技术的可靠性逐步提高，有力地保证了装备制造及运行的安全。

0.2.1 压力容器向大型化发展

压力容器的大型化可以节约能源、节约材料、降低投资、降低生产成本、提高生产效率。近年来压力容器大型化的趋势仍在继续，国外大型容器的参数见表 0-2。

表 0-2 国外大型容器的参数

容　器	设计压力/MPa	设计温度/℃	材　料	制造型式	内径/mm	壁厚/mm	单台质量/t	制造厂
加氢脱硫反应器	15～22	400～470	$2\frac{1}{4}$Cr1Mo	锻焊	2800～4500	150～300	200～1200	日本 JSW
氨合成塔	15～38	200～450	$2\frac{1}{4}$Cr1Mo	螺旋包扎	2900	212	380	日本 NKK

续表

容　器	设计压力 /MPa	设计温度 /℃	材料	制造型式	内径/mm	壁厚/mm	单台质量/t	制造厂
氨合成塔	15～38	200～450	$2\frac{1}{4}$Cr1Mo	锻焊	2900	250	515	日本 JSW
压水堆反应器	17.6	340	A508Ⅲ	锻焊	4400	219	520	美国 CE
煤液化塔	18～27	400～550	$2\frac{1}{4}$Cr1Mo	锻焊或多层	3000～5000	200～450	400～2600	日本 JSW
煤气化塔	3～8	900～1000	$2\frac{1}{4}$Cr1Mo	板焊	9100	200	2500	美国 B&W
大气塔	0.43	380	SA516	板焊	3900	24	507	日本日立造船
真空塔	0.24	430	SA516	板焊	14800	29.5	830	日本日立造船

国外合成氨和尿素装置已基本稳定在年产 30 万～45 万 t，个别有年产 60 万 t。乙烯装置稳定在年产 30 万～50 万 t，个别有年产 68 万～75 万 t。从表 0-2 中可看出，板焊结构型式的煤气化塔厚度为 200mm，内径为 9100mm，单台质量已达 2500t。而锻焊式、层板包扎式及热套式的压力容器厚度和单台质量还要增大。

中国已制造出年产 30 万 t 合成氨塔设备，为热套式。电站锅炉汽包的主要参数见表 0-3。

表 0-3　中国电站锅炉汽包的主要参数

容量/×10⁴kW	设计压力/MPa	设计温度/℃	材料	内径/mm	厚度/mm
5	10	320	19Mn5	1600	92
10	11.4	320	BHW-35	1800	65
12.5	15.5	350	BHW-35	1600	80
20	15.5	350	18MnMoNb (14MnMoV)	1800	84

中国正在发展汽包式 30 万 kW 和 60 万 kW 的电站锅炉，预计锅炉汽包厚度将在 130mm 以上。目前中国已基本掌握了厚度为 150～200mm 大型容器的制造、焊接和检测技术，厚度在 200mm 以上的压力容器制造、焊接和检测技术也已成熟。

随着压力容器向大型化的发展，其制造装备也必须紧紧跟上，如容器制造厂的高大厂房、吊车、水压机、弯板机、各种类型的焊接变位机械和热处理设备等。世界上能制造 4t 级超重容器的原苏联伏尔加格勒厂，吊车达 1200t，水压机在 6000t 以上。前西德 Sack 公司水压机最重达 12000t，能锻 500t 的钢锭，弯板机在 4000t 以上。美国 CE 查塔努加厂生产 14000t 弯板机，冷弯最大厚度 380mm，宽 6m，冲压封头的水压机吨位常为 1000～3000t，大厂有 4000t 以上。世界上最大的三台 8000t 封头水压机都在日本。重型的旋压机可加工直径为 7m、厚 165mm 的椭圆形封头。

0.2.2　压力容器用钢的发展

压力容器向大型化发展，对钢材要求日益严格，材料技术的不断提高使压力容器大型化有了可靠的保证。压力容器的整个制造工艺流程中提出的所有技术要求都是以材料为基础的。当前压力容器用钢发展的主要特点有如下几个。

① 随着钢材强度的提高，同时要改善钢材的抗裂性和韧性指标。通过降低碳的含量，同时加入微量合金元素以保证钢材具有一定的强度，不断提高炼钢技术使钢水杂质含量大幅度降低。日本炼钢可使磷降到 0.01％以下，硫可降到 0.002％以下。

② 对于高温抗氢用钢，尽量减轻钢的回火脆性和氢脆倾向。

③ 降低大型钢锭中的夹杂物及偏析等缺陷以保证内部性能均匀，提高钢锭的利用率。随着容器大型化，钢锭重量明显增大，出现了大厚钢板。表 0-4 为国外主要锻钢生产厂的最大钢锭概况。

④ 出现了大线能量下焊接性良好的钢板。

表 0-4　国外大型锻钢钢锭的生产概况

国　别	厂　名	最大钢锭/t	国　别	厂　名	最大钢锭/t
日本	日本制钢所	570	美国	Bethlhom 钢厂	350
日本	神户制钢所	510	联邦德国	Thyseen	350
日本	日本锻铸钢	400	日本	川崎制铁	320
美国	美国钢铁公司	370	联邦德国	Klockner	250

0.2.3　焊接新材料、新技术的产生和应用

1981 年 9 月在联邦德国埃森国际焊接博览会上蒂森公司首次向世界宣布造形焊接技术，采用多丝埋弧焊法制造压力容器筒体，整个压力容器筒体都是由焊肉组成，也可称为全焊肉（The Total Weldment）材料。这也是压力容器材料在铸、锻、轧三种形式之外的第四种焊接材料。这种全焊肉材料有以下两大特点。

① 焊肉性能完全可根据需要来决定，焊后只需做消除应力热处理，不像锻件和电渣焊成形需做长时间热处理。

② 堆焊层之间以及焊肉-芯筒之间基本上没有热影响区。过渡层处显微组织和硬度基本上不变。这一新技术的出现，将为压力容器提供新的材料来源。

为适应大型和厚壁容器的发展，国内外普遍采用了强度级别较高的钢材，这时为降低焊缝中的氢含量，提高焊接接头的断裂韧性，超低氢焊条的研制成为各厂家所关心的问题。日本神钢公司研制成功了 UL 系列超低氢焊条，当采用这种焊条时，止裂温度可降低 25～50℃。同时该焊条吸湿性很小，管理也很简便。还有一种超低氢焊条，其接头质量超过纤维型涂料的碱性焊条，采用该焊条，对 600MPa 级的高强钢施焊时，甚至可以不预热。

新的焊接工艺和新的焊接方法的采用大大改善了焊缝区及热影响区的组织和性能。焊接时严格控制焊接线能量，采用窄间隙焊等都收到了较好的效果。以 120mm 厚板焊接为例不同焊接方法充填金属量及热输入量比较见表 0-5。

表 0-5　几种焊接方法的比较

比 较 内 容	手工电弧焊	埋弧焊	窄间隙焊	电子束焊
焊缝充填金属（%）	100	86	23	0
热输入量（%）	100	135	15	4
焊道数	>200	>100	33	1

窄间隙焊是在金属极氩弧焊（MIG）的基础上发展起来的，也可以用于钨极氩弧焊（TIG）、埋弧焊（ESW）等，可焊接板厚 20～500mm 的压力容器。

自动焊接技术和焊接机器人的使用使大型容器上百米的纵焊缝、环焊缝和接管的鞍形焊缝实现了自动化，提高了焊接质量和效率，降低了劳动强度，改善了劳动条件。

堆焊耐腐蚀不锈钢是制造加氢容器的关键工艺。美国已使用六丝无保护气体堆焊工艺，质量超过了埋弧焊。美国林德（Linde）公司研制成功热丝等离子弧堆焊工艺，并已在压力容器制造上应用。欧洲在带极堆焊工艺方面做了大量工作。日本已使用 150mm 的宽带极堆焊，其熔敷率高、稀释率低。带极堆焊的比重日益增大。

0.2.4　无损检测技术的可靠性逐步提高

无损检测技术在对过程装备的材料和整个制造过程以及在役装备检验方面起着重要作用，有效地保证了装备的安全。工程上主要的检测方法如下。

（1）射线探伤

同位素探伤主要采用 ^{60}Co 和 ^{192}Ir，由于其灵敏度较低、能量小、照射时间长、需要严格防护，所以用途受到限制，目前主要用于小直径厚壁管子焊缝的探伤。

X 射线探伤主要用于 20～40mm 板厚的检验。荷兰 Philps 公司生产的 X 光机最大能量达 420kV，可探厚度达 100mm 以上。

电子束探伤主要射线源为电子感应加速器和直线加速器。直线加速器靶点较大（3mm），灵敏度稍低（1%），但仍优于 X 光机，照射速度快，价格高。电子感应加速器靶点小（0.1×1mm），灵敏度高（0.3%），照射时间长，价格低。因此，实际检测中在灵敏度能满足要求的条件下，一般常使用直线加速器以缩短检测时间。目前美国、日本的直线加速器能量可达 15MeV，据称检测厚度 356mm 的时间为 3min。安装于日本的26MeV 的感应加速器，检测厚度 50～400mm 的时间为 14min。

（2）超声波探伤

超声波检测压力容器缺陷，是应用最广的无损检验方法，能发现钢板及焊缝中的各类缺陷，且定位较准确、安全、自动化和计算机程度高，制造和在役检验都较方便。

目前广泛应用各种方式的脉冲反射机理，已能测出 2～5mm 的裂纹。

英国巴勃考公司推出容器检测用微机控制自动超声系统，可检测环焊缝、接管及法兰。信号经处理后可以绘制并显示缺陷形状和位置，且可测定缺陷尺寸。通过更换软件包，可按照容器形状尺寸迅速换用新的扫查程序及其超声方法，探头定位精度为 1mm，从而使缺陷尺寸测量精度达到 2mm，测试通道可达 256 个。

美国电力研究所近年发展的超声检测技术，在形象技术方面采用了复合孔径聚焦法（SAF 法）和声全息法（AH 法）。AH 法对判定缺陷特征的能力，优于脉冲回波法，且不易受不锈钢复层的影响，检测速度快，便于形象重显。

（3）表面探伤

用于表面探伤的方法主要是着色法、磁粉法和涡流法。近年来观察效果不断提高，用光镜、光纤图像仪、电视摄像镜进行检验观察，并可输出图形、信号，通过计算分析使检测更方便准确。

（4）声发射

声发射用于动态检测。如在役压力容器疲劳裂纹及应力腐蚀裂纹的扩展、变化的监测，不停产操作。声发射也用于水压试验检漏及材料检验等。

另外，在缺陷评定方面也取得了迅速发展，使得压力容器的安全性和制造质量、服役寿命得到了较好的保证。

复 习 题

0-1 过程装备主要包括哪些典型的设备和机器。

0-2 过程装备制造与检测课程主要应了解的内容。

0-3 压力容器按设计压力分为几个等级，是如何划分的。

0-4 为有利于安全、监督和管理，压力容器按工作条件分为几类，是怎样划分的。

0-5 简述压力容器壳体（单层卷焊式）的制造工艺流程。

0-6 简述压力容器制造的发展特点。

0-7 按压力容器的制造方法划分，压力容器的种类。

过程装备的检测

过程装备的检测包括对装备（尤其是锅炉、压力容器、机器的重要零部件等）的原材料、设计、制造、安装、运行、维修等各个环节的检验、测量、试验、监督，目的在于依据相关法规，如《锅炉安全技术监察规程》、《压力容器安全监察规程》等，经过专职检验人员的判定下结论，提前消除上述各环节中出现的影响安全的因素，更可靠地保证装备安全。

过程装备在各个环节的检测中方法较多，大致可分为宏观检测、理化检测和无损检测。检测的主要对象是装备的常见缺陷。

1 装备制造的定期检测

1.1 定期检测

实行定期检测，是早期发现缺陷、消除隐患、保证装备（尤其是压力容器）安全运行的有效措施。

对于压力容器的定期检测根据其检测项目、范围和期限可分为外部检测、内外部检测和全面检测。

1.1.1 外部检测

外部检测可以在装备运行中进行。其目的是及时发现外部或操作工艺方面存在的不安全问题，一般每年不少于一次。

检测项目至少包括如下诸方面。

① 容器外壁的防腐层、保温层是否完整无损。

② 容器上有无锈蚀、变形及其他外伤。

③ 容器上的所有焊缝、法兰及其他可拆连接处和保温层有无泄漏。

④ 容器是否按规定装设了安全装置，其选用、装设是否符合要求，维护是否良好，是否超过了规定的使用期限。

⑤ 容器及其连接管道的支承是否适当，有无倾斜下沉、振动、摩擦以及不能自由胀缩等不良情况。

⑥ 容器的操作压力、操作温度是否在设计规定的范围内，工作介质是否符合设计的规定。

1.1.2 内外部检测

容器的内外部检测在容器停止运行的条件下进行。检测的目的是尽早发现容器内、外部所存在的缺陷（包括新产生和原始缺陷的发展情况），确定容器能否继续进行或保证安全运行所必须采取的适当措施。

容器内外部检测每三年至少进行一次。工作介质对器壁有腐蚀性而且按腐蚀速度控制使用寿命的容器，内外部检测的间隔期限不应该超过容器剩余寿命的一半。容器的剩余寿命按容器的实际腐蚀裕度（即检测时测定的实际厚度减去不包括腐蚀裕度在内的计算厚度）与腐蚀速度之比进行计算。即

$$容器的剩余寿命(年) = \frac{实际腐蚀裕度(mm)}{腐蚀速度(mm/年)}$$

检测项目至少包括如下内容。

① 外部检测的全部项目。

② 容器内壁的防护层（如涂层、镀层、堆焊层、衬里等）是否完好，有无损坏迹象。

③ 容器内壁是否存在腐蚀、磨损以及裂纹等缺陷，缺陷要进行测量大小并分析其严重程度、产生原因，确定对缺陷的处理方法等。

④ 容器有无宏观局部变形或整体变形，测定变形程度。

⑤ 容器在操作压力和操作温度下若工作介质对容器壁的腐蚀有可能引起金属材料组织的破坏（如脱碳、晶间腐蚀），则应对器壁进行金相检验、化学成分分析和表面硬度的测定。

对容器检验的结论可以分为：按原设计工艺条件继续使用；采取适当的措施继续使用；不能继续使用（判废）。

对检测出缺陷的容器，除判废者外，可以根据使用条件和缺陷的具体情况（缺陷性质、严重程度等）分别采取以下措施继续使用。

① 消除所发现的缺陷或对有缺陷的部位进行修补，重新检查不再发现缺陷。

② 改变容器原有的操作工艺条件，如降低使用压力，调整使用温度等。

③ 采取特殊的监护措施，如设置声发射仪器监护等。

④ 缩短检测周期，注明下次检验日期。

1.1.3　全面检测

容器进行全面检测以确定其能否在设计要求的工艺条件下继续安全运行。

全面检测的期限需根据具体情况而定，工作介质无明显腐蚀性的容器，至少每六年进行一次。

容器的全面检测主要包括如下内容。

① 内外部检测的全部项目。

② 宏观检测发现焊接质量不良的容器，对焊缝做射线或超声波探伤抽查。

③ 高压容器主螺栓（端盖与法兰的连接螺栓）全部进行表面探伤。

④ 对容器进行耐压试验。

经全面检测的容器应由检测人员做好详细记录，并根据检测情况做出检测结论、存档，每十年至少一次。

1.2 常规检测

对装备的常规检测包括宏观检测、理化检测和无损检测。宏观检测主要指直观检测和工具检测，无损检测包括射线检测、超声波检测、表面检测等。

1.2.1 直观检测

直观检测就是检查人员凭借感觉器官对装备进行检测，判别缺陷。

常用的直观检测即通过眼睛观察。检测装备整体和各构件结构是否合理，表面是否有腐蚀、变形、磨损、渗漏等现象。对眼睛观察所怀疑的地方，可用砂布打磨干净，再用浓度为10％的硝酸酒精溶液将可疑处浸湿、擦净，用放大镜进一步观察。

对容器封闭部分、内部检测，可用灯光检测，如手电筒、反光镜、窥测镜等将被检测部位照明或放大。复杂结构部分也可用手触摸表面发现缺陷。

锤击检查是利用手锤（0.5kg左右）轻轻敲击被检金属表面，根据锤击时发出的声音和小锤反弹程度（凭手感）来判断该部位是否存在缺陷。

1.2.2 工具检测

利用各种工具、量具对装备进行内、外表面的检测，各构件相对位置、变形的检测等为工具检测。根据被检测对象的要求不同，工程上使用的工具、量具较多。

常利用平直尺和各种形状样板检测表面的平直度、弧度等判别其变形的大小（参见图1-1和图1-2）。

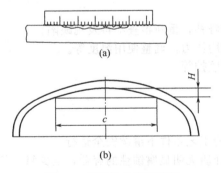

图 1-1　直尺检查样板检测

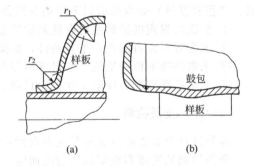

图 1-2　样板检测

对在役或腐蚀较严重装备，需要进行测厚、测深，以确定其实际尺寸，经常用超声波测厚仪进行，也可采用钻孔法检测实际厚度（参见图1-3），但应注意尽量少钻孔，孔径以6～8mm为宜，用回形针配合直尺测量。钻孔法还可以用于对裂纹在夹层的深度或发展长度的检测。检测完毕后，需电焊补平。

利用专用的焊缝检测尺可以检测焊缝的外形尺寸和装配焊接后的相对位置（参见图1-4和图1-5）。

1.2.3 理化检测

理化检测是用物理和化学方法分别检测装备构件的母材及焊接接头的力学性能、金相组织及其所含化学元素种类和含量，从而判别材质和焊接接头的缺陷。

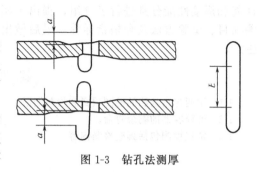

图 1-3 钻孔法测厚

对钢制压力容器的理化检测，在工程上的重要国家行业标准之一 JB 4708—92《钢制压力容器焊接工艺评定》中，规定了钢制压力容器焊接工艺评定规则、试验方法和合格标准。其中对压力容器使用的母材（钢号）规定了相应的国家标准号，并根据其化学成分、力学

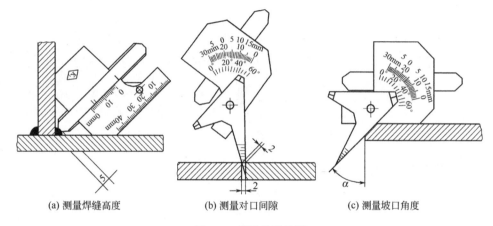

(a) 测量焊缝高度　　　　(b) 测量对口间隙　　　　(c) 测量坡口角度

图 1-4　焊缝外形检测

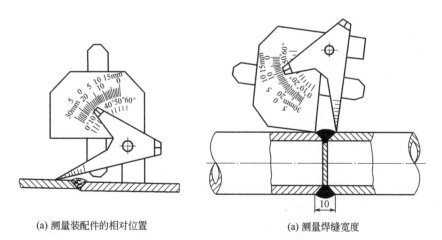

(a) 测量装配件的相对位置　　　　(a) 测量焊缝宽度

图 1-5　装配焊接后相对位置检测

性能和焊接性能分别进行了分组，提出了相应的评定规则，规定了试件和试样的制备、检测项目、试验方法及合格指标等，最后做出焊接工艺指导书和焊接工艺评定报告用于指导生产。

复 习 题

1-1 说明定期检测的检测项目和检测期限。
1-2 解释容器的剩余寿命。
1-3 常规检测包括哪些检测内容。

2 射线检测及缺陷等级评定

目前射线检测主要有 X 射线检测、γ 射线检测、高能 X 射线检测（能量在 1MeV 以上的 X 射线，由电子加速器获得）和中子射线检测，前两种应用普遍。

2.1 X 射线、γ 射线的产生和性质

2.1.1 X 射线的产生

X 射线主要由 X 射线管产生，在真空玻璃外壳内的阴极（灯丝）和阳极（靶面）之间加上几十至几百千伏高电压，被加热的灯丝放出电子在高电压电场作用下，以极高的速度撞击到靶面，产生大量热能和少量 X 射线能量。

由 X 射线管产生的 X 射线按其波长不同可分为连续 X 射线和标识 X 射线，射线检测中，X 射线管所产生的都属于连续 X 射线，不采用标识 X 射线。

连续 X 射线的最短波长 λ_{min}（此时具有最高能量的光子）为

$$\lambda_{min} = \frac{1.2394}{U}(nm) \tag{2-1}$$

式中　U——射线管电压，kV。

连续 X 射线的转换效率 η 为

$$\eta = \eta_0 z U \tag{2-2}$$

式中　η_0——比例常数，为 10^{-6}；

　　　z——阳极靶材料原子序数，钨靶 $z = 74$。

可见管电压高则波长越短；转换效率与阳极靶材料和管电压有关，当靶材料选定时，η 随 U 升高而提高。

2.1.2 γ 射线的产生

γ 射线是由放射性同位素的核反应、核衰变或裂变放射出的。γ 射线检测常用的放射性同位素有 ^{60}Co、^{192}Ir 等，它们是不稳定的同位素，能自发地放射出某种粒子（α、β 等）或 γ 射线后会变成另一种不同的原子核，这种现象称为衰变。因此，放射性物质的能量会自然地逐渐减少，减少的速度（衰变速度）不受外界条件（如温度、压力等）的影响，可用半衰期 $\tau_{1/2}$ 反映。

半衰期是指放射元素原子核数目因衰变而减少到原来原子核数目一半时所需要的时间。

$$\tau_{1/2} = \frac{0.693}{\lambda} \tag{2-3}$$

γ 射线与 X 射线检测的一个重要不同点是，γ 射线源无论使用与不使用其能量都在自

然地逐渐减弱。

2.1.3 射线的性质

X射线、γ射线同是电磁波，后者波长短、能量高、穿透能力大。两者性质相似。X射线的主要性质如下。

① 不可见，直线传播。

② 不带电，不受电场、磁场影响。

③ 能穿透可见光不能透过的物质，如金属材料。

④ 与光波相同，有反射、折射、干涉现象。

⑤ 能被传播物质衰减。

⑥ 能使气体电离。

⑦ 能使照相胶片感光，使某些物质产生荧光作用。

⑧ 能产生生物效应，伤害、杀死生命细胞。

2.2 射线检测的原理和准备

2.2.1 射线检测原理

利用射线检测时，若被检工件内存在缺陷，缺陷与工件材料不同，其对射线的衰减程度不同，且透过厚度不同，透过后的射线强度则不同。如图 2-1 所示，若射线原有强度为 J_0，透过工件和缺陷后的射线强度分别为 J_δ 和 J_x。胶片接受的射线强度不同，冲洗后可明显地反映出黑度差部位，即能辨别出缺陷的形态、位置等。

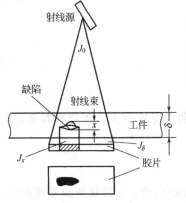

图 2-1 X 射线探伤原理

已知

$$J_\delta = J_0 e^{-\mu \delta}$$

则

$$J_x = J_0 e^{-\mu(\delta - x)}$$

透过后射线强度之比为

$$\frac{J_x}{J_\delta} = e^{\mu x} \tag{2-4}$$

式中　μ——衰减系数；

x——透照方向上的缺陷尺寸；

e——自然对数的底。

可见沿射线透照方向的缺陷尺寸 x 越大，衰减系数 μ 越大，则有无缺陷处的强度差越大，J_x/J_δ 值越大，在胶片上的黑度差越大，越易发现缺陷所在。

2.2.2 射线检测准备

在射线检测之前，首先要了解被检工件的检测要求、验收标准，了解其结构特点、材质、制造工艺过程，结合实际条件选择合适的射线检测设备、附件，如射线源、胶片、增感屏、象质计等，为制定必要的检测工艺、方法做好准备工作。

（1）射线源的选择

选择射线源应考虑射线能量，这是主要考虑的项目。能量大、穿透力强、透照厚度增大，可以穿透衰减系数较大的材料。生产中首先要保证设备的能量能够穿透被检工件，但能量过大不仅浪费，而且会降低胶片的黑度反差效果等。因此，在曝光时间许可的条件下，应尽量采用较低的射线能量。例如，选用 400kV 以下的 X 射线透照焊缝时，不同厚度材料允许使用的最高 X 射线管电压如图 2-2 所示。

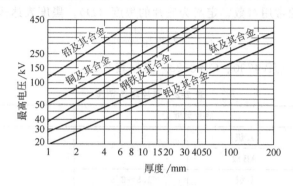

图 2-2　透照不同厚度材料时允许使用的最高 X 射线管电压

γ 射线透照钢件的适宜厚度范围见表 2-1。

表 2-1　γ 射线透照钢件的适宜厚度范围　　　　　　　　　　mm

射线源	高灵敏度技术	低灵敏度技术	射线源	高灵敏度技术	低灵敏度技术
^{192}Ir	18～80	6～100	^{60}Co	50～150	30～200
^{137}Cs	30～100	20～120	^{169}Yb	2～12	1～15

（2）胶片的选择

射线检测的结果是利用胶片显示和记录保存的，了解和选择好胶片是保证透照影像质量和结果可靠性的重要环节。

a. 胶片的构造及作用　胶片的构成如图 2-3 所示。其各自成分的作用如下。

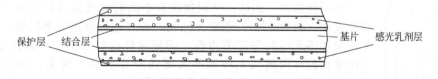

保护层　结合层　基片　感光乳剂层

图 2-3　胶片的构成示意

基片　是胶片的基体，由乙酸纤维制成，国外多用聚酯基片（或称涤纶基片），厚约 0.25～0.30mm，占胶片的 70％左右。聚酯片更薄，韧性好、强度高，更适于自动冲洗。

感光乳剂层（感光药膜）　其主要成分是极小的溴化银微粒和明胶，两者组成悬浮体，两面各约厚 10～20μm。溴化银接受不同强度射线照射后析出多少不同的银，经过潜影、显影、定影处理，在胶片上将显示出黑度不同的影像。

结合层（底膜）　由明胶、水、有机溶剂和酸等组成，可使感光乳剂层和基片牢固地粘结在一起，防止乳剂层在冲洗时从基片上脱落下来。

保护层（保护膜）　由透明的胶质或高分子化合物组成，厚约 $1\sim2\mu m$，涂在乳剂层上防止污染和磨损。

b. 底片的黑度　照射到底片上的光强度为 L_0，透过底片后的光强度为 L（均不是射线强度），则 L_0/L 的常用对数，定义为底片的黑度（D）。黑度表达式为

$$D=\lg\frac{L_0}{L} \tag{2-5}$$

底片的黑度范围（JB 4730、GB 3323）参见表 2-2。

表 2-2　底片黑度范围

射 线 种 类	底片黑度 D		灰雾度 D_0
X 射线	A 级	$1.2\sim3.5$	$\leqslant0.3$
	AB 级		
	B 级	$1.5\sim3.5$	
γ 射线	$1.8\sim3.5$		

对无余高的焊缝，选择最佳黑度为 2.5；有余高的焊缝，母材黑度为 3～3.5，焊缝黑度为 1.5～2.0。黑度值由经常年检的可靠黑度计来测定。

c. 底片的保存　检测前的胶片应保存在低温、低湿度的环境中，室温在 10～15℃，相对湿度在 55％～65％为宜。并且避免与有害、腐蚀性气体（如煤气、乙炔气、氨气、硫化氢等）接触，避免胶片的人为缺陷产生，如变形、折压、划损、污染等。

检测后的底片及评定结果应有检测报告，保存五年以上，随时待查。

d. 射线透照质量等级　分为（JB 4730）A 级（普通级）、AB 级（较高级）和 B 级（高级）。如对锅炉焊缝射线检测时，一般情况下选 AB 级的照像方法，重要部位可考虑 B 级，不重要部位选 A 级。

（3）增感屏的选择

图 2-4　线型象质计

射线照像时，透过工件到达胶片上的射线能量只有很少一部分被胶片吸收（约为 1％），使胶片感光，若想达到预定感光效果，势必要考虑增加感光时间等工艺内容，即使这样往往也不能达到预定效果，为此常在胶片两侧加上增感屏来增强胶片的感光效果，加快感光速度，减少透照时间，提高效率和底片质量。

增感屏有金属增感屏、荧光增感屏和金属荧光增感屏。前一种应用普遍，后两种应用较少，且只限于 A 级。

（4）象质计的选择

象质计（透度计）基本上有三种类型：金属丝型、平板孔型、槽型。中国国家标准规定采用金属丝型，即线型象质计。其构造如图 2-4 所示，由 7 根不同直径的金属丝构成。

象质计的应用原理是将其放在射线源一侧被检工件部位（如焊缝）的一端（约被检区长度的 1/4 处），金属丝与焊缝方向垂直，细丝置于外侧，与被检部位同时曝光，则在底片上应观察到不同直径的影像，若被检工件厚度、检测透照条件相同时，能识别出的金属丝越细，说明灵敏度越高。

射线照像相对灵敏度（K）表示为

$$K = \frac{d}{\delta} \times 100\% \tag{2-6}$$

式中　K——相对灵敏度,%；

d——底片上可识别出的最细金属丝直径，mm；

δ——被检工件的穿透厚度，mm。

线型象质计组别见表 2-3；线型象质计可以表示的灵敏度范围见表 2-4。

表 2-3　线型象质计组别（GB 5618—85）

组别	$R'10$ 系列			$R'20$ 系列		
	1/7	6/12	10/16	(1)/(7)	(6)/(12)	(10)/(16)
线直径/mm	3.20	1.00	0.40	6.30	3.60	2.20
	2.50	0.80	0.32	5.60	3.20	2.00
	2.00	0.63	0.25	5.00	2.80	1.80
	1.60	0.50	0.20	4.50	2.50	1.60
	1.25	0.40	0.16	4.00	2.20	1.40
	1.00	0.32	0.125	3.60	2.00	1.25
	0.80	0.25	0.100	3.20	1.80	1.10

表 2-4　线型象质计可以表示灵敏度范围（GB 5618—85 附录 A）

穿透厚度/mm	象质计组别					
	10/16	6/12	1/7	(10)/(16)	(6)/(12)	(1)/(7)
20	0.5～2	1.25～5				
50	0.2～0.8	0.5～2	1.6～6.4			
100		0.25～1	0.8～3.2	1.1～2.2		
150		0.17～0.67	0.53～2.1	0.73～1.47	1.2～2.4	
200			0.4～1.6	0.55～1.1	0.9～1.8	1.6～3.2
250			0.32～1.28	0.44～0.88	0.72～1.44	1.28～2.52
300				0.37～0.73	0.6～1.2	1.07～2.1
350				0.31～0.63	0.51～1.03	0.91～1.8
400					0.45～0.9	0.8～1.58

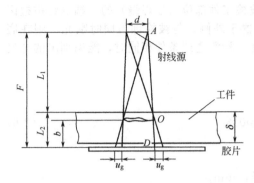

图 2-5　几何不清晰度的产生

（5）射线检测的几何条件

a. 几何不清晰度 u_g　射线检测的最后准备工作就是几何条件的确定（参见图 2-5），合适的几何条件可以达到发现缺陷的最佳灵敏度。几何条件要确定的主要内容是射线源有效焦点尺寸（d）、焦点至胶片距离（即焦距 F）、缺陷至胶片距离（b）、焊缝透照厚度比（k）及一次透照长度等参数的确定。如图 2-5 所示，在具有一定尺寸的射线源照射下，透过有缺陷的工件时，会在底片影像边缘部分产生一定宽度的半影区，此半影区即为几何不清晰度 u_g。

$$\frac{u_g}{d}=\frac{OD}{OA} \qquad OD\approx b\approx\delta\approx L_2 \qquad OA\approx F-b\approx L_1$$

$$\frac{u_g}{d}=\frac{b}{F-b}$$

即

$$u_g=\frac{dL_2}{L_1} \qquad\qquad\qquad (2\text{-}7)$$

$$u_g=\frac{d\delta}{F-\delta} \qquad\qquad\qquad (2\text{-}8)$$

式中　d——有效焦点尺寸，mm；

L_1——射线源到工件上表面的距离，mm；

L_2——胶片至工件上表面的距离，mm；

δ——被检工件在透照方向上的厚度（在此条件下，即为工件厚度），mm；

F——焦点至胶片距离即焦距，$F=L_1+L_2$，mm。

由式（2-7）可知，d/L_1 越小，底片上的影像就越清晰。因此在可能的条件下，应尽量选择焦点尺寸小的射线源，并适当增加射线源至工件上表面距离。同时还要注意，胶片应紧紧贴在被检工件上，这也是提高影像清晰度的主要工艺方法之一。另外由图 2-5 可知，在 d/L_1 一定的条件下，u_g 随着工件厚度的增加而增大。

以上介绍的 u_g 实际上是不同深度缺陷影像中的最大值（因此时认为 $b\approx\delta\approx L_2\approx OD$）。缺陷越靠近胶片，则所得影像的轮廓就越清晰。因此，标准中规定用以衡量透照灵敏度的象质计应放在靠近射线源一侧的焊缝表面上，以保证在整个透照厚度范围内都能达到象质计所显示的透照灵敏度。

对 u_g 值影响较大的参数是射线照相的焦距 F（L_1+L_2）。实际检测中经常使用的焦距范围在 500～1000mm 之间。在欧美国家，标准的焦距是 700mm。

目前在世界上主要工业国家的射线照相标准中，控制 u_g 的主要办法有两种：一种是区别不同的底片级别或对不同的透照厚度范围分别规定允许的 u_g 值；另一种是将 u_g 的允许值视为变量，其值随着透照厚度的增加而增大，随底片级别的改变而改变。中国标准、德国标准（DIN 54111—1998）和国际标准（ISO 5579—1985）目前采用后一种办法控制 u_g。

GB 3323—87 中公式为

$$
\left.
\begin{aligned}
\frac{L_1}{d} &\geqslant 7.5 L_?^{2/3} \quad \text{A 级} \\
\frac{L_1}{d} &\geqslant 10 L_2^{2/3} \quad \text{AB 级} \\
\frac{L_1}{d} &\geqslant 15 L_2^{2/3} \quad \text{B 级}
\end{aligned}
\right\}
\tag{2-9}
$$

与公式（2-7）一同将允许的 u_g 控制为

$$
\left.
\begin{aligned}
u_g &\leqslant \frac{2}{15} L_2^{2/3} \quad \text{A 级} \\
u_g &\leqslant \frac{1}{10} L_2^{2/3} \quad \text{AB 级} \\
u_g &\leqslant \frac{1}{15} L_2^{2/3} \quad \text{B 级}
\end{aligned}
\right\}
\tag{2-10}
$$

根据公式（2-9）做出的最小 L_1/d 与 L_2 的关系如图 2-7 所示。根据梯形的中线原理和公式（2-9）做出的确定最小 L_1 的诺模图，如图 2-8 所示。诺模图即用三条尺度线表示一个三元方程（例如 d、L_2、L_1）的线图，使得任一直线与这三条尺度线相交时，所得的三个交点均满足该方程。基于这一原理，对于确定的 d 和 L_2 值，在诺模图 2-8 上作过 d 和 L_2 两点的直线相交于 L_1 轴，其交点值即为在 d 和 L_2 确定的条件下满足式（2-9）要求的最小 L_1 值。查出最小 L_1 值后应化整到较大的整数值使 u_g 满足式（2-10）的规定。

不清晰度的影响因素除上述的几何不清晰度 u_g 之外，还有固有不清晰度 u_i（参见表 2-5），运动不清晰度 u_m，散射线、胶片粒度、底片灰雾度、显影条件等多种影响因素。

表 2-5　不同射线能量下的固有不清晰度 u_i 值

项　　目	X 射线				γ 射线		
	100~250kV		250~420kV		^{192}Ir	^{60}Co	
增感屏类型	无	铅	铅	荧光	铅	铅	钢
u_i/mm	0.08	0.13	0.15	0.3~0.4	0.23	0.63	0.43

b. 焊缝透照厚度比 K　参见图 2-6。

$$
K = \frac{T'}{\delta} = \frac{T'}{T}
\tag{2-11}
$$

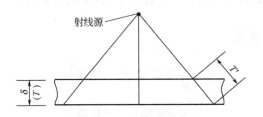

图 2-6 焊缝透照厚度比示意

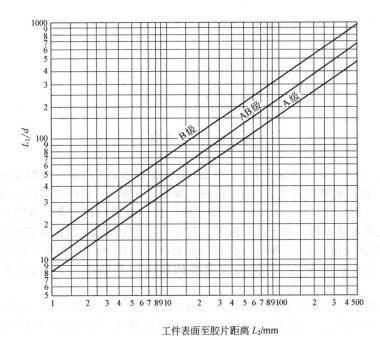

工件表面至胶片距离 L_2/mm

图 2-7 最小 L_1/d 值与工件表面至胶片距离 L_2 的关系

焊缝透照厚度比应符合表 2-6。

表 2-6 焊缝透照厚度比

焊缝	A 级	AB 级	B 级
纵缝	≤1.03		≤1.01
环缝	≤1.1		≤1.06

在射线检测中除要了解、掌握上述内容外，还要根据实际工件的具体结构、材质、厚

度等选择各种有利于检测的透照方式，如纵缝透照法、环缝外透法、环缝内透法、双壁单影法、双壁双影法等，尽可能反映工件的内部情况。最后胶片经过暗室处理，得到合格的底片。

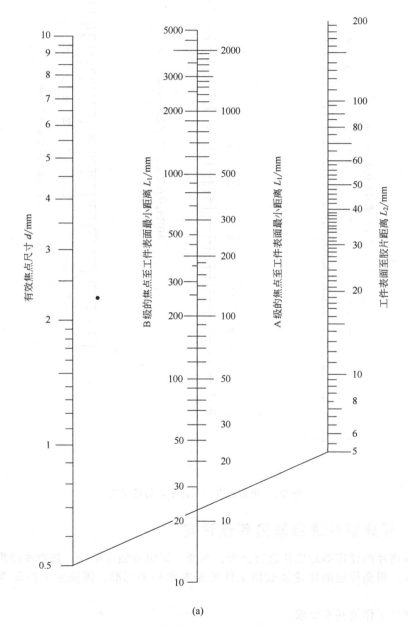

(a)

图 2-8　确定焦点至工件距离的诺模图

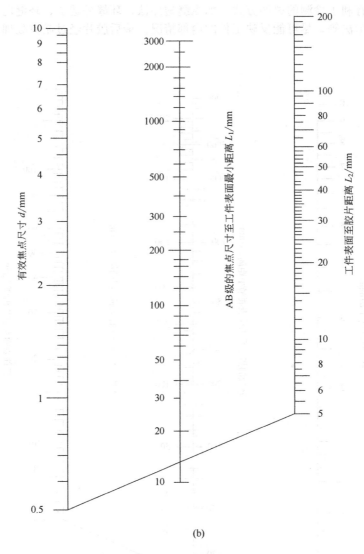

(b)

图 2-8　确定焦点至工件距离的诺模图

2.3　焊缝射线透照缺陷等级评定

对射线底片的评定即对底片进行分析、判断、评定并做出结论，是射线检测的最后一项重要工作。根据评定的结论及被检工件的要求和相关标准，来决定工件是否合格、返修等。

（1）评片工作的基本要求

① 底片质量要求的主要内容：合适的底片黑度、象质指数（即底片上必须显示的最

小钢丝直径与相应的象质指数），不允许存在伪缺陷，正确的象质计、标记的影像和合理的射线底片影像级别（A级、AB级和B级）。

② 底片观察的条件要符合要求，如评片环境和能观察底片最大黑度为3.5时的亮度等。

③ 具备相应评片资格和经验的评片人。如必须具备劳动部门颁发的射线Ⅱ级以上资格证书检测人员担任评片工作。

（2）焊缝的质量分级

根据 JB 4730《压力容器无损检测》及 GB 3323《钢熔化焊对接接头射线照相和质量分级》中关于钢制压力容器对接焊缝透照缺陷等级评定的内容，根据缺陷的性质和数量，焊缝质量分为四级（见表2-7）。Ⅰ级焊缝质量最高，依次下降。另外，关于钢管环缝等内容的射线透照缺陷等级评定参见 JB 4730 等相关标准。

不同形态的焊接缺陷分级见表2-8。

表 2-7　焊缝的质量分级

焊缝级别	要　求　内　容
Ⅰ级	Ⅰ级焊缝内不允许有裂纹、未熔合、未熔透和条状夹渣存在
Ⅱ级	Ⅱ级焊缝内不允许有裂纹、未熔合和未焊透存在
Ⅲ级	Ⅲ级焊缝内不允许有裂纹、未熔合以及双面焊或相当于双面焊的全焊透对接焊缝和加垫板的单面焊中的未焊透。不加垫板的单面焊中的未焊透允许长度按表2-8条状夹渣长度的Ⅲ级评定
Ⅳ级	焊缝缺陷超过Ⅲ级者为Ⅳ级

表 2-8　焊接缺陷的分级

缺　陷　形　态	分　级　内　容
圆形缺陷	① 长宽比小于或等于3的缺陷定义为圆形缺陷。它们可以是圆形、椭圆形、锥形或带有尾巴（在测定尺寸时应包括尾部）等不规则的形状。包括气孔、夹渣和夹钨 ② 圆形缺陷用评定区进行评定，评定区域的大小见下表。评定区应选在缺陷最严重的部位

缺陷评定区　　　　　　　　　mm

母材厚度δ	≤25	>25～100	>100
评定区尺寸	10×10	10×20	10×30

③ 评定圆形缺陷时，应将缺陷尺寸按下表换算成缺陷点数

缺陷点数换算

缺陷长径/mm	≤1	>1～2	>2～3	>3～4	>4～6	>6～8	>8
点数	1	2	3	6	10	15	25

④ 不计点数的缺陷尺寸见下表

续表

缺 陷 形 态	分 级 内 容

不计点数的缺陷尺寸/mm

母材厚度 δ	缺陷长度
≤25	≤0.5
>25～50	≤0.7
>50	≤1.4% δ

注：母材板厚不同时，取薄的厚度值

⑤ 当缺陷与评定区边界线相接时，应把它划为该评定区计算点数

⑥ 当评定区附近缺陷较少，且认为只用该评定区大小划分级别不适当时，经供需双方协商，可将评定区沿焊缝方向扩大到3倍，求出缺陷总点数，用此值的1/3进行评定（详见 JB 7430—94）

⑦ 圆形缺陷的分级见下表

圆形缺陷

圆形缺陷的分级

点数\质量等级	评定区/mm					
	10×10		10×20		10×30	
	母材厚度/mm					
	≤10	>10～15	>15～25	>25～50	>50～100	>100
Ⅰ	1	2	3	4	5	6
Ⅱ	3	6	9	12	15	18
Ⅲ	6	12	18	24	30	36
Ⅳ	缺陷点数大于Ⅲ级或缺陷长径大于 $\frac{1}{2}\delta$ 者					

注：1. 表中数字是允许缺陷点数的上限

2. 母材板厚不同时，取薄的厚度值

⑧ Ⅰ级焊缝和母材厚度等于或小于5mm的Ⅱ级焊缝内不计点数的圆形缺陷，在评定区内不得多于10个

条状夹渣

① 长宽比大于3的夹渣定义为条状夹渣

② 条状夹渣的分级见下表

条状夹渣的分级/mm

质量等级	单个条状夹渣长度	条状夹渣总长
Ⅱ	$\frac{1}{3}\delta$，最小可为4，最大不超过20	在任意直线上，相邻两夹渣间距均不超过 $6L$ 的任何一组夹渣，其累计长度在 12δ 焊缝长度内，不超过 δ
Ⅲ	$\frac{2}{3}\delta$ 最小可为6，最大不超过30	在任意直线上，相邻两夹渣间距均不超过 $3L$ 的任何一组夹渣，其累计长度在 6δ 焊缝长度内，不超过 δ

缺 陷 形 态	分 级 内 容	
	Ⅳ	大于Ⅲ级者
条状夹渣	注：1. 表中 L 为该组夹渣中最长者的长度，δ 为母材厚度 2. 长宽比大于 3 的长气孔的评级与条状夹渣相同 3. 当被检焊缝长度不足 12δ（Ⅱ级）或 6δ（Ⅲ级）时，可按比例折算。当折算的条状夹渣总长小于单个条状夹渣长度时，以单个条状夹渣长度为允许值 4. 当两个或两个以上条状夹渣在一直线上且相邻间距小于或等于较小夹渣尺寸时，应作为单个连续夹渣处理，其间距也应计入夹渣长度，否则应分别评定 5. 母材板厚不同时，取薄的厚度值	
裂纹、未熔合、未焊透	参见表 2-7 焊缝的质量分级要求	
综合缺陷	在实际生产中，焊接缺陷的存在形式、形态是很复杂的，可能以单一形态出现，也可能是几种缺陷综合存在，为此需要进行综合评级 综合评级要求：在圆形缺陷评定区内，同时存在圆形缺陷和条状夹渣或未焊透时，应各自评级，将各自评级结果级别之和减 1 作为最终级别 当在评定范围内存在裂纹、未熔合等缺陷时，不必进行综合评级，因为它只能评为Ⅳ级	

（3）缺陷位置和尺寸的确定

在射线探伤中经过评片后，有时根据生产上的需要，经常会遇到要求对缺陷的位置和尺寸的测定问题。下面介绍缺陷深度和平面尺寸测定方法（参见表2-9）。

表 2-9　缺陷位置和尺寸的确定

待求参数	示 意 图	计 算 公 式	备 注
缺陷深度 d	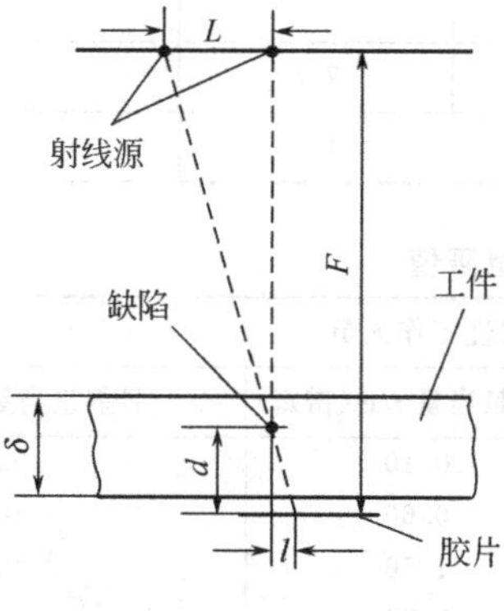	参见图示有 $$\dfrac{F-d}{d}=\dfrac{L}{l}$$ 则 $d=\dfrac{LF}{L+l}$	F——焦距，mm； L——两次曝光射线源水平移动距离，mm； l——两次曝光缺陷的影像距离，mm； d——缺陷深度，mm（包括了底片前半面厚度和增感屏厚度，约2mm）

待求参数	示 意 图	计 算 公 式	备 注
缺陷平面尺寸	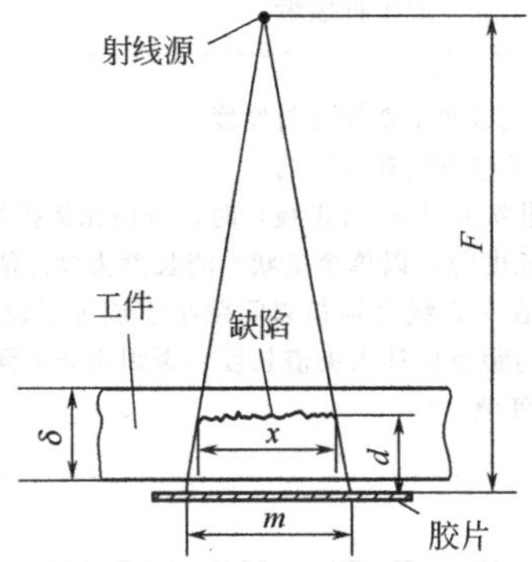	参见图示有 $\dfrac{x}{m}=\dfrac{F-d}{F}$ $x=\dfrac{F-d}{F}m$ 同理 $y=\dfrac{F-d}{F}n$	x、y——缺陷在垂直于射线方向上，平面坐标的真正长度和宽度，mm； m、n——x、y 投影到底片上的影像坐标长度和宽度，mm； F——焦距，mm； d——缺陷深度，mm。 此法用于影像尺寸大于缺陷真正尺寸时。对于薄工件或缺陷位置靠近胶片时，采用大焦距，垂直照射的情况下，底片上呈现的影像大小基本上等于缺陷在垂直于射线照射方向的平面上的真实大小

上面介绍的缺陷深度和平面尺寸的测定，是一项较烦琐的工作，且存在一定误差，只在特殊需要的情况下测定。

2.4 射线防护

（1）射线防护标准

国内射线防护标准参见 GB 4792—84《放射卫生防护基本标准》，ZBY 315《500 千伏以下工业 X 射线机防护规则》。标准中的有关条款见表 2-10～表 2-12。

表 2-10 电离辐射的剂量当量限值

受照射部位		职业性放射性工作人员的剂量当量限值/年		放射性工作场所相邻及附近地区工作人员和居民的剂量当量限值/年	
器官分类	名　称	rem(雷姆)	mSr(毫希沃特)	rem(雷姆)	mSr(毫希沃特)
第一类	全身、性腺红骨髓、眼晶体	5	50	0.5	5
第二类	皮肤、骨、甲状腺	30	300	3	30
第三类	手、前臂、足踝	75	750	7.5	75
第四类	其他器官	15	150	1.5	15

表 2-11 剂量当量限值

受照射部位	职业性放射性工作人员			
	年剂量当量 rem(雷姆)	月剂量当量 rem(雷姆)	周剂量当量 rem(雷姆)	日剂量当量 rem(雷姆)
第一类器官	5	0.42	0.10	0.017
第二类器官	30	2.52	0.60	0.10
第三类器官	75	6.25	1.50	0.25
第四类器官	15	1.25	0.30	0.05

注：表中月剂量当量按每年 12 个月换算；周剂量当量按每年 50 周换算；日剂量当量按每周 6 天换算。

表 2-12　GB 4792—84《放射卫生防护基本标准》中有关条款

GB 4792—84 中有关条款	内　容
连续照射的控制	职业性照射的控制：在受照射剂量较均匀的条件下，可按月剂量当量控制；如工作需要，连续 3 个月内一次或多次接受的总剂量可允许达到年剂量当量限值的一半，但一年内接受的剂量当量不得超过表 2-11 中的规定
应急照射	在十分必要时，经过周密安排，由领导批准，健康合格的工作人员一人可接受 10 雷姆的全身照射，但以后所接受的照射应当减少，以使受照射的前 5 年以及后 5 年累积剂量当量低于 50 雷姆，后 5 年不得再接受此类照射

（2）射线防护方法

在进行射线防护之前，要求有准确的测量结果并对结果做出必要的评价。辐射监测主要是对工作环境和工作人员的监测。

射线防护方法主要从控制辐射剂量着手，把辐射剂量控制在保证工作人员健康和安全的条件下的最低标准内。对射线检测的外照射防护来讲，主要从照射时间、距离和屏蔽三方面进行，详见表 2-13。

影响辐射损伤的因素见表 2-14。

表 2-13　控制辐射剂量的方法

控制项目	控　制　内　容
照射时间	控制照射时间，即控制工作人员在辐射场中的停留时间。因为人体在辐射场内停留时间越长，则累积吸收剂量越大，即 剂量＝剂量率×时间 可见在剂量率不变的情况下，累积的吸收剂量与照射时间成正比关系，因此，射线探伤工作人员注意缩短在辐射场内的停留时间，是防护措施之一
距离	适当增加被照射人员与辐射源之间的距离，也是防护的措施之一。因为对于同一辐射源，照射剂量或剂量率与距离的平方成反比。可见增加工作人员与辐射源之间的距离，是有效的简便的防护措施 照射剂量与距离的关系式为 $$\frac{D_1}{D_2}=\frac{R_2^2}{R_1^2}$$ 式中　D_1、D_2——距离辐射源 R_1、R_2 处的剂量； 　　　R_1、R_2——辐射源起点 1、2 处的距离。 上述关系式适用于点射线源
屏蔽	屏蔽就是在辐射源与工作人员之间增加一道防护屏蔽物，以减小射线对人体的损害。显然防护屏蔽物对射线的吸收越多，对人体的损害就越少。因此，原子序数高、密度大的材料是较好的防护材料，如常用的铅、混凝土等。另外，根据射线探伤条件不同，屏蔽防护可以有固定永久式，如防护墙、门等；也可以是活动临时式，如移动操作室、防护屏、铅砖等

表 2-14 影响辐射损伤的因素

主要因素	影 响 内 容
辐射性质	辐射性质包括辐射的种类和能量。不同的辐射源在介质中的线能量转移(LET)不同,所产生的电离密度不同,因而相对产生的生物效应也不相同。如 X 射线和 γ 射线的生物效应基本相同,而中子与 γ 射线相比,中子的 LET 较大,所以中子产生的生物效应比 γ 射线大。另外,对同一类型的辐射,若射线能量不同,产生的生物效应也不相同。如低能 X 射线造成皮肤红斑所需的照射量小于高能 X 射线,因为低能 X 射线主要被皮肤吸收,而高能 X 射线照射时,将能量同时分布到较深的组织中去

剂量	剂量与生物效应之间存在着复杂的关系,一般说来,吸收剂量越大,生物效应也越大。以一次全身照射为例,不同剂量的照射对人体的损伤大致估计见下表。rad(拉德)为吸收剂量的专用单位

吸收剂量	人体损伤程度
25rad 以下一次照射	观察不出明显的病理变化
50rad 左右	可见一时性迹象变化
大于 50rad	可出现机能和血象的改变,因个体差异有的可能表现出轻辐射症候群
大于 100rad	能引起程度不同(轻、中、重、极重)的急性放射病
500rad 左右	当一次全身照射达到 500rad 时,使人体致半死状态
大于 1000rad	在一、二个月内 100％死亡
几千 rad	几千 rad 的全身照射,可破坏中枢神经系统,而在几分钟至几小时内致死

剂量率	由于人体对射线的生物损伤有一定的恢复作用,所以在受照射总剂量相同时,小剂量率的分散照射比一次大剂量率的急性照射所造成的生物损伤要小得多。例如,若一生(50 年)全身均匀照射的累积剂量为 200rad,并不会发生急性生物损伤;若一次急性照射的剂量为 200rad,则可能产生严重的躯体效应,临床表现为急性放射病。剂量率＝剂量/时间

照射方式	照射方式主要有外照射和内照射。对射线探伤者来说主要是外照射。在外照射的情况下,单方向与多方向进行照射生物损伤不同;一次照射与多次照射不同,多次照射时,其间隔时间不同,所产生的生物损伤也有差别

照射部位	人体受照射的部位不同,产生的生物损伤也不同。例如,以 600rad 照射全身可引起致死,而同样的剂量照射手足,可能不会发生明显的临床症状。在相同剂量和剂量率照射条件下,不同部位的辐射敏感性的高低依次排列为:腹部、盆腔、头部、胸部、四肢

照射面积	在相同剂量照射下,受照面积越大,产生的效应也越大。以 600rad 照射为例,在不同的照射面积上,效应见下表

照 射 面 积	效 应
几平方厘米	皮肤暂时变红,不会出现全身症状
几十平方厘米	产生恶心、头痛等症状,经过一时期症状会消失
全身的 1/3 以上面积	有致死的危险
另外,注意与被照射部位的关系,重要部位的小面积照射也会有严重损伤	

复 习 题

2-1 简述射线检测之前应作的准备工作。

2-2 说明射线照相的质量等级要求（象质等级）。

2-3 射线检测焊接接头时，对接接头透照缺陷等级评定的焊缝质量级别是怎样划分的。

2-4 说明象质计的应用及作用。试确定被检测钢板厚度为 50mm，要求相对灵敏度（K）为 1.5%时，象质计的组别，并判断底片上可识别出的最细金属丝直径。

2-5 影响底片不清晰度的因素有哪些。

2-6 对射线防护的方法有几种。检测人员每年允许接受的最大射线照射剂量是多少？

3 超声波检测及缺陷等级评定

超声检测目前在国内系指采用 A 型脉冲反射式超声波探伤仪产生的超声波，透射被检物并接收反射回的脉冲信号，对信号进行等级分类的全过程。

3.1 超声波检测的基础知识

3.1.1 超声波及其特性

超声波即是频率高于 20000Hz 的机械波（声波的频率范围在 20～20000Hz 之间）。超声波的特性如下。

① 具有良好的方向性。在超声检测中超声波的频率高、波长短，在介质传播过程中方向性好，能较方便、容易地发现被检物中是否存在缺陷。

② 具有相当高的强度。超声波的强度与其频率的平方成正比，因此其强度相当高。如 1MHz 的超声波能量（强度）相当于 1kHz 声波强度的 100 万倍。

③ 在两种传播介质的界面上能产生反射、折射和波形转换。目前国内广泛采用的脉冲反射式超声检测法就是利用了这一特点。

④ 具有很强的穿透能力。超声波可以在许多金属或非金属物质中传播，且传播距离远、传输能量损失少、穿透力强，是目前无损检测中穿透力最强的检测方法，如可穿透几米厚的金属材料。

⑤ 对人体无伤害。

3.1.2 超声波的种类及应用

几种波的传播特点及应用参见表 3-1。

表 3-1　几种波的传播特点及应用

波的类型	概　念	符号	图　示	质点振动特点	传播介质	应　用
纵波	在传播介质中质点的振动方向与波的传播方向相同的波，称为纵波	L		质点的振动方向平行于波的传播方向	固、液、气体介质	钢板、锻件等探伤
横波	在传播介质中质点的振动方向与波的传播方向互相垂直的波，称为横波	S(T)		质点的振动方向垂直于波的传播方向	固体介质	焊缝、钢管等探伤

续表

波的类型	概　念	符号	图　示	质点振动特点	传播介质	应　用
表面波（端利波）	当交变的表面张力作用于固体表面时,产生沿介质表面传播的波,称为表面波	R		质点作椭圆运动,椭圆长轴垂直于波传播方向,短轴平行于波传播方向	固体介质	钢板、锻件钢管等探伤
板波（兰姆波）	SH 波是水平偏振的横波在薄板中的传播	SH		薄板中各质点的振动方向平行于板面而垂直于波的传播方向	固体介质（厚度与波长相当的薄板）	薄板、薄壁钢管的探伤(δ<6mm)

其中,纵波和横波的应用比较广泛,纵波及横波通常是由直探头和斜探头产生的。

(1) 纵波的声场声压分布

纵波声场的声压（P）分布如图 3-1 所示。

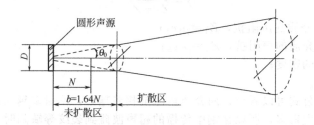

图 3-1　圆形声源的纵波超声场声压分布

若声场的声源声压为 P_0,则有

$$P \approx 2P_0 \sin \frac{\pi D^2}{8\lambda x}; \quad \lambda = \frac{c}{f} \quad (x > D \text{ 时}) \tag{3-1}$$

$$P \approx \frac{P_0 F}{\lambda x}; \quad F = \frac{\pi D^2}{4} \quad (x > 3\frac{D^2}{4\lambda}\text{时}) \tag{3-2}$$

其中　D——波源直径,mm;

　　　　N——近场区长度,$N = \frac{D^2}{4\lambda} = \frac{F}{\pi\lambda}$, mm;

　　　　b——未扩散区长度,$b \approx 1.64N$, mm;

　　　　θ_0——半扩散角,$\theta_0 = \arcsin 1.22\frac{\lambda}{D} \approx 70\frac{\lambda}{D}$, (°);

　　　　P_0——波源声压,Pa;

　　　　x——波源轴线上某点至波源的距离,mm;

　　　　c——波速,m/s;

　　　　f——波动频率,Hz。

从图 3-1 圆形声源的纵波超声场中可以看出，不同截面上的声压分布是不同的，当 $x \geqslant N$ 时，轴线上声压最高，偏离中心轴线声压逐渐降低。超声波的能量主要集中在 $2\theta_0$ 之内的锥形区域，此区域称为主波束，主波束边缘声压为零。半扩散角（θ_0）的大小是衡量超声波方向性好坏的参数。在超声波检测过程中要注意声压分布的特点，利用主声束检测，同时注意其他参数的影响。

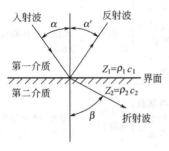

图 3-2 波的反射与折射

（2）超声波的反射和折射

当超声波从某一介质传播到另一介质时，一部分能量在界面上反射回原介质内，成为反射波；另一部分能量透过界面在第二介质内传播，成为折射波。如图 3-2 所示。

a. 反射率　反射波声压 P_γ 与入射波声压 P_0 之比，称为反射率 γ。即

$$\gamma = \frac{P_\gamma}{P_0} = \frac{Z_2 \cos\alpha - Z_1 \cos\beta}{Z_2 \cos\alpha + Z_1 \cos\beta} \tag{3-3}$$

当超声波垂直入射时，$\alpha = \beta = 0°$，则

$$\gamma = \frac{Z_2 - Z_1}{Z_2 + Z_1} \tag{3-4}$$

式中　Z_1——第一介质的声阻抗，$Z_1 = \rho_1 c_1$；

　　　　Z_2——第二介质的声阻抗，$Z_2 = \rho_2 c_2$；

　　　　ρ——介质的密度；

　　　　c——声速。

从反射率计算公式可以看出，两介质声阻抗相差越大，反射率越大，例如，钢的声阻抗比气体的声阻抗大得多，所以在钢中传播的超声波碰到裂纹等缺陷时（裂纹等缺陷内可能由气体等介质构成），便从缺陷表面反射回来，而且反射率近于 100%，测定出反射回来的超声波，就能差别缺陷的存在，这就是超声波检测的基本原理。

b. 透过率　透过声压 P_t 与入射声压 P_0 之比，称为透过率 K。即

$$K = \frac{P_t}{P_0} = \frac{2Z_2 \cos\alpha}{Z_2 \cos\alpha + Z_1 \cos\beta} \tag{3-5}$$

当超声波垂直入射时，$\alpha = \beta = 0°$，则

$$K = \frac{2Z_2}{Z_2 + Z_1} = 1 + \gamma \tag{3-6}$$

从透过率计算公式可以看出，第二介质的声阻抗增大，则透过率也增大。这对超声检测很有实际意义。例如，检测时为尽量使超声波透入工件，必须在探头与工件表面之间加机油、水等耦合剂，否则在探头与工件表面之间存在有空气，易产生全反射。此时耦合剂（液体）声阻抗大，则自探头射入工件的超声波及从工件内反射回探头的超声波都容易透过。

但应指出，当第二介质较薄时，反射率与透过率的计算公式有些不同，它们不但与两介质的声阻抗有关，而且和第二介质的厚度与该介质中超声波波长之比有关。

c. 直探头（纵波）的应用　当超声波垂直入射到平界面上时，如图 3-3 所示，对轴

（钢）件检测，超声波从直探头的发射点（a）发射进入轴件中垂直发射传播，到达底面（由钢与空气组成的界面，此时的反射率近于100％）时，绝大部分能量的超声波反射回来，被探头接收，超声波传播的距离为轴件的高度 L。若超声波在钢介质中碰到裂纹等缺陷时（缺陷的介质不同于钢介质），则从缺陷界面反射回来，故可判别缺陷的存在，并能进一步判断缺陷的位置，根据反射回的波形形态、特点还可以判断缺陷的性质（如裂纹、夹层、夹渣等缺陷），此时超声波所传播的距离即是缺陷所存在的位置与发射点间的长度 x。

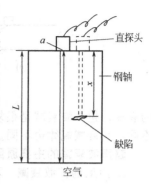

图 3-3　直探头的应用

d. 斜探头（横波）的应用　在对焊缝检测时，由于焊缝余高凸凹不规则，且高出钢板表面，因此通常选用斜探头（横波）检测，斜探头发射出的超声波传播方向、路径如图3-4所示。超声波由斜探头的入射点（a）发射进入钢板后的方向沿着 ab 方向传播，与钢板表面垂直方向有夹角 β，β 为斜探头的特性参数之一，常用 K 值表示，$K=\tan\beta$。

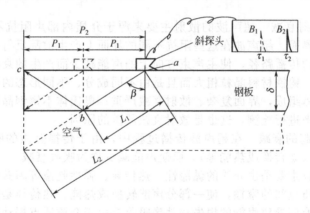

图 3-4　斜探头的应用

其中　L_1——一次波声程，$L_1=\delta/\cos\beta$；
　　　L_2——二次波声程，$L_2=2\delta/\cos\beta$；
　　　P_1——一次波跨距，$P_1=\delta\tan\beta=K\delta$；
　　　P_2——二次波跨距，$P_2=2\delta\tan\beta=2K\delta$；
　　　δ——板厚。

当超声波传播到钢板与空气的界面（b 点）时，产生全反射，传播方向改向 bc 方向。由于钢板上、下两表面是平行的，所以超声波将在钢板内按 W 形路线传播。

在焊缝检测时，一次波声程［如图3-5（a）所示］常用于厚板焊缝检测，但不易发现焊缝区上部（M区）的缺陷；二次波声程［如图3-5（b）所示］常用于中厚板、薄板的焊缝检测。

（3）超声波的衰减

超声波在介质中传播，随着传播距离的增加，其能量逐渐减弱的现象称为超声波能量

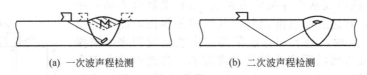

(a) 一次波声程检测　　　　　　　(b) 二次波声程检测

图 3-5　超声波检测

的衰减。超声波衰减是很复杂的问题，传播的介质不同、传播的条件不同、超声波的波形不同，其衰减规律也不同。

超声波衰减的主要原因

a. 声束的扩散衰减　不同的振源在介质中产生的波形不同，声波在介质中传播的状况也不同。如图 3-1 所示，随着传播距离的增加，声场的声压分布是不同的，声波将会扩散，从而单位面积上超声波能量和声压将会逐渐减少，这种随着波阵面的扩散而引起的超声波能量和声压的减少，称为扩散衰减。

在实际检测中，随着使用探头型式、晶片大小和频率的不同，超声波的扩散衰减也是不相同的。

b. 超声波的散射衰减　超声波的散射主要来源于介质内部声阻抗不同（如金属晶粒的大小不同等）的界面。超声波在这些阻抗不同的界面上产生散乱反射，被散射的超声波在介质中经过复杂的传播路径，使主声束方向上的声能减少而产生的衰减称为散射衰减。

在实际检测中，铸铁材料晶粒粗大而且是由不同成分、不同形态的石墨（片状、团絮状、球状）和铁素体组成，界面复杂、散射衰减严重；奥氏体不锈钢晶粒粗大，很难用检测一般钢材的方法来进行检测，这也是散射衰减严重的原因。

c. 介质吸收引起的衰减　在超声波传播过程中，由于传播介质的吸收而使声能转换成另外形式的能量（如转换成热能等），而使声能减少称为吸收衰减。

声波被介质吸收主要是由介质的黏滞性、热传导、弹性弛豫等因素引起的。黏滞性阻碍质点振动，造成质点间的摩擦，使一部分声能转换成热能；热传导是由于介质的疏部和密部之间进行热交换而导致声能的损失；弛豫吸收是由于介质质点振动的迟缓，声能没有传播出去，而储存在介质的内部。

除了上述三种主要衰减之外，材质的声能衰减还有其他一些因素，如在强磁性材料中由于磁畴壁引起的衰减；电子相互作用引起的衰减；应力与交变应力产生晶格位错引起的衰减；残余应力造成声场紊乱而引起的衰减等。

衰减系数

超声波在不同介质的衰减情况，常用衰减系数来定量表示。

工件材质衰减系数的计算公式为

$$\alpha = \frac{(B_1 - B_2) - 6\text{dB}}{2\delta} \tag{3-7}$$

式中　α——衰减系数（单程），dB/mm；

$B_1 - B_2$——衰减器的两次读数之差，dB；

δ——工件检测厚度，mm。

在工件无缺陷完好区域，选取三处检测面与底面平行且有代表性的部位，调节仪器使第一次底面回波幅度（B_1）为满刻度的 50%，记录此时衰减器的读数，再调节衰减器，使第二次底面回波幅度（B_2）为满刻度的 50%，两次衰减器读数之差即为（B_1-B_2）的 dB 差值。计算后取三处衰减系数的平均值作为该工件的衰减系数。

衰减对检测的影响

传播介质是影响超声波衰减的主要因素，在气体介质中超声波衰减最严重，在液体介质中次之，在固体介质中衰减最小，因此，在实际检测过程中要避免有气体介质传播。另外，随着超声波传播的路径增大，衰减增加，使检测灵敏度降低。

超声波在金属中传播时的散射衰减与金属晶粒尺寸有关，晶粒尺寸越大，散射作用越强，衰减也越严重；反之，则衰减减小。例如，奥氏体不锈钢、铸钢、铸铁等材料，由于较粗大的晶粒，超声波检测时，需要采用一些与普通钢材不同的特殊检测工艺方法。

用超声波检测钢材料时，超声波是由探头发射出来的，而探头通常是由有机玻璃制造的，所以超声波首先接触的第一介质就是有机玻璃（固体），在进入到钢材料（钢介质）之前，接触的第二传播介质通常是空气，这时由探头产生并发射出来的超声波碰到的第一界面是由有机玻璃（固体）与空气（气体）组成的界面，而使超声波很难进入到被检工件钢材料中去。为此超声波检测时必须用耦合剂（一般为液体，排除了空气的影响）以解决这个问题。

3.1.3 超声波探伤仪、探头、耦合剂、试块

在超声波检测时，主要使用的设备及用品是超声波探伤仪、探头、耦合剂、试块等。

（1）超声波探伤仪

超声波探伤仪是超声检测中的关键主体设备，它的功能是产生电振荡并加在换能器——探头上，使之产生超声波，同时又可以将探头接收的返回信号放大处理，以脉冲波、图像显示在荧光屏上，以便进一步分析判断被检对象的具体情况。超声波探伤仪有多种分类方法，其中按缺陷被显示方式不同有以下几种类型，见表 3-2，常用脉冲反射式超声波探伤仪主要参数见表 3-3。

表 3-2　常用脉冲反射式超声波探伤仪

类　　型	缺　陷　显　示
A 型探伤仪	A 型显示是以脉冲波形显示在荧光屏上，横坐标代表声波的传播时间（或距离），纵坐标代表反射波幅度。由反射波的位置可以计算缺陷的位置，由反射波的幅度可以估算缺陷的大小。目前应用于金属材料超声波探伤的仪器基本上都是 A 型显示脉冲反射式探伤仪
B 型探伤仪	B 型显示是以图像显示在荧光屏上，横坐标以机械扫描来代表探头的扫描轨迹，纵坐标以电子扫描来代表声波的传播时间（或距离），可以显示出被检工件在任一截面上缺陷的分布及深度
C 型探伤仪	C 型显示也是一种图像显示，此时纵、横坐标都是以机械扫描来代表探头在工件表面的位置。探头接收脉冲波的幅度以光点、亮度表示，因而探头在工件表面上移动时，荧光屏上便显示出工件内部缺陷的平面图像（即从探头方向看的投影），但不能显示缺陷的深度

续表

类　型	缺　陷　显　示
对探伤仪的一般要求（JB 4730—94）	A 型脉冲反射式超声波探伤仪工作频率范围为 1～5MHz，仪器至少在荧光屏满刻度的 80％范围内呈线性显示。探伤仪应具有 80dB 以上的连续可调衰减器，步进级每挡不大于 2dB，其精度为任意相邻 12dB 误差在 ±1dB 以内，最大累计误差不超过 1dB。水平线性误差不大于 1％，垂直线性误差不大于 5％。其余指标应符合 ZBY230 的规定

表 3-3　常用脉冲反射式超声波探伤仪主要参数

特征参数	汕头 CTS 型			德国 Krautkrämer		
	22	23	24	USK7	USL48	USIP12
探伤频率/MHz	0.5～10	0.5～20	0～25	0.5～10	1～10	0.5～15 1～25
增益或衰减/dB	80	90	110	100	106	106
近表面分辨力/mm	$\phi2\geqslant3$	$\phi2\geqslant2$			$\phi1.2\geqslant1.3$	$\phi0.4\geqslant1.3$
薄板分辨力/mm		1.2	1.2			0.5
探测范围/mm	10～120	5～5000	5～10000	0～10 0～2500	0～5 0～6000	0～5 0～15000
质量/kg	5	7.2	18	5.1	8.4	18

注：探测范围指纵波；增益或衰减指可读数；近表面分辨力和 $\phi2$ 等是指平底孔。

（2）探头

探头是与超声波探伤仪配合产生超声波和接收反射回信号的重要部件，也即是将电能转换成超声波能（机械能）和将超声波能转换为电能的一种换能器。

探头的分类方式可参见表 3-4。

表 3-4　探头的分类

分类内容	类　型
按入射声束方向分类	直探头，其入射波束与被检工件表面垂直 斜探头，其入射波束与被检工件表面成一定的角度（入射角）
按波型分类	按照在被检工件中产生波型不同可分为纵波探头、横波探头、板波（兰姆波）探头和表面波探头
按晶片数目分类	按照探头制造中压电晶片的数量可分为单晶探头、双晶探头和多晶片探头
按耦合方式分类	按照探头与被检工件表面的耦合方式可分为直接接触式探头和液浸式探头（如水浸式探头）。注意直接接触式探头工作时在探头与工件之间也有一薄层耦合剂
按声束形状分类	按照超声声束的集聚与否可分为聚焦探头和非聚焦探头

在实际检测中，常用的探头有直探头、斜探头、双晶探头、聚焦探头等。探头的主要

性能、特点及应用如下。

a. 直探头　波束垂直于被检工件表面入射到工件内部传播（参见图3-3），探头用来发射和接收纵波，可用单探头反射法，也可用双探头穿透法。

单晶直探头晶片尺寸为 $\phi14\sim\phi25mm$ 或方晶片面积大于 $200mm^2$，小于 $500mm^2$，发射超声波的入射点为直探头中心。公称频率为 2.5MHz，远场分辨力应大于或等于 30dB，声束轴线水平偏离角不应大于 $2°$，主声束垂直方向不应有明显的双峰。

直探头常用于检测钢板、锻件等上下两表面平行的工件及轴类件等，检测钢板厚度范围为 $20\sim250mm$。

b. 斜探头　利用探头内的透声楔块使声束倾斜于工件表面射入到工件内部的探头称为斜探头。根据探头设计制造的入射角度不同，可在工件中产生纵波、横波和表面波，也可以在薄板中产生板波，通常所说的斜探头系指横波斜探头。

斜探头的主要性能参数除晶片尺寸、公称频率外，在检测工件之前还应校对、测试如下性能参数（参见图3-4）。

斜探头的入射点 a　是指斜探头发射出的超声波入射到工件内，主声束与工件表面相接触的点，如图3-6所示。校对测准斜探头的入射点，对准确确定工件内部缺陷的位置有很大的影响。

斜探头入射点的校对、检测必须在标准规定的标准试块上进行（如CSK-IA试块、IIW-2试块等）。

声束的折射角（K 值）　常用的横波斜探头，其入射角不同，在工件内产生的折射角也不同。在实际检测时，经常用 K 值来表示斜探头的折射角，$K = \tan\beta$（β 为折射角）。K 值为 1.0，1.5，2.0，2.5，3.0。折射角的校对值与公称值偏差应不超过 $2°$，K 值的偏差不应超过 ±0.1。

图 3-6　斜探头入射点及前沿长度

斜探头前沿长度 l　是指斜探头入射点 a 至探头前沿的水平距离，如图3-6所示。校测值不应超过 1mm。

掌握斜探头前沿长度 l 对检测过程中的缺陷定位及确定合理的检测操作空间等都有很实际的作用。

声束轴线偏向角　是指主声束轴线与晶片中心法线之间的夹角。这是探头制造的一个工艺参数，为保证缺陷定位与指示长度的测量精度，声束轴线偏向角不应大于 $2°$。

以上斜探头的性能参数不但要在检测之前校测，而且要在每间隔六个工作日按 ZBY231《超声探伤用探头性能测试方法》规定的方法检查一次。

（3）超声探伤仪和探头的系统性能

当探头与超声探伤仪在一起配合进行检测工作时，对它们所组成的系统性能也要给予考虑并提出要求，以满足实际检测需要。

a. 灵敏度余量　在 A 型超声检测系统中，以一定脉冲波形表示的标准缺陷检测灵敏度与最大检测灵敏度之间的差值称为灵敏度余量，用分贝 dB 数值表示。标准缺陷不同，对系统灵敏度余量要求也不同。以 $\phi3\times40$ 的横通孔为标准缺陷，GB 11345—89 中规定系统的有效灵敏度必须大于评定灵敏度10dB以上。

b. 分辨力　超声检测系统能够把声程不同的两个邻近缺陷在示波管荧光屏上作为两

回波区别出来的能力称为分辨力。

GB 11345—89 规定：直探头远场分辨力不小于 30dB；斜探头远场分辨力不小于 6dB。分辨力的详细测定方法可参见 ZBJ 04001—87《A 型脉冲反射式超声波探伤系统工作性能测试方法》。

c. 始脉冲宽度　超声探伤仪与直探头组合的始脉冲宽度，对于频率为 5MHz 的探头，其占宽不得大于 10mm；对于频率为 2.5MHz 的探头，其占宽不得大于 15mm。

（4）耦合剂

当探头与被检工件表面直接接触时，即采用直接接触式检测时，必须选用合适的耦合剂以减少声能的损失，同时也能提高探头的使用寿命。在选择耦合剂时要注意不要对工件、探头及操作者构成损伤、腐蚀等影响。

常用的有机油、浆糊、甘油和水等透声性好的耦合剂。

（5）试块

当采用超声波进行检测或测量时，为校验超声波探伤仪、探头等设备的综合系统性能，统一检测操作的灵敏度，使评价缺陷的位置、大小、性质等尽量达到一致要求，使最后对被检测工件的评级、判废等工作有共同的衡量标准，在进行超声波被测之前按不同用途设计并制造出各种形状简单的人工反射体，统称为试块。随着超声波检测工作的不断发展，国际焊接学会对试块的材质、形状、尺寸及表面状态等都作了具体统一的规定，并已经在许多国家使用，成为在国际范围内的标准，这一类试块常称为标准试块。标准试块基本上可分为校验标准试块和对比标准试块。

a. 对试块的总体要求　由于实际超声检测时条件不同、情况复杂，因此实际应用的试块种类繁多，以满足不同条件下的要求。现对试块的总体要求简介如下。

① 试块应采用与被检工件有相同或近似声学性能的材料制成，该材料用探头检测时，内部不得有大于 $\phi2mm$ 平底孔当量直径的缺陷。

② 校准用反射体可采用长横孔、短横孔、平底孔、线切割槽和 V 形槽等。校准时探头主声束应与反射体的反射面相垂直。

③ 试块的外形尺寸应代表被检工件的特征，试块厚度应与被检工件厚度相对应。如果涉及到两种或两种以上不同厚度的部件熔焊工件时，试块的厚度应由其平均厚度来确定。

④ 试块的制造要求应符合 ZBY232 和 JB4126 的规定。

⑤ 现场检测时，也可以采用其他形式的等效试块。

另外对用于不同情况下的试块，可参照有关要求来制造，如 JB 4730—94 中的相应试块要求等。

b. 试块的分类及应用

① 校验标准试块。主要用于校验探伤仪、探头的综合性能，确定探伤灵敏度等工艺参数。中国压力容器焊缝超声检测所规定的标准试块 CSK-IA 试块即是在 IIW（国际焊接学会制定的标准试块）等试块的基础上进行了多次修改而制成的校验标准试块。

② 对比标准试块。主要用于调整检测范围，确定探伤的灵敏度等，与对比标准试块来比较，评估被检缺陷的大小等，以便对工件缺陷进行分级，做出最后判定。

c. 压力容器焊缝检测用标准试块

① CSK-ⅠA 试块。为中国 JB 4730—94 标准所推荐的用于焊缝超声波探伤试块，以校验为主（参见图 3-7）。其主要用途如下。

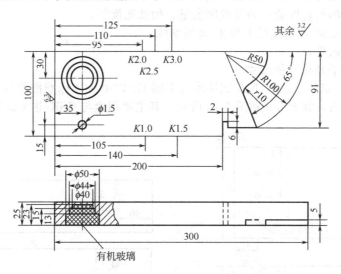

图 3-7　CSK-ⅠA 试块

适用于厚度范围为 8～120mm 的焊缝和厚度范围大于 120～300mm 的焊缝探伤；

利用厚度尺寸 25 测定超声探伤仪的水平线性、垂直线性和动态范围；

利用厚度尺寸 25 和 100 调整纵波检测范围和扫描速度；

利用尺寸 85,91,100 测定直探头的分辨力；

利用 φ50 至两侧的距离 5 和 10 测定探头的盲区范围；

利用 φ50×23 有机玻璃块测定探伤仪和直探头的穿透能力；

利用 φ50 和 φ1.5 圆孔测定斜探头的折射角；

利用 R100 测定探伤仪和斜探头的组合灵敏度（又称灵敏度余量、综合灵敏度）；

利用尺寸 91（纵波声程 91mm 相当于横波 50mm）调节横波 1：1 扫描速度；配合利用 R100 校正零点；

利用 R100 测定斜探头的入射点和前沿长度；

利用试块直角棱边测定斜探头声束轴线的偏离情况。

② CSK-ⅡA 试块。为中国 JB4730—94 标准推荐的用于压力容器焊缝的横波探伤试块，以对比为主（参见图 3-8）。

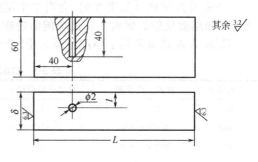

图 3-8　CSK-ⅡA 试块

L—试块长度，由使用的声程确定；
δ—试块厚度，由被检材料厚度确定；
l—标准孔位置，由被检材料厚度确定，根据检测可在试块上添加标准孔

其主要用途如下。

适用于厚度范围 8～120mm 的焊缝探伤；

测试探伤仪的组合性能，如灵敏度余量、始波宽度等；

绘制直探头距离-波幅曲线和面积-波幅曲线；

调节探伤灵敏度；

确定缺陷的平底孔当量尺寸。

③ CSK-ⅢA 试块、CSK-ⅣA 试块均为中国 JB 4730—94 标准推荐的用于压力容器焊缝的横波探伤试块，如图 3-9 和图 3-10 所示。其主要用途与 CSK-ⅡA 试块相同。

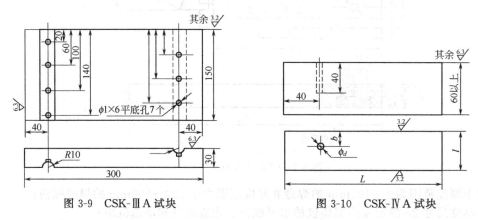

图 3-9　CSK-ⅢA 试块　　　　　　图 3-10　CSK-ⅣA 试块

CSK-ⅢA 试块（见图 3-9）含有 7 个距探测面不同深度的 $\phi 1 \times 6$ 平底孔，为了克服试块侧面和端面反射的影响，在试块侧面短横孔处加工了两个 $R10$ 圆弧槽。

CSK-ⅣA 试块适用于厚度范围大于 120～300mm 的焊缝探伤。其尺寸见表 3-5。

表 3-5　CSK-ⅣA 试块尺寸　　　　　　　　　　　　　　mm

CSK-ⅣA	被检工件厚度	对比试块厚度 δ	标准孔位置 b	标准孔直径 d
N01	＞120～150	135		6.5
N02	＞150～200	175	δ/4	8.0
N03	＞200～250	225		9.5
N04	＞250～300	275		11.0

④ 压力容器钢板超声检测标准试块均为 JB 4730—94 标准所推荐，如图 3-11 和图 3-12 所示。

图 3-11 所示为标准试块，适用于板厚小于或等于 20mm 的钢板，采用双晶直探头检测，其主要用途为检测探伤灵敏度。当被检板厚小于或等于 20mm 时，用该试块将工件等厚部位第一次底波高度调整到满刻度的 50%，再提高 10dB 作为检测灵敏度。

图 3-12 所示为标准试块，适用于板厚大于 20mm 的钢板，采用单晶直探头检测，其主要用途为检测探伤灵敏度。当被检板厚大于 20mm 时，将试块平底孔第一次反射波高，调整到满刻度的 50% 作为检测灵敏度。

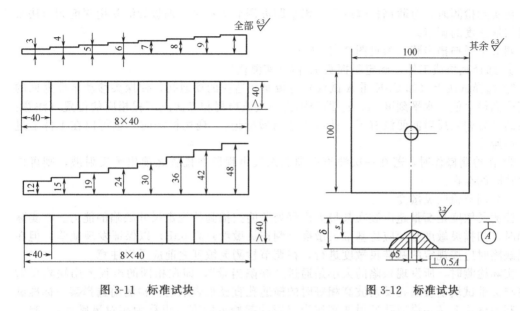

图 3-11 标准试块   图 3-12 标准试块

图 3-12 所示试块的 δ，s 尺寸见表 3-6。

表 3-6 标准试块 δ、s 尺寸

试块编号	被检钢板厚度	检测面到平底孔的距离 s	试块厚度 δ	试块编号	被检钢板厚度	检测面到平底孔的距离 s	试块厚度 δ
1	>20~40	15	≥20	4	>100~160	90	≥110
2	>40~60	30	≥40	5	>160~200	140	≥170
3	>60~100	50	≥65	6	>200~250	190	≥220

注：压力容器复合钢板对比试块及其超声检测内容见 JB 4730—94。

3.2 超声波检测缺陷

利用超声波对缺陷的检测主要包括：对缺陷位置的确定（定位），对缺陷尺寸和数量的确定（定量）和对缺陷性质如裂纹、气孔、夹渣的分析、判别（定性评估）。目前基本是采用 A 型脉冲反射式探伤仪检测缺陷，根据脉冲反射波的位置、幅值、形状等来判断。

3.2.1 检测前的准备

首先根据被检工件选择好探头的型式和检测方法，并且要做好调节检测仪器的扫描速度和灵敏度等准备工作。

（1）调节扫描速度

调节扫描速度是在试块或工件上接收反射波并调节其在示波屏上基扫描线（扫描速度）水平刻度值读数的适当位置。为准确地进行缺陷检测做准备。

在实际检测时，对薄钢板焊缝常用水平距离调节法；对厚钢板焊缝常用深度调节法来完成扫描速度的调节。

调节水平扫描步骤（参见图 3-4）如下。

① 选择试块或工件，确定斜探头 K 值（实测值）。

② 选择试块上（如 CSK-ⅡA 试块）与板厚相适应的横通孔，使探头移动至反射回的波高达到最大值，水平刻度 τ_1、τ_2 即分别为一次波声程和二次波声程相应的位置（注意：探头离开后相应反射波便没有了，所以要适当做标记）。现场检测时，也可以在工件上进行上述操作。

③ 在检测操作时，若在一次波声程和二次波声程所在位置之前出现反射波，则可以判定缺陷的存在。

（2）调节检测灵敏度

检测灵敏度是衡量超声波在某最大声程处所能扫描到的规定尺寸缺陷的能力。在实际检测时，扫描灵敏度至少应比基准灵敏度（判伤灵敏度）高 6dB，以保证发现缺陷。但在评估缺陷时应按规定的基准灵敏度进行，在调节检测灵敏度之前应予以注意。

实际检测时，所发现缺陷的大小是通过"缺陷当量"，即在相同的声程上用缺陷反射波高与标准试块上横通孔反射波高相等时的横通孔直径来表示的。检测前选择某一标准试块，利用试块上某一横通孔反射波高作为仪器的起始灵敏度（也称为相对灵敏度）。起始灵敏度高，容易发现缺陷，但过高会使屏幕上出现各种杂乱信号，甚至使允许存在的缺陷也反映出来，影响了对不允许存在缺陷的判别。起始灵敏度调节过低，则可能会漏过不允许存在的缺陷。为此对检测灵敏度的调节，各国都做出了相应规定。

调节检测灵敏度的方法有利用试块调节和利用工件调节两种。

试块调节 是按不同被检对象（如钢板、锻件、焊缝等），对灵敏度的要求不同（通常都已经有相应的规定），而选择相应的标准试块来调节检测灵敏度。常用于钢板、焊缝、钢管等。

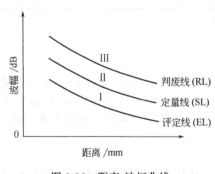

图 3-13　距离-波幅曲线

对压力容器用钢板超声检测，其检测试块和灵敏度，如图 3-11、图 3-12 所示。对压力容器焊缝超声检测，检测试块为 CSK-ⅠA、CSK-ⅡA、CSK-ⅢA 和 CSK-ⅣA 等，可通过距离-波幅曲线的绘制来选择相应检测灵敏度，以进行检测、评定工作。

距离-波幅曲线按所用探头和仪器在试块上实测的数据绘制而成，该曲线由评定线、定量线和判废线组成。评定线与定量线之间（包括评定线）为Ⅰ区，定量线与判废线之间（包括定量线）为Ⅱ区，判废线及以上区为Ⅲ区。如图 3-13 所示。

距离-波幅曲线灵敏度的选择如下。

厚度为 8～120mm 的焊缝，其距离-波幅曲线灵敏度按表 3-7 的规定。

厚度大于 120～300mm 的焊缝，其距离-波幅曲线灵敏度按表 3-8 的规定。

直探头的距离-波幅曲线灵敏度按表 3-9 的规定，距离-波幅曲线的制作可在 CS2 试块上进行，其组成如前所述。

检测横向缺陷时，应将各线灵敏度均提高 6dB。

扫描灵敏度不低于最大声程处的评定线灵敏度。

表 3-7　厚度为 8～120mm 焊缝距离-波幅曲线的灵敏度

试块型式	板厚/mm	评定线	定量线	判废线
CSK-ⅡA	8～46	$\phi 2 \times 40 - 18dB$	$\phi 2 \times 40 - 12dB$	$\phi 2 \times 40 - 4dB$
	>46～120	$\phi 2 \times 40 - 14dB$	$\phi 2 \times 40 - 8dB$	$\phi 2 \times 40 + 2dB$
CSK-ⅢA	8～15	$\phi 1 \times 6 - 12dB$	$\phi 1 \times 6 - 6dB$	$\phi 1 \times 6 + 2dB$
	>15～46	$\phi 1 \times 6 - 9dB$	$\phi 1 \times 6 - 3dB$	$\phi 1 \times 6 + 5dB$
	>46～120	$\phi 1 \times 6 - 6dB$	$\phi 1 \times 6$	$\phi 1 \times 6 + 10dB$

表 3-8　厚度大于 120～300mm 焊缝距离-波幅曲线的灵敏度

试块型式	板厚/mm	评定线	定量线	判废线
CSK-ⅣA	>120～300	$\phi d - 16dB$	$\phi d - 10dB$	ϕd

注：d 为横通孔直径，见表 3-5。

表 3-9　直探头距离-波幅曲线灵敏度

评定线	定量线	判废线
$\phi 2mm$ 平底孔	$\phi 3mm$ 平底孔	$\phi 6mm$ 平底孔

工件调节　是使探伤仪器储备一定的衰减余量值 Δ(dB) 后，将探头对准被检工件底面，并通过"增益"旋钮调整反射的回波 B 的最高幅值达到 50%（或 80%）基准高，然后再使用"衰减器"增益 Δ(dB)，则基准灵敏度调节完毕。

检测灵敏度一般不得低于最大检测距离处的 $\phi 2mm$ 平底孔当量直径。

衰减余量值 Δ 是被检工件底波与同深度（或不同深度）的特定人工缺陷回波高度的分贝差值，当 $X \geqslant 3$ 时计算公式为

$$\Delta = 20\lg \frac{P_H}{P_\phi} = 20\lg \frac{2\lambda X}{\pi \phi^2} \tag{3-8}$$

$$\Delta = 20\lg \frac{P_H}{P_\phi} = 20\lg \frac{2\lambda X}{\pi \phi^2} \pm 10\lg \frac{D}{d} \tag{3-9}$$

式中　P_H——工件大平底面回波声压，Pa；

　　　P_ϕ——人工缺陷回波声压，Pa；

　　　λ——波长，mm；

　　　X——被检工件的最大厚度，mm；

　　　ϕ——人工缺陷直径，mm；

　　　D——空心圆柱体外径，mm；

　　　d——空心圆柱体内径，mm；

　　　N——近场区长度，mm。

式（3-8）适用于平底面或实心底面；式（3-9）适用于空心圆柱体，"＋"为内孔检

测，凹柱面反射，"一"为外国检测，凸柱面反射。

储备的衰减余量值 Δ 可通过计算，也可由相应的 AVG 曲线查到。如对锻件检测时，利用纵波直探头的检测灵敏度的确定。

可见利用工件底波调节检测灵敏度不需要试块，一般也不要考虑耦合和材质的衰减损失补偿。此种方法适用于 $X \geqslant 3N$ 的大平底面或圆柱曲面。当工件底面较粗糙、有污物或底面与检测面不平行时，底面反射率降低，底面回波高度下降，在此条件下，调节后的灵敏度偏高。此法常用于锻件检测。

3.2.2 缺陷的检测

缺陷检测是一项较复杂、内容较多的工作。由于工件的结构型式不同、材质不同、要求不同，超声波检测的方法不同，有直接接触法、浸液法，探头的种类很多，又有反射法、透射法；超声波有脉冲波、连续法；波型又有纵波、横波等等。在装备制造中，焊缝的超声检测是最普遍的。焊缝的超声检测同其他缺陷检测一样，首先要了解常见的焊接缺陷（见 1.1 节），选择合适的检测方法、探头，调节好扫描速度和灵敏度，同时做好检测工艺内容的准备。

（1）焊缝超声检测的准备工作

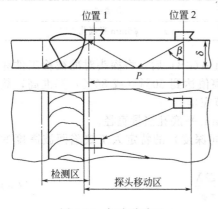

图 3-14 探头移动区

由于焊接接头的结构特点，经常选用斜探头，利用一次反射法在焊缝的单面双侧对整个焊接接头进行检测。当母材厚度大于 46mm 时，采用双面双侧的直射波检测。对于要求比较高的焊缝，根据实际需要也可将焊缝余高磨平，直接在焊缝上进行检测。

a. 探头移动区域　是为保证探头在移动检测过程中，超声波主声束能描扫到焊缝区内的各点位置，而在焊缝两侧和纵向必须预留的检测空间，如图 3-14 所示。

若焊缝需要全检时，探头移动区域的宽度应是焊缝的长度，焊缝两侧探头移动区应不小于 $1.25P$（采用一次反射法或串列式扫描检测）。

$$P = 2K\delta$$
$$P = 2\tan\beta\delta \tag{3-10}$$

式中　P——跨距，mm；

　　　　δ——板厚，mm；

　　　　β——探头折射角，(°)；

　　　　K——探头 K 值。

探头的移动区域不但在超声检测时必须考虑，而且还要在所有重要焊缝的结构设计、装配、复检时必须考虑，也就是说对于整体装备的需要全检的焊缝必须有这一预留空间位置。

b. 斜探头 K 值的选择 K 值增大，则探头的折射角（β）增大，声程相应增长，荧光屏上相应始波与一次声程之间的距离拉长，便于缺陷的检测。而且近场区干扰减小，适合于薄板检测；K 值小，探头的折射角（β）小，声程短，衰减小，适合于厚板检测。

在检测条件允许的情况下，应尽量选择 K 值较大的斜探头。推荐选择的斜探头 K 值见表 3-10。

表 3-10 推荐选择的斜探头 K 值

板厚 δ/mm	K 值（β）	板厚 δ/mm	K 值（β）
8～25	3.0～2.0（72°～60°）	＞46～120	2.0～1.0（60°～45°）
＞25～46	2.5～1.5（68°～56°）	＞120～300	2.0～1.0（60°～45°）

注：实际检测时，常用实际校测的 K 值进行。

c. 斜探头入射点的测定和 K 值的校测 斜探头的入射点即是探头发射出的超声波主声束轴线入射到工件时与工件表面的相交点。它是在缺陷检测过程中的测量基准点。

入射点的测定是在 CSK-ⅠA、ⅡW-2 等试块上进行的。将探头放在试块的圆弧圆心处，慢慢移动探头，这时探头发射出的超声波被圆弧面反射回来，仔细找出反射波的最高位置，则试块上圆弧圆心点所对应的探头底面点，即为该斜探头的入射点（应记清但不要刻记）。将探头放在试块上刻有 K 值数据（或折射角度数）的位置，当圆弧面的反射波达到最高值时，探头入射点（前面已测定）所对应试块上的相应 K 值（或折射角度数）即为该斜探头的实际校测的 K 值。

（2）缺陷的定位

做完所有的准备工作，并对预检工件易产生的缺陷及缺陷易发生的位置作了充分分析之后，便可进行检测工作。经过仔细扫描，一旦发现缺陷（见图 3-15），在荧光屏上已经调节好的一次底波（图中 c 处，但屏幕上并无显示）之前，便会出现缺陷波，图中 b 处位置，是缺陷波的最大值位置，此时有

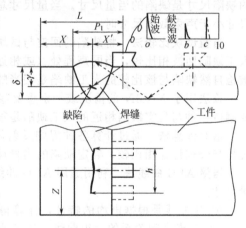

图 3-15 缺陷定位、定量

$$\frac{X'}{P_1}=\frac{ob}{oc}, \quad X'=P_1\frac{ob}{oc}, \quad X'=K\delta\frac{ob}{oc}$$

注意及时测量探头的位置：L 的长度和 Z 的坐标尺寸。

缺陷的第一个坐标点为

$$X=L-X', \quad X=L-K\delta\frac{ob}{oc} \tag{3-11}$$

缺陷的第二个坐标点为

$$Y = \frac{X'}{K}, Y = \delta \frac{ob}{oc} \text{（也可用深度法求 } Y \text{ 值）} \tag{3-12}$$

式中 P_1——一次波跨距（应实测得到），$P_1 = K\delta$，mm；

    K——斜探头 K 值（预选好），$K = \tan\beta$（β 为折射角）；

    δ——钢板厚度（已知），mm；

    L——发现缺陷时探头所在位置（可测得），mm；

  ob、oc——缺陷波和一次波底波在荧光屏上的读数（刻度）；

X、Y、Z——探头发现缺陷时，缺陷在三维空间里的三个坐标值，即缺陷的定位情况。

利用二次声程可以检测焊缝区上部的缺陷，进行定位计算，道理同上，参看图 3-14 中探头向后移动的位置。

（3）缺陷的定量

在缺陷定位中，最后的定位结果是缺陷的某一点在空间的位置。显然，继续进行缺陷定位，也可以对缺陷进行量的处理。实际检测时，常用的定量方法有当量法，测长法，底波高度法等。

a. 当量法　可分为当量试块比较法、当量计算法和当量 AVG 曲线法。这种方法确定的缺陷尺寸是缺陷的当量尺寸。当量尺寸总是小于或等于真实缺陷尺寸。当量法用于缺陷尺寸小于声束截面尺寸时。

当量试块比较法　将缺陷的回波与试块上预先加工出的一系列不同声程、不同大小的人工缺陷回波相比较，当同声程处（或相近的声程处）的两处回波高度相同时，则可认为被检自然缺陷与该比较的人工缺陷是相当的（即为当量缺陷）。

该法用于 $X < 3N$ 的情况或特别重要零件的精确定量。一般情况下应用较少，原因是要制造各种与真实缺陷相近的人工缺陷是很麻烦。

当时计算法　通过计算各种规则反射体的理论回波声压（当 $X \geqslant 3N$ 时），用其变化规律与公式计算相比较，确定缺陷的当量尺寸。

当量 AVG 曲线法　利用通用 AVG 曲线或实用 AVG 曲线来确定被检工件中缺陷的当量尺寸。

AVG 曲线是根据声均的特性，计算得出的声程距离（A）、增益（V）、缺陷当量大小（G）三者之间关系的一组曲线，是当量定量法。它比试块法节约了大量试块，简化了检测过程。

b. 测长法　根据缺陷的回波高度与探头移动距离之间的关系来确定缺陷的尺寸。此法适用于缺陷尺寸大于声束截面时。由于缺陷的回波高度受检测条件、缺陷性质等多种因素影响，所以按规定要求探测的结果总是要小于或等于缺陷的实际长度，故称为指示长度。

测长法包括 6dB 法（半波高法）、端点 6dB 法（端点半波高法）、绝对灵敏度测长法。

6dB 法（半波高法）　当发现缺陷时，使反射回的缺陷波达到最大值（不要达到饱和），然后移动探头（理想的移动方向应是缺陷延长方向），当反射回的缺陷波高降至原来的一半时（此时的探头位置即是缺陷的端点），探头移动的距离即为被检缺陷的指示长度。

端点 6dB 法（端点半波高法）　当被检缺陷各部分反射波高变化较大时，常采用此法。发现缺陷后，找出两端最大反射波，分别以两端的反射波高为基准，继续移动探头，当反射波高下降一半（6dB）时，探头中心线之间的距离即为缺陷的指示长度 L，如图 3-16 所示（探头移动通常为反向移动）。

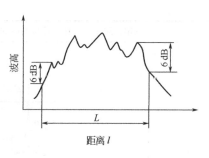

绝对灵敏度测长法 在仪器灵敏度一定的条件下，当发现缺陷时（不一定要求回波达到最高），沿缺陷长度方向平行移动，若回波高度降到某一规定位置，则探头所移动的距离即为缺陷的指示长度。指示长度与测长灵敏度有关，测长灵敏度越高，缺陷所测得的指示长度就越大。

图 3-16　端点 6dB 法

c.底波高度法 通过测试的缺陷回波高与底波高比值的不同，来衡量缺陷的相对尺寸大小。若工件中存在缺陷，将会使底波高度下降，且缺陷越大，缺陷回波越高，底波高度则越低，缺陷回波高与底波高的比值越大。缺陷回波高与底波高之比的表示方式有以下两种。

F/B 法 在一定灵敏度条件下，以缺陷波高 F 与缺陷处底波高 B 之比来表示缺陷的相对大小。

F/B_G 法 在一定灵敏度条件下，以缺陷波高 F 与无缺陷处底波高 B_G 之比来衡量缺陷的相对大小。

底波高度法不用试块，可直接利用底波调节灵敏度并比较不同缺陷的大小。操作简单方便，但不能给出缺陷的当量尺寸。同样尺寸的缺陷，距离不同，F/B 不同，距离小则 F/B 大，因此 F/B 相同缺陷当量尺寸并不一定相同。此法只适用于具有平行底面的工件。

还应指出，对于较小的缺陷，一次底波 B 往往饱和，对于密集型缺陷，往往缺陷波不明显，这对于 F/B 法和 F/B_G 法就不适用了，但这时可以借助底波的次数来判定缺陷的相对大小和缺陷的密集程度，底波次数少则缺陷尺寸大或密集程度严重。底波高度法可用来测定缺陷的相对大小、密集程度、材质晶粒度和石墨化程度等。

缺陷的定量可参见图 3-15 中缺陷长度 h 的确定过程。缺陷长度 h 的测量可使用 6dB 法或端点 6dB 法。

（4）缺陷的定性评估

假若缺陷的位置、尺寸、数量相同而性质不同，其影响也是不同的，尤其裂纹是最危险的。因此重要部位如焊接接头，在评级时，不但要准确地确定缺陷的位置、尺寸、数量等，而且要辨别缺陷的性质，才能顺利地进行缺陷的评定工作。然而影响超声检测的缺陷定性工作的因素很多，缺陷的定性评估可以结合以下几方面内容来进一步判别，见表 3-11。

表 3-11　缺陷的定性评估

	缺陷性质	在焊接接头中的位置	缺陷的形状	缺陷的存在形式
缺陷性质与其位置、形状、分布的关系	气孔	焊缝区	球状、针状等	单个，密集，链状等
	夹渣	焊缝区	球状，不规则块状等	单个，密集，链状等
	未焊透	坡口边缘，根部，焊道层间	长条状等	沿焊缝纵向连续或断续
	未熔合	焊道层间，坡口边缘	长片状等	沿焊缝纵向或横向断续
	裂纹	焊缝区，热影响区	长条状等	沿焊缝纵向或横向

续表

缺陷性质	在焊接接头中的位置	缺陷的形状	缺陷的存在形式
缺陷性质与动态波形的关系	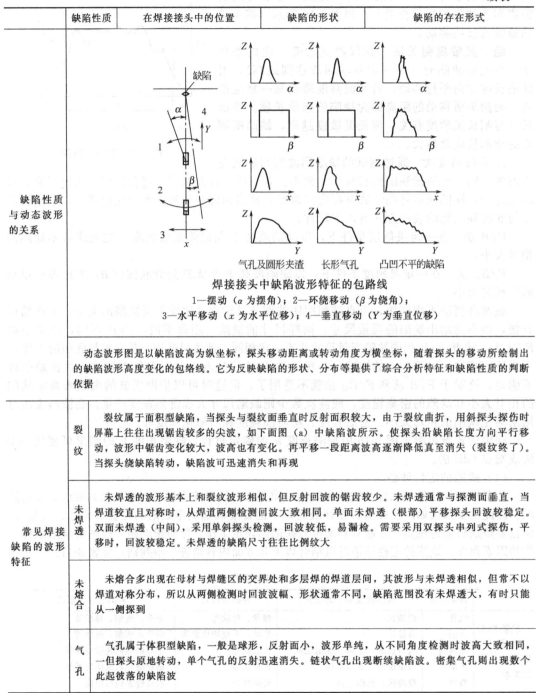 焊接接头中缺陷波形特征的包路线 1—摆动（α 为摆角）；2—环绕移动（β 为绕角）； 3—水平移动（x 为水平位移）；4—垂直移动（Y 为垂直位移）		
	动态波形图是以缺陷波高为纵坐标，探头移动距离或转动角度为横坐标，随着探头的移动所绘制出的缺陷波形高度变化的包络线。它为反映缺陷的形状、分布等提供了综合分析特征和缺陷性质的判断依据		
常见焊接缺陷的波形特征	裂纹	裂纹属于面积型缺陷，当探头与裂纹面垂直时反射面积较大，由于裂纹曲折，用斜探头探伤时屏幕上往往出现锯齿较多的尖波，如下面图（a）中缺陷波所示。使探头沿缺陷长度方向平行移动，波形中锯齿变化较大，波高也有变化。再平移一段距离波高逐渐降低真至消失（裂纹终了）。当探头绕缺陷转动，缺陷波可迅速消失和再现	
	未焊透	未焊透的波形基本上和裂纹波形相似，但反射回波的锯齿较少。未焊透通常与探测面垂直，当焊道较直且对称时，从焊道两侧检测回波大致相同。单面未焊透（根部）平移探头回波较稳定。双面未焊透（中间），采用单斜探头检测，回波较低，易漏检。需要采用双探头串列式探伤，平移时，回波较稳定。未焊透的缺陷尺寸往往比例纹大	
	未熔合	未熔合多出现在母材与焊缝区的交界处和多层焊的焊道层间，其波形与未焊透相似，但常不以焊道对称分布，所以从两侧检测时回波波幅、形状通常不同，缺陷范围没有未焊透大，有时只能从一侧探到	
	气孔	气孔属于体积型缺陷，一般是球形，反射面小，波形单纯，从不同角度检测时波高大致相同，一但探头原地转动，单个气孔的反射迅速消失。链状气孔出现断续缺陷波。密集气孔则出现数个此起彼落的缺陷波	

续表

缺陷性质	在焊接接头中的位置	缺陷的形状	缺陷的存在形式
常见焊接缺陷的波形特征	夹渣	由于夹渣本身形状不规则，表面粗糙，故反射回波常由一串高低不同的小波合并而成，波移部较宽，如下面图（b）所示。点状夹渣回波类似点状气孔回波。条状夹渣回波多呈锯齿形，波幅较低，具有一定长度，从不同方向检测时回波形状不同，波幅有变化		

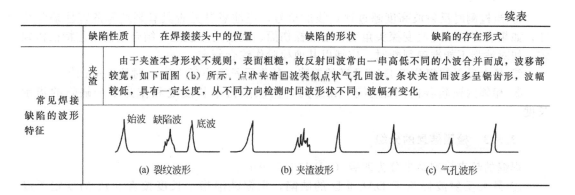

(a) 裂纹波形　　　　　　　　(b) 夹渣波形　　　　　　　　(c) 气孔波形

3.3　超声检测焊接接头的缺陷等级评定

3.3.1　超声检测焊接接头的等级选择

焊接接头超声检测分为 A、B、C 三个等级（GB 11345—89）。就检验的完善程度而言，A 级最低（难度系数 1）；B 级一般（难度系数 5～6）；C 级最高（难度系数 10～12）。工程技术人员应在充分了解超声检测可行性的基础上进行结构设计及确定制造工艺，以防止焊接结构限制相应检测等级的实施。

（1）各等级的检验范围

a. A 级检验　用一种角度斜探头在被检焊缝的单面单侧仅对可能扫查到的焊缝截面实施检测。一般情况下不要求检测横向缺陷。当母材厚度大于 50mm 时，不允许采用 A 级检验。

b. B 级检验　原则上用一种角度探头在被检焊缝的单面双侧对整个焊面截面实施检测。当母材厚度大于 100mm 时，要求在被检焊缝的双面双侧进行检测。在受几何条件限制的情况下，可用两种角度的斜探头在被检焊缝的双面单侧实施检测。条件允许应检测横向缺陷。

c. C 级检验　至少要用两种角度的斜探头在被检焊缝的单面双侧实施检测，同时要求在两个扫查方向上用两种角度的斜探头检测横向缺陷。当母材厚度大于 100mm 时，应在被检焊缝的双面双侧进行检测。

（2）其他的附加要求

① 磨平焊缝的余高，以便探头能够在焊缝上面平行扫查；

② 要用直探头检测被检焊缝两侧斜探头声束扫查经过的那部分母材，以确认母材内是否存在影响斜探头检测结果的分层或其他缺陷；

③ 当母材厚度大于等于 100mm，窄间隙焊缝的母材厚度大于等于 40mm 时，一般要求增加串列式扫查。

3.3.2　缺陷评定

距离-波幅曲线（DAC）是缺陷评定和检验结果等级分极（GB 11345—89）的依据。

① 当检测时反射波高度超过评定线的信号，应注意其是否具有裂纹等危害性缺陷特征，如果有怀疑，应改变探头角度，增加探伤面、观察动态波型，结合结构工艺特征作判定，如对波型不能准确判断时，应辅以其他检验作综合判定。

② 最大反射波幅位于 DACⅡ区的缺陷，其指示长度小于 10mm 时按 5mm 计。

③ 相邻两缺陷各向间距小于 8mm 时，两缺陷指示长度之和作为单个缺陷的指示长度。

3.3.3 检测结果的分级

焊缝的超声检测结果分为四级（GB 11345—89）。

① 最大反射波幅位于 DACⅡ区的缺陷，根据缺陷指示长度按表 3-12 的规定予以评级。

表 3-12 缺陷的分级

评定等级 ＼ 检验等级 ＼ 板厚/mm	A 8～50	B 8～300	C 8～300
Ⅰ	$\frac{2}{3}\delta$ 最小 12	$\delta/3$ 最小 10；最大 30	$\delta/3$ 最小 10；最大 20
Ⅱ	$\frac{3}{4}\delta$ 最小 12	$2/3\delta$ 最小 12；最大 50	$\delta/2$ 最小 10；最大 30
Ⅲ	δ 最小 20	$3/4\delta$ 最小 16；最大 75	$2/3\delta$ 最小 12；最大 50
Ⅳ	超过Ⅲ级者		

注：1. δ 为坡口加工侧母材板厚。板厚不同时，以较薄侧为准。

2. 管座角焊缝 δ 为焊缝截面中心线高度。

② 最大反射波幅不超过评定线的缺陷，均评为Ⅰ级。

③ 最大反射波幅位于Ⅰ区的非裂纹性缺陷，均评为Ⅰ级。

④ 最大反射波幅超过评定线的缺陷，若检验者判定为裂纹类的危害性缺陷时，无论其波幅和尺寸如何，均评定为Ⅳ级。

⑤ 最大反射波幅位于Ⅲ区的缺陷，无论其指示长度如何，均评定为Ⅳ级。

⑥ 不合格的缺陷应予返修。返修区域修补后，返修部位及补焊受影响的区域，应按原检测条件进行复验。复检部位的缺陷亦应按缺陷评定要求评定。

复 习 题

3-1 解释 A 型超声波。在工业产品的检测中应用较广泛的超声波类型是哪种，举例说明其主要应用。

3-2 在超声波检测过程中，影响超声波能量衰减的主要原因有哪些方面，衰减对检测有哪些影响，实际检测时常采取什么措施？

3-3 超声波检测时应做的准备工作。

3-4 如何绘制距离-波幅曲线，其用途是什么？

3-5　利用斜探头对焊接接头检测时（参见图 3-14），试估算钢板厚度为 25mm 的单面焊缝，对接接头两侧至少应留有的探头移动区域。

3-6　说明超声检测焊接接头时，国家标准对焊接接头检测等级的划分和选择。

3-7　说明国家标准对焊接接头超声检测结果的缺陷分级及要求。

4 表面检测及缺陷等级评定

表面检测是对材料、零部件、焊接接头的表面或近表面缺陷进行检测和评定缺陷等级。常规的表面检测方法有磁粉检测、渗透检测和管材涡流检测等。对于能导电的管材等工件，常用涡流检测方法进行。使被检工件感应产生出涡流，通过涡流磁场的变化情况，可以反映出工件内有无缺陷的存在。

4.1 磁粉检测

4.1.1 磁粉检测原理

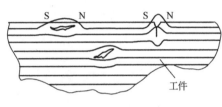

图 4-1 磁粉检测原理

当一被磁化的工件表面和内部存在缺陷时，缺陷的导磁率远小于工件材料，磁阻大，阻碍磁力线顺利通过，造成磁力线弯曲。如果工件表面、近表面存在缺陷（没有裸露出表面也可以），则磁力线在缺陷处会逸出表面进入空气中，形成漏磁场（参见图 4-1 的 S-N 磁场）。此时若在工件表面撒上导磁率很高的磁性铁粉，在漏磁场处就会有磁粉被吸附，聚集形成磁痕，通过对磁痕的分析即可评价缺陷。

4.1.2 影响漏磁场强度的主要因素

磁粉检测灵敏度的高低，关键在于形成漏磁场强度的强弱。影响漏磁场强度的主要因素如下。

（1）外加磁场强度

缺陷漏磁场强度的强弱与工件被磁化程度有关。一般说来，如果外加磁场使被检材料的磁感应强度达到其饱和值的 80% 以上，即达到 $0.8T$ 时，缺陷的漏磁场强度就会显著增加。图 4-2 所示为铁磁物质的重要特性曲线——磁滞回线，H 为外加磁场强度，A/m（$1A/m = 4\pi/1000Oe$）；B 为磁感应强度（$B = \mu H$，μ 为材料的导磁率）；B_r 为剩余磁感应强度；H_c 为矫顽力。

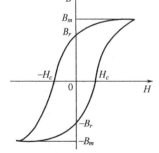

图 4-2 磁滞回线

（2）缺陷的形状和位置

缺陷方向与磁力线方向越接近 90°，其漏磁场强度越大，否则相反。检测时，很难发现与被检表面所夹角度小于 20°的夹层。表面漏磁场强度随着缺陷深宽比的增加而增加。

缺陷位置越接近表面，漏磁场强度就越强，否则减弱。当缺陷较深时，漏磁场强度将衰减至零，无法进行磁粉检测。

（3）被检材料的性质

常温下的钢铁材料是体心立方晶格，非奥氏体组织，是铁磁性材料；而面心立方晶格、奥氏体组织是非铁磁性材料。奥氏体不锈钢在常温下是奥氏体组织，无磁性。

材料的合金化程度，冷加工程度及热处理状态也会影响材料的磁性。

① 钢铁材料随着含碳量的增加，碳钢的矫顽力几乎呈线性增加，而最大相对导磁率却随之下降。

② 合金化将增加钢材的矫顽力，使其磁性硬化。

③ 退火、正火状态的钢材磁性差别不大，而淬火后则可以提高钢材的矫顽力。随着淬火以后回火温度的升高，矫顽力又有所降低。

④ 晶粒越粗大，钢材的导磁率越大，矫顽力越小，反之则相反。

⑤ 钢材的矫顽力随着压缩变形率的增加而增加。

（4）被检材料表面状态

若被检材料表面有覆盖层（如有涂料等），则会降低缺陷漏磁场的强度。

可见磁粉检测的前提是要努力使被检材料有足够强的缺陷漏磁场强度。

4.1.3 磁粉检测的特点

磁粉检测有如下几个特点。

① 适用于能被磁化的材料（如铁、钴、镍及其合金等），不能用于非磁性材料（如铜、铝、铬等）。

② 适用于材料和工件的表面和近表面的缺陷，该缺陷可以是裸露于表面，也可以是未裸露于表面。不能检测较深处的缺陷（内部缺陷）。

③ 能直观地显示出缺陷的形状、尺寸、位置，进而能做出缺陷的定性分析。

④ 检测灵敏度较高，能发现宽度仅为 $0.1\mu m$ 的表面裂纹。

⑤ 可以检测形状复杂、大小不同的工件。

⑥ 检测工艺简单，效率高、成本低。

4.1.4 磁化方法及特点

根据工件的结构、尺寸及分析缺陷的概况，选择合适的磁化方法，参见表4-1。

表4-1 磁化方法示意及特点

磁化方法	示 意 图	特 点
线圈法		将被检工件放入通电线圈中磁化，线圈产生与工件轴向平行的磁场，即纵向磁场。纵向磁场有利于发现工件内与线圈轴向垂直的缺陷，周向缺陷如左图所示。当构件长度大于线圈产生纵向磁场的有效长度时，应分段磁化检测；小于时可将工件串接磁化以提高检测效率

磁化方法	示意图	特点
磁轭法	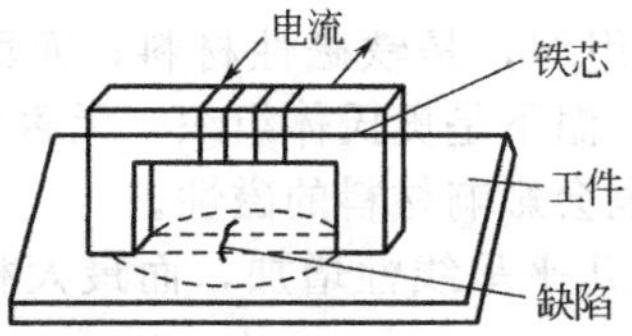	电磁轭铁芯或永久磁铁将被检工件表面两磁极间的区域磁化，常用于局部的磁化，属于纵向磁化，如对对接和角接焊接接头、壳体等局部的磁化检测。磁轭的磁极间距应控制在50～200mm之间，检测的有效区域为两极连线两侧各50mm的范围内，磁化区域每次应有15mm的重叠
轴向通电法	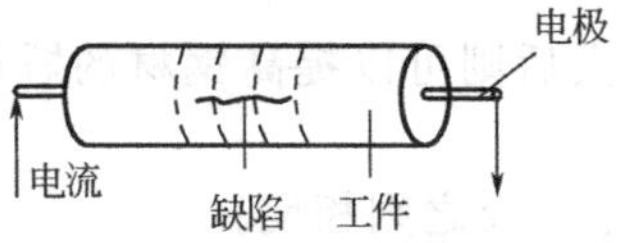	将探伤机两极置于被检工件的两端，使电流沿零件轴向通过则形成周向磁场，属于周向（环向）磁化，主要能发现轴向（与周向磁场垂直）缺陷。适于中、小型零件检测
中心导体法	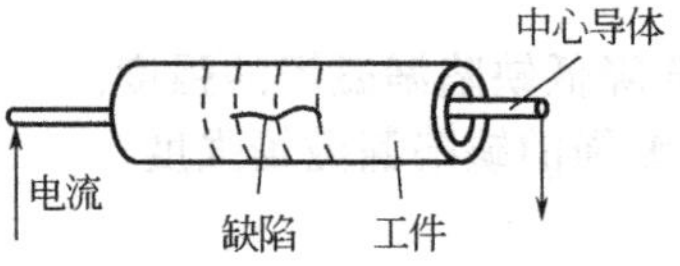	对于空心工件的内表面磁化，可采用中心导体穿入空心工作，当电流从中心导体流过时在被检的空心工件上形成周向磁场，属于周向（环向）磁化，若空心工件（如管材）存在有轴向（与周向磁场垂直）缺陷则可以被发现，芯棒直径尽量大，可放在中心，也可偏心。每次有效检测区约为4倍芯棒直径，且重叠区长度应不小于0.4d
触头法	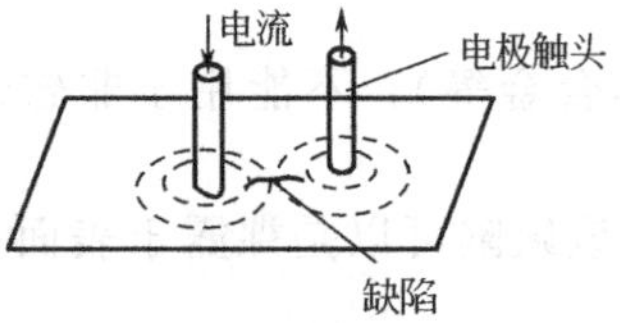	用两个电极触头接触待检测工件的缺陷处表面，电流将通过电极触头，导入被检工件，此时在工件有缺陷处，电极触头的周围产生环状磁场，尤其是在两触头之间若有与周向磁场相垂直的缺陷，则缺陷会被发现。触头法属于局部周向磁化
平行电缆法	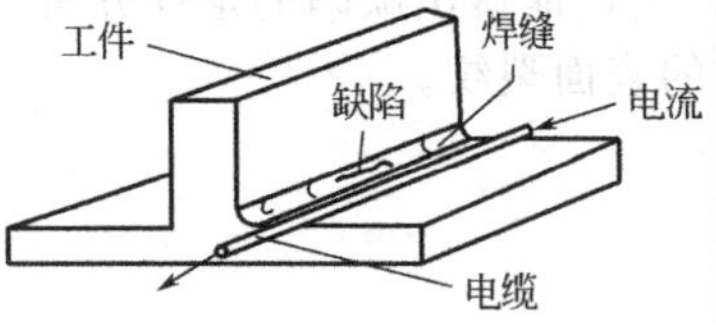	平行电缆法如左图所示，使电缆放置在与被检部位缺陷相平行的位置（如角接接头的焊缝处），当电流通过电缆时，将在焊缝区产生沿焊缝呈周向的磁场，若角焊缝中有纵向缺陷则将会被发现。该法属于局部周向磁化。常用于⊥、T形等角接接头焊缝的缺陷检测。电缆应紧贴工件，不要遮盖焊缝
旋转磁场法	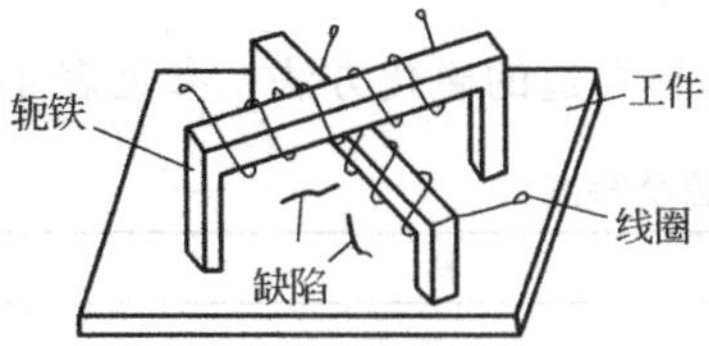	交叉放置的轭铁上绕有线圈，当通以电流时，工件上的磁场方向随时间连续变化形成旋转磁场，可以同时检测出工件上任意方向的缺陷，检测速度较快，用于局部的检测

　　在检测与工件轴线方向垂直或夹角≥45°的缺陷时，应采用纵向磁化方法，如线圈法、磁轭法；在检测与工件轴线方向平行或夹角<45°的缺陷时，应采用周向磁化方法，如轴向通电法、中心导电法、触头法、平行电缆法。旋转磁场法同时对工件进行纵向、周向磁化，适用任意方向的缺陷检测。

4.1.5 磁化规范

磁化规范的确定包括选择合理的灵敏度试片和不同磁化方法的磁化电流。

（1）灵敏度试片

常用灵敏度试片（板）型号及其主要用途见表4-2，形状尺寸如图4-3所示。

表4-2 常用灵敏度试片（板）

试片（板）型号	试片（板）主要特征			主 要 用 途
	相对槽深	灵敏度	材质	
A—15/100 A—30/100 A—60/100 （JB 4730—94）	15/100μm 30/100μm 60/100μm	高 中 低	超高纯低碳钢，C＜0.03%，H_c＜80A/m，经退火处理	A型灵敏度试片仅透用于被检工件表面有效强度和方向、有效检测区以及磁化方法是否正确的测定。磁化电流应能使试片上显示清晰的磁痕
	相对槽深：分子为人工槽深度，分母为试片厚度			
B型（ZBJ0 4006—87）	孔径φ1.0mm 孔深分别为1mm，2mm，3mm，4mm 四种			检查探伤装置、磁粉及磁悬液综合性能
C型（JB 4730—94）	厚度	人工缺陷深度	材质	当检测焊缝坡口等狭小部位，由于尺寸关系，A型灵敏度试片使用不便时，可用C型灵敏度试片。其作用与A型试片相同
	50μm	8μm	同A型	

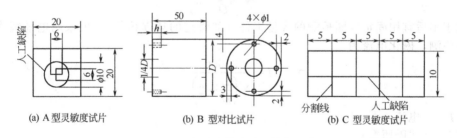

(a) A型灵敏度试片　　　　(b) B 型对比试片　　　　(b) C 型灵敏度试片

图 4-3 常用磁粉检测灵敏度试片

（2）磁化电流

外加磁场强度的强弱直接影响工件的磁感应强度和磁粉检测要达到的灵敏度，而磁场强度主要是通过磁化电流来调节的。磁化电流有交流电、整流电和直流电，交流电应用较广泛。其各自特点如下。

a. 交流电磁化　主要有以下几点。

① 交流电的集肤效应可提高磁粉检测被检表面缺陷的灵敏度。

② 只有使用交流电才能在被检工件上建立起方向随时间变化的磁场，实现复合磁化。

③ 与直流磁化相比，交流磁化在被检工件截面变化部位的磁场分布较为均匀，有利于对该部位缺陷的检测。

④ 交流磁化的磁场浅，容易退磁。

⑤ 设备简便，易于维修，成本低。

⑥ 由于交流电集肤效应的影响，近表面缺陷的检出能力不如直流磁化强。

⑦ 交流磁化后被检工件上的剩磁不稳定。因此，利用剩磁法检测时，一般需在交流探伤机上加配断电相位控制器，以保证获得稳定的剩磁。

b. 整流与直流磁化　整流电有单相、三相的半波和全波整流，其中三相全波整流已很接近直流。随着电流波型脉动程度的减小，整流电磁场的渗透能力增强，可检出埋藏较深的缺陷。相比之下，直流磁化检出缺陷的埋藏深度最深。整流或直流电磁化被检工件均可获得稳定的剩磁，但退磁较困难，要求较高时需用专用的超低频退磁设备。另外，被检工件的截面突变部位容易出现磁化不足或过量磁化现象，而造成缺陷漏检。

c. 磁化电流的选择　不同的磁化方法、不同的工件结构、不同的检测要求，磁化电流的选择是不同的。

线圈法　当采用低充填因数线圈对工件进行纵向磁化时，工件的直径（或相当于直径的横向尺寸）应不大于固定环状线圈内径的 10％。工件可偏心放置在线圈中。

偏心放置时，线圈的磁化电流为

$$I = \frac{45000}{N\frac{L}{D}} \tag{4-1}$$

正中放置时，线圈的磁化电流为

$$I = \frac{1720R}{N\left(6\frac{L}{D} - 5\right)} \tag{4-2}$$

对于不适宜用固定线圈检测的大型工件（如管道的环焊缝等），可采用电缆缠绕式线圈进行检测，磁化电流为

$$I = \frac{35000}{N\left(\frac{L}{D} + 2\right)} \tag{4-3}$$

式中　I——电流，A；

N——线圈匝数；

L——工件长度，mm；

D——工件直径或横截面上最大尺寸，mm；

R——线圈半径，mm。

以下两方面需予以注意。

ⅰ. 上述公式不适于长径比 $\frac{L}{D} < 3$ 的工件。对于 $\frac{L}{D} < 3$ 的工件，若使用线圈法，可利用磁极加长块来提高长径比的有效值或采用灵敏度试片实测来决定 l 值。对于 $L/D \geqslant 10$ 的工件，公式中的 L/D 取 10。

ⅱ. 线圈法的有效磁化区在线圈端部 0.5 倍线圈直径的范围内。

磁轭法　采用磁轭法磁化工件时，其磁化电流应根据灵敏度试片或提升力校验来

确定。

磁轭的磁极间距应控制在 $50\sim200mm$ 之间，检测的有效区域为两极连线两侧各 $50mm$ 的范围内，磁化区域每次应有 $15mm$ 的重叠。当间距为 $200mm$ 时，交流电磁轭至少应有 $44N$ 的提升力；直流电磁轭至少应有 $177N$ 的提升力。

轴向磁化法

直流电（整流电）连续法　　　$I=(12\sim20)D$

直流电（整流电）剩磁法　　　$I=(25\sim45)D$

交流电连续法　　　　　　　　$I=(6\sim10)D$

焊接件磁化电流计算公式为

ⅰ．圆形工件整体磁化时

$$I=HD/0.32(H\text{ 在}2400\sim4800A/m\text{ 之间选用}) \tag{4-4}$$

ⅱ．板材焊缝整体磁化时

$$I=(5\sim10\delta) \tag{4-5}$$

式中　I——电流，A；

　　　D——工件直径，mm；

　　　H——磁场强度，A/m；

　　　δ——被检钢板厚度，mm。

触头法　当采用触头法磁化大工件时，电流（A）计算如下。

工件厚度 $\delta<20mm$ 时，电流值为（$3\sim4$）倍触头间距；

工件厚度 $\delta\geqslant20mm$ 时，电流值为（$4\sim5$）倍触头间距。

平行电缆法　如使用该方法检测焊缝纵向缺陷时，磁化电流应根据灵敏度试片实测结果来确定。

其他方法的磁化电流选择等内容见 JB 4730—89 标准。

4.1.6　磁粉

磁粉是在缺陷处形成缺陷磁痕的重要材料，正确选用磁粉可以使检测灵敏度提高，为最后的缺陷评定提供直接保证。

（1）磁粉的种类

磁粉大致可分为荧光磁粉和非荧光磁粉两大类。

a. 荧光磁粉　在磁性氧化铁粉（如 Fe_3O_4、$\gamma\text{-}Fe_2O_3$）或工业纯铁粉的外面再涂覆一层荧光染料制成的磁粉，即荧光磁粉。一般的荧光磁粉在紫外光的激发下发出人眼敏感的黄绿色荧光。在黑光灯下，其色泽鲜明，容易发现，可见度、对比度好，可在任何颜色的被检表面上使用。一般情况下，荧光磁粉只在湿法检测中使用，即把荧光悬浮在煤油或水的载液中制成湿粉。

b. 非荧光磁粉　用黑色的 Fe_3O_4 或红褐色的 $\gamma\text{-}Fe_2O_3$ 及工业纯铁粉为原料直接制成的磁粉即为非荧光磁粉。这种磁粉既可以用于湿法，又可以用于干法检测。在检测过程中，直接在白光下观察磁痕。专用于干法的非荧光磁粉的表面上常涂有一层旨在增加对比度的染料，常见的颜色有浅灰、黑、红或黄几种。

在纯铁粉中添加了 Cr、Al 和 Si 等元素制成的磁粉，可在 300～400℃ 的高温下对焊缝进行检测。

（2）磁粉的性状

a. 磁性　磁粉磁性的强弱直接关系到磁粉能否被待检表面上的漏磁场吸附而形成磁痕。理想的磁粉首先应具有高导磁率，易于被微弱的缺陷漏磁场磁化和吸附，并且有低矫顽力，磁化后易于分散并可以反复使用。通常采用磁性称量法衡量磁粉磁性的好坏。非荧光磁粉的磁性称量值应大于 7g，荧光磁粉的磁性称量值可略低于 7g。

b. 粒度　磁粉的粒度应小于 76μm（大于 200 目）。干粉的粒度范围以 10～60μm 为好，而湿粉的粒度宜控制在 1～10μm 之间。粒度超过 60μm 的磁粉很难在载液中悬浮，不能在湿法检测中使用。荧光磁粉因其外表有涂覆层，粒度一般在 5～25μm 之间。

选择磁粉的粒度时，应同时考虑被检缺陷的性质、尺寸和磁粉的使用方式。用干法检查近表面缺陷或较大尺寸缺陷时，宜采用较粗的磁粉；用湿法检查表面缺陷或小尺寸缺陷时，宜采用细磁粉。

c. 颗粒的形状　磁粉颗粒的形状有条状和球状之分。一般说来，条状磁粉容易在磁场内被磁化，形成磁粉链条，而球状磁粉则因其不易被磁化而具有较好的流动性。将球形颗粒和条形颗粒按一定比例混合起来的磁粉可以兼有良好的磁性和流动性，是较理想的磁粉。

（3）磁悬液

湿粉检测时，将磁粉与油或水按一定比例混合而成的悬浮液体称为磁悬液。用油配制磁悬液时，特别是配制荧光磁粉的磁悬液时，应优先选用优质、低黏度、闪点在 60℃ 以上的无味煤油。变压器油或变压器油与煤油的混合液也可作为悬浮磁粉的载液。磁粉在变压器油中的悬浮性好，但因其黏度大，作载液的检测灵敏度不如用煤油高。另外，自来水也可被用来配制磁悬液，但要在水中加入润湿剂、防锈剂和消泡剂，以保证水磁悬液具有良好的使用性能。

磁悬液的浓度（即每升液体中所含有的磁粉克数）对检测的灵敏度有很大的影响。小缺陷会因磁粉的浓度太低而被漏检，而磁粉浓度太高，又会使衬度变差，干扰缺陷的显示。

（4）反差增强剂

对焊缝磁粉检测，由于焊缝表面粗糙不平，可能会降低缺陷磁痕的显示而造成缺陷漏检。为了提高缺陷磁痕的可见度，检测前可先在被检焊缝附近喷或刷涂一层白色的、厚度为 25～45μm 的反差增强剂。检测时，在这层白色的基底上再喷洒黑色的磁粉即可以得到清晰的缺陷磁痕。

反差增强剂的配方示例见表 4-3。

检测后，可用 3：2 的工业丙酮与稀释剂 X-1 的混合液擦除反差增强剂。

表 4-3　反差增强剂的配方示例

成分	每 100mL 含量
工业丙酮	65mL
稀释剂 X-1	20mL
火棉胶	15mL
氧化锌粉	10g

4.1.7　退磁

由铁磁性材料的磁滞回线（参见图 4-2）可知：当外加磁场强度（H）为零时，材料内的磁感应强度（B）不为零，而有剩余的磁感应强度（B_r、$-B_r$）——剩磁。

有些工件经过磁粉检测后，不允许有剩磁存在或有相应的剩磁要求时，则需要退磁。退磁就是将被检工件内的剩磁减小，达到相应的剩磁要求，以至不妨碍工件的使用性能。退磁原理如图4-4所示。

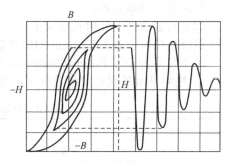

图 4-4　退磁原理

（1）交流退磁

常用的交流退磁方法是将被检工件从一个通有交流电的线圈中沿轴向逐步撤出至距离线圈1.5m以外，然后断电。将工件放在线圈中不动，逐渐将电流幅值降为零，也可以收到同样的退磁效果。用交流电磁轭退磁时，先把电磁轭放在被检工件表面上，然后在励磁的同时将电磁轭缓慢移开，直至被检工件表面完全脱离电磁轭磁场的有效范围。用触头法检测后，可再将触头放回原处，然后让励磁的交变电流逐渐衰减为零，即可实现退磁。

（2）直流退磁

在需要退磁的被检工件上通以低频换向、不断递减至零的直流电可以更为有效地去除工件内部的剩磁。

4.1.8　磁痕评定和缺陷等级评定

（1）磁痕的评定与记录

① 除能确认磁痕是由于工件材料局部磁性不均或操作不当造成的之外，其他一切磁痕显示均作为缺陷磁痕处理。

② 长度与宽度之比大于3的缺陷磁痕，按线性缺陷处理，长度与宽度之比≤3的缺陷磁痕，按圆形缺陷处理。

③ 缺陷磁痕长轴方向与工件轴线或母线的夹角≥30°时，作为横向缺陷处理，其他按纵向缺陷处理。

④ 两条或两条以上缺陷磁痕在同一直线上且间距≤2mm时，按一条缺陷处理，其长度为两条缺陷之和加间距。

⑤ 长度＜0.5mm的缺陷磁痕不计。

⑥ 所有磁痕的尺寸、数量和产生部位均应记录，并图示。

⑦ 磁痕的永久性记录可采用胶带法，照相法以及其他适当的方法。

⑧ 非荧光磁粉检测时，磁痕的评定应在可见光下进行，工件被检面处可见光照应不小于500lx。荧光磁粉检测时，磁痕的评定应在暗室内进行，暗室内可见光照度不大于20lx，工件被检面处的紫外线强度不小于$1000\mu W/cm^2$。

⑨ 当辨认细小缺陷磁痕时，应用2～10倍放大镜进行观察。

（2）缺陷的等级评定

① 下列缺陷不允许存在。

任何裂纹和白点；

任何横向缺陷显示；

焊缝及紧固件上任何长度大于 1.5mm 的线性缺陷显示；

锻件上任何长度大于 2mm 的线性缺陷显示；

单个尺寸大于等于 4mm 的圆形缺陷显示。

② 缺陷显示累积长度的等级评定按表 4-4 进行。

表 4-4　缺陷显示累积长度的等级评定　　　　　　　　　　　　　　　　mm

等　　级	评 定 区 尺 寸	
	35×100 用于焊缝及高压紧固件	100×100 用于各类锻件
Ⅰ	＜0.5	＜0.5
Ⅱ	≤2	≤3
Ⅲ	≤4	≤9
Ⅳ	≤8	≤18
Ⅴ	大于Ⅳ级者	

4.2　渗透检测

渗透检测是利用液体的毛细现象检测非松孔性固体材料表面开口缺陷的一种无损检测方法。在装备制造、安装、在役和维修过程中，渗透检测是检验焊接坡口、焊接接头等是否存在开口缺陷的有效方法之一。

4.2.1　基本原理和特点

（1）渗透检测的基本原理

当被检工件表面存在有细微的肉眼难以观察到的裸露开口缺陷时，将含有有色染料或者荧光物质的渗透剂，用浸、喷或刷涂方法涂覆在被检工件表面，保持一段时间后，渗透剂在存在缺陷处的毛细作用下渗入表面开口缺陷的内部，然后用清洗剂除去表面上滞留的多余渗透剂，再用浸、喷或刷涂方法在工件表面上涂覆薄薄一层显像剂。经过一段时间后，渗入缺陷内部的渗透剂又将在毛细作用下被吸附到工件表面上来，若渗透剂与显像剂颜色反差明显（如前者多为红色，后者多为白色）或者渗透剂中配制有荧光材料，则在白光下或者在黑光灯下，很容易观察到放大的缺陷显示。

当渗透剂和显像剂配以不同颜色的染料来显示缺陷时，通常称为着色渗透检测（着色检测、着色探伤）。当渗透剂中配以荧光材料时，在黑光灯下可以观察到荧光渗透剂对缺陷的显示，通常称为荧光渗透检测（荧光检测、荧光探伤）。因此，渗透检测是着色检测和荧光检测的统称。其基本检测原理是相同的。

（2）渗透检测的特点

① 适用材料广泛，可以检测黑色金属、有色金属，锻件、铸件、焊接件等；还可以检测非金属材料如橡胶、石墨、塑料、陶瓷、玻璃等的制品。

② 是检测各种工件裸露出表面开口缺陷的有效无损检测方法，灵敏度高，但未裸露

的内部深处缺陷不能检测。

③ 设备简单、操作方便，尤其对大面积的表面缺陷检测效率高，周期短。

④ 所使用的渗透检测剂（渗透剂、显像剂、清洗剂）有刺激性气味，应注意通风。

⑤ 若被检表面受到严重污染，缺陷开口被阻塞且无法彻底清除时，渗透检测灵敏度将显著下降。

4.2.2 方法分类和选用

按渗透剂和显像剂的种类不同，渗透检测方法分类、特点及选用参见表 4-5 和表 4-6。

表 4-5　按渗透剂种类分类的渗透检测方法、特点及选用

方法名称	渗透剂种类	方法代号	特点及选用
荧光渗透检测	水洗型荧光渗透剂	FA	零件表面上多余的荧光渗透液可直接用水清洗掉。在紫外线灯下有明亮的荧光显示，易于水洗，检查速度快，对于表面粗糙度低且检测灵敏度要求不高的工件可以选用。适用于中、小型零件的批量检测
	后乳化型荧光渗透剂	FB	零件表面上的荧光渗透液要用乳化剂乳化处理后，方能用水洗掉。有极明亮的荧光，对于表面粗糙度较高且要求有较高检测灵敏度的工件宜选用此法
	溶剂去除型荧光渗透剂	FC	零件表面上的多余荧光渗透液需用溶剂清洗，检验成本比较高，一般情况下不宜采用。对于大型工件的局部检测可以选用
着色渗透检测	水洗型着色渗透剂	VA	与水洗型荧光渗透剂相似，但不需要紫外线灯
	后乳化型着色渗透剂	VB	与后乳化型荧光渗透剂相似，但不需要紫外线灯
	溶剂去除型着色渗透剂	VC	一般装在喷罐内使用，便于携带，广泛用于焊缝、大型工件局部等处的检测，尤其适用于现场无水源、电源等情况下的检测

另外，荧光法比着色法有较高的检测灵敏度。

表 4-6　按显像方法分类的渗透检测方法及特点

方法名称	显像剂种类	方法代号	使用特点
干式显像法	干式显像剂	D	使用干式显像剂，须先经干燥处理，再用适当方法均匀地喷洒在整个工作表面，并保持一段时间
湿式显像法	湿式显像剂	W	经清洗后的检测面，可直接将显像剂喷洒或涂刷到被检面上或将工件浸入到显像剂中，然后迅速排除多余显像剂，再进行干燥处理
	快干式显像剂	S	用快干式显像剂同干式，然后应进行自然干燥或用低温空气吹干。禁止将快干式显像剂倾倒在工件表面，以免冲洗掉缺陷内的渗透剂
无显像剂显像法	不用显像剂	N	

按表 4-5 和表 4-6 中各种方法组合使用的检测步骤见表 4-7。

表 4-7　检测步骤

所使用的渗透剂和显像剂的种类	检测方法符号	前处理	渗透	乳化	清洗	去除	干燥	显像	干燥	观察	后处理
水洗型荧光渗透剂-干式显像剂	FA-D	○ → ○ →		→ ○ →		○ → ○ →			○ → ○		
水洗型荧光渗透剂或水洗型着色渗透剂-湿式显像剂	FA-W VA-W	○ → ○ →		→ ○ →				○ → ○ →	○ → ○		
水洗型荧光渗透剂或水洗型着色渗透剂-快干式显像剂	FA-S VA-S	○ → ○ →		→ ○ →		○ → ○ →		○ → ○			
水洗型荧光渗透剂-不用显像剂	FA-N	○ → ○ →		→ ○ →					○ → ○		
后乳化型荧光渗透剂-干式显像剂	FB-D	○ → ○ →	○ →	○ →	○ →			○ → ○			
后乳化型荧光渗透剂-湿式显像剂	FB-W	○ → ○ →	○ →	○ →			○ → ○ →	○ → ○			
后乳化型荧光渗透剂-快干式显像剂	FB-S	○ → ○ →	○ →	○ →		○ → ○ →		○ → ○			
溶剂去除型荧光渗透剂-干式显像剂	FC-D	○ → ○ →		→ ○ →		○ → ○ →		○ → ○			
溶剂去除型荧光渗透剂或溶剂去除型着色渗透剂-湿式显像剂	FC-W VC-W	○ → ○ →		→ ○ →				○ → ○ →	○ → ○		
溶剂去除型荧光渗透剂或溶剂去除型着色渗透剂-快干式显像剂	FC-S VC-S	○ → ○ →		→ ○ →		○ → ○ →		○ → ○			
溶剂去除型荧光渗透剂-不用显像剂	FC-N	○ → ○ →		→ ○ →					○ → ○		

4.2.3　对比试块

在渗透检测中，使用对比试块的目的是衡量在检测条件相同的情况下，渗透检测材料的性能及显示缺陷痕迹的能力。

根据 JB 4730—94 标准中介绍的对比试块类型如图 4-5 所示。

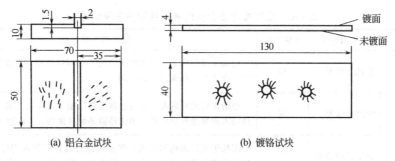

(a) 铝合金试块　　　　　　(b) 镀铬试块

图 4-5　对比试块

一般情况下，做过着色试验的对比试块不宜再作荧光渗透试验。

对比试块使用后必须要进行彻底清洗，试块上不应留下任何荧光或着色渗透剂的痕迹。为防止试块的沾污，可将其浸泡在 50％丙酮与 50％另一种适当溶剂的混合液中，或浸泡在丙酮和无水酒精的混合液（混合比为 1：1）的密闭容器中保存，或用其他等效方法保存。

4.2.4 缺陷显示痕迹分类和缺陷等级评定

（1）缺陷显示痕迹分类

缺陷显示痕迹分类见表 4-8。

表 4-8　缺陷显示迹痕分类

迹痕类别	判别条件
线性缺陷	长度与宽度之比大于 3 的缺陷显示迹痕，按线性缺陷处理
圆形缺陷	长度与宽度之比小于等于 3 的缺陷显示迹痕，按圆形缺陷处理
横向缺陷	缺陷显示迹痕长轴方向与工件轴线或母线的夹角大于等于 30°时，按横向缺陷处理
纵向缺陷	除按横向缺陷处理外的其他缺陷，按纵向缺陷处理

另外，在判别真伪缺陷迹痕时，除确认显示迹痕是由外界因素或操作不当造成的之外，其他任何大于等于 0.5mm 的显示迹痕均应作为真实缺陷显示迹痕处理。

当两条或两条以上缺陷显示迹痕在同一直线上间距小于等于 2mm 时，按一条缺陷处理，其长度为显示迹痕长度之和加间距。

（2）缺陷等级评定

缺陷显示累积长度的等级评定见表 4-4。

同时，在缺陷显示迹痕等级评定的过程中，不允许存在以下缺陷：

任何裂纹和白点；

任何横向缺陷显示；

焊缝及紧固件上任何长度大于 1.5mm 的线性缺陷显示；

锻件上任何长度大于 2mm 的线性缺陷显示；

单个尺寸大于或等于 4mm 的圆形缺陷显示。

复 习 题

4-1　磁粉检测原理。影响磁粉检测灵敏度高低（漏磁场强度的强弱）的主要因素有哪些。

4-2　磁粉检测的特点。

4-3　磁粉检测的磁化方法及其应用，磁化规范的确定要考虑哪些内容。

4-4　磁粉的种类、性能及应用。

4-5　退磁的原理及方法。

4-6　磁粉检测时磁痕的评定要求。

4-7　磁粉检测的缺陷评定要求和评定等级。

4-8　渗透检测原理和特点。

4-9　渗透检测方法的分类和选用。

4-10　渗透检测缺陷显示痕迹的分类和等级评定标准。

过程装备制造工艺

5 钢制压力容器的焊接

5.1 焊接接头

钢制压力容器是典型的重要焊接结构，焊接接头是压力容器整体结构中最重要的连接部位，焊接接头的性能将直接影响压力容器的质量和安全。为保证压力容器的安全运行，正确地设计焊接接头、合理地制定焊接工艺规程是非常必要的。现结合实际工程要求，介绍焊接接头的工程基础知识。

5.1.1 分类

根据 GB 150—1998《钢制压力容器》对压力容器主要受压部分的焊接接头分为 A、B、C、D 四类，如图 5-1 所示。

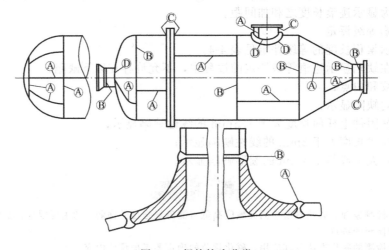

图 5-1　焊接接头分类

①　圆筒部分的纵向接头（多层包扎容器层板层纵向接头除外），球形封头与圆筒连接的环向接头，各类凸形封头中的所有拼焊接头以及嵌入式接管与壳体对接连接的接头，均属 A 类焊接接头。

②　壳体部分的环向焊缝接头，锥形封头小端与接管连接的接头，长颈法兰与接管连接的接头，均属 B 类焊接接头，但已规定为 A、C、D 类的焊接接头除外。

③ 平盖、管板与圆筒非对接连接的接头，法兰与壳体、接管连接的接头，内封头与圆筒的搭接接头以及多层包扎容器层板层纵向接头，均属 C 类焊接接头。

④ 接管、人孔、凸缘、补强圈等与壳体连接的接头，均属 D 类焊接接头，但已规定为 A、B 类的焊接接头除外。

上述关于焊接接头的分类及分类顺序，对于压力容器的设计、制造、维修、管理等工作都有着很重要的指导作用，例如：

① 壳体在组对时的对口错边量、棱角度等组对参数的技术要求，A 类和 B 类接头是不同的，总的来看 A 类焊接接头的对口错边量、棱角度等参数的技术要求要比 B 类的严格；

② 焊接接头的余高要求，对于 A、B、C、D 类的接头分别提出了不同的技术要求；

③ 无损检测对 A、B、C、D 类焊接接头的检测范围、检测工艺内容以及最后的评定标准等都作了较具体的不同要求。

需要强调的是，上述对焊接接头的分类及分类顺序的划分，基本上只是以主要零部件之间或与壳体连接的焊接接头在壳体的相对位置来进行的。实际上对焊接接头类别及分类顺序的划分和顺序安排，除了应该考虑焊接接头所在相对位置之外，还应考虑焊接接头实际受力状态的复杂性；焊接工艺的实施难易程度；焊接结构、焊接材料等因素对最后焊接质量的影响；焊接检测对真实状态的反映深度等综合条件的情况。总之，为了使所有焊接接头质量都得到不同程度的保证，使得压力容器更安全更可靠，对焊接接头的类别和分类顺序的划分应该有更全面的综合考虑，不要认为 A、B、C、D 类焊接接头是绝对的分类状态。

5.1.2 基本形式和特点

焊接接头的基本形式有对接接头、T 形（十字形）接头、角接头和搭接接头。

（1）对接接头

对接接头的形式如图 5-2 所示，焊接接头在图示应力的作用下应力分布情况如图 5-3 所示。

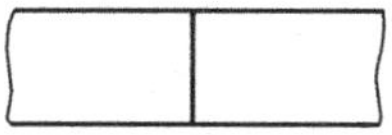

对接焊接接头的特点如下。

① 焊接后产生的余高 e，将造成接头表面形状变化而产生应力集中，通常出现在焊缝与母材的交界焊趾处，应力集中系数 $K_r = \sigma_{max}/\sigma_m$，说明在焊接接头中实际工作应力的分布是不均匀的。

② 应力集中系数 K_r 的大小取决于焊缝宽度 C、余高 e、焊趾处焊缝曲线与工件表面的夹角 θ 和转角半径 r（参见图 5-3），θ 角增加，转角半径 r 减小，余高 e 增加，都将使应力集中系数 K_r 增大，即工作应力分布更加不均匀，造成焊接接头的强度下降。可以看出，焊缝余高 e 越高越不利，所以把 e 称为"加强高"是错误的，称为焊缝多余的高度（简称余高）是比较合适的。

③ 如果焊接后将余高磨平（对重要焊接结构，有时要求磨平），则可以消除或减小应力集中［参见图 5-3（b）］。一般情况下，遵守焊接工艺规程要求，对接接头的应力集中系数不大于 2。

对接接头

图 5-2　对接接头

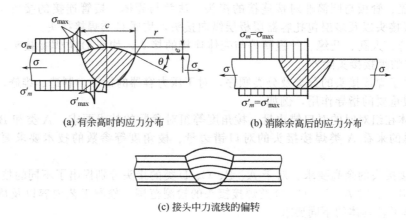

(a) 有余高时的应力分布   (b) 消除余高后的应力分布

(c) 接头中力流线的偏转

图 5-3 对接接头应力分布

④ 当对接接头的母材厚度大于 8mm 时，为保证焊接接头的强度，常要求焊接接头要熔透，为此需要在焊接之前在钢板端面开设焊接坡口。

⑤ 在几种焊接接头的连接形式中，从接头的受力状态、接头的焊接工艺性能等多方面比较，对接接头是比较理想的焊接接头形式，应尽量选用。在压力容器制造中，容器主要受压零部件、承压壳体的主焊缝（如壳体的纵、环焊缝等）应采用全焊透的对接接头。

（2）T 形（十字形）接头

T 形（十字形）接头的形式如图 5-4 所示，其中，由于十字形接头受力状态不同，又有工作焊缝和联系焊缝之分，工作焊缝又有未开坡口和开坡口的情况，其应力分布情况如图 5-5 所示。

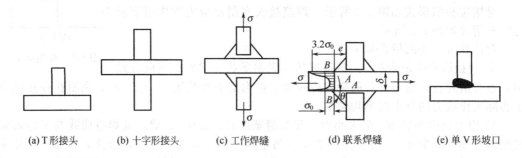

(a) T形接头   (b) 十字形接头   (c) 工作焊缝   (d) 联系焊缝   (e) 单V形坡口

图 5-4 T 形（十字形）接头形式

T 形（十字形）接头的特点如下。

① T 形（十字形）接头焊缝向母材过渡部分形状变化大、过渡急，在应力作用下力流线扭曲很大，如图 5-5 （c）所示，应力分布很不均匀，在角焊缝的根部（e 为焊脚高度）和过渡处都有很大的应力集中，如图 5-5 （a）、（b）所示。

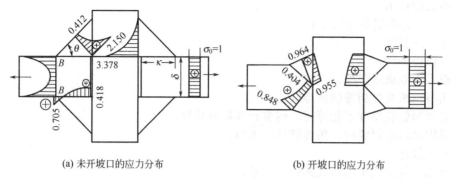

(a) 未开坡口的应力分布　　　　　　　　(b) 开坡口的应力分布

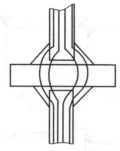

(c) 接头中力流线的偏转

图 5-5　十字形接头应力分布情况

② 图 5-5（a）为未开坡口的应力分布状况，不开坡口的 T 形（十字形）焊接接头，通常都是不焊透的，焊缝承载强度较低，焊缝根部的应力集中较大。

③ 图 5-5（b）为开坡口的应力分布状况，开坡口后再焊接通常是保证焊透，焊缝承载强度大大提高，可以按对接接头强度来计算。

④ 在焊趾处截面 B-B 上应力分布不均匀，B 点处的应力集中系数随角焊缝形状变化而变化。θ 角减小，应力集中系数减小；焊脚高度 e 增大，应力集中系数减小。

⑤ 联系焊缝如图 5-4 所示，焊缝不承受工作应力。此时在角焊缝根部的 A 点处和焊趾 B 点处有应力集中，当 θ=45°，e=0.8δ 时，B 点处的应力集中系数达 3.2 左右。T 形接头由于偏心（不对称）的影响，A 点和 B 点的应力集中系数随角焊缝形状的改变而变化。在外形、尺寸相同的情况下，工作焊缝的应力集中系数大于联系焊缝的应力集中系数，应力集中系数 K，随角焊缝 θ 角的增大而增大。

⑥ 对 T 形（十字形）焊接接头，应避免采用单面角焊缝，因为这种接头形式的焊缝根部往往有很深的缺口，承载能力较低。

⑦ 对要求完全焊透的 T 形接头，实践证明采用半 V 形坡口从一面焊比采用 K 形坡口施焊可靠 ［参见图 5-4（e）中的单 V 形坡口］。

⑧ 角焊缝尺寸经验计算公式如下。

按等强度设计 $K=3/4 \cdot \delta$

按刚度设计 $K = (1/4 \sim 3/8)\delta$

式中　　K——角焊缝焊角尺寸；

δ——板厚。

公式假设条件：

钢板采用双面角焊缝；

采用与钢板长度相等的角焊缝；

若被焊两钢板厚度不相等时，则按较薄板厚计算；

若采用单面角焊缝时，角焊缝尺寸加倍。

（3）角接接头

常用角接焊接接头的形式如图 5-6 所示。

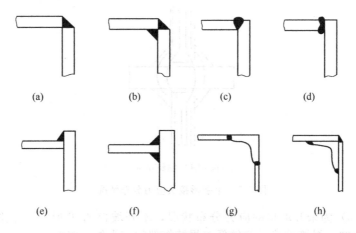

图 5-6　常用角接接头形式

各种角接接头的比较如下。

① 图 5-6（a）所示为最简单的角接接头，但承载能力差。

② 图 5-6（b）所示为采用双面焊接、从内部加强的角接接头，承载能力较大。

③ 图 5-6（c）和（d）所示为开坡口焊接的角接接头，易焊透，有较高的强度，而且在外观上具有良好的棱角，但要注意层状撕裂问题。

④ 图 5-6（e）和（f）所示的角接头易装配、省工时，是最经济的角接头形式。

⑤ 图 5-6（g）所示的角接接头，利用角钢作 90°角过渡，有准确的直角，并且刚性大，但要注意钢厚度应大于板厚。

⑥ 图 5-6（h）所示为不合理的角接接头，焊缝多且不易施焊。

（4）搭接接头

搭接接头的形式如图 5-7 所示。搭接接头的应力分布情况如图 5-8 所示。

图 5-7　搭接接头形式

搭接接头的特点如下。

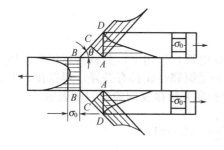
(a) 正面搭接角焊缝的应力分布

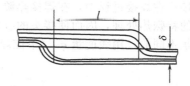
(b) 搭接接头正面焊缝力流线偏转

A-A 截面应力分布

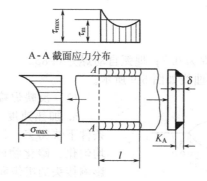

(c) 侧面搭接角焊缝的应力分布

图 5-8　搭接接头应力分布

① 搭接接头形状变化较大，应力集中比对接接头的情况复杂得多。根据焊缝的受力方向，可分为正面焊缝（受力方向与焊缝垂直）、侧面焊缝（受力方向与焊缝平行）和介于两者之间的斜间角焊缝。

② 在搭接接头的正面焊缝中，应力的分布是很不均匀的，在角焊缝的根部 A 点和焊趾 B 点都有较大的应力集中。减小夹角 θ 和增大熔深，可降低应力集中系数。θ 角在 $28°\sim65°$ 之间变化时，应力集中系数明显改变，当 θ 角为 $53°$ 时，A 点和 B 点的应力集中系数 K_r 最大，当 θ 角逐渐减小时，两处的 K_r 虽明显下降，但搭接接头的应力集中系数 K_r 值还是相当大的。

③ 由于搭接接头的正面焊缝与作用力偏心，承受拉应力时，作用力不在一个作用点上，产生了附加的弯曲应力。为了减少弯曲应力，两条正面焊缝的距离应不小于其板厚的 4 倍（$l\geqslant4\delta$）。

④ 搭接接头中侧面焊缝的应力集中、应力分布更为复杂，如图 5-8（c）所示。在侧面焊缝中既有正应力又有切应力，而且切应力沿侧面焊缝长度上的分布是不平均的，在侧面焊缝的两端存在最大应力，中部应力较小，且侧面焊缝越长应力分布越不均匀，一般规定 $l\leqslant50e$（e 为焊脚高度）。

⑤ 正面焊缝强度高于侧面焊缝，斜向焊缝介于两者之间，随着倾角 α 的增大，斜向

焊缝强度也增大。

5.1.3 组织与性能

焊接接头在焊接过程中，在焊接热源（如电弧）作用下，其各部位相当于经历了一次不同规范的特殊热处理，因而使接头的各部分组织和性能都有差异。焊接接头上各点所得到的能量是不同的，用线能量 q_v（单位焊缝长度上所接受的能量）来表示。

$$q_v = \frac{q}{v} = \frac{\eta IU}{v} \ (\text{J/cm}) \tag{5-1}$$

式中　q——电弧热功率，J/s；

　　　v——焊接速度，cm/s；

　　　I——焊接电流，A；

　　　U——电弧电压，V；

　　　η——系数，手工电弧焊为 0.7；埋弧自动焊为 0.85。

焊接接头上各点的热循环曲线如图 5-9 所示。

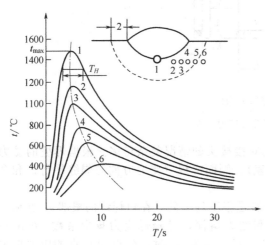

图 5-9　焊接接头上各点的热循环

（1）反映焊接热循环曲线的特征参数

a. 加热速度　焊接加热速度比热处理条件下快得多，因此焊接过程中的奥氏体均匀化、碳化物的熔解都很不充分，必然影响接头的组织和性能。

b. 加热的最高温度 t_{max}　接头上某点的最高加热温度不同，组织和性能显然不同，如接近熔化区的母材晶粒严重增大。

c. 高温（或相变温度以上）停留时间 T_H　T_H 越大越有利于均匀化过程，但时间过长也可能造成晶粒长大。同时 T_H 增大，热影响区宽度将增加，这是不利的。

d. 冷却速度 v_c 或冷却时间 T_c　过大的冷却速度不但对接头组织性能不利，甚至会加重冷裂倾向。

（2）焊接接头的组织与性能

焊接接头的组织形成及其性能是由焊缝区和热影响区所决定的，焊缝区金属由熔池的液态金属凝固而成，热影响区的金属受焊接热源影响而造成与母材有较大的变化。

焊接接头由焊缝区、熔合面（截面为熔化线）、热影响和基本母材四部分组成。习惯上常把焊接接头和焊缝相互代替，这是不严格的。

a. 焊缝区金属　以低碳钢为例，焊缝金属由高温液态冷却到室温要经过两次组织变化："一次结晶"是从液态到固态（奥氏体）；"二次结晶"是从固相线冷却到常温组织。

一次结晶　液态金属沿着垂直熔合面的方向向熔池中心不断形成层状树枝柱状晶并长

大，晶粒内部存在成分不均匀现象，称做微观偏析或枝晶偏析。整个焊缝区也存在成分不均匀现象，称作宏观偏析或区域偏析。区域偏析除与成分、部位等因素有关外，还与焊缝形状系数 φ 的大小有关。

$$\varphi = \frac{c}{h} \tag{5-2}$$

式中　c──熔宽；

　　　h──熔深。

$\varphi \leqslant 1$ 时，杂质易集中在焊缝中间［见图 5-10（a）］，易形成热裂纹；$\varphi > 1.3 \sim 2.0$ 时，杂质易集聚在焊缝上部［见图 5-10（b）］，不会造成薄弱截面。

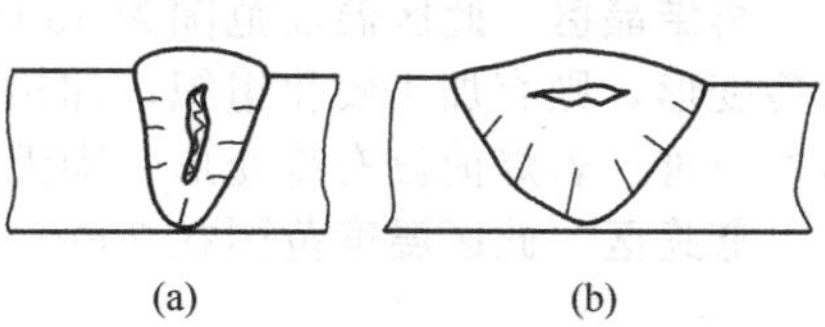

二次结晶　即由奥氏体冷却至室温组织的转变，与热影响区的金属组织转变很相似。

b. 热影响区金属　对于低碳钢或强度级别较低的普低钢，其热影响区可近似看做是在 t_{max} 温度下的正火热处理组织，如图 5-11 所示。由图可知，根据其组织特征低碳钢的热影响区可分为以下六个温度区。

图 5-10　不同焊缝形状的区域偏析

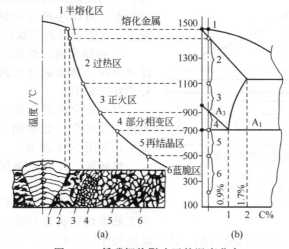

图 5-11　低碳钢热影响区的温度分布

半熔化区（熔合区）　此区在焊缝与母材的交界处，处于半熔化状态，是过热组织，冷却后晶粒粗大，化学成分和组织都不均匀，异种金属焊接时，这种情况更为严重，因此塑性较低。此区虽较窄，但是与母材相连，所以对焊接接头的影响很大。

过热区　金属处于过热状态。奥氏体晶粒产生严重增大现象，冷却后得到过热组织。冲击韧性明显降低，约下降 $25\% \sim 30\%$ 左右，对刚性较大的结构常在此区开裂。过热程度与高温停留时间 T_H 有关。如气焊比电弧焊过热严重。对同一种焊接方法，线能量越大，过热现象越严重。

正火区（完全重结晶区）　加热温度范围如图 5-11 所示，金属在 A_3 线与 1100℃之间的温度范围内将发生重结晶，使晶粒细化，室温组织相当于正火组织，力学性能较好。

部分相变区（不完全重结晶区）　此区的温度范围在 A_1 线和 A_3 线之间。焊接时加热温度稍高于 A_{c1} 线时，便开始有珠光体转变为奥氏体，随着温度升高，有部分铁素体逐步溶解到奥氏体中，冷却时，又由奥氏体中析出细微的铁素体，直到 A_{r1} 线，残余的奥氏体转变为珠光体，晶粒也很细。可见，在上述转变过程中，始终未溶入奥氏体的部分铁素体不断长大，变成粗大的铁素体组织。所以，此区金属组织是不均匀的，晶粒大小不同，力学性能不好。此区越窄，焊接接头性能越好。

再结晶区　此区温度范围为 450～500℃到 A_{c1} 线之间，没有奥氏体的转变。若焊前经过冷变形，则有加工硬化组织，加热到此区后产生再结晶，加工硬化现象得到消除，性能有所改善。若焊前没有冷变形，则无上述过程。

蓝脆区　此区温度范围在 200～500℃。由于加热、冷却速度却较快，强度稍有增加，塑性下降，可能会出现裂纹。此区的显微组织与母材相同。

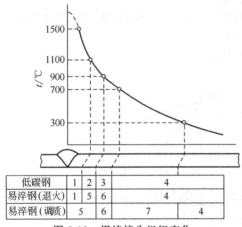

图 5-12　焊接接头组织变化

1—过热区；2—正火区；3—不完全重结晶区；
4—未变化的母材；5—淬火区；
6—不完全淬火区；7—回火区

上述六个区总称为热影响区，在显微镜下一般只能见到过热区、正火区和部分相变区。总的来说，热影响区的性能比母材焊前性能差，是焊接接头较薄弱的部位。一般情况下，热影响区越窄越好。

c. 易淬火钢的热影响区金属　当焊接易淬火钢时，热影响区的组织与钢材焊前的热处理状态有关。

对于正火或退火状态的易淬火钢的热影响区，其组织与低碳钢不同，一般可分为三个区，如图 5-12 所示。

过热区　此区显微组织的特征是粗大马氏体。

淬火区　由于这类钢淬透性好，故在相当于低碳钢正火区的冷却速度下也会出现淬火现象，产生极细的针状马氏体组织。若含碳量和合金元素量低，则会有托氏体和马氏体共存的组织。

不完全淬火区　此区显微组织的特征是马氏体与稍粗大的网状铁素体组织，即产生部分淬火组织。

对于调质状态易淬火钢的热影响区，其组织又与正火状态的不同，可分为以下三个区，如图 5-12 所示。

淬火区　属于淬火组织。

不完全淬火区　与正火状态相同。

回火区　在焊接时，加热温度低于 A_{c1} 线就发生不同程度的回火，使硬度和强度略有下降，出现"回头软化区"。

高合金钢、有色金属等焊接加热时热影响区的组织转变更为复杂，但分析方法相同。

综上所述，焊接接头较薄弱的部位在热影响区，而热影响区中的过热区又是焊接接头中最薄弱的区域。影响过热组织的主要因素除化学成分外，就是焊接热循环。调节焊接热循环的主要措施：改变焊接线能量的大小，可以改变焊接热循坏的曲线形状；改善材料焊接前的初始温度如预热，可使冷却速度降低；采用后热等措施可使冷却速度改善等。

5.1.4 坡口

为满足实际焊接工艺的要求，对不同的焊接接头，经常在焊接之前，把接头加工成一定尺寸和形状的坡口。现将有关坡口的工艺内容介绍如下。

（1）焊接坡口的尺寸符号和尺寸偏差

目前中国已经颁布并实施了 GB 985—88《气焊、手工电弧焊及气体保护焊焊缝坡口的基本形式与尺寸》、GB 986—88《埋弧焊焊缝坡口的基本形式和尺寸》。关于坡口尺寸符号见表 5-1。

表 5-1　坡口尺寸符号

项目	坡口角度	根部间隙	钝边高度	坡口面角度	坡口深度	根部半径
坡口尺寸符号	α	b	p	β	H	R
坡口图示						

国内现行标准中没有关于坡口尺寸加工的技术要求，为满足实际生产不断发展的需要，设计、制造时对坡口尺寸提出加工要求是必需的（参见表 5-2）。

另外，对坡口表面有如下要求（GB 150、JB/T 4709）。

① 坡口表面不得有裂纹、分层、夹杂等缺陷。

② 标准抗拉强度下限值 $\sigma_b > 540MPa$ 的钢材及 Cr-Mo 低合金钢材，宜采用冷加工方法加工坡口；若经火焰切割的坡口表面，应进行磁粉或渗透检测，当无法进行磁粉或渗透检测时，应由切割工艺保证坡口质量。

③ 施焊前应清除坡口及母材两侧表面 20mm 范围内（以离坡口边缘的距离计）的氧化物、油污、熔渣及其他有害杂质。

④ 奥氏体高合金钢坡口两侧各 100mm 范围内应刷涂料，以防止粘附焊接飞溅。

（2）手工电弧焊、气体保护焊、埋弧焊焊缝坡口的基本形式与尺寸

① 手工电弧焊、气体保护焊，焊缝坡口的基本形式与尺寸见 GB 985；埋弧焊焊缝坡口的基本形式与尺寸见 GB 986。

② 不同厚度的钢板对接接头的两板厚度差 $(\delta - \delta_1)$ 不超过表 5-3 规定时，则焊缝坡

的基本形式与尺寸按厚板的尺寸数据来选取；否则应在厚板上做出如图 5-13 所示的单面或双面削薄，其削薄长度 $l \geqslant 3 (\delta - \delta_1)$。

表 5-2 坡口加工的主要尺寸允许偏差

项目	根 部 间 隙 b			钝边高度 p	坡口角度 α	根部半径 R
	全熔透开坡口焊接		部分焊透开坡口焊接			
	无 垫 板	有 垫 板				
加工允许偏差 Δ /mm	手弧焊：$0 \leqslant \Delta b \leqslant 4$ I形坡口时， $0 < \Delta b < \delta/2$ 埋弧焊： $0 < \Delta b \leqslant 1$ 气体保护半自动焊：$0 < \Delta b \leqslant 3$ I形坡口时， $0 < \Delta b \leqslant \delta/3$	手弧焊和气体保护半自动焊：$\Delta b \geqslant -2$ 埋弧焊：$-2 \leqslant \Delta b \leqslant 2$	手弧焊： $0 \leqslant \Delta b \leqslant 3$ 埋弧焊： $0 < \Delta b \leqslant 1$ 气体保护半自动焊： $0 < \Delta b \leqslant 2$	手弧焊和气体保护半自动焊： 有垫板 $-2 \leqslant \Delta p \leqslant 1$ 无垫板 $-2 \leqslant \Delta p \leqslant 1$ 埋弧焊 $-2 \leqslant \Delta p \leqslant 1$	手弧焊、埋弧焊和气体保护半自动焊： $\Delta \alpha \geqslant -5°$	手弧焊、埋弧焊和气体保护半自动焊： $\Delta R \geqslant -2$

注：δ 为工件厚度。

表 5-3 不同厚度钢板对接接头两钢板厚度差

较薄板厚度 δ_1/mm	$\geqslant 2 \sim 5$	$> 5 \sim 9$	$> 9 \sim 12$	> 12
允许厚度差 $(\delta - \delta_1)$/mm	1	2	3	4

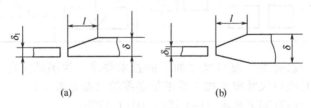

(a)   (b)

图 5-13 不同钢板厚度对接的单面或双面削薄

③ 钝边和坡口面应去毛刺。

5.1.5 表示符号

为了简化制图焊接接头一般应采用标准规定的焊缝符号表示，也可采用技术制图方法表示。

符号表示一般由基本符号与指引线组成，必要时可以加上辅助符号、补充符号和焊缝尺寸符号。

（1）基本符号

基本符号是表示焊缝截面形状的符号（见表 5-4）。

（2）辅助符号

辅助符号是表示焊缝表面形状特征的符号（见表 5-5）。

表 5-4 基本符号

序号	名 称	示 意 图	符号	序号	名 称	示 意 图	符号
1	卷边焊缝[①]（卷边完全熔化）		八	10	角焊缝		△
2	I 形焊缝		‖				
3	V 形焊缝		∨	11	塞焊缝或槽焊缝		⊔
4	单边 V 形焊缝		⌴				
5	带钝边 V 形焊缝		Y				
6	带钝边单边 V 形焊缝		Υ	12	点焊缝		○
7	带钝边 V 形焊缝		⋃				
8	带钝边 J 形焊缝		Ⴑ	13	缝焊缝		⌀
9	封底焊缝		⌣				

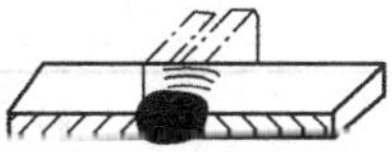

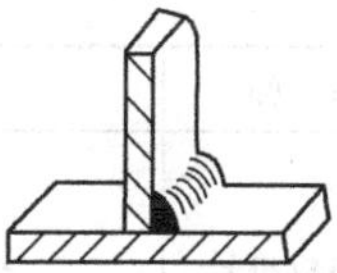

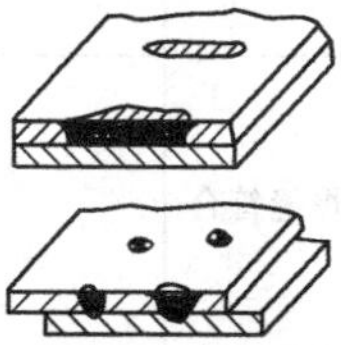

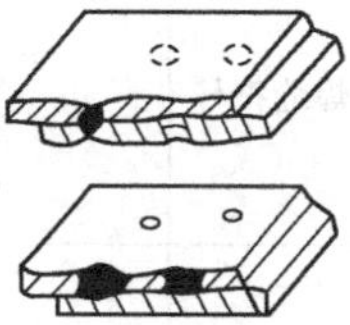

① 不完全熔化的卷边焊缝用 I 形焊缝符号来表示，并加注焊缝有效厚度 δ。

表 5-5 辅助符号

序号	名 称	示 意 图	符号	说 明
1	平面符号		—	焊缝表面齐平（一般通过加工）
2	凹面符号	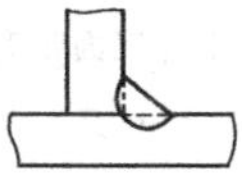	⌣	焊缝表面凹陷
3	凸面符号		⌢	焊缝表面凸起

（3）补充符号

　　补充符号是为了补充说明焊缝的某些特征而采用的符号（见表5-6）。补充符号的应用示例见表5-7。

表 5-6　补充符号

序号	名　称	示　意　图	符　号	说　明
1	带垫板符号		☐	焊缝底部有垫板
2	三面焊缝符合	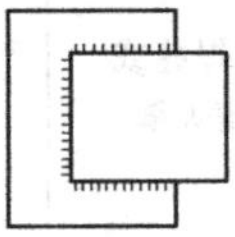	⊐	三面带有焊缝
3	周围焊缝符号	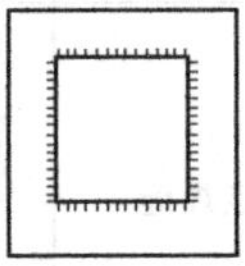	○	环绕工件周围焊缝
4	现场符号		▶	在现场或工地上进行焊接
5	尾部符号		 <	可以参照 GB 5185 标注焊接工艺方法等内容

表 5-7　补充符号应用示例

示　意　图	标　注　示　例	说　明
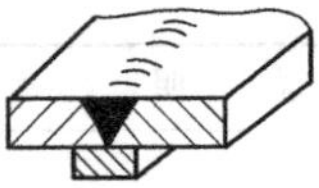	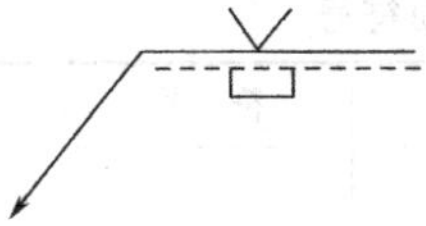	V 形焊缝的背面底部有垫板
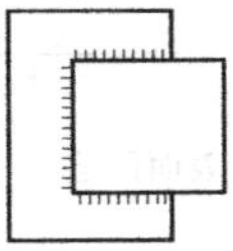	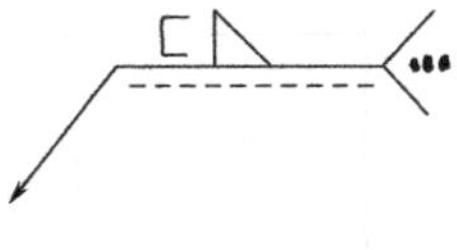	工件三面带有焊缝,焊接方法为手工电弧焊
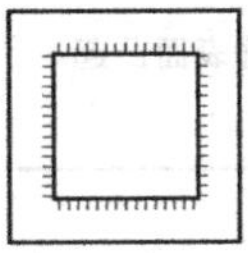	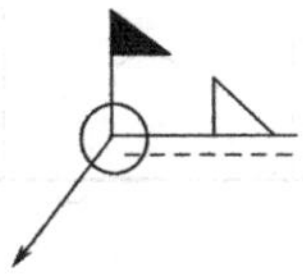	在现场沿工件周围施焊

5.1.6 焊接坡口的选择和设计

正确地选择焊接坡口形状、尺寸，是一项重要的焊接工艺内容，是保证焊接接头质量的重要工艺措施。设计、选择焊接坡口时主要应考虑以下几个问题。

① 设计或选择不同形式坡口的主要目的是保证焊接接头全焊透。

② 设计或选择坡口首先要考虑的问题是被焊接材料的厚度。对于薄钢板的焊接，可以直接利用钢板端部（此时亦称为 I 形坡口）进行焊接；对于中、厚板的焊接坡口，应同时考虑施焊的方法。例如，手工电弧焊和埋弧自动焊的最大一次熔透深度分别为 6～8mm 和 12～14mm，当焊接 14mm 厚的钢板时，若采用埋弧自动焊，则可用 I 形坡口，若采用手工电弧焊，则可设计成单面或双面坡口。

③ 要注意坡口的加工方法，如 I 形、V 形、X 形等坡口，可以利用气割、等离子切割加工，而 U 形、双 U 形坡口，则需用刨边机加工。

④ 在相同条件下，不同形式的坡口，其焊接变形是不同的。例如，单面坡口比双面坡口变形大；V 形坡口比 U 形坡口变形大等。应尽量注意减少残余焊接变形与应力。

⑤ 焊接坡口的设计或选择要注意施焊时的可焊到性。例如，直径小的容器，不宜设计为双面坡口，而要设计为单面向外的坡口等。同时应注意操作方便。

⑥ 要注意焊接材料的消耗量，应使焊缝的填充金属尽量少。对于同样板厚的焊接接头，坡口形式不同，焊接材料的消耗也不同。例如，单面 V 形坡口比单面 U 形坡口的焊接材料消耗大，成本将要增加。

⑦ 复合钢板的坡口应有利于减少过渡层焊缝金属的稀释率。

5.2 常用焊接方法及其焊接工艺

在过程装备制造过程中，常用的焊接方法主要有手工电弧焊、埋弧自动焊、气体保护电弧焊、电渣焊、堆焊、窄间隙焊等，这些焊接方法的基础知识在《金属工艺学》等课程中已有所介绍，现结合工程需要介绍如下。

5.2.1 手工电弧焊

手工电弧焊由于其设备简单、操作方便、适合全位焊接等特点，在装备制造中是一种应用广泛的焊接方法。

(1) 装备

a. 设备　目前国内手弧焊设备有三大类：弧焊变压器（交流电焊机）、弧焊发电机（直流电焊机）和弧焊整流器。三类弧焊设备的比较见表 5-8。

选择弧焊设备首先要考虑的是焊条涂层（药皮）类型和被焊接头、装备的重要性。例如，对于低氢钠型（碱性）焊条、重要的焊接接头、压力容器等装备的焊接，尽管其成本高、结构较复杂，但必须选用直流电焊机或弧焊整流器（即直流电源），因其电弧稳定性好，易保证焊接质量。随着弧焊整流器质量的不断提高，有逐渐替代直流电焊机的趋势。对于酸性焊条，一般的焊接结构，虽然交、直流焊机都可以用，但通常都选择价格低、结构简单的交流电焊机。

另外，还要考虑焊接产品所需要的焊接电流大小、负载持续率等要求，以选择焊机的容量和额定电流。

表 5-8 三类手弧焊设备比较

项　　目	弧焊变压器	弧焊发电机	弧焊整流器
稳弧性	较差	好	较好
电网电压波动的影响	较小	小	较大
噪声	小	大	小
硅钢片与铜导线的需要量	少	多	较少
结构与维修	简单	复杂	较复杂
功率因数	较低	较高	较高
空载消耗	较小	较大	较小
成本	低	高	较高
质量	小	大	较小

b. 焊钳、焊接电缆　选择焊钳和焊接电缆主要考虑的是允许通过的电流密度。焊钳要绝缘好、轻便（见表 5-9）；焊接电缆应采用多股细铜线电缆（有 YHH 型电焊橡皮套电缆或 YHHR 型电焊橡皮套特软电缆），电缆截面可根据焊机额定焊接电流（参考表 5-10）选择，电缆长度一般不超过 30m。

表 5-9　焊钳技术参数

型号	额定电流/A	焊接电缆孔径/mm	适用焊条直径/mm	质量/kg	外形尺寸/mm
G325	300	14	2～5	0.5	250×80×40
G582	500	18	4～8	0.7	290×100×45

表 5-10　额定电流与相应铜芯电缆最大截面积关系

额定电流/A	100	125	160	200	250	315	400	500	630
电缆截面积/mm²	16	16	25	35	50	70	95	120	150

c. 面罩　是为防止焊接时的飞溅、弧光及其辐射对焊工的保护工具，有手持式或头盔式两种。面罩上的护目遮光镜片可按表 5-11 选择，镜片号越大，镜片越暗。

（2）焊条

手工电弧焊的焊接材料——焊条，由焊芯和药皮组成。

① 分类：目前中国国家标准局将焊条按化学成分划分为若干类，并制定了相应标准。国家机械委则在"焊接材料产品样本"中，将焊条按用途分为十类。手工电弧焊和堆焊用焊条类别和型号见表5-12。

表 5-11 焊工护目遮光镜片选用表

工 种	焊接电流/A			
	≤30	>30~75	>75~200	>200~400
	遮光镜片号			
电弧焊	5~6	7~8	8~10	11~12
碳弧气刨			10~11	12~14
焊接辅助工	3~4			

表 5-12 焊条类型及型号

类别	型 号	熔敷金属抗拉强度(MPa)或化学成分	型 号 意 义	型号中数字代表意义		
				数字	药皮类型	焊接电源
碳钢焊条	E43××	43	E ×× ×× — 药皮类型及焊接电源 — 焊条适用的焊接位置 — 熔敷金属抗拉强度最低值 — 焊条	00	特殊型	交流或直流正、反接
				01	钛铁矿型	
				03	钛钙型	
	E50××	50		13	高钛钾型	
				22	氧化铁型	
				23	铁粉钛钙型	
低合金钢焊条	E50××-×	50	E ×× ××-× — 熔敷金属化学成分分类代号 — 药皮类型及焊接电源 — 焊条适用的焊接位置 — 熔敷金属抗拉强度最低值 — 焊条	27	铁粉氧化铁型(低合金钢焊条平焊时)	
	E55××-×	55				
	E60××-×	60		24	铁粉钛型	
	E70××-×	70		14		

类别	型 号	熔敷金属抗拉强度(MPa)或化学成分	型 号 意 义	型号中数字代表意义		
				数字	药皮类型	焊接电源
低合金钢焊条	E75××-×-××	75	E ×× ××-×-×× 熔敷金属中含有的元素 熔敷金属化学成分分类代号 药皮类型及焊接电源 焊条适用的焊接位置 熔敷金属抗拉强度最低值 焊条	12	高钛钠型	交流或直流正接
				20	氧化铁型	
				27	铁粉氧化铁型	
	E85××-×-××	85		16	低氢钾型	交流或直流反接
				18	铁粉低氢型	
				28		
				48		
				11	高纤维钾型	
不锈钢焊条	E00-19-10 Mo2-××		E×-××-××××-×× 药皮类型及焊接电源 元素符号,表示熔敷金属中含其他元素的近似值,元素平均含量小于1.5%时,不标注含量,当含量等于或大于1.5%、2.4%、3.5%···时,一般在元素后面相应标注2、3、4···等数字 熔敷金属中含镍量的近似值的百分之几 熔敷金属中含铬量的近似值的百分之几 熔敷金属中含碳量的近似值的百分之几 焊条	10	高纤维钠型	直流反接(堆焊条15为直流)
				15	低氢钠型	
	E0-5Mo-××			08	石墨型	交流或直流
	E1-13-××				适用焊接位置	
	E2-11 MoV NiW-××			0	全位置:平焊、立焊、仰焊、横焊	
	E3-16-35-××			1		
				2	平焊、平角焊(水平角焊)	
				4	向下立焊	

续表

类别	型号	熔敷金属抗拉强度(MPa)或化学成分	型号意义	型号中数字代表意义		
				数字	药皮类型	焊接电源
堆焊焊条	EDP××-××	普通低中合金刚	ED××-×× 药皮类型及焊接电源；熔敷金属中含的合金元素，用化学元素符号表示；用字母或化学元素符号表示堆焊焊条的型号分类；堆焊；焊条	堆焊焊条在同一基本型号内有几个分型时，可用字母A、B、C…标记，如果再细分时，可加注下角数字1、2、3…如 A_1、A_2、A_3 等		
	EDR××-××	热强合金钢				
	EDCr××-××	高铬钢				
	EDMn××-××	高锰钢				
	EDCrMn××-××	高铬锰钢				
	EDCrNi××-××	高铬镍钢				
	EDD××-××	高速钢	EDP CrMo - A_1 - 03 药皮类型(钛钙型)及焊接电源(交流或直流)；细分的型号；含铬钼合金元素；型号分类为普通低中合金钢；堆焊；焊条			
	EDZ××-××	合金铸铁				
	EDZCr××-××	高铬铸铁				
	EDCoCr××-××	钴基合金				
	EDW××-××	碳化钨				
	EDT××-××	特殊型				

② 碳钢焊条、低合金钢焊条、不锈钢焊条介绍如下。

碳钢焊条见 GB 5117—85。

低合金钢焊条 GB 5118—85。

不锈钢焊条 GB 983—85。

③ 常用碳钢焊条牌号与 GB 5117—85 对照，见表5-13。

表 5-13 常用碳钢焊条牌号与国际 GB 5117—85 对照

牌号	国标	药皮类型	焊接电流	主要用途
J350		不属已规定类型	直流	专用于微碳纯铁氢合成塔内件的焊接
J402G(结420管)	E4300	不属已规定类型	交直流	高温高压电站碳钢管道焊接
J421	E4313	高钛钾型	交直流	焊接一般低碳钢薄板结构
J421X(结421下)	E4313	高钛钾型	交直流	用于碳钢薄板立向下行焊及间断焊

牌　　号	国标	药皮类型	焊接电流	主　要　用　途
J421Fe	E4313	铁粉钛型	交直流	焊接一般低碳钢薄板结构
J421Fe13	E4324	铁粉钛型	交直流	焊接一般低碳钢薄板结构的高效率电焊条,名义熔敷效率130%
J422	E4303	钛钙型	交直流	焊接较重要的低碳钢结构和相同强度等级的低合金钢
J422GM(结422盖面)	E4303	钛钙型	交直流	焊接海上平台、船舶、车辆、工程机械等表面装饰焊缝
J422Fe	E4314	铁粉钛钙型	交直流	焊接较重要的低碳钢结构
J422Fe13	E4323	铁粉钛钙型	交直流	焊接较重要低碳钢结构的高效率电焊条,名义熔敷效率130%
J422Fe16	E4323	铁粉钛钙型	交直流	焊接较重要低碳钢结构的高效率电焊条,名义熔敷效率160%
J422Z13(结422重13)	E4323	铁粉钛钙型	交直流	焊接低碳钢结构的高效高速重力焊条,名义熔敷效率130%
J423	E4301	钛铁矿型	交直流	焊接低碳钢结构
J424	E4320	氧化铁型	交直流	焊接低碳钢结构
J424Fe14	E4327	铁粉氧化铁型	交直流	焊接低碳钢结构的高效率电焊条,名义熔敷效率140%
J425	E4311	高纤维钾型	交直流	适用于立向下焊的低碳钢薄板结构
J426	E4316	低氢钾型	交直流	焊接重要的低碳钢及某些低合金钢结构
J427	E4315	低氢钠型	直　流	焊接重要的低碳钢及某些低合金钢结构
J427Ni	E4315	铁粉钛型	直　流	焊接重要的低碳钢及某些低合金钢结构
J501Fe15	E5024	铁粉钛型	交直流	焊接碳钢及某些低合金钢结构的高效率电焊条,名义熔敷效率150%
J501Fe18	E5024	铁粉钛型	交直流	焊接低碳钢及常用A级、D级钢的焊接结构,名义熔敷效率180%
J501Z18(结501重18)	E5024	铁粉钛型	交直流	焊接碳钢及某些低合金钢的平角焊结构的重力焊条、名义熔敷效率180%
J502	E5003	钛钙型	交直流	焊接碳钢及相同强度等级低合金钢的一般结构
J502Fe	E5014	铁粉钛钙型	交直流	焊接碳钢及相同强度等级低合金钢的一般结构
J502Fe15	E5023	铁粉钛钙型	交直流	用于碳钢及相同强度等级低合金钢的焊接,名义熔敷效率150%
J502Fe16	E5023	铁粉钛钙型	交直流	用于碳钢及相同强度等级低合金钢结构的高效率电焊条,名义熔敷效率160%

牌　　号	国标	药皮类型	焊接电流	主　要　用　途
J503	E5001	钛铁矿型	交直流	焊接碳钢及相同强度等级低合金钢的一般结构
J503Z(结 503 重)	E5001	钛铁矿型	交直流	焊接碳钢及相同强度等级低合金钢一般结构的高效高速重力焊条
J504Fe	E5027	铁粉氧化铁型	交直流	焊接碳钢及某些合金钢结构的高效率电焊条
J504Fe1	E5027	铁粉氧化铁型	交直流	焊接碳钢及低合金钢结构,名义熔敷效率140%
J505	E5011	高纤维钾型	交直流	用于碳钢及某些低合金钢的焊接
J505MoD(结 505 钼底)	E5011	高纤维钾型	交直流	不用铲根、封底用
J506	E5016	低氢钾型	交直流	焊接碳钢及某些重要的低合金钢结构
J506H(结 506 氢)	E5016-1	低氢钾型	交直流	焊接重要的碳钢及低合金钢结构,扩散氢量不大于 1.5mL/100g
J506X(结 506 下)	E5016	低氢钾型	交直流	抗拉强度为50kgf级的立向下焊条
J506DF(结 506 低氟)	E5016	低氢钾型	交直流	用途同 J506,但该焊条焊接时烟尘发生量及烟尘中可溶性氟化物含量较低,适用于密封容器的焊接
J506D(结 506 底)	E5016	低氢钾型	交直流	用于底层打底焊接,可免去铲根和封底焊
J506GM(结 507 盖面)	E5016	低氢钾型	交直流	用于碳钢、低合金钢的压力容器、石油管道、船舶等表面装饰焊缝的焊接
J506Fe	E5018	铁粉低氢钾型	交直流	用于焊接碳钢及某些低合金钢结构
J506Fe-1	E5018-1	铁粉低氢钾型	交直流	用于碳钢及低合金钢的焊接
J506Fe16	E5028	铁粉低氢钾型	交直流	用于碳钢及低合金钢的焊接,名义熔敷效率160%
J506Fe18	E5028	铁粉低氢钾型	交直流	用于碳钢及低合金钢结构平焊、平角焊接,名义熔敷效率180%
J506LMA(结 506 耐潮)	E5018	低氢钾型	交直流	用于碳钢及低合金钢的船舶结构
J506GR(结 506 高韧)	E5016-G	低氢钾型	交直流	适用于采油平台、船舶、高压容器等重要结构的焊接
J506RH(结 506 韧氢)	E5016-G	低氢钾型	交直充	焊接低合金钢的重要结构,如海上平台、船舶、压力容器等
J507	E5015	低氢钠型	直　流	焊接中碳钢及 16Mn 等重要的低合金钢结构
J507R(结 507 韧)	E5015-G	低氢钠型	直　流	用于压力容器的焊接
J507H(结 507 氢)	E5015	低氢钠型	直　流	用于压力容器的焊接
J507GR(结 507 高韧)	E5015-G	低氢钠型	直　流	用于船舶、锅炉、压力容器、海洋工程等重要结构焊接

牌 号	国标	药皮类型	焊接电流	主 要 用 途
J507RH(结507韧氢)	E5015-G	低氢钠型	直 流	用于重要的低合金钢结构焊接,如船舶、高压管道、海上平台等重要结构
J507X(结507下)	E5015	低氢钠型	直 流	用于50kgf级钢材的立向下焊条
J507DF(结507低氟)	E5015	低氢钠型	直 流	焊接碳钢和低合金钢
J507XG(结507下管)	E5015	低氢钠型	直 流	立向下管子焊条
J507D(结507底)	E5015-G	低氢钠型	直 流	用于管道及厚壁容器的打底焊
J507Fe	E5013	铁粉低氢型	交直流	用于焊接重要的碳钢及低合金钢结构
J507Fe10	E5028	铁粉低氢型	交直流	用于碳钢及低合金钢结构的高效率电焊条,名义熔敷效率160%
J507FeNi	E5018-G	铁粉低氢型	直 流	用于中碳钢及低温钢压力容器的焊接
J553	E5501-G	钛铁矿型	交直流	焊接中碳钢及相应强度的低合金钢一般结构
J556	E5516-G	低氢钾型	交直流	焊接中碳钢及相应强度的低合金钢结构
J557	E5515-G	低氢钠型	直 流	焊接中碳钢及相应强度的低合金钢结构
J557Mo	E5515-G	低氢钠型	直 流	焊接中碳钢及相应强度的低合金钢结构
J557MoV	E5515-G	低氢钠型	直 流	焊接中碳钢及相应强度的低合金钢结构
J556RH(结556韧氢)	E5516-G	低氢钾型	交直流	用于海洋平台、船舶和压力容器等重要结构
J606	E6016-D1	低氢钾型	交直流	焊接中碳钢及相应强度的低合金钢结构
J607	E6015-D1	低氢钠型	直 流	焊接中碳钢及相应强度的低合金钢结构
J607Ni	E6015-G	低氢钠型	直 流	焊接相同强度等级并有再热裂纹倾向的钢结构
J607RH(结607韧氢)	E6015-G	低氢钠型	直 流	用于压力容器、桥梁及海洋管道等重要结构
J707	E7015-D1	低氢钠型	直 流	焊接相应强度的碳钢及低合金钢重要结构
J707Ni	E7015-G	低氢钠型	直 流	焊接相应强度的碳钢及低合金钢重要结构
J707RH(结707韧氢)	E7015-G	低氢钠型	直 流	焊接相应强度的碳钢及低合金钢重要结构
J707NiW	E7015-G	低氢钠型	直 流	焊接相应强度的碳钢及低合金钢重要结构
J757	E7515-G	低氢钠型	直 流	焊接相应强度的碳钢及低合金钢重要结构

注：1. 牌号末尾的符号字母,凡未用中文注明的,都是化学元素的代号。

2. 国际一栏中 $E\times\times\times\times$ 末尾加"-×"的,其字母意义如下。

D1—熔敷金属合金元素为 Mn 和 Mo；

D2—熔敷金属合金元素为 Mn 和 Mo,但含 Mn 高于 D1；

G—熔敷金属合金元素为 Mn、Si、Ni、Cr、Mo 和 V 中的任一个或几个之和。

3. 这些焊条都在 GB 5118—85《低合金钢焊条》中说明。

(3) 焊接规范的选择

焊接时,为保证焊接质量而选定的参数,称为焊接工艺参数,简称为焊接参数。在焊接工艺过程中所选择的各个焊接参数的综合,一般称为焊接规范。焊接方法不同,焊接规范所包含的焊接参数也不完全相同,基本的焊接规范有焊接电流、焊接电弧电压、焊接速度（单位时间内焊接的焊缝长度）、焊接线能量、焊条（埋弧焊为焊丝）直径、多层焊的层数、焊接冷却时间、焊接预热温度等。由于实际焊接条件不同，焊接规范的选择是较复杂的，现介绍如下。

a. 焊条直径　一般情况下焊条直径根据被焊工件的厚度来选择，水平焊对接时焊条直径的选择见表 5-14。另外还要考虑接头形式、焊接位置、焊接层数等的影响。例如，开坡口多层焊的第一层（打底焊）及非水平位置焊接后选用较小直径的焊条。

表 5-14　平焊对接时焊条直径的选择

工件厚度/mm	≤1.5～2	3	4～12	8～12	>12
焊条直径/mm	1.6～2.0	2.5～3.2	3.2～4	4～5	5～6

对于重要焊接结构通常要作焊接工艺评定（JB 4708—92），同时考虑焊接线能量的输入，确定焊接电流的范围，再参照焊接电流与焊条直径的关系来确定焊条直径（参见表 5-15）。

表 5-15　焊接电流与焊条直径的关系

焊条直径/mm	1.6	2.0	2.5	3.2	4	5	6
焊接电流/A	25～40	40～65	50～80	100～130	160～210	200～270	260～300

b. 焊接电流、焊接电弧电压、焊接速度

焊接电流　对于手工电弧焊，焊接电流是最主要的焊接工艺参数，是影响焊接质量的关键。焊接电流过小，电弧燃烧不稳定，对工件加热不充分，易造成未焊透、未熔合、气孔、夹渣等缺陷；焊接电流过大，易使焊条发红，药皮崩落和失效，使其保护作用下降，产生气孔使焊缝力学性能下降，还会引起熔化金属飞溅严重，操作困难，影响接头成形，使热影响区增宽、晶粒粗大。为此，焊接电流的选择，首先要保证焊接质量，其次再适当采用较大的焊接电流，提高生产效率。

一般情况下可根据焊条直径来选择焊接电流范围，同时还要考虑板厚、接头形式、焊接位置、施焊环境温度、工件材质等因素。如厚板、T 形接头、搭接、环境温度较低，均由于导热快，电流应适当大些；非平焊位置，为了易成形，电流要小些；不锈钢焊接时，为避免晶间腐蚀的产生，电流应小些等。

对重要焊接结构如压力容器，要通过焊接工艺评定确定焊接线能量，合格后才能最后确定焊接电流等工艺参数。因为焊接线能量 $q_v = \eta \dfrac{IU}{v}$，一旦要求的焊接线能量范围给出，则在焊接工艺评定中，就同时确定了焊接电流、焊接电弧电压和焊接速度的参数范围。

焊接电弧电压　焊接电弧电压的大小（一般约为 20～30V）主要由电弧长度决定。电弧长则电弧电压高；反之电弧电压低。

电弧过长则不稳定、熔深浅、熔宽增加，易产生咬边等缺陷，同时空气容易侵入，易产生气孔，飞溅严重，浪费焊条、电能，效率低。生产中尽量采用短弧焊接，电弧长度一般为 2～6mm。

焊接速度 焊接速度的大小直接影响生产效率，通常在保证焊缝熔透的情况下尽量采用较大的焊接速度（可达 60～70cm/min）。

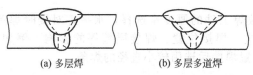

(a) 多层焊   (b) 多层多道焊

图 5-14 多层焊与多层多道焊

c. 焊接层数 厚板的焊接一般要开坡口，同时采用多层焊或多层多道焊，如图 5-14 所示。每层焊接厚度一般不超过 5mm。手工电弧焊一次最大熔透深度约为 6～8mm。当每层厚度约等于焊条直径的 0.8～1.2 倍时，生产效率较高。焊接层数可用下式估算。

$$n = \frac{\delta}{d} \tag{5-3}$$

式中 n——焊接层数；

δ——工件厚度，mm；

d——焊条直径，mm。

若计算值不为整数，则取大圆整数。

多层焊和多层多道焊的接头显微组织较细，相对热影响区也较窄，因此接头的延性、韧性都较好。特别是对易淬火钢的焊接，后道焊接对前道焊缝有回火作用，前道焊接对后道焊接又起到了预热作用，可改善接头组织和性能。

对低合金高强度钢等钢种，焊接层数对接头性能有明显影响。焊缝层数少，每层焊缝厚度太大时，则焊接线能量增大，晶粒粗大，导致接头的延性、韧性下降。

d. 焊接线能量 手工电弧焊焊接低碳钢时，通常没有具体规定焊接线能量的大小，因为在正常焊接规范围内，焊接线能量对接头性能的影响不大。

对于低合金钢、不锈钢等钢种，焊接线能量过大，接头性能可能不合格；太小时，对一些钢种易产生裂纹。因此，焊接线能量应通过焊接工艺评定合格后，做出焊接工艺规程，规定焊接线能量的范围。允许的焊接线能量范围越大，越便于焊接操作。

例如，采用手工电弧焊、碱性焊条、焊接板厚为 10mm 的低合金钢板，水平位置对接接头、开 V 形坡口，对接间隙 3mm 时，焊接线能量的范围为 15～20kJ/cm。

e. 焊接冷却时间 $\tau_{8/5}$ 目前在焊接工艺参数的计算中，应用较广泛的是通过焊接冷却时间 $\tau_{8/5}$，选择合适的焊接工艺参数，同时利用钢的焊接连续冷却组织转变图（CCT 图）、线算图来确定焊接工艺参数。

概念 在焊接热循环中对焊接接头组织、性能的影响，主要取决于加热速度、加热最高温度、高温（相变以上温度）停留时间和冷却速度四个参数（参见图 5-9 及相关内容）。其中冷却速度是最重要的参数，因为对于一般的低合金钢其大部分相变过程是在 800～500℃ 范围内进行的，因此在 800～500℃ 范围内的冷却速度快慢将直接影响着组织和性能的变化。在实践中为了分析、研究、测定方便，常用在 800～500℃ 的冷却时间 $\tau_{8/5}$ 来代替在这段温度范围内的冷却速度。$\tau_{8/5}$（或 $\tau_{8/3}$，由 800℃ 冷却到 300℃ 的时间）基本上可以反映焊接连续冷却过程，是控制相变的特征参数。

在焊接生产中，控制了焊缝区熔合面处由 800℃ 冷却到 500℃ 的时间（$\tau_{8/5}$），就可以获得理想的组织和性能。图 5-15 所示为 $\tau_{8/5}$ 与熔合面处的临界转变温度（T）及硬度（HV）的相互关系。可以看出，如果 $\tau_{8/5}$ 太短，则会使熔合面处硬度升高，甚至出现冷却过快而产生的淬硬裂纹（图中的 I 区）；如果 $\tau_{8/5}$ 太长，又会使临界转变温度升高，使抗脆断能力下降（图中的 III 区）。这两种情况都会影响焊接接头的质量，是不希望的，为保证焊接质量，必须使 $\tau_{8/5}$ 在 II 区范围内。

计算和测定 $\tau_{8/5}$ 可由经验公式计算得到，也可由实际测定，还可以通过不同焊接方法的线算图来求得。前两种方法计算复杂，测定麻烦，现介绍利用线算图求 $\tau_{8/5}$。

例 5-1 钢板厚度 $\delta = 10\text{mm}$，采用手工电弧焊，碱性焊条，水平位置对接接头，开 V 形坡口，坡口角度 $\alpha = 60°$，对接间隙 $b = 3\text{mm}$，焊接线能量 $q_v = 18\text{kJ/cm}$。①施焊温度为室温 $t_0 = 20℃$；②施焊温度为 $t_0 = 200℃$。试分别利用线算图计算其焊接冷却时间 $\tau_{8/5}$。

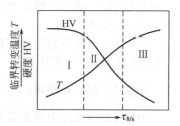

图 5-15 临界转变温度 T、硬度 HV 与 $\tau_{8/5}$ 的关系

作图计算过程如图 5-16 所示的手工电弧焊线算图。

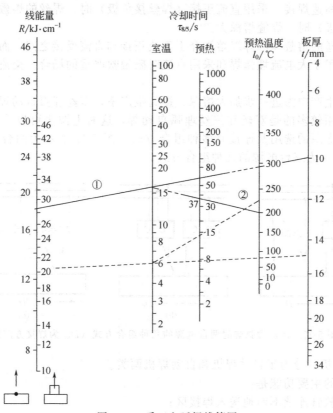

图 5-16 手工电弧焊线算图

$t_0 = 20℃$　连接板厚 $\delta = 10mm$ 与线能量 $q_v = 18kJ/cm$ 两处间的直线①交室温下的线于 16s 处，则 $\tau_{8/5}$ 即等于 16s。

$t = 200℃$　接上小题，再连接 $t_0 = 200℃$ 处与 16s 处两点间的直线②，交预热线于 37s，则 $\tau_{8/5}$ 即等于 37s。

关于手工电弧焊的其他焊接工艺参数如预热温度和焊接材料（焊条）的选择原则等内容参见 5.3 节、5.4 节内容。

5.2.2　埋弧自动焊

埋弧自动焊是压力容器等焊接结构的重要焊接方法之一，现对其设备、焊接材料（焊丝、焊剂）和有关焊接规范介绍如下。

（1）设备

埋弧自动焊的设备可分为两部分：埋弧焊电源和埋弧焊焊机。

a. 埋弧焊电源　可采用直流（弧焊发电机或弧焊整流器）、交流（弧焊变压器）或交直流并用。

直流电源电弧稳定，常用于焊接工艺参数稳定性要求较高的场合。小电流范围、快速引弧、短焊缝、高速焊接。采用直流正接（焊丝接负极）时，焊丝的熔敷率高；采用直流反接（焊丝接正极）时，焊缝熔深大。

交流电源焊丝的熔敷率和焊缝熔深介于直流正接和直流反接之间，而且电弧的磁偏吹小。交流电源多用于大电流埋弧焊和采用直流时磁偏吹严重的场合。交流的空载电压一般要求在 65V 以上。

在实际焊接生产中为进一步加大熔深、提高生产率，多丝埋弧自动焊得到了越来越多的应用。目前应用较多的是双丝和三丝埋弧自动焊，这时电源也可以采用直流、交流或交、直流并用，电源的选用及连接有多种组合方式。图 5-17 所示为两台电源的几种组合方式。图 5-18 所示为三台电源的几种组合方式。

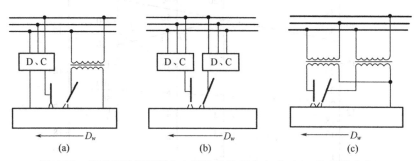

图 5-17　多丝埋弧焊时两台电源的几种组合方式（D_w 为焊接方向）

b. 埋弧焊焊机　分为半自动焊机和自动焊机两类。

半自动焊机的主要功能是：

将焊丝通过软管连续不断地送入焊接区；

传输焊接电流；

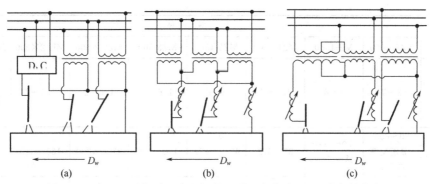

图 5-18　多丝埋弧焊时三台电源的几种组合方式（D_w 为焊接方向）

控制焊接的启动和停止；

向焊接区铺施焊剂。

半自动焊机的焊接速度是由操作者（焊工）来控制完成的，因此有"半"之称。

自动焊机的主要功能是：

连续不断地向焊接区送进焊丝；

传输焊接电流；

使电弧沿接缝移动，自动控制焊接速度；

控制电弧的主要参数；

控制焊接的启动和停止；

向焊接区铺施焊剂；

焊接前调节焊丝位置。

自动焊机既完成了送丝速度的调节又完成了焊接速度的调节，这两项为其主要动作。

常见的自动埋弧焊机型式如图 5-19 所示（不带焊接电源）。

在表 5-16 所列自动埋弧焊机中，MZ-1000 型焊机是使用最普遍的，图 5-20 所示是该焊机的焊车（MZT-1000 型焊车）组成图。

c. 辅助设备　埋弧自动焊机工作时，为了调整焊接机头与工件的相对位置使接头处在最佳施焊位置，或为了达到预期的工艺目的，一般都需要有相应的辅助设备与焊机相配合。埋弧自动焊的辅助设备大致有以下几种。

表 5-16　国产自动埋弧焊机主要技术数据

技术规格	型　号							
	NZA-1000	MZ-1000	MZ1-1000	MZ2-1500	MZ3-500	MZ6-2-500	MU-2×300	MU1-1000
送丝方式	变速送丝	变速送丝	等速送丝	等速送丝	等速送丝	等速送丝	等速送丝	变速送丝
焊机结构特点	埋弧、明弧两用焊车	焊车	焊车	悬挂式自动机头	电磁爬行小车	焊车	堆焊专用焊机	堆焊专用焊机
焊接电流/A	200～1200	400～1200	200～1000	400～1500	180～600	200～600	160～300	400～1000

续表

技术规格	型 号							
	NZA-1000	MZ-1000	MZ1-1000	MZ2-1500	MZ3-500	MZ6-2-500	MU-2×300	MU1-1000
焊丝直径 /mm	3～5	3～6	1.6～5	3～6	1.6～2	1.6～2	1.6～2	焊带宽 30～80mm 厚0.5～ 1mm
送丝速度 /cm·min⁻¹	50～600 (弧压反馈 控制)	50～200 (弧压35V)	87～672	47.5～375	180～700	250～1000	160～540	25～100
焊接速度 /cm·min⁻¹	3.5～130	25～117	26.7～210	22.5～187	16.7～108	13.3～100	32.5～58.3	12.5～58.3
焊接电流 种类	直流	直流或交流	直流或交流	直流或交流	直流或交流	交流	直流	直流
送丝速度 调整方法	用电位器 无级调速 (用改变晶 闸管导通角 来改变电动 机转速)	用电位器 调整直流电 动机转速	调换齿轮	调换齿轮	用自耦变 压器无级调 节直流电动 机转速	用自耦变 压器无级调 节直流电动 机转速	调换齿轮	用电位器 无级调节直 流电动机 转速

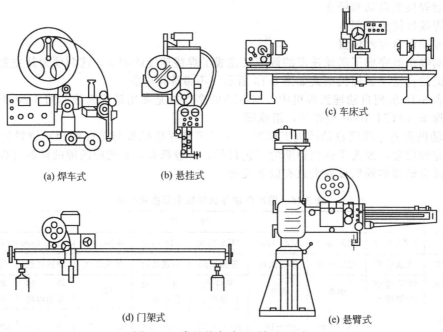

(a) 焊车式　　(b) 悬挂式　　(c) 车床式

(d) 门架式　　(e) 悬臂式

图 5-19　常见的自动埋弧焊机型式

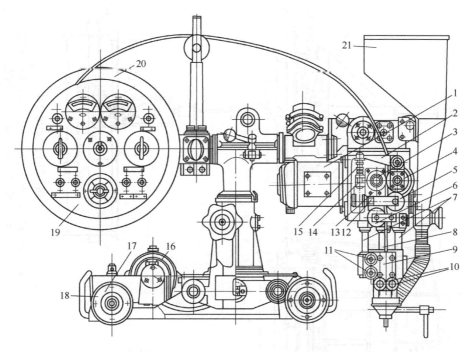

图 5-20   MZT-1000 型自动焊焊车

1—送丝电机；2—摇杆；3、4—送丝轮；5、6—矫直滚轮；7—圆柱导轨；8—螺杆；9—导电嘴；
10—螺线（压紧导电块用）；11—螺丝（接电极用）；12—螺钉；13—机头；14—调节螺母；
15—弹簧；16—小车电机；17—小车车轮；18—小车；19—控制盒；20—焊丝盘；21—焊剂斗

焊接夹具   使用焊接夹具的主要目的是使被焊工件能准确定位并夹紧，以便焊接。这样可以减少或免除定位焊缝，也可以减少焊接变形，并达到其他工艺目的。焊接夹具常与其他辅助设备联用，图 5-21 所示为一种钢板拼接焊用的大型门式夹具，配有单面焊双面成形装置（铜垫板），在大型金属结构制造厂有广泛应用。

工件变位设备   埋弧自动焊中常用的工件变位设备有滚轮架、翻转机、万能变位装置等。这种设备的主要功能是使工件旋转、倾斜，使其在三维空间中处于最佳施焊位置、装配位置等，以保证焊接质量、提高生产效率、减轻劳动强度。图 5-22 所示是一种用于回转工件的典型变位设备——滚轮架。

焊机变位设备   这种设备的主要功能是将焊接机头准确地送到待焊位置，也称做焊接操作机。它们大多与工件变位机、焊接滚轮架等配合工作，完成各种形状复杂工件的焊接。其基本形式有平台式、悬臂式、伸缩式、龙门式等。图 5-23 所示为常见的平台式操作机与滚轮架配合使用的情况。

焊缝成形设备   埋弧焊的功率较大，焊接时为防止熔化金属流失、烧穿，并使焊缝背面成形，经常在焊缝背面加衬垫。常用的焊缝成形设备除铜垫板外，还有焊剂垫。焊剂垫有用于纵缝的和环缝的两种基本形式。图 5-24 所示为典型的环缝焊剂垫。

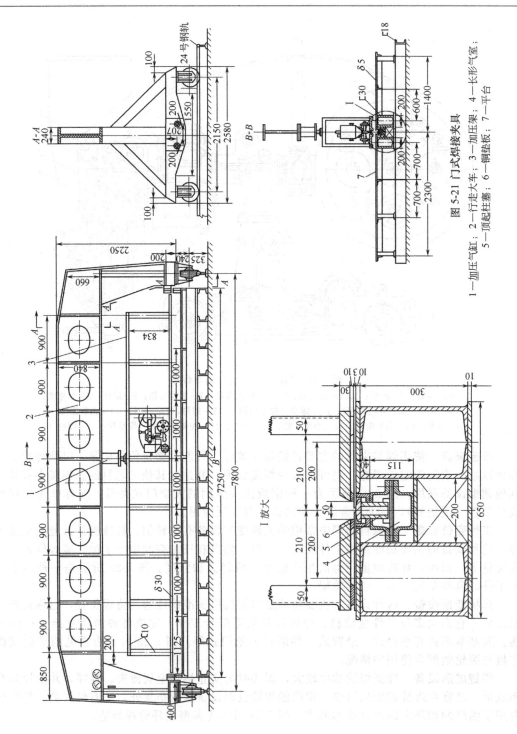

图 5-21 门式焊接夹具

1—加压气缸；2—行走大车；3—加压架；4—长形气室；
5—顶起柱塞；6—铜垫板；7—平台

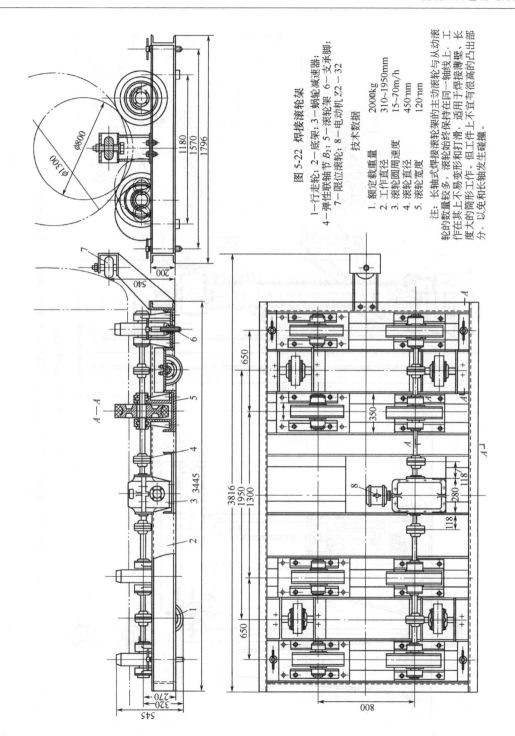

图 5-22　焊接滚轮架

1—行走轮；2—底架；3—蜗轮减速器；
4—弹性联轴节 B_2；5—滚轮架　6—支承脚；
7—限位滚轮；8—电动机 Z2－32

技术数据

1. 额定载重量	2000kg
2. 工作直径	310~1950mm
3. 滚轮圆周速度	15~70m/h
4. 滚轮直径	450mm
5. 滚轮宽度	120mm

注：长轴式焊接滚轮架的主动滚轮与从动滚轮的数量较多，滚轮始终保持在同一轴线上。工作在工作上不易变形和打滑，适用于焊接薄壁、长度大的简形工件，但工件上不宜有很高的凸出部分，以免和长轴发生碰撞。

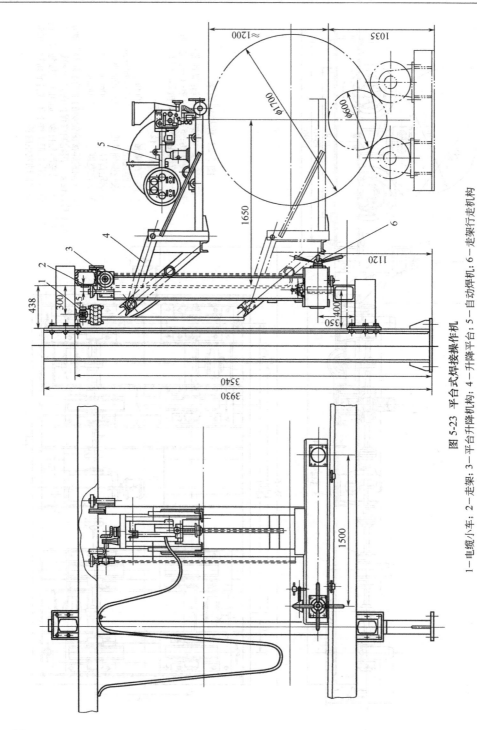

图 5-23 平台式焊接操作机

1—电缆小车；2—走架；3—平台升降机构；4—升降平台；5—自动焊机；6—走架行走机构

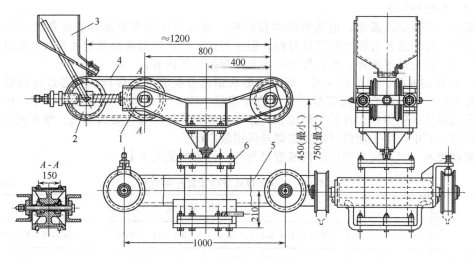

图 5-24 皮带式环缝焊剂垫

1—皮带支撑总成；2—张紧装置；3—焊剂斗；4—皮带；5—行走台车；6—举升气缸

注：该装置采用气缸 6 将皮带支撑总成 1 举起，使皮带两边的凸棱与工件表面接触，并在摩擦力的作
用下随工件运动。使用时，位于皮带一端焊剂斗 3 内的焊剂经出料口落在皮带上，随皮带经工件
表面走到另一端落入回收箱内。

焊剂回收输送设备 用来自动回收并输送焊接过程中的焊剂。图 5-25 所示是利用压
缩空气的吸压式焊剂回收输送器安装在小车上的情况。

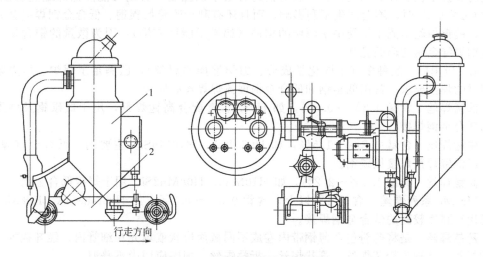

图 5-25 吸压式焊剂回收输送器

1—吸压式焊剂回收器；2—自动焊小车

注：该焊剂回收输送器，体积小、质量小，有较高的回收效率。安装在焊接小车上，随自动焊机一边
行走一边输送和回收焊剂，使焊剂的输送和回收实现了自动化。

（2）焊丝与焊剂

焊丝与焊剂是埋弧焊、电渣焊的焊接材料。其主要作用与焊条焊芯和药皮的作用相似。焊丝与焊剂是各自独立的焊接材料，但在焊接时要正确地选择焊丝和焊剂，而且必须配合使用，这也是埋弧焊、电渣焊的一项重要焊接工艺内容。

a. 焊丝的种类、特点及应用　焊丝按形状结构分类有实芯焊丝、药芯焊丝和活性焊丝；按焊接方法分类有埋弧焊焊丝、电渣焊焊丝、CO_2 焊焊丝、氩弧焊焊丝等；按化学成分分类有低碳钢焊丝、普低钢焊丝、高合金钢焊丝、各种有色金属焊丝、堆焊用的特殊合金焊丝。其中，用于埋弧焊的实芯焊丝应用最广泛。

实芯焊丝　国产实芯钢焊丝标准直径及其允许偏差见表 5-17。

表 5-17　实芯钢焊丝直径及其允许偏差　　　　　　　　　　　　　　　mm

	焊　丝　直　径			
	0.4,0.6,0.8	1.0,1.2,1.6,2.0,2.5,3.0	3.2,4.0,5.0,6.0	6.5,7.0,8.0,9.0
普通精度	−0.07	−0.12	−0.16	−0.20
较高精度	−0.04	−0.06	−0.08	−0.10

实芯焊丝的特点及应用如下。

ⅰ. 制造工艺成熟、质量好，是将热轧线材拉拔加工生产的。

ⅱ. 表面处理——镀铜，可以有效防止焊丝锈蚀，改善焊丝的导电性和润滑性，有利于提高焊接工艺过程的稳定性，但应对铜的含量予以控制，否则可能降低焊缝金属性能。通常 Cu≤0.3% 时，不会产生不利影响，而且还有利于改善低碳钢、低合金钢焊缝金属的塑性。镀铜焊丝不能用于受中子辐照的构件（如原子能反应堆），因为微量的铜含量能显著增加焊缝金属的辐照脆性。

ⅲ. 应用广、品种多（不同化学成分、力学性能的焊丝），已满足了锅炉、压力容器用钢材的焊接要求。常用低碳钢和低合金钢埋弧焊焊丝有四类。

低锰焊丝　含锰 0.2%～0.8%，如 H08A。常配合高锰焊剂，用于低碳钢及强度较低的低合金钢焊接。

中锰焊丝　含锰 0.8%～1.5%，如 H08MnA、H10MnSi。主要用于低合金钢焊接，并可配低锰焊剂焊接低碳钢。

高锰焊丝　含锰 1.5%～2.2%，如 H10Mn2、H08Mn2Si。用于焊接低合金钢。

Mn-Mo 系列焊丝　含锰 1% 以上，含钼 0.3%～0.7%，如 H08MnMoA、H08Mn2A。主要用于强度较高的低合金钢焊接。

药芯焊丝　是将药粉包在薄钢带内卷成不同截面形状或填充在细管内，经轧拔加工制成的焊丝，又称为粉芯焊丝、管状焊丝、折叠焊丝。国内应用尚不普遍。

活性焊丝　向电弧中添加易电离的物质——活化剂（如 K、Cs 等），这种加入了活化剂的焊丝称为活性焊丝。其主要特点及用途：增加电弧稳定性；减少阻碍熔滴脱落的电磁力，使熔滴易脱落；改变了熔滴过渡的性能，不会形成大熔滴，能呈细熔滴喷射过渡，减少了飞溅；主要用于气体保护焊如 CO_2 焊。

b. 焊剂的种类、特点及应用 埋弧焊使用的焊剂是颗粒状可熔化的物质。焊剂的分类方法有按制造方法分类、按化学成分分类、按化学性质分类、按颗粒结构等。

按制造方法分类有熔炼焊剂、烧结焊剂、陶质焊剂。国内目前用量较大的是熔炼焊剂和烧结焊剂。

熔炼焊剂 按配方比例称出所需原料，经干混均匀后进行结化，随后注入冷水中或激冷板上使之粒化，再经干燥、捣碎、过筛等工序完成。

烧结焊剂 将各种粉料组分按配方比例混拌均匀，加水玻璃调成湿料，在 $750\sim1000℃$ 下烧结，再经破碎、过筛而成。

陶质焊剂 将调成的湿料（同烧结焊剂）制成一定尺寸的颗粒，经 $350\sim500℃$ 烘干即可使用。

电渣焊焊剂与埋弧自动焊焊剂不同之处在于：前者能迅速、容易地形成电渣过程，并保证熔渣稳定，具有一定的电阻，使电能转化为热能，熔化金属（但不像后者有向焊缝过渡合金的作用），且具有适当的导电性、黏度，使电渣焊顺利进行。

常用焊剂用途及配用焊丝见表 5-18。

表 5-18 常用焊剂用途及配用焊丝

焊剂型号	用　　途	焊剂颗粒度 /mm	配　用　焊　丝	适用电流种类
HJ130	低碳钢、普低钢	0.45~2.5	H10Mn2	交、直流
HJ131	Ni 基合金	0.3~2	Ni 基焊丝	交、直流
HJ150	轧辊堆焊	0.45~2.5	2Cr13,3Cr2W8	直　流
HJ172	高 Cr 铁素体钢	0.3~2	相应钢种焊丝	直　流
HJ173	Mn-Al 高合金钢	0.25~2.5	相应钢种焊丝	交、直流
HJ230	低碳钢、普低钢	0.45~2.5	H08MnA，H10Mn2	直　流
HJ250	低合金高强度钢	0.3~2	相应钢种焊丝	直　流
HJ251	珠光体耐热钢	0.3~2	Cr-Mo 钢焊丝	直　流
HJ260	不锈钢、轧辊堆焊	0.3~2	不锈钢焊丝	交、直流
HJ330	低碳钢及普低钢重要结构	0.45~2.5	H08MnA，H10Mn2	交、直流
HJ350	低合金高强度钢重要结构	0.45~2.5 0.2~1.4	Mn-Mo,Mn-Si 及含 Ni 高强钢用焊丝	交、直流
HJ430	低碳钢及普低钢重要结构	0.45~2.5	H08A，H08MnA	交、直流
HJ431	低碳钢及普低钢重要构件	0.45~2.5	H08A，H08MnA	交、直流
HJ432	低碳钢及普低钢重要构件（薄板）	0.2~1.4	H08A	交、直流

续表

焊剂型号	用　途	焊剂颗粒度 /mm	配　用　焊　丝	适用电 流种类
HJ433	低碳钢	0.45～2.5	H08A	交、直流
SJ101	低合金结构钢	0.3～2	H08MnA，H08MnMoA，H08Mn2MoA， H10Mn2	交、直流
SJ301	普通结构钢	0.3～2	H08MnA，H08MnMoA，H10Mn2	交、直流

（3）焊接规范的选择

a. 焊接电流　若其他条件不变，焊接电流的变化对焊缝成形的影响如图 5-26 所示。

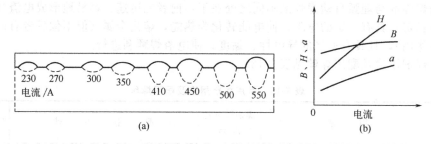

图 5-26　焊接电流对焊缝成形的影响

B—熔宽；H—熔深；a—余高

正常条件下，焊缝熔深几乎与焊接电流成正比。

$$H = K_m I \tag{5-4}$$

式中　H——焊缝熔深，mm；

I——焊接电流，A；

K_m——系数，mm/A。

K_m 随电流种类、极性、焊丝直径及焊剂的化学成分而异。表 5-19 列出几种条件下的 K_m 值。

表 5-19　K_m 值与焊丝直径、电流种类、极性及焊剂的关系

焊丝直径/mm	电流种类	焊剂牌号	$K_m/\text{mm} \cdot \text{A}^{-1}$	
			T形焊缝和开坡口的对接焊缝	堆焊和不开坡口的对接焊缝
5	交流	HJ431	1.5×10^{-2}	1.1×10^{-2}
2	交流	HJ431	2.0×10^{-2}	1.0×10^{-2}
5	直流反接	HJ431	1.75×10^{-2}	1.1×10^{-2}
5	直流正接	HJ431	1.25×10^{-2}	1.0×10^{-2}
5	交流	HJ430	1.55×10^{-2}	1.15×10^{-2}

在相同的焊接电流下，若改变焊丝直径，即改变了电流密度，焊缝的形状和尺寸也将随之改变，它们之间的关系见表 5-20。由表 5-20 可以看出，其他条件相同时，熔深与焊丝直径约成反比关系，但这种关系在电流密度极高时（超过 100A/mm²），将不存在，因为焊丝熔化量不断增加，熔池中充填金属增多，当熔宽保持不变时，则余高加大，使焊缝形状变坏，因而在提高电流的同时，必须相应地提高电弧电压。

表 5-20　电流密度对焊缝形状、尺寸的影响①

项　　目	焊接电流/A							
	700～750			1000～1100			1300～1400	
焊丝直径/mm	6	5	4	6	5	4	6	5
平均电流密度/(A/mm²)	26	36	58	38	52	84	48	68
熔深 H/mm	7.0	8.5	11.5	10.5	12.0	16.5	17.5	19.0
熔宽 B/mm	22	21	19	26	24	22	27	24
形状系数 B/H	3.1	2.5	1.7	2.5	2.0	1.3	1.5	1.3

① 电弧电压 $U=30\sim32V$，焊速 $v=33cm/min$。

各种直径普通钢焊丝埋弧焊使用的电流范围见表 5-21。

表 5-21　各种直径普通钢焊丝埋弧焊使用的电流范围

焊丝直径/mm	1.6	2.0	2.5	3.0	4.0	5.0	6.0
电流范围/A	115～500	125～600	150～700	200～1000	340～1100	400～1300	600～1600

b. 电弧电压　与电弧长度成正比。当电弧电压和电流数值相同时，如果所用的焊剂不同，电弧空间的电场强度也不同，则电弧长度可能不同。在其他条件不变的情况下，改变电弧电压对焊缝形状的影响如图 5-27 所示。可见，随电弧电压增高，焊缝熔宽显著增大而熔深和余高略有减小。

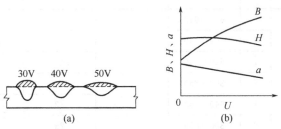

图 5-27　电弧电压对焊缝成形的影响
H—熔深；B—熔宽；a—余高

极性不同时，电弧电压对熔宽的影响不同。采用 HJ431 时，正极性和反极性电弧电压对熔宽的影响见表 5-22。

表 5-22　不同极性埋弧焊时电弧电压对熔宽的影响①

电弧电压/V	熔宽 B/mm	
	正极性	反极性
30～32	21	22
40～42	25	28
53～55	25	33

① 焊接条件：焊丝直径 5mm，$I=550$A，$v=40$cm/min，HJ431。

埋弧焊时，电弧电压是根据焊接电流确定的。一定的焊接电流要保持一定范围的弧长，以保证电弧的稳定燃烧，因此电弧电压的变动范围是有限的。

c. 焊接速度　对熔深和熔宽均有明显的影响。焊接速度较小时（如单丝埋弧焊，焊接速度小于 67cm/min），随焊接速度的增加，弧柱倾斜，有利于熔池金属向后流动，故熔深略有增加。但焊接速度增大到一定数值后，由于线能量减小，熔深和熔宽都明显减小。图 5-28 所示为焊接速度为 67～167cm/min 时对焊缝成形的影响。

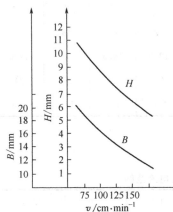

图 5-28　焊接速度对焊缝成形的影响
H—熔深；B—熔宽

实际生产中，为了提高生产率同时保持一定的线能量，在提高焊接速度的同时必须加大电弧功率，从而保证一定的熔深和熔宽。

例 5-2　平板拼接，厚度为 10～14mm 的工件，可采用 I 形坡口（现场也称无坡口）的双面埋弧自动焊，边缘需经刨削加工。焊接规范可参考表 5-23。

表 5-23　不开坡口悬空双面自动焊参考规范

板厚/mm	间隙/mm	焊丝直径/mm	层次	焊接电流/A	电弧电压/V	焊接速度/m·h⁻¹	挑根深度/mm	线能量/kJ·cm⁻¹
10	<1	5	1	600～640	34～36	37.5	3～4	17～18.1
			2	700～750		27.5		27.05～29
12			1	620～660		34.5		19.09～20.3
			2	800～850		27.5		30.9～32.8
14			1	640～680		32	5～6	21.25～22.58
			2	800～850		25		34～36.13

例 5-3　单层压力容器筒体纵缝埋弧自动焊。

筒体直径 $\phi \geqslant 1800$mm，板厚 10～60mm，内外纵缝均采用埋弧自动焊。焊接规范：板厚 10～14mm，参考表 5-23；板厚 16～60mm，参考表 5-24。

$\phi1800\mathrm{mm}>$ 筒体直径 $>\phi350\mathrm{mm}$，板厚 8～60mm，外纵缝挑根后，焊接规范参见表5-24；内纵缝采用长臂杆埋弧自动焊，焊接规范参见表5-25（焊接时必须衬焊剂垫）。

例5-4　单层压力容器筒体环缝埋弧自动焊。

$\phi1800\mathrm{mm}>$ 筒体直径 $>\phi500\mathrm{mm}$ 外环缝，焊接规范参见表5-24。

表 5-24　开坡口对接双面自动焊参考规范

板厚 /mm	焊接层次	焊丝直径 /mm	焊接电流 /A	电弧电压 /V	焊接速度 /m·h^{-1}	线能量 /kJ·cm^{-1}
8～14			650～700		32	23.43～25.23
16～60	第一层	5	700～750	36～40	37.5	21.53～23.07
	基余各层		800～850		25	36.91～39.22

表 5-25　长臂杆埋弧自动焊参考规范

焊丝直径/mm	焊接电流/A	电弧电压/V	焊接速度/m·h^{-1}	线能量/kJ·cm^{-1}	备注
2.5	300～400	38～40	20～32	11.10～23.68	直流

5.2.3　气体保护电弧焊

气体保护电弧焊（简称气电焊）是一种利用气体做焊接保护介质的电弧焊。根据焊接过程中电极是否熔化，气电焊分为不熔化极（钨极）气电焊和熔化极气电焊。

钨极惰性气体保护电弧焊英文简称 TIG（Tungsten Inert Gas Welding）焊，是国际上应用较广的焊接方法，中国以氩气作为保护气体，简称氩弧焊，也是国内应用较广的焊接方法，尤其是手工钨极氩弧焊。

（1）钨极氩弧焊

钨极氩弧焊是厚壁容器等重要结构打底焊的较好焊接方法，几乎可以焊接所有的金属及合金。

a. 手工钨极氩弧焊设备与焊接电流　设备系统如图5-29所示。手工钨极氩弧焊使用的电流种类有直流（正接、反接）和交流，它们的特点参见表5-26。

表 5-26　各种电流钨极惰性气体保护焊的特点

项 目	直 流		交流（对称的）
	正 接	反 接	
示意图			

续表

项　目	直　流		交流（对称的）
	正　接	反　接	
两极热量 比例（近似）	工件 70％ 钨极 30％	工件 30％ 钨极 70％	工件 50％ 钨极 50％
熔深特点	深、窄	浅、宽	中等
钨极许用 电　流	最大 例如 3.2mm,400A	小 例如 6.4mm,120A	较大 例如 3.2mm,225A
阴极清理 作　用	无	有	有（工件为负的半周时）
适用材料	氩弧焊：除铝、镁合金、铝青铜外 　其余金属 氦弧焊：几乎所有金属	一般不采用	铝、镁合金、铝青铜等

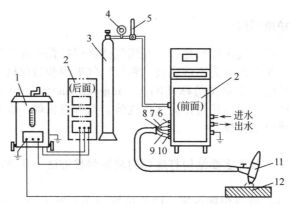

图 5-29　手工钨极氩弧焊设备系统
1—焊接电源；2—控制箱；3—氩气瓶；4—减压阀；
5—流量计；6—焊接电缆；7—控制线；8—氩气管；
9—进水管；10—出水管；11—焊枪；12—工件

　　直流正接：同样直径的钨极可用较大的电流，电弧稳定而集中，熔深大、效率高，大多数金属均采用正接。

　　直流反接：钨极易熔化、烧损，电流小，熔深浅而宽，一般采用较少。但反接时，有阴极清理作用，有利于铝、镁及其合金与易氧化的铜合金（铝青铜、铍铜）的焊接。

　　交流：其特点是负半波（工件为负）时，有阴极清理作用，正半波（工件为正）时，钨极不易熔化，许用电流较大。存在的主要问题是直流分量的产生和电弧燃烧不稳定。其原因如图 5-30 所示。

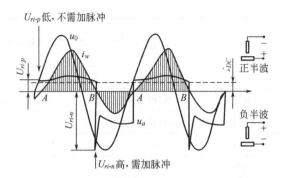

图 5-30　交流钨极氩弧焊的电压、电流波形及直流分量

u_0—电源电压；u_a—电弧电压；i_w—焊接电流；I_{DC}—直流分量；
U_{ri-p}—正半波重新引弧电压；U_{ri-n}—负半波重新引弧电压

正半波时，钨极为负极，因其熔点和沸点高、导热差、直径小、热电子发射容易，所以电弧电压低、焊接电流大、导电时间长；负半波时，工件为负极，其熔点和沸点低、尺寸大、散热快、电子发射困难，所以电弧电压高、焊接电流小、导电时间短。这样就形成正、负半波焊接电流的不对称，在交流焊接回路中存在一个由工件流向钨极的直流分量，这种现象称为电弧的整流作用。电极和工件的熔点、沸点相差越大，不对称现象越严重，直流分量就越大。

另外，正、负半波交替时，焊接电流过零之后反向，电弧空间发生消电离和重新引弧的情况，这时的重新引弧电压一般都高于该半波的燃烧电压，尤其是负半波开始的瞬间（图 5-30 中的 B 点）所需的重新引弧电压 U_{ri-n} 很高，普通的交流弧焊电源的空载电压已不足维持电弧的连续正常燃烧，必须采取附加的稳弧措施。因此，在氩弧焊的设备中都必须有不同的引弧、稳弧措施，如利用高频振荡器引弧、高压脉冲引弧等。

典型的通用钨极氩弧焊机技术数据见表 5-27。

表 5-27　典型通用钨极氩弧焊机技术数据

项　　目	手工交流氩弧焊机	手工交直流氩弧焊机	手工直流氩弧焊机	自动交直流钨极和熔化极氩弧焊机
型号	NSA-500-1	NSA2-300-1	NSA4-300	NZA18-500
电网电压/V	380（单相）	380（单相）	380（三相）	380（三相）
空载电压/V	80～88	70（直流），80（交流）	72	68（直流 TIG） 80（交流 TIG）
工作电压/V	20	12～20	12～20	15～40
额定焊接电流/A	500	300	300	500
电流调节范围/A	50～500	50～300	20～300	50～500

续表

项　目	手工交流氩弧焊机	手工交直流氩弧焊机	手工直流氩弧焊机	自动交直流钨极和熔化极氩弧焊机
引弧方式	脉冲	脉冲	高频	脉冲（钨极）
稳弧方式	脉冲	脉冲（交流）	—	脉冲（交流）
消除直流分量方法	电容器	电容器（交流）	—	电容器（交流）
钨极直径/mm	1～7	1～6	1～5	2～7
额定负载持续率/%	60	60	60	60
焊接速度/cm·min^{-1}	—	—	—	8～130
焊丝直径/mm	—	—	—	0.8～2.5（不锈钢）2～2.5（铝）
送丝速度/cm·min^{-1}	—	—	—	33～1700
焊接电流衰减时间/s	—	—	0～5	5～15
气体滞后时间/s	—	—	0～15	0～15
氩气流量/L·min^{-1}	25	25	0～15	50
冷却水流量/L·min^{-1}	1	1	＞1	1
配用焊枪	PQ1-150 PQ1-350 PQ1-500	PQ1-150 PQ1-350	Q-4 Q-5 Q-6 Q-7	
用　途	焊接铝及铝合金	焊接铝及铝合金、不锈钢、高合金钢、紫铜等	焊接不锈钢、铜及其他有色金属（铝、镁及其合金除外）	焊接不锈钢、耐热合金及各种有色金属
备　注	配用400A，空载电压80～88V的弧焊变压器为电源	配用ZXG3-300-1交直流两用弧焊整流器为电源	—	TIG焊时配用ZDG500-1型平、下降两用特性整流电源和下降特性BX10-500交流电源各一台

　　典型的手工钨极氩弧焊枪（PQ1型）技术数据见表5-28，图5-31所示为PQ1-150型水冷式焊枪结构。

　　b. 钨极和保护气体

　　钨极：钨的熔点（3410℃）及沸点（5900℃）都很高，适合作不熔化电极，常用的有纯钨极、钍钨极和铈钨极三种，其牌号、化学成分和特点见表5-29。不同直径钨极的许用电流范围见表5-30。

表 5-28　PQ1 型手工钨极氩弧焊枪技术数据

项　　目	PQ1-150	PQ1-350	PQ1-500
最大焊接电流/A	150	350	500
冷却方式	水冷	水冷	水冷
钨极直径/mm	1,2,3	3,4,5	2,3,4,5,6,7
喷嘴孔径/mm	6,9	9,12,16	11,12,14,16,18,20
喷嘴材料	高温陶瓷	高温陶瓷	镀铬紫铜

表 5-29　常用钨极的牌号、化学成分和特点

钨极牌号		化学成分（%）							特　　点
		W	ThO_2	CeO	SiO	$Fe_2O_3+Al_2O_3$	M_gO	CaO	
纯钨极	W_1	>99.92	—	—	0.03	0.03	0.01	0.01	熔点和沸点都很高，缺点是要求空载电压较高，承载电流能力较小
	W_2	>99.85	—	—	（总含量不大于 0.15）				
钍钨极	WTh-10	余量	1.0～1.49	—	0.06	0.02	0.01	0.01	加入了氧化钍，可降低空载电压，改善引弧稳弧性能，增大许用电流范围。但有微量放射性
	WTh-15	余量	1.5～2.0	—	0.06	0.02	0.01	0.01	
铈钨极	WCe-20	余量		2.0	0.06	0.02	0.01	0.01	比钍钨极更易引弧，更小的钨极损耗，放射性剂量也低得多，推荐使用

表 5-30　钨极许用电流范围

电极直径/mm	直　流/A				交流/A	
	正接（电极一）		反接（电极＋）			
	纯　钨	钍钨、铈钨	纯　钨	钍钨、铈钨	纯　钨	钍钨、铈钨
0.5	2～20	2～20	—	—	2～15	2～15
1.0	10～75	10～75	—	—	15～55	15～70
1.6	40～130	60～150	10～20	10～20	45～90	60～125
2.0	75～180	100～200	15～25	15～25	65～125	85～160
2.5	130～230	160～250	17～30	17～30	80～140	120～210
3.2	160～310	225～330	20～35	20～35	150～190	150～250
4.0	275～450	350～480	35～50	35～50	180～260	240～350
5.0	400～625	500～675	50～70	50～70	240～350	330～460
6.3	550～675	650～950	65～100	65～100	300～450	430～575
8.0	—	—	—	—	—	650～830

保护气体：用于 TIG 焊的保护气体主要有氩、氦、氩-氦混合气体和氩-氢混合气体。

氩、氦、氢等气体的物理性能见表 5-31。

表 5-31　熔化极气体保护焊常用保护气体物理性能

性　　能	气　　　体						
	Ar	He	CO_2	CO	H_2	H	N_2
原子量	39.95	4.00	44.00	28	2.00	1	28.00
密度(1 大气压 21.1℃)/kg·m^{-3}	1.66	0.17	1.83		0.08		1.17
热导率(3000～5000K)/W·m^{-1}·k^{-1}	0.17	1.5	$5 \cdot 10^{-2}$	$6.7 \cdot 10^{-2}$	2.0	3.8	0.23
电离能/eV	15.76	24.59	13.77	14.1	15.43	13.6	14.58
解离能/eV	—	—	5.5(1000～4000K)	10.0(5000～11000K)	4.4	—	9.8
热容量(定压)/(J/kg^{-1}·k^{-1})	521	5192	847		1490		

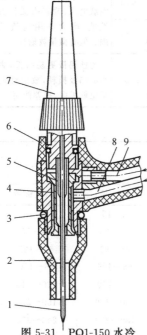

图 5-31　PQ1-150 水冷
式焊枪结构

1—钨极；2—陶瓷喷嘴；3—密封
环；4—轧头套管；5—电极轧头；
6—枪体塑料压件；7—绝缘帽；
8—进气管；9—冷却水管

ⅰ. 氩气与氦气的比较　两者都属于惰性气体，氦气比氩气的电离电压高、热传导系数大、原子质量轻（密度小），所以两者电弧特性、工艺性能显著不同，氦气价格昂贵。现比较如下：

在氩气中易引弧，电弧稳定、柔和，氦气较差；

同样电流和弧长，氦弧的电压明显高于氩弧，所以氦弧的温度高、发热大且集中，这是氦弧的最大特点，同样条件下，钨极氦弧焊的焊接速度比钨极氩弧焊高 30%～40%，且可获得较大熔深和窄焊道，热影响区也显著减小；

氩气的密度大，易形成良好的保护罩，为了获得同样的保护效果，氦气的流量必须比氩气大 1～2 倍；

氩气原子质量大，具有良好的阴极清理作用，氦气则较小。

ⅱ. 氩-氦混合气体　采用氩-氦混合气体可以同时具有两者的优点，一般混合气体体积比例是氦 70%～80%，氩 25%～20%。

ⅲ. 氩-氢混合气体　氩气中添加氢气可提高电弧电压，从而提高电弧热功率，增加熔透能力，并有防止咬边、抑制 CO 气孔的作用。一般氩-氢混合气体只限于焊接不锈钢、镍基合金和镍-铜合金，氢在一定含量范围内对这些材料不会引起有害影响，常用成分为 Ar＋15% H_2。用它焊接厚度为 1.6mm 以下的不锈钢对接接头，焊接速度可比纯氩气快 50%。

　　c. 手工氩弧焊焊接规范选择　钨极氩弧焊的焊接规范主要有焊接电流种类、极性、大小，钨极直径及端部形状，保护气体流量等，对于自动焊还有焊接速度和送丝速度。

　　焊接电流种类、极性及大小　一般根据工件材料选择电流种类、极性（参见表 5-30），电流大小是决定熔深的最主要参数，它要根据工件材料、厚度、接头形式、焊接位置等选择，有时还要考虑焊工技术水平（手工焊）等因素。

　　钨极直径及端部形状　钨极直径根据焊接电流大小、电流种类选择（参见表 5-32）。钨极端部形状是一个重要工艺参数。根据电流种类选用不同的端部形状，如图 5-32 所示。尖端角度 α 的大小会影响钨极的许用电流、引弧及稳弧性能。小电流焊接时，选用小直径、小尖角钨极，可使电弧稳定，容易引弧；大电流焊接时，增大锥角可避免尖端过热熔化，减少损耗，并防止电弧向上扩展而影响阴极斑点的稳定性。减小钨极尖端角度，熔深减小熔宽增大，反之则熔深增大熔宽减小。

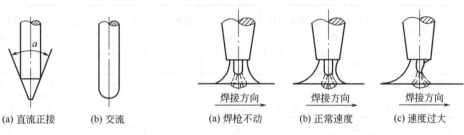

图 5-32　钨极端部的形状　　　　　图 5-33　焊接速度对氩气保护效果的影响

表 5-32　**钨极端部形状和电流范围**（直流正接）

钨极直径/mm	尖端直径/mm	尖端角度/(°)	电流/A	
			恒定直流	脉冲电流
1.0	0.125	12	2～15	2～25
1.0	0.2	20	5～30	5～60
1.6	0.5	25	8～50	8～100
1.6	0.8	30	10～70	10～140
2.4	0.8	35	12～90	12～180
2.4	1.1	45	15～150	15～250
3.2	1.1	60	20～200	20～300
3.2	1.5	90	25～250	25～350

　　气体流量和喷嘴直径　在一定条件下，气体流量和喷嘴直径有一个最佳范围，此时保护效果最好，保护区最大。如气体流量过低，气流挺度差，排除周围空气的能力弱，保护效果不好；气体流量过高，容易形成紊流，使空气卷入，也会降低保护效果。同样，在流

量一定时，喷嘴直径过小，保护范围小，且因流速过高而形成紊流；喷嘴过大，不仅妨碍焊工观察，而且气流流速过低、挺度小，保护效果也不好。一般手工氩弧焊喷嘴内径范围为 5～20mm，流量为 5～25L/min。

焊接速度 其选择主要根据工件厚度，并与焊接电流、预热温度配合以保证所需的熔深和熔宽。高速自动焊时，还要考虑焊接速度对气体保护效果的影响。如图 5-33 所示，焊接速度太快，保护气流严重偏后，可能使钨极端部、弧柱、熔池暴露在空气中，因此必须采取相应措施，如加大气体流量或将焊炬前倾一定角度，以保持良好的保护作用。

喷嘴与工件距离 距离越大，气体保护效果越差，但距离太近，会影响焊工视线，且容易使钨极与熔池接触，产生夹钨。一般喷嘴端部与工件的距离在 8～14mm 之间。

表 5-33～表 5-37 为几种材料钨极氩弧焊的参考焊接条件。

表 5-33 纯铝、铝镁合金手工钨极氩弧焊焊接条件例（对接，交流）

板厚 /mm	坡口形式	焊接层数 （正面/反面）	钨极直径 /mm	焊丝直径 /mm	预热温度 /℃	焊接电流 /A	氩气流量 /L·min⁻¹	喷嘴孔径 /mm
1	卷边	正 1	2	1.6	—	45～60	7～9	8
1.5	卷边或 I 形	正 1	2	1.6～2.0	—	50～80	7～9	8
2	I 形	正 1	2～3	2～2.5	—	90～120	8～12	8～12
3		正 1	3	2～3	—	150～180	8～12	8～12
4		1～2/1	4	3	—	180～200	10～15	8～12
5		1～2/1	4	3～4	—	180～240	10～15	10～12
6		1～2/1	5	4	—	240～280	16～20	14～16
8	V 形坡口	2/1	5	4～5	100	260～320	16～20	14～16
10		3～4/1～2	5	4～5	100～150	280～340	16～20	14～16
12		3～4/1～2	5～6	4～5	150～200	300～360	18～22	16～20
14		3～4/1～2	5～6	5～6	180～200	340～380	20～24	16～20
16		4～5/1～2	6	5～6	200～220	340～380	20～24	16～20
18		4～5/1～2	6	5～6	200～240	360～400	25～30	16～20
20	Y 形坡口	4～5/1～2	6	5～6	200～260	360～400	25～30	20～22
16～20	双 Y 形坡口	2～3/2～3	6	5～6	200～260	300～380	25～30	16～20
22～25		3～4/3～4	6～7	5～6	200～260	360～400	30～35	20～22

（2）熔化极气体保护电弧焊

熔化极气体保护电弧焊（英文简称 GMAW），采用可熔化的焊丝作电极，与工件（另一电极）之间产生的电弧作热源，熔化焊丝和母材（工件）金属，并利用气体作保护介质，以形成焊缝的焊接。

表 5-34 铝及铝合金自动钨极氩弧焊焊接条件例（交流）

板厚 /mm	焊接层数	钨极直径 /mm	焊丝直径 /mm	焊接电流 /A	氩气流量 /L·min⁻¹	喷嘴孔径 /mm	送丝速度 /cm·min⁻¹
1	1	1.5～2	1.6	120～160	5～6	8～10	—
2	1	3	1.6～2	180～220	12～14	8～10	108～117
3	1～2	4	2	220～240	14～18	10～14	108～117
4	1～2	5	2～3	240～280	14～18	10～14	117～125
5	2	5	2～3	280～320	16～20	12～16	117～125
6～8	2～3	5～6	3	280～320	18～24	14～18	125～133
8～12	2～3	6	3～4	300～340	18～24	14～18	133～142

表 5-35 不锈钢薄板手工钨极氩弧焊焊接条件例

板厚 /mm	接头形式	钨极直径 /mm	焊丝直径 /mm	电流种类①	焊接电流 /A	氩气流量 /L·min⁻¹	焊接速度 /cm·min⁻¹
1.0	对接	2	1.6	交流	35～75	3～4	15～55
1.0	对接	2	1.6	直流正接	7～28	3～4	12～47
1.2	对接	2	1.6	直流正接	15	3～4	25
1.5	对接	2	1.6	交流	8～31	3～4	13～52
1.5	对接	2	1.6	直流正接	5～19	3～4	8～32
1.0	搭接	2	1.6	交流	6～8	3～4	10～13
1.0	角接	2		交流	14	3～4	18
1.5	丁字接	2	1.6	交流	4～5	3～4	7～8

① 仅在无直流钨极氩弧焊机的情况下采用交流。

根据保护气体种类和焊丝形成的不同可按表 5-38 分类。其中熔化极惰性气体保护电弧焊（英文简称 MIG，即 Metal Inter Gas Arc Welding）应用较为普遍，尤其是利用氩气作为保护气体的熔化极氩气保护电弧焊（可简称为熔化极氩弧焊）。其焊接示意如图 5-34 所示。

熔化极氩弧焊的一个重要基本问题是关于熔滴过渡问题。熔滴过渡就是当电极末端金属（焊丝或焊条）熔化后，主要是以熔滴状（仅 5% 左右为雾状）形式通过电弧区过渡到焊缝熔池中去。它对熔化极氩弧焊的电弧稳定燃烧、气体保护效果和焊接质量都有很大的影响。

表 5-36　钛及钛合金手工钨极氩弧焊焊接条件例（对接，直流正接）

板厚/mm	坡口形式	焊接层数	钨极直径/mm	焊丝直径/mm	焊接电流/A	氩气流量/L·min⁻¹ 主喷嘴	拖罩	背面	喷嘴孔径/mm	备　注
0.5	I形坡口	1	1.5	1.0	30~50	8~10	14~16	6~8	10	对接接头的间隙 0.5mm，也可不加钛丝 间隙 1.0mm
1.0		1	2.0	1.0~2.0	40~60	8~10	14~16	6~8	10	
1.5		1	2.0	1.0~2.0	60~80	10~12	14~16	8~10	10~12	
2.0		1	2.0~3.0	1.0~2.0	80~110	12~14	16~20	10~12	12~14	
2.5		1	2.0~3.0	2.0	110~120	12~14	16~20	10~12	12~14	
3.0	Y形坡口	1~2	3.0	2.0~3.0	120~140	12~14	16~20	10~12	14~18	坡口间隙 2~3mm，钝边 0.5mm 焊缝反面衬有钢垫板 坡口角度 60°~65°
3.5		1~2	3.0~4.0	2.0~3.0	120~140	12~14	16~20	10~12	14~18	
4.0		2	3.0~4.0	2.0~3.0	130~150	14~16	20~25	12~14	18~20	
4.0		2	3.0~4.0	2.0~3.0	200	14~16	20~25	12~14	18~20	
5.0		2~3	4.0	3.0	130~150	14~16	20~25	12~14	18~20	
6.0		2~3	4.0	3.0	140~180	16~18	25~28	12~14	18~20	
7.0		2~3	4.0	3.0	140~180	16~18	25~28	12~14	20~22	
8.0		3~4	4.0	3.0~4.0	140~180	16~18	25~28	12~14	20~22	
10.0	双Y形坡口	4~6	4.0	3.0~4.0	160~200	16~18	25~28	12~14	20~22	坡口角度 60°，钝边 1mm
13.0		6~8	4.0	3.0~4.0	220~240	16~18	25~28	12~14	20~22	
20.0		12	4.0	4.0	200~240	12~14	20	10~12	18	坡口角度 55°，钝边 1.5~2.0mm
22		6	4.0	4.0~5.0	230~250	15~18	18~20	18~20	20	
25		15~16	4.0	3.0~4.0	200~220	16~18	26~30	20~26	22	坡口角度 55°，钝边 1.5~ 2.0mm，间隙 1.5mm
30		17~18	4.0	3.0~4.0	200~220	16~18	26~30	20~26	22	

表 5-37　钛及钛合金自动钨极氩弧焊焊接条件例（对接，直流正接）

板厚/mm	坡口形式	焊接层数	成形槽的垫板尺寸 宽度/mm	深度/mm	钨极直径/mm	焊丝直径/mm	焊接电流/A	电弧电压/V	焊接速度/cm·min⁻¹	氩气流量/L·min⁻¹ 主喷嘴	拖罩	反面
1.0	I形	1	5	0.5	1.6	1.2	70~100	12~15	30~37	8~10	12~14	6~8
1.2	I形	1	5	0.7	2.0	1.2	100~120	12~15	30~37	8~10	12~14	6~8
1.5	I形	1	5	0.7	2.0	1.2~1.6	120~140	14~16	37~40	10~12	14~16	8~10
2.0	I形	1	6	1.0	2.5	1.6~2.0	140~160	14~16	33~37	12~14	14~16	10~12
3.0	I形	1	7	1.1	3.0	2.0~3.0	200~240	14~16	32~35	12~14	16~18	10~12

板厚/mm	坡口形式	焊接层数	成形槽的垫板尺寸		钨极直径/mm	焊丝直径/mm	焊接电流/A	电弧电压/V	焊接速度/cm·min^{-1}	氩气流量/L·min^{-1}		
			宽度/mm	深度/mm						主喷嘴	拖罩	反面
4.0	I形，留2mm间隙	2	8	1.3	3.0	3.0	200～260	14～16	32～33	14～16	18～20	12～14
6.0	Y形60°	3	—	—	4.0	3.0	240～280	14～18	30～37	14～16	20～24	14～16
10.0	Y形60°	3	—	—	4.0	3.0	200～260	14～18	15～20	14～16	18～20	12～14
13.0	双Y形60°	4	—	—	4.0	3.0	220～260	14～18	33～42	14～16	18～20	12～14

表 5-38 熔化极气体保护电弧焊分类

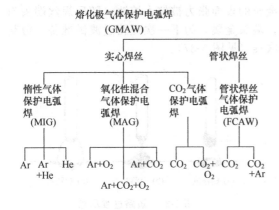

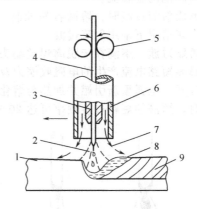

图 5-34 熔化极气体保护电弧焊示意图
1—母材；2—电弧；3—导电嘴；4—焊丝；
5—送丝轮；6—喷嘴；7—保护气体；
8—熔池；9—焊缝金属

a. 焊丝熔滴过渡的类型及其影响因素 根据国际焊接学会（IIW）的分类，熔化极气电焊焊丝金属的熔滴过渡类型主要有自由过渡、短路过渡、混合过渡。

自由过渡 熔滴从焊丝端脱落后，在电弧空间自由运动一段距离后落入熔池。因条件不同，自由过渡又有如下几种。

ⅰ. 滴状过渡 电流较小时，熔滴直径大于焊丝直径，当熔滴尺寸足够大时，主要依靠重力将熔滴缩颈拉断，熔滴落入熔池。滴状过渡又分为两种类型（见图 5-35）。

轴向滴状过渡 在富氩混合气体保护焊时，溶滴

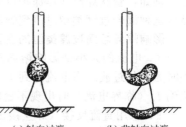

(a) 轴向过渡　　(b) 非轴向过渡

图 5-35 滴状过渡时熔滴
脱离焊丝前的示意

在脱离焊丝前处于轴向下垂位置（平焊），脱离焊丝后仍沿着轴向落向熔池。

非轴向滴状过渡　在多原子气氛中（CO_2、N_2 或 H_2），阻碍熔滴过渡的力大于熔滴的重力，熔滴脱落之前就偏离焊丝轴线，甚至上翘。熔滴脱离之后一般不能沿焊丝轴向过渡，显然这是不理想的。

ⅱ．喷射过渡　熔滴尺寸与焊丝直径相近或更小，电弧力的方向与熔滴轴向过渡的方向一致，熔滴受电弧力的强制作用脱离焊丝并有力地过渡到熔池。电弧力与重力相比，重力作用可以忽略。喷射过渡又分为两种类型（见图 5-36）。

射滴过渡　在某些条件下，熔滴尺寸与焊丝直径相近，焊丝金属以较明显的分离熔滴形式和较高的加速度沿焊丝轴向射向溶池。

射流过渡　在某些条件下，因电弧热和电磁力的作用，焊丝端熔化的金属被压成笔尖状，以细小的熔滴从液柱尖端高速沿轴向射入熔池。熔滴直径很小，过渡频率很高，像一条流向熔池的金属流。

形成射流过渡时，熔滴容易控制，电弧燃烧稳定，可获得良好的焊缝形状和接头质量。大多情况下采用射流过渡。

短路过渡　熔滴在未脱离焊丝端头前就与熔池直接接触，电弧瞬间熄灭。焊丝端头液体金属靠短路电流产生的电磁收缩力及液体金属的表面张力被拉入熔池，随后焊丝端头与熔池分开，电弧重新引燃并加热与熔化焊丝，端头金属，为下一次短路过渡做准备。短路过渡时，熔滴的短路过渡频率可达 20～200 次/s（见图 5-37）。

(a) 射滴过渡　(b) 射流过渡

图 5-36　喷射过渡示意

(a) 短路前　(b) 短路时　(c) 短路后

图 5-37　短路过渡示意

混合过渡　在一定条件下，熔滴过渡不是单一类型，而是自由过渡与短路过渡的混合。例如，管状焊丝气体保护电弧焊及大电流 CO_2 气体保护电弧焊时，焊丝金属有时就是以这种混合过渡类型过渡到熔池的。

影响焊丝熔滴过渡类型的主要因素

ⅰ．电流的大小是影响熔滴过渡类型的最主要因素。如图 5-38 所示，钢焊丝、电流小时为滴状过渡。当电流达到 I_t'时出现喷射过渡，先是产生不稳定的射滴过渡，当电流达到 I_t（临界电流）时出现不稳定的射流过渡。超过 I_t 时则由射滴过渡变为射流过渡。

ⅱ．采用直流反接（焊丝接正极），既具有阴极破碎作用，电弧又比交流电源稳定。

ⅲ．在 Ar 中加入少量 O_2 或 CO_2（称为富氩）和在 Ar（20%）＋He 混合气体中，可以得到稳定的喷射过渡。例如，在 Ar 气中加入少量 O_2（2%～5%）或 CO_2（5%～10%）可以稳定电弧并降低临界电流值，在钢材焊接中推荐采用此混合气体。

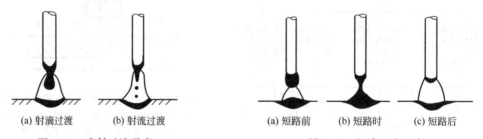

ⅳ. 焊丝材料与直径。在反接条件下，焊丝导热性能较强时，焊丝端头不易形成笔尖状的液体金属柱，不可能产生射流过渡。例如，铝焊丝时电流超过 I_t'（参见图 5-38）时，熔滴尺寸基本不变，只是由滴状过渡转变为射滴过渡，再提高电流值仍为射滴过渡；而钢焊丝则不同。因此，焊丝材料不同临界电流含义也不同。焊丝直径越小，临界电流越低，越容易实现射流过渡。

ⅴ. 焊丝伸出长度增加，有利于熔滴过渡，降低临界电流值。但过长易使伸长段软化，电弧不稳定。一般情况下，伸出长度范围在 12～25mm。

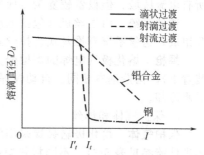

图 5-38　熔滴过渡类型随电流变化的情况

b. 设备　熔化极氩弧焊设备有半自动焊和自动焊两种。焊接设备主要包括焊接电源、送丝系统、焊枪（手工焊）或行走系统（自动焊）、供气系统（同钨极氩弧焊）和冷却水系统、控制系统五个部分，如图 5-39 所示。

焊接电源　主要采用直流焊接电源和脉冲电流（又称为脉冲电流熔化极气电焊，英文简称 MIGP）。由于是熔化极，可使用电流大，可焊厚度大大增加，效率高，采用脉冲电流时更容易实现自动化、全位置焊接，因此熔化极氩弧焊在焊接生产中将越来越占据重要位置。

脉冲电流波形示意如图 5-40 所示。焊接电源提供两个电流，一个是稳定的维弧电流（基值电流），以维持电弧正常燃烧、不熄灭，并使焊丝端头部分熔化，为下一次熔滴形成和过渡做准备。维弧电流远小于临界电流，因此在维弧时间内不会产生喷射过渡。另一个是脉冲（峰值）电流，它比临界电流高，给熔滴施加一个较大的力促使其过渡。两个电流结合，比连续电流喷射过渡有效电流低，又比短路过渡电弧需要的有效电流高，因而具有轴向喷射过渡的稳定电弧。

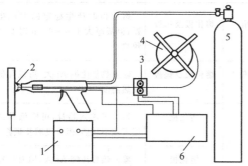

图 5-39　熔化极气体保护电弧焊设备的组成
1—焊机；2—保护气体；3—送丝轮；
4—送丝机构；5—气源；6—控制装置

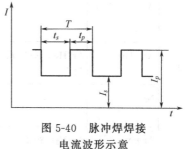

图 5-40　脉冲焊焊接
电流波形示意

T—脉冲周期；t_p—脉冲电流持续时间；
t_s—维弧时间；I_p—脉冲电流；
I_s—维弧电流（基值电流）

MIGP 的主要优点是熔滴过渡可控，平均电流比连续电流喷射过渡的临界电流低，因此对母材的热输入低，适合于各种材料、各种位置工件的焊接，既可以焊薄板，又可用于厚板焊接；生产率高、质量好，同时焊接电流调节范围宽，包括从短路过渡到喷射过渡的所有电流区域；但设备较复杂、成本高，对操作者要求较高。

送丝系统 由送丝机（包括电动机、减速器、校直轮、送丝轮）、送丝软管、焊丝盘等组成。送丝系统有推丝式、拉丝式、推拉式等。

焊枪 熔化极气电焊的焊枪分为半自动焊焊枪（手握式）和自动焊焊枪（安装在机械装置上），构造基本相同。自动焊焊枪载流容量较大（1500A），工作时间长，一般采用内部水冷却。

c. 保护气体和焊丝

保护气体 熔化极氩弧焊采用的保护气体是氩气、氦气及混合气体。常用的保护气体物理性能参见表 5-31。不同材料焊接时的保护气体及其适用范围参见表 5-39。

表 5-39 不同材料焊接时的保护气体及其适用范围

被焊材料	保护气体	混 合 比	化学性质	焊接方法	备 注
铝及铝合金	Ar		惰	熔化极及钨极	钨极用交流、熔化极用直流反接，有阴极破碎作用，焊缝表面光洁
	Ar+He	熔化极：26%～90%He 钨极：多种混合比直至 75%He+25%Ar	惰	熔化极及钨极	电弧温度高。适用于焊接厚铝板，可增加熔深，减少气孔。熔化极时，随着 He 的比例增大，有一定飞溅
钛、锆及其合金	Ar		惰	熔化极及钨极	
	Ar+He	Ar/He 75/25	惰	熔化极及钨极	可增加热量输入，适用于射流电弧、脉冲电弧及短路电弧
铜及铜合金	Ar		惰	熔化极及钨极	熔化极时产生稳定的射流电弧；但板厚大于 5～6mm 时则需预热
	Ar+He	Ar/He 50/53 或 30/70	惰	熔化极及钨极	输入热量比纯 Ar 大，可以降低预热温度
	N₂			熔化极	增大了输入热量，可降低预热温度或不预热，但有飞溅及烟雾
	Ar+N₂	Ar/N₂ 80/20		熔化极	输入热量比纯 Ar 大，但有一定的飞溅
不锈钢及高强度钢	Ar		惰	钨极	适用于焊接薄板
	Ar+O₂	加(1%～2%)O₂	氧化性	熔化极	适用于射流电弧及脉冲电弧
	Ar+O₂+CO₂	加 2%O₂；加 5%CO₂	氧化性	熔化极	适用于射流电弧、脉冲电弧及短路电弧

被焊材料	保护气体	混合比	化学性质	焊接方法	备注
碳钢及低合金钢	$Ar+O_2$	加(1%~5%)或20%O_2	氧化性	熔化极	适用于射流电弧、对焊缝要求较高的场合
	$Ar+CO_2$	Ar/CO_2　70~80/30~20 Ar/CO_2　95/5	氧化性	熔化极	有良好的熔深,适用于短路电弧、射流电弧及脉冲电弧
	$Ar+O_2+CO_2$	$Ar/CO_2/O_2$ 80/15/5	氧化性	熔化极	有较佳的熔深,适用于射流电弧、脉冲电弧及短路电弧
	CO_2		氧化性	熔化极	适用于短路电弧,有一定飞溅
	CO_2+O_2	加(20%~25%)O_2	氧化性	熔化极	适用于射流电弧及短路电弧
镍基合金	Ar		惰性	熔化极及钨极	适用于射流电弧、脉冲电弧及短路电弧,是焊接镍基合金的主要气体
	$Ar+He$	加(15%~20%)He	惰性	熔化极及钨极	增加热量输入
	$Ar+H_2$	$H_2<6%$	还原性	钨极	加 H_2 有利于抑制 CO 气孔

注：1. 表中的气体混合比为参考数据,在焊接中可视具体工艺要求进行调整。

2. 用于焊接低碳钢、低合金钢的 $Ar+O_2$ 及 $Ar+CO_2$ 混合气体中,其 Ar 可用粗氩,不必用高纯度的 Ar。精 Ar 只有在焊接有色金属及钛、锆、镍等才是需要的。粗氩为制氧厂的副产品,一般含有 2%O_2+0.2%N_2。

焊丝　熔化极氩弧焊使用的焊丝成分通常应同母材成分相近,以具有良好的焊接工艺性能并能保证良好的接头性能。使用的焊丝直径一般在 0.8~2.5mm。不同材料和不同直径焊丝的临界电流参考值见表 5-40。

表 5-40　不同材料和不同直径焊丝的临界电流参考值

项目	低碳钢				不锈钢			铝			脱氧铜			硅青铜			钛		
焊丝直径/mm	0.80	0.90	1.20	1.60	0.90	1.20	1.60	0.80	1.20	1.60	0.90	1.20	1.60	0.90	1.20	1.60	0.80	1.60	2.40
保护气体	98%Ar+2%O_2				99%Ar+1%O_2			Ar			Ar			Ar			Ar		
最低临界电流/A	150	165	220	275	170	225	285	95	135	180	180	210	310	165	205	270	120	225	320

d. 二氧化碳气体保护电弧焊

主要特点　成本低；抗氢气孔能力强；适合薄板焊接；易实现全位置焊接；广泛用于低碳钢、低合金钢等金属材料的一般结构焊接,重要焊接结构很少采用；CO_2 属于弱氧化性气体,能烧损有益元素如 Mn、Si 等,在选用焊丝时应注意；焊接过程中易产生金属飞溅,使溶敷系数降低,浪费焊接材料,飞溅金属黏着导电嘴,引起送丝不畅,电弧不稳。

CO_2 气体和焊丝

ⅰ. CO_2 气体 来源广、价格低，要注意其纯度应满足焊接要求：$CO_2 > 99\%$，$O_2 < 0.1\%$，$H_2O < 1 \sim 2g/m^3$。焊缝质量要求高时，纯度也应提高。

在 0℃和一个大气压下的 CO_2 气体密度是 1.9768g/L，为空气的 1.5 倍，所以焊接过程中能有效地排开空气，保护焊接区域。

细丝小电流短路过渡电弧焊接时，气体流量为 $5 \sim 15L/min$；粗丝大电流潜弧射滴过渡时气体流量为 $10 \sim 20L/min$。

ⅱ. 焊丝 选用原则除与非熔化极气电焊（氩弧焊）焊丝有相同之处外，还要特别注意对焊丝成分的特殊要求：

焊丝必须有足够数量的脱氧元素和能补偿有益元素的烧损，如 Si、Mn 等（常选用高 Si、高 Mn 焊丝）；

焊丝的含碳量要低，一般要求含碳量小于 0.11%。

应保证焊丝金属具有满意的力学性能和抗裂性能。

国产 CO_2 焊丝常用牌号、化学成分和使用范围参见表 5-41。

焊接电流和电弧电压 CO_2 电弧焊通常都是短路过渡，若想获得稳定的短路过渡，只有合适的电弧电压和焊接电流匹配，一般电弧电压为 $18 \sim 24V$，焊接电流为 $80 \sim 180A$（参见图 5-41）。

表 5-41 常用国产 CO_2 焊丝牌号、化学成分和使用范围

焊丝牌号	合金元素（%）						S 不大于	P 不大于	用 途
	C	Si	Mn	Cr	Ni	其他			
H10MnSi	≤0.14	0.60~0.90	0.8~1.10	≤0.20	≤0.30	—	0.030	0.040	焊接低碳钢、低合金钢
H08MnSi	≤0.10	0.70~1.0	1.0~1.30	≤0.20	≤0.30	—	0.030	0.040	焊接低碳钢、低合金钢
H08MnSiA	≤0.10	0.60~0.85	1.40~1.70	≤0.02	≤0.25	—	0.030	0.035	焊接低碳钢、低合金钢
H08Mn2SiA	≤0.10	0.70~0.95	1.80~2.10	≤0.02	≤0.25	—	0.030	0.035	焊接低碳钢、低合金钢
H04Mn2SiTiA	≤0.04	0.70~1.10	1.80~2.20	—	—	钛 0.2~0.40	0.025	0.025	焊接低合金高强度钢
H04MnSiAlTiA	≤0.04	0.40~0.80	1.40~1.80	—	—	钛 0.95~0.65	0.025	0.025	焊接低合金高强度钢
H10MnSiMo	≤0.14	0.70~1.10	0.90~1.20	≤0.20	≤0.30	铝 0.20~0.40 0.15~0.25	0.030	0.040	焊接低合金高强度钢

续表

焊丝牌号	合金元素（%）						S 不大于	P 不大于	用　途
	C	Si	Mn	Cr	Ni	其　他			
H08Cr3Mn2MoA	≤0.10	0.30～0.50	2.00～2.50	2.5～3.0	—	0.35～0.50	0.030	0.030	焊接贝氏体钢
H18CrMnSiA	0.15～0.22	0.90～1.10	0.80～1.10	0.80～1.10	<0.30	—	0.025	0.030	焊接高强度钢
H1Cr18Ni9	≤0.14	0.50～1.0	1.0～2.0	18～20	8.0～10.0	—	0.020	0.030	焊接 1Cr18Ni9Ti 薄板
H1Cr18Ni9Ti	≤0.10	0.30～0.70	1.0～2.0	18～20	8.0～10.0	0.50～0.80	0.020	0.030	焊接 1Cr18Ni9Ti 薄板

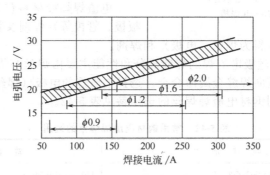

图 5-41　CO_2 电弧焊适用的焊接电流和电弧电压范围

5.2.4　电渣焊

电渣焊是利用电流通过液体熔渣产生的电阻热作热源，将工件和填充金属熔合成焊缝的焊接方法。

电渣焊的焊接过程可分为三个阶段：引弧造渣阶段、正常焊接阶段和引出阶段。合格的焊缝在正常焊接阶段产生，而两端焊缝部分应割除（参见图 5-42）。

根据采用电极的形状及其是否固定，电渣焊方法分为丝极电渣焊、熔嘴电渣焊（包括管极电渣焊）和板极电渣焊。

电渣焊最主要的特点是适合焊接厚件，且一次焊成，但由于焊接接头的焊缝区、热影响区都较大，高温停留时间长，易产生粗大晶粒和过热组织，接头冲击韧性较低，一般焊后必须进行正火和回火处理。

（1）设备

丝极电渣焊设备主要包括电源、机头及成形块等（参见图 5-42）。

a. 电源　多采用交流电源。为保证稳定的电渣过程，避免产生电弧放电或电渣-电弧的混合过程，电源的空载电压低、感抗小，为平特性电源。电渣焊中间无停顿，电源暂载率为100%合适。

b. 机头　包括送丝机构、摆动机构和上下行走机构。送丝速度可均匀无级调节（参见焊接规范选择部分）。摆动机构是为了扩大单根焊丝的焊接工件厚度。摆动距离、行走速度均可控制、调整。

c. 水冷成形（滑）块　作用是与焊接工件一起围组焊缝区，同时提高熔池金属的冷却速度，一般由紫铜板制成。成形块有固定式和移动式（成形滑块）。

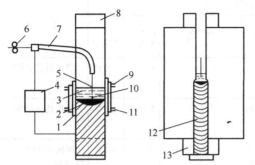

图 5-42　电渣焊过程示意图

1—水冷成形滑块；2—金属熔池；3—渣池；
4—焊接电源；5—焊丝；6—送丝轮；
7—导电秆；8—引出板；9—出水管；
10—金属熔滴；11—进水管；
12—焊缝；13—起焊槽

（2）焊接材料

电渣焊焊接材料包括电极（焊丝、熔嘴、板极、管极等）焊剂及管极涂料。

丝极电渣焊焊接材料为焊丝（电极）和焊剂。

a. 电极（焊丝）　丝极电渣焊的焊缝成分和性能主要由焊丝与母材来决定，焊剂用量很少，也很少通过焊剂向焊缝金属渗合金。选择电渣焊的电极（焊丝）时，应注意母材对焊缝的稀释作用。常用钢材电渣焊焊丝的选用参见表 5-42。

表 5-42　常用钢材电渣焊焊丝的选用

材料	焊 件 钢 号	焊 丝 牌 号
钢板	Q235A,Q235B,Q235C,Q235R	H08A,H08MnA
	20g,22g,25g,16Mn,09Mn2	H08Mn2Si,H10MnSi,H10Mn2,H08MnMoA
	15MnV,15MnTi,16MnNb	H08Mn2MoVA
	15MnVN,15MnVTiRe	H10Mn2MoVA
	14MnMoV,14MnMoVN,15MnMoVN,18MnMoNb	H10Mn2MoVA,H10Mn2NiMo
铸锻件	15,20,25,35	H10Mn2,H10MnSi
	20MnMo,20MnV	H10Mn2,H10MnSi
	20MnSi	H10MnSi

b. 焊剂　主要作用与一般埋弧焊焊剂不同。电渣焊焊剂在焊接过程中熔化成熔渣后，渣池有相当的电阻而使电能转化成热能以焊接，此热能还有预热作用，并使熔池金属缓慢冷却，很少有渗合金的作用。熔渣要具有一定的导电性能，黏度太大将在焊缝金属中产生夹渣和咬肉现象；黏度太小会使熔渣从工件边缘与滑块之间的缝隙中流失，严重时会破

坏焊接过程，导致焊接中断。常用电渣焊焊剂的类型、化学成分和用途参见表 5-43。其中 HJ170、HJ360 均为电渣焊专用焊剂，HJ431 可同时用于埋弧焊和电渣焊。

表 5-43　常用电渣焊焊剂的类型、化学成分和用途

牌号	类　型	化　学　成　分（%）	用　途
HJ170	无锰低硅高氟	$SiO_2 6\sim 9$，$TiO_2 35\sim 41$，CaO $12\sim 22$，$CaF_2 27\sim 40$，$NaF1.5\sim 2.5$	固态时有导电性，用于电渣焊开始时形成渣池
HJ360	中锰高硅中氟	$SiO_2 33\sim 37$，CaO $4\sim 7$，MnO $20\sim 26$，MgO $5\sim 9$，CaF_2 $10\sim 19$，$Al_2O_3 11\sim 15$，$FeO\leqslant 1.0$，$S\leqslant 0.10$，$P\leqslant 0.10$	用于焊接低碳钢和某些低合金钢
HJ431	高锰高硅低氟	$SiO_2 40\sim 44$，MnO $34\sim 38$，MgO $5\sim 8$，$CaO\leqslant 6$，CaF_2 $3\sim 7$，$Al_2O_3\leqslant 4$，$FeO\leqslant 1.8$，$S\leqslant 0.06$，$P\leqslant 0.08$	用于焊接低碳钢和某些低合金钢

（3）焊接规范选择

电渣焊的主要焊接工艺参数有焊接电流 I、焊接电压 U、渣池深度 h 和装配间隙 C_0，它们直接决定电渣焊过程的稳定性、焊接接头质量、焊接生产率及焊接成本。

a. 装配间隙　对接接头及丁字接头的装配，工件装配间隙＝焊缝宽度（C）＋焊缝横向收缩量，根据经验可参见表 5-44。

表 5-44　各种厚度工件的装配间隙　　　　　　　　mm

装配间隙	工　件　厚　度					
	50～80	80～120	120～200	200～400	400～1000	＞1000
对接接头	28～30	30～32	31～33	32～34	34～36	36～38
丁字接头	30～32	32～34	33～35	34～36	36～38	38～40

b. 焊接电流　在电渣焊过程中，焊丝送进速度和焊接电流成严格的正比关系（见图 5-43）。由于焊接电流波动较大，在给定工艺参数时，常给出焊丝送进速度以代替焊接电流。丝极电渣焊的焊丝送进速度可根据式（5-5）计算。

$$v_f = \frac{0.14\delta(C_0 - 4)v_w}{n} \tag{5-5}$$

式中　v_f——焊丝送进速度，m/h；

　　　v_w——焊接速度，m/h；

　　　δ——工件厚度，mm；

　　　C_0——装配间隙，mm；

　　　n——焊丝数量，根。

一般情况下焊丝直径为 3mm，焊接速度 v_w 可根据生产经验按表 5-45 选定。

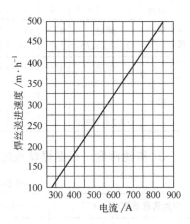

图 5-43　焊丝送进速度和电流的关系

表 5-45　推荐的各种材料和厚度的焊接速度

项目	材　料	焊接厚度/mm	丝极电渣焊 对接接头	熔嘴(管极)电渣焊 对接接头	熔嘴(管极)电渣焊 丁字接头
非刚性固定	A3,16Mn,20	40～60	1.5～3	1～2	0.8～1.5
非刚性固定	A3,16Mn,20	60～120	0.8～2	0.8～1.5	0.8～1.2
非刚性固定	25,20MnMo,20MnSi,20MnV	≤200	0.6～1.0	0.5～0.8	0.4～0.6
非刚性固定	35	≤200	0.4～0.8	0.3～0.6	0.3～0.5
非刚性固定	45	≤200	0.4～0.6	—	—
非刚性固定	35CrMo1A	≤200	0.2～0.3	—	—
刚性固定	A3,16Mn,20	≤200	0.4～0.6	0.4～0.6	0.3～0.4
刚性固定	35,45	≤200	0.3～0.4	0.3～0.4	—
大断面	25,35,45,20MnMo,20MnSi	200～450	0.3～0.5	0.3～0.5	—
大断面	25,35,20MnMo,20MnSi	>450	—	0.3～0.4	—

（表头）焊接速度 v_w/m·h^{-1}

c. 焊接电压　推荐采用的焊接电压见表 5-46。

表 5-46　焊接电压与接头形式、焊接速度、所焊厚度的关系

项　目			丝极电渣焊每根焊丝所焊厚度/mm 50	70	100	120	150	熔嘴电渣焊熔嘴焊丝中心距/mm 50	70	100	120	150	管极电渣焊每根管极所焊厚度/mm 40	50	60
焊接电压/V	对接接头	焊速 0.3～0.6m/h	38～42	42～46	46～52	50～54	52～56	38～42	40～44	42～46	44～50	46～52	40～44	42～46	44～48
焊接电压/V	对接接头	焊速 1～1.5m/h	43～47	47～51	50～54	52～56	54～58	40～44	42～46	44～48	46～52	48～54	44～46	44～48	46～50
焊接电压/V	丁字接头	焊速 0.3～0.6m/h	40～44	44～46	46～50	—	—	42～46	44～50	46～52	48～54	50～56	42～48	46～50	—
焊接电压/V	丁字接头	焊速 0.8～1.2m/h	—	—	—	—	—	44～48	46～52	48～54	50～56	52～58	46～50	48～52	—

d. 渣池深度　根据焊丝送进速度与由表 5-47 确定保持电渣过程稳定的渣池深度。

表 5-47　渣池深度与送进速度的关系①

焊丝送进速度/m·h^{-1}	60～100	100～150	150～200	200～250	250～300	300～450
渣池深度/mm	30～40	40～45	45～55	55～60	60～70	65～75

① 本表适用于按表 5-44 选定装配间隙，按表 5-46 选定焊接电压的电渣焊接。

5.2.5　窄间隙焊

随着厚壁压力容器等装备的发展，对厚壁的焊接质量和生产效率提出了新的要求。以往厚壁的焊接一般采用电渣焊和埋弧自动焊，而电渣焊晶粒粗大、热影响区宽，焊后必须进行热处理，周期长，成本高，质量不十分稳定；埋弧自动焊随着壁厚的增加热影响区增大，特别是对高强度钢，会严重影响接头的断裂韧性，降低抗脆断的能力等。20世纪60年代后期出现了窄间隙焊，由于其焊接坡口的截面积比其他类型有很大的缩小，故称之为"窄间隙焊"（至今仍没有准确定义）。目前采用的窄间隙焊接多属于熔化极气电焊（也有埋弧窄间隙焊）。其主要特点如下。

① 坡口狭小，大大减小了焊缝截面面积，提高了焊接速度，一般常用I形坡口，宽度约为8～12mm，如图5-44所示，焊接材料的消耗比其他方法低。

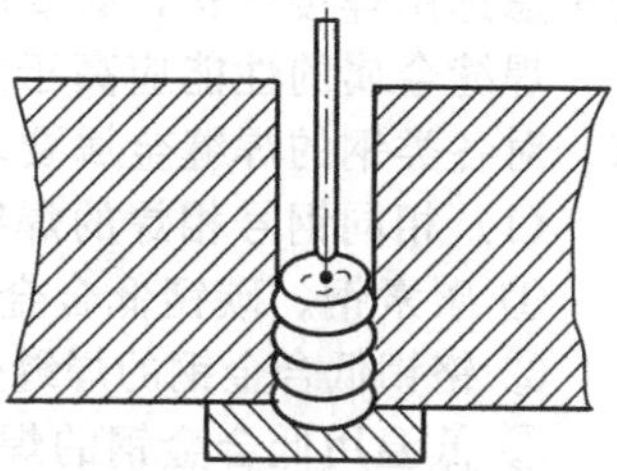

② 主要适于焊接厚壁工件，焊接热输入量小，热影响区狭小（两侧壁的熔池仅为0.5～1mm），接头冲击韧性高。

③ 由于坡口狭窄，采用惰性气体保护，电弧作热源，焊后残余应力低，焊缝中含氢量少，产生冷裂纹和热裂纹的敏感性也随之降低。

④ 对于低合金高强度钢及可焊性较差的钢的焊接，可以简化焊接工艺。

图5-44　窄间隙焊示意

⑤ 可以进行全位置焊接。

⑥ 与电渣焊和埋弧自动焊相比，同样一台设备的总成本可降低30%～40%左右。

表5-48为日本某公司在壁厚为50～190mm的压力容器制造中三种焊接方法热输入量的比较。

表 5-48　三种焊接方法的热输入量

焊 接 方 法	焊接热输入量/MJ·m^{-1}
电渣焊	216
埋弧自动焊	4.5
窄间隙气电焊	2.1

表5-49为中国某高压锅炉汽包采用窄间隙气电焊工艺与一般埋弧自动焊工艺经济性的比较。

表 5-49　焊接一条汽包环焊缝的经济性比较

项　　目	窄间隙气电焊	埋弧自动焊
实际焊接时间/h	4～5	8～9
焊丝消耗/kg	40～50	100～120
电能消耗/kW·h	约54	约238
其他焊接材料	氩气12～15m^3	焊剂130～160kg

随着窄间隙焊的自动焊丝摆动、跟踪系统、气体保护系统等及焊接工艺的进一步完善，该焊接方法将会显示出更大的优越性。

5.2.6 焊接材料的选择

如前所述，结合过程装备尤其是压力容器在工程上的实际问题介绍了几种常用焊接方法及焊接工艺。关于压力容器的制造、焊接，国内外均颁布了相关的标准和规程，中国的JB/T 4709—92《钢制压力容器焊接规程》标准中对钢制压力容器焊接的基本要求作了相关的规定。现对标准中关于焊接材料选用原则及常用钢号推荐选用的焊接材料介绍如下。

焊接材料选用原则（JB/T4709）

应根据母材的化学成分、力学性能、焊接性能结合压力容器的结构特点和使用条件综合考虑选用焊接材料，必要时通过试验确定。

焊缝金属的性能应高于或等于相应母材标准规定值的下限或满足图样规定的技术要求。对各类钢的焊缝金属要求如下。

(1) 相同钢号相焊的焊缝金属。

① 碳素钢、碳锰低合金钢的焊缝金属应保证力学性能，且需控制抗拉强度上限。

② 铬钼低合金钢的焊缝金属应保证化学成分和力学性能，且需控制抗拉强度上限。

③ 低温用低合金钢的焊缝金属应保证力学性能，特别应保证夏比（V形）低温冲击韧性。

④ 高合金钢的焊缝金属应保证力学性能和耐腐蚀性能。

⑤ 不锈钢复合钢板基层的焊缝金属应保证力学性能，且需控制抗拉强度的上限；复层的焊缝金属应保证耐腐蚀性能，当有力学性能要求时还应保证力学性能。

复层焊缝与基层焊缝，以及复层焊缝与基层钢板交界处推荐采用过渡层。

(2) 不同钢号相焊的焊缝金属

① 不同钢号的碳素钢、低合金钢之间的焊缝金属应保证力学性能。推荐采用与强度级别较低的母材相匹配的焊接材料。

② 碳素钢、低合金钢与奥氏体高合金钢之间的焊缝金属应保证抗裂性能和力学性能。推荐采用铬镍含量较奥氏体高合金钢母材高的焊接材料。

③ 焊接材料必须有产品质量证明书，并符合相应标准的规定，且满足图样的技术要求，进厂时按有关质量保证体系规定验收或复验，合格后方准使用。

5.3 常用钢材的焊接

5.3.1 金属材料的焊接性

金属材料的焊接性是指材料在一定的焊接工艺条件下（包括焊接方法、焊接材料、焊接工艺参数和结构形式等），能否获得优质焊接接头的难易程度和该焊接接头能否在使用条件下可靠运行。因此，材料的焊接性可分为工艺焊接性和使用焊接性。

工艺焊接性是指在一定焊接工艺条件下，能否获得组织、性能均匀一致，无缺陷的焊接接头的能力。即复杂的焊缝冶金反应对焊缝性能和产生缺陷的影响程度，以及焊接热源对热影响区组织性能及产生缺陷的影响程度。

使用焊接性是指焊接接头或整体结构满足技术条件所规定的各种使用性能的程度。包括常规的力学性能及特定条件下的性能，如抗脆性断裂性能，蠕变、疲劳性能，持久强度，耐腐蚀性能等。使用条件下的性能较为复杂、严格，焊接接头在必须具有良好的工艺焊接性同时，也必须具有使用条件下的使用性能。

总之，金属材料只具备良好的工艺焊接性，而使用焊接性不理想，是不能满足实际生产需要的；同时，没有良好的工艺焊接性而有可靠的使用焊接性也很难想像。因此，评定金属材料焊接性要从这两个方面同时考虑。

(1) 评定金属材料的焊接性

全面、正确地评定金属材料的焊接性，需要通过一系列的试验和理论分析、计算，来进行综合判断。无论是工艺焊接性还是使用焊接性，其评定判断方法有三种：实际焊接法、模拟焊接法和理论估算法。

a. 实际焊接法 在一定的实际生产焊接条件下（有些试验项目、条件还要更严格些），进行实际焊接来评价焊接法。也就是在生产焊接条件下，预先进行焊接，然后检查焊接接头是否产生缺陷，再做其他项目的检验。这比较符合实际且有说服力。针对焊接接头中最危险的裂纹，已做了大量试验工作，总结了很多试验方法，如 GB 4675.1—84《斜Y形坡口焊接裂纹试验法》，GB 4675.3—84《T形接头焊接裂纹试验法》，《刚性固定对接裂纹试验法》，《窗口拘束裂纹试验法》等。另外，也包括实际设备运行过程中的在役试验内容和容器爆破试验等破坏性检验方法。

b. 模拟焊接法 是将造成焊接接法或某一部位的各种缺陷的主要影响问题再现、放大，便于分析研究，找出原因，寻求改善焊接性的方法。

这种方法的特点是不需要进行实际焊接，节省材料、工时等，但与实际焊接有区别，很多焊接条件被简化，缺少真实性。

主要试验方法如焊接热裂纹模拟试验——热塑性试验、充氢焊接延迟裂纹模拟试验；对使用焊接性的试验如抗脆断性能试验，接头的疲劳及动载试验，接头抗腐蚀试验，接头高温性能试验等。

c. 理论估算法 主要是根据被焊母材或焊缝金属的化学成分、焊接接头的拘束度、焊缝扩散氢含量等条件，经过大量生产和科学研究，归纳总结出理论计算公式、图表等，通过计算，估计裂纹倾向的大小，来评估金属材料的焊接法。

理论估算法的公式、图表在应用时都是有条件的，使用范围受到限制，属于粗略估算。但这种方法不需要作复杂的试验，简单方便，通常适当地与实际焊接和模拟焊接相结合，为制定出合理的焊接工艺作全面准确地判断。

目前常用的理论估算法用于工艺焊接性的估算，如钢的碳当量公式；低合金钢焊接冷裂纹敏感性估算；焊接连续冷却组织转变图法（CCT 图法）；焊接热影响区最高硬度法等。

(2) 工艺焊接性试验方法

a. 碳当量法 影响焊接性的因素很多，碳当量法就是把钢材化学成分中的碳和其他合金元素的含量多少对焊后淬硬、冷裂及脆化等的影响折合成碳的相当含量，并据此含量的多少来判断材料的工艺焊接性和裂纹的敏感性。

世界各国和各研究单位的试验方法和钢材合金体系不同，各自建立了许多碳当量公式，这里简介如下。

① 国际焊接学会（IIW）20 世纪 50 年代推荐的 $CE_{(IIW)}$

$$CE_{(IIW)} = C + \frac{Mn}{6} + \frac{Gr + Mo + V}{5} + \frac{Cu + IVi}{15} \; (\%) \tag{5-6}$$

式中，化学成分中的元素含量均取上限，表示在钢中的质量分数。适用于中、高强度的非调质低合金高强钢（$\sigma_b = 500 \sim 900MPa$）。也适用于含碳量偏高的钢种（C≥0.18%），这类钢的化学成分的范围为：C≤0.2%，Si≤0.55%，Mn≤1.5%，Cu≤0.5%，Ni≤2.5%，Cr≤1.25%，Mo≤0.7%，V≤0.1%，B≤0.006%。

$CE_{(IIW)}$ 值越大，被焊材料淬硬倾向越大，热影响区越容易产生冷裂纹，工艺焊接性越不好。所以，可以用碳当量值预测某种钢的焊接性，以便确定是否需要采取预热和其他工艺措施。例如，板厚小于 20mm、$CE_{(IIW)}$ < 0.4% 时，钢材淬硬倾向不大，焊接性良好，不需要预热；当 $CE_{(IIW)}$ > 0.5% 时，钢材易淬硬，焊接时需要预热以防止裂纹。

② 近年来建立的碳当量公式。为适应工程上的需要，又进行了许多研究，通过大量试验，把钢的含碳量范围扩大到 0.034%~0.254%，建立了一个新的碳当量公式。

$$CEN = C + A(C)\left(\frac{Si}{24} + \frac{Mn}{16} + \frac{Gu}{15} + \frac{Ni}{20} + \frac{G + Mo + V + Nb}{5} + 5B\right) \tag{5-7}$$

$$A(C) = 0.75 + 0.25\tanh[20(C - 0.12)];$$

式中　A(C)——碳的适用系数；

　　　tanh——双曲线正切函数。

A(C) 与 C% 的关系可参见表 5-50。

表 5-50　A(C) 与 C% 的关系

C(%)	0	0.08	0.12	0.16	0.20	0.26
A(C)	0.500	0.584	0.754	0.916	0.98	0.99

式（5-7）适用于评价 0.034%~0.254% 碳钢，同时反映了碳当量与钢材冷裂纹倾向性之间的关系。当 C% > 0.17% 时与 $CE_{(IIW)}$ 接近；C% < 0.17% 时与 P_{cm} 接近。

CEN 是目前应用范围较广的碳当量公式，对于确定防止冷裂的预热温度比其他碳当量公式更为可靠。

③ 化学成分的冷裂敏感指数 P_{cm}。20 世纪 60 年代以后，各国为改进钢的性能和焊接性，大力发展了低碳微量多合金元素的低合金高强钢。$CE_{(IIW)}$ 已不适用，日本人伊藤等采用 Y 形铁研试验，对 200 多个钢种进行了大量试验，提出了 P_{cm} 公式。

$$P_{cm} = C + \frac{Si}{30} + \frac{Mn + Cu + Cr}{20} + \frac{Ni}{60} + \frac{Mo}{15} + \frac{V}{10} + 5B \tag{5-8}$$

式（5-8）适用范围如下：C0.07%~0.22%，Si0~0.60%，Mn0.4%~1.4%，Cu 0~0.50%，Ni0~1.20%，Mo0~0.70%，V0~0.12%，Nb0~0.04%，Ti0~0.05%，B0~0.005%。

根据 P_{cm}、板厚 δ 及焊条熔敷金属中的含氢量 [H]，还可以确定防止冷裂所需的预热温度。

b. 低合金钢焊接冷裂纹敏感性估算法　利用碳当量不但可以评估材料的焊接性，还可以预测低合金钢焊接的冷裂敏感性，从而建立各种冷裂纹判据，应用这些判据可以估算为防止产生冷裂纹所要采取的预热温度和临界冷却时间 $(\tau_{100})_{cr}$ 与 $\tau_{8/5}$（由 800℃冷至500℃的时间）。

由 P_{cm}、δ、[H] 和拘束度 R 所建立的冷裂纹敏感性判据如下。

$$P_c = P_{cm} + \frac{[H]}{60} + \frac{\delta}{600} \tag{5-9}$$

$$P_w = P_{cm} + \frac{[H]}{60} + \frac{R}{400000} \tag{5-10}$$

$$P_{HT} = P_{cm} + 0.088\lg\,[\lambda H'_D]\,+\frac{R}{400000} \tag{5-11}$$

$$P_H = P_{cm} + 0.075\lg\,[H]\,+\frac{R}{400000} \tag{5-12}$$

式中　[H]——熔敷金属中扩散氢含量（日本 JIS 甘油法、与中国 GB 3965—83 测氢法等效），mL/100g；

　　　δ——被焊金属的板厚，mm；

　　　R——拘束度，N/mm·mm；

　　　H'_D——有效扩散氢，mL/100g；

　　　λ——有效系数。

低氢焊条 $\lambda=0.6$，$H'_D=[H]$；酸性焊条 $\lambda=0.48$，$H'_D=[H]/2$。

根据 P_c、P_w、P_{HT} 建立的预热温度计算公式和应用条件见表 5-51。

表 5-51　预热温度计算公式

数学计算式	冷裂敏感性判据公式（%）	公式的应用条件
$T_0=1440P_c-392$	$P_c = P_{cm} + \dfrac{[H]}{60} + \dfrac{\delta}{600}$ $P_w = P_{cm} + \dfrac{[H]}{60} + \dfrac{R}{400000}$	切槽式斜 Y 形坡口试件适用于 C≤0.17% 的低合金钢，[H]=1～5mL/100g，δ=19～50mm
$T_0=1600P_H-480$	$P_H = P_{cm} + 0.075\lg[H] + \dfrac{R}{400000}$	斜 Y 形坡口试件适用范围同上，但 [H]>5mL/100g，R=5000～33000N/mm·mm
$T_0=1400P_{HT}-330$	$P_{HT} = P_{cm} + 0.088\lg[\lambda H'_D] + \dfrac{R}{400000}$	斜 Y 形坡口试件，P_{HT} 考虑了氢在熔合区附近的聚集

根据国产低合金钢的 P_{cm}、[H]、抗拉强度 σ_b 和板厚 δ 建立的预热温度计算公式为

$$T_0 = -214 + 324P_{cm} + 17.7[H] + 0.14\sigma_b + 4.73\delta\,(℃) \tag{5-13}$$

式中　[H]——熔敷金属的扩散氢含量，mL/100g；

　　　σ_b——被焊金属的抗拉强度，MPa；

　　　δ——板厚，mm。

关于利用临界冷却时间 $(\tau_{100})_{cr}$ 所建立的冷裂纹敏感性判据是近年来新的发展。在一定的焊接条件下，第一层焊缝冷却到 100℃ 刚刚不出现裂纹的时间，称为临界冷却时间 $(\tau_{100})_{cr}$，对于具体的钢种、焊接结构，$(\tau_{100})_{cr}$ 是常数。

如果实际焊接结构的某一部位，在上述焊接条件下由峰值温度冷至 100℃ 的时间为 τ_{100}，那么产生裂纹的条件为

$$\tau_{100} < (\tau_{100})_{cr} \tag{5-14}$$

由公式（5-14）可以判断产生裂纹的情况。

c. 焊接连续冷却组织转变图法（CCT 图法）　焊接条件下连续冷却组织转变图是利用快速膨胀仪或热模拟试验机在模拟焊接热循环条件下制做出来的，它可以方便地预测焊接热影响区的组织、性能和硬度，从而可以预测某钢材在一定焊接条件下的淬硬倾向和产生冷裂纹的可能性，同时也可以作为调节焊接线能量、改进焊接工艺（如预热、后热及焊后热处理等）的依据。

16MnR 钢的 CCT 图如图 5-45～图 5-47 所示，有关数据见表 5-52、表 5-53。

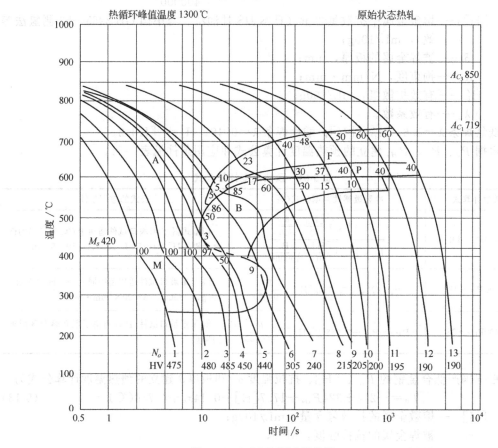

图 5-45　16MnR 钢冷却曲线

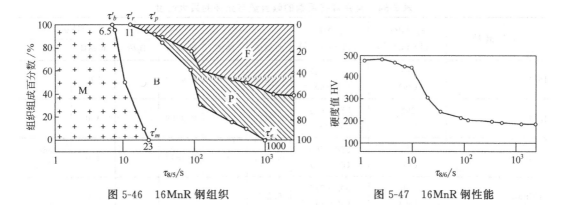

图 5-46 16MnR 钢组织　　　　　图 5-47 16MnR 钢性能

d. 焊接热影响区（HAZ）最高硬度法　焊接热影响区的最高硬度可以间接判断被焊钢材的淬硬倾向和冷裂敏感性。由于该试验方法简单，已被国际焊接学会（IIW）采用。中国的国家标准为 GB 4675.5—84，适用于手工电弧焊。一般情况下用于焊接的钢材，都应提供 HAZ 的最高硬度，采用低合金高强钢的 HAZ 最高硬度参见表 5-54。

表 5-52　16MnR 钢元素与含量

元素	C	Si	Mn	S	P	Cr	Ni
质量分数（%）	0.16	0.36	1.53	0.015	0.014	0.003	0.006

表 5-53　16MnR 钢 CCT 图相关数据

No	$\tau_{8/5}/s$	HV	组织组成百分数（%）	临界冷却时间/s
1	1.25	475	M100	
2	2.55	480	M100	$\tau_b'6.5$
3	4.5	465	M100	
4	6.9	450	B3　M97	
5	9.6	440	B50　M50	$\tau_f'11$
6	19.6	305	F5　B86　M9	
7	34	240	F10　P5　B85	
8	85.5	215	F23　P17　B60	$\tau_p'26$
9	120	205	F40　P30　B50	
10	324	200	F48　P37　B15	$\tau_m'23$
11	522	195	F50　P40　B10	
12	1260	190	F60　P40	$\tau_c'1000$
13	2520	190	F60　P40	

表 5-54　常用焊接用钢的碳当量与允许的最大硬度

国 产 钢 种	σ_s/MPa (kgf·mm^{-2})	σ_b/MPa (kgf·mm^{-2})	P_{cm}		$CE_{(IIW)}$		HV_{max}	
			非调质	调质	非调质	调质	非调质	调质
16Mn	353 (36)	520～637 (53～65)	0.2485	—	0.4150	—	390	—
15MnV	392 (40)	559～676 (57～69)	0.2413	—	0.3993	—	400	—
15MnVN	411 (45)	588～706 (60～72)	0.3091	—	0.4943	—	410	380 (正火)
14MnMoV	490 (50)	608～725 (62～74)	0.285	—	0.5117	—	420	390 (正火)
18MnMoNb	549 (56)	668～804 (68～82)	0.3356	—	0.5782	—	—	420 (正火)
12Ni3CrMoV	617 (63)	706～843 (72～86)	—	0.2787	—	0.6693	—	435
14MnMoNbB	686 (70)	784～931 (80～95)	—	0.2658	—	0.4593	—	450
14Ni2CrMnMo-VCuB	784 (80)	862～1030 (88～105)	—	0.3346	—	0.6794	—	470
14Ni2CrMnMo-VCuN	882 (90)	961～1127 (97～116)	—	0.3246	—	0.6794	—	480

注：1. 钢种化学成分取自《机械工程手册》第 12 篇表 12.3-12 上的上限。

2. HV_{max}是按 IIW 最高硬度法测定的。

以上简单介绍了工艺焊接性的几种间接估算法，由于其方法简单，在工程上广泛应用，但每种方法各有优点和不足，应用时常根据具体条件，同时采用几种方法进行间接估算。

由于估算法的不准确，生产中又出现了各种针对焊接最危险的缺陷裂纹的试验方法，即各种模拟焊接法。

（3）使用焊接性的试验方法

对于评定焊接接头或焊接结构的使用性能，需要试验的内容更为复杂，具体项目取决于结构的工作条件和设计上提出的技术要求。这里概括介绍如下。

a. 常规力学性能试验　焊接接头的力学性能试验主要是测定焊接接头（包括母材焊缝金属和热影响区）在不同载荷作用下的强度、塑性和韧性。焊接接头的特点在于其金相组织和化学成分的不均匀性，从而导致了接头存在力学性能的不均匀性。焊接接头主要力学性能试验项目如下。

焊接接头的拉伸试验　一般采用横向试样。如果焊缝金属强度超过母材金属强度，大部分的塑性变形将在母材金属内产生，从而造成在焊缝区域以外的颈缩和破坏，说明焊缝金属强度超过母材，但不能说明焊缝的塑性。当焊缝金属强度远远低于母材时，塑性应变集中在焊缝内发生，在这种情况下，局部的应变将导致比正常标距低的伸长率。所以横向焊接接头拉伸试验可以作为接头抗拉强度的尺度，但不能评价接头的屈服点与伸长率。

拉伸试验按 GB 228—87《金属拉力试验法》标准规定进行。

焊接接头的冲击试验　有带 V 形缺口或 U 形缺口两种试样。V 形试样缺口较尖锐，应力集中大，缺口附近体积内金属塑性变形难以进行，参与塑性变形的体积较小，它对材料脆性转变反应灵敏，断口分析比较清晰，目前国际上应用比较广泛。U 形缺口的冲击试样，对于材料脆性转变反应不灵敏，目前正逐步被淘汰，只有在某些仍采用旧标准的工程上才保留 U 形缺口试样。

冲击试验冲断试样时，试样经历弹性变形、塑性变形和断裂三个阶段。现代的示波冲击试验机具备测试冲击过程任何瞬时载荷、位移等参数的能力并可进行计算机数据处理和记录，提供了对材料的动态，断裂过程进行细微分析的可能性。

冲击试验按照 GB 2106—80《金属夏比（V 形缺口）冲击试验方法》、GB 229—84《金属夏比（U 形缺口）冲击试验方法》，GB 4159—84《金属低温夏比冲击试验方法》等标准规定进行。

焊接接头的弯曲试验　主要用来评定焊接接头的塑性和致密性。接头弯曲试样可以与焊缝轴线平行或垂直，并有横弯、侧弯、纵弯三种弯曲方法。

焊接接头弯曲及压偏试验按照 GB 2653—89《焊接接头弯曲及压扁试验法》和 GB 232—82《金属弯曲试验法》标准规定进行。

焊接接头应变时效敏感性试验　焊接构件在制造与服役过程中，某些工序或工况条件使接头承受不同程度的塑性变形，例如焊后冷作成形、矫正等。随着时间的延长，有的焊接接头的冲击韧性有下降的趋势，甚至发生脆化，这种现象称为冷作时效脆化。

GB 2655—89 规定了测定焊接接头应变时效敏感性的试验方法。

焊接接头及堆焊金属硬度试验法　焊接接头及堆焊金属的强度、塑性、韧性、耐磨性以至抗裂性均与硬度相关。例如，在某些情况下技术条件就规定了接头（热影响区）的最高硬度值，以保证接头的塑性、韧性和抗裂性；有时规定堆焊金属的最小硬度值，以保证堆焊层的耐磨性。

GB 2654—89《焊接接头及堆焊金属硬度试验法》标准规定了在室温下测定焊接接头各部位（焊缝、熔合线、热影响区）和堆焊金属硬度的试验方法。

b. 焊接接头抗脆断性能试验　金属材料、焊接接头的脆性断裂性能近年来逐渐被认识。脆性断裂即设有塑性变形而表现的破坏形式。影响金属材料、焊接接头产生脆性断裂的原因是多方面的，主要有材料的组织、成分、性能，存在的缺陷（尤其是裂纹），厚壁材料内部呈平面应变状态，制造工艺中的成形、焊接、热处理等工艺的不合理，工作温度等因素。近年来在压力容器制造中发现焊接接头或材料（带有缺陷）的抗脆断性能与温度的关系很密切，同一处焊接接头或同一种材料，在不同的温度下表现出不同的性能，按照国家标准 GB 6803—86 做落锤试验，当试验温度逐渐降低到某一温度时，则会产生无塑性变形的完全的断裂（脆断），这一温度即无塑（延）性转变温度（Nil Ductility Transitiom Temperature，缩写为 NDT），其含义是材料在接近屈服强度并存在小缺陷的情况下，发生脆性破坏的最高温度，高于此温度一般不会发生脆性破坏。当温度低于 NDT 温度时，材料产生断裂，无延性，断裂属于脆性。

通过落锤试验可将温度、缺陷尺寸和断裂强度三者之间建立断裂分析图（Pellini 断裂分析图），以表明它们之间的关系。当温度低于 NDT 温度时，随着缺陷尺寸加大，断裂强度明显下降；当温度高于 NDT 温度时，其断裂强度明显上升。

进行落锤试验时，还存在弹性断裂转变温度（Fracture Transition Elastic Temperature，缩写为 FTE）和塑性（延性）转变温度（Fracture Transition Plastic Temperature，缩写为 FTP）。当温度达到 FTE 后，其断裂强度不管缺陷尺寸如何，都达到或超过材料屈服限；而当温度达到 ETP 后，材料只有受到相当于拉伸强度 σ_b 的作用时才会拉断，断裂完全是塑性的。

从大量试验数据中看到，对于低合金高强度钢来说，NDT、FTE、FTP 存在下列关系。

$$FTE = NDT + 33℃$$
$$FTP = NDT + 66℃$$

可见，如果温度高于 FTE，裂纹不会在名义应力低于屈服应力下扩展。对压力容器来说，一次应力均限制在屈服应力之下，所以在高于 NDT＋33℃时，一般都允许满负荷运行，而低于此温度时，存在缺陷的情况下，只允许降低负荷运行。

以上介绍了落锤试验，并用其试验结果来说明缺陷、温度和应力对构成脆性破坏所起的作用，以及它们之间的关系。

除落锤试验外，还有宽板拉伸试验、断裂韧性试验［常用的断裂韧性参量有 K_{IC}、COD（δ_c）及 J_{IC}］和 V 形缺口系列冲击试验，均可用于评定材料、焊接接头的抗脆断性能。

另外，评定焊接接头的使用焊接性还有焊接接头疲劳及动载试验、焊接接头的抗腐蚀试验、焊接接头的高温性能试验。

5.3.2　碳钢的焊接

（1）碳钢的分类

① 按含碳量分类：低碳钢 C≤0.25％；中碳钢 0.25％＜C≤0.60％；高碳钢 C＞0.6％。

② 按冶炼方法分类：平炉钢；转炉钢，又分为氧气转炉钢和碱性空气转炉钢；电炉钢。

③ 按钢材脱氧程度的不同分类：沸腾钢（F）；半镇静钢（b）；镇静钢（Z）（TZ 为特殊镇静钢）。

④ 按用途分类：结构钢，用来制造各种金属构件和机器零件，工具钢，用来制造各种工具（量具、刃具、模具）。

⑤ 按质量钢中有害元素、硫和磷的含量分类：普通碳素钢 S≤0.050％，P≤0.045％；优质碳素钢 S≤0.035％，P≤0.035％；高级优质碳素钢 S≤0.030％，P≤0.035％。

（2）低碳钢的焊接

低碳钢的焊接性优良。因低碳钢含碳量低，锰、硅含量又少，所以一般情况下不会因焊接而引起严重硬化组织或淬火组织。这种钢的塑性和冲击韧性优良，焊后的焊接接头塑性和冲击韧性也很好。焊接时一般不需要预热和后热，不需要特殊注意层间温度，焊后也不必采用热处理改善组织和性能。整个焊接过程中不需要特殊的工艺措施。

低碳钢焊接时应注意以下几点。

① 被焊材料和焊接材料的质量是否合格。

② 焊接线能量不宜过大，如埋弧焊时注意焊接电流不宜过大，否则会使焊接热影响区粗晶区晶粒过于粗大，进而使冲击韧性下降。

③ 刚性大的焊接结构在温度较低的情况下焊接时，可能产生裂纹，尤其在北方冬季露天施工时更要注意，可以适当考虑预热。

总之，低碳钢是最容易焊接的钢种，可以采用常用的所有焊接方法焊接，并能获得优良的焊接接头。

几种低碳钢焊接选用焊条举例见表 5-55。几种低碳钢埋弧焊常用焊接材料选择举例见表 5-56。

表 5-55　几种低碳钢焊接选用焊条举例

钢　号	焊　条　选　用		施焊条件
	一　般　结　构	焊接动载荷,复杂和厚板结构,重要压力容器,在较低温下焊接	
Q235(A3)	E4313（J421），E4303（J422），E4301（J423），E4320（J424），E4311(J425)	E4316（J426），E4315（J427），E5016(J506),E5015(J507)	一般不预热
Q255(A₄)			一般不预热
Q275(A5)	E4316(J426),E4315(J427)	E5016(J506),E5015(J507)	厚板结构预热 150℃以上
08,10,15,20	E4303（J422），E4301（J423），E4320(J424),E4311(J425)	E4316（J426），E4315（J427），E5016(J506),E5015(J507)	一般不预热
25	E4316(J426),E4315(J427)	E5016(J506),E5015(J507)	厚板结构预热 150℃以上
20g,22g	E4303(J422),E4301(J423)	E4316（J426），E4315（J427），E5016(J506),E5015(J507)	一般不预热
20R	E4303(J422),E4301(J423)	E4316（J426），E4315（J427），E5016(J506),E5015(J507)	一般不预热

（3）中碳钢的焊接

当含碳量在 0.25% 左右而含锰量不高时，焊接性良好。随着含碳量的增加，焊接性逐渐变差。当含碳量达 0.50% 左右而仍按焊接低碳钢工艺施焊时，则热影响区可能产生硬脆的马氏体组织，易于开裂。当焊接材料和焊接过程控制不好时，甚至焊缝区也如此。

焊接时母材熔化进入焊缝，使其含碳量增高，容易产生热裂纹，若硫的杂质含量增加，热裂纹产生的可能性也大大增加，在弧坑处更为敏感。

表 5-56　几种低碳钢埋弧焊常用焊接材料选择举例

| 钢　号 | 焊弧焊焊接材料选用 | |
	焊　丝	焊　剂
Q235(A3)	H08A	HJ430 HJ431
Q255(A4)	H08A	
Q275(A5)	H08MnA	
15,20	H08A,H08MnA	HJ430 HJ431 HJ330
25	H08MnA,H10Mn2	
20g,22g	H08MnA,H08MnSi,H10Mn2	
20R	H08MnA	

中碳钢焊接时应注意以下几点。

① 大多数情况下需要预热和控制层间温度，以降低冷却速度，防止产生马氏体组织。预热温度：35 和 45 钢可为 150～250℃；含碳量再高、厚板、拘束大等条件下，可为250～400℃。

② 焊后最好立即进行消除残余应力热处理，特别是在厚大件、刚性大的结构或工作条件较苛刻（如动载荷、冲击载荷等）的情况下，更应考虑。清除残余应力回火温度一般为 600～650℃。

③ 如果不可能立即消除残余应力，也应采用后热工艺，以便使扩散氢逸出。后热温度可视具体情况而定，后热保温时间大约每 10mm 厚度为 1h 左右。

④ 焊接沸腾钢时注意向焊缝过渡锰、硅、铝等脱氧剂元素，以防止减少气孔的产生。

⑤ 应选低氢焊接材料。特殊情况下可以选用铬镍不锈钢焊条焊接，不需预热、焊缝奥氏体金属塑性好，可以减小焊接接头残余应力，避免热影响区冷裂纹产生。可选的铬镍不锈钢焊条牌号有奥 102、奥 107、奥 302、奥 307、奥 402、奥 407 等。

如果选用碳钢或低合金钢焊条，而焊缝与母材不要求等强度时，可以选用强度等级比母材低一挡的低氢焊条。例如，母材为 490MPa 级，则焊条可选用 J426 或 J427，代替J506 或 J507。若母材与焊缝强度要求相等时；35 钢可选 J506，J507；45 钢可选 J556、J557；55 钢可选 J606，J607。

（4）高碳钢的焊接

高碳钢含碳量大于 0.6%，有高碳结构钢、高碳工具钢和高碳碳素钢等。由于其含碳量更高，更容易产生硬脆的高碳马氏体，淬硬倾向和裂纹敏感倾向更大，从而焊接性更差。这类钢不用于制造焊接结构，主要用于制造高硬度耐磨零部件，高碳钢的焊接的补焊修理为主。为了获得高硬度和耐磨性，高碳钢零件一般都经过热处理。焊接前应退火，以减少裂纹倾向，焊后再经热处理，以达到高硬度和耐磨的要求。

高碳钢焊接时应注意以下几点。

① 高碳钢焊接前应先进行退火。

② 焊接材料通常不用高碳钢。焊缝要与母材性能完全相同是比较困难的。因这类钢

的抗拉强度大多在 675MPa 以上。选用焊接材料视产品设计要求而定，要求强度高时，一般用 J707 或 J607 焊条，要求不高时可选用 J506 或 J507 焊条，或者选择与以上强度等级相当的低合金钢焊条或填充金属。焊接材料应是低氢的。

另外，高碳钢也可以选用铬镍奥氏体钢焊条焊接，牌号与焊接中碳钢的相同，这时不需要预热。

③ 采用结构钢焊接时必须预热，一般预热温度为 250～350℃以上。

④ 焊接过程中需要保持与预热温度一样的层间温度。

⑤ 焊后工件应立即送入 650℃的炉中保温，进行消除残余应力的热处理。

5.3.3　低合金钢的焊接

低合金钢是在碳素钢基础上加入一定量合金元素的合金钢。合金元素的总含量一般不超过 5％，以提高钢的强度，同时保证其具有一定的塑性和韧性；或者是为了达到某些特殊性能要求，如耐低温、耐高温或耐腐蚀性等。

在焊接结构中常用的低合金钢有强度用钢（高强钢）、低温用钢、耐蚀钢及珠光体耐热钢四类。

（1）高强钢的焊接

这类钢的主要特点是强度高，塑性、韧性也较好，广泛用于压力容器、桥梁、船舶、飞机和其他装备。中国低合金高强度钢是以屈服强度来划分强度级别的，目前常用高强钢大致如下。

① 屈服强度在 400MPa 的低合金钢，一般都在热轧或正火状态下使用，基体组织为铁素体＋珠光体，如 16Mn 钢等。这是低合金高强钢中应用最广泛的钢，有比较成熟的使用经验，是制造中低压容器和一般钢结构的代表材料，焊接性很好。

16Mn 钢的屈服强度为 294～343MPa，基本属于热轧的低合金钢，是普通低合金钢（普低钢）中发展最早的钢。其综合性能、焊接性及加工工艺性能均优于普通碳素钢，且质量稳定，与碳素钢相比，使用 16Mn 钢可节省钢材 20％～30％。其使用温度在 －40～450℃范围内。

当 16Mn 钢作为低温压力容器或厚板结构用钢时，为改善低温韧性，也可以在正火处理后使用。热轧、正火钢按其用途可以分为压力容器用钢、锅炉用钢、焊接气瓶用钢及桥梁用钢等，分别在钢牌号后标以 R、g、HP 及 q 等，如 16MnR、16Mng 等。

16Mn 钢是在低碳钢的基础上加入了少量合金，其加工性能与低碳钢相似，具有较好的塑性和焊接性。由于加入了少量合金元素，其强度增加，淬硬倾向比低碳钢稍大，所以在较低温度下或刚性大、厚壁结构的焊接时，需要考虑采取预热措施，预防冷裂纹的产生。不同壁厚及不同环境温度下 16Mn 钢焊接的预热温度参见表 5-57。

表 5-57　不同板厚及不同环境温度下焊接 16Mn 钢的预热温度

板厚/mm	不同环境温度下的预热温度/℃
＜16	不低于 －10℃不预热，－10℃以下预热 100～150℃
16～24	不低于 －5℃不预热，－5℃以下预热 100～150℃

板厚/mm	不同环境温度下的预热温度/℃
25～40	不低于 0℃不预热,0℃以下预热 100～150℃
＞40	均预热 100～150℃

② 屈服强度为 500MPa 的低合金钢,中国典型代表钢种为 18MnMoNb 钢,以正火＋回火状态供货,对于板厚特别大的、可在调质状态下供货,以保证综合力学性能良好。

18MnMoNb 钢以中国富有资源 Mn、Mo、Nb 为合金元素,是中温、中高压、厚壁压力容器的主要用钢。具有较好的综合力学性能(特别是中温力学性能),可工作在 450℃以下。

当环境温度不太低时,可以不预热进行气割,割口具有良好的机械加工性能。卷板、校圆需加热进行,18MnMoNb 钢具有满意的热成形性能。

18MnMoNb 钢的碳及合金元素含量都较高,故其淬硬倾向及冷裂倾向都比 16Mn 钢大。据 18MnMoNb 钢的再热裂纹敏感性试验,它属于稍再热裂纹倾向的钢种。筒体电渣焊时,还要注意防止焊缝金属裂纹。

18MnMoNb 钢的焊接应注意以下几点。

ⅰ. 焊接 18MnMoNb 钢,除电渣焊外,应采取预热措施,预热温度一般为 150～180℃,对于拘束度较大的接头,预热温度应提高到 180～230℃。焊后或中断焊接时,应立即进行 250～350℃后热处理。

ⅱ. 18MnMoNb 钢的焊接材料:手工电弧焊,焊条可选 E6015-D$_1$(J607)、E6015-G(J607Ni、J607RH);埋弧焊,焊剂 HJ250、焊丝 H08Mn2MoA;电渣焊,焊剂 HJ431、焊丝 H10Mn2MoA;CO_2 气体保护焊,焊丝 H08Mn2SiMoA。

ⅲ. 为保证焊接接头的性能和质量,焊接线能量适当大些,否则易出现淬硬组织而降低韧性。手工电弧焊时,焊接线能量一般在 20kJ/cm 以下;埋弧自动焊时,焊接线能量在 35kJ/cm 以下,同时注意多层焊时层间温度控制在预热温度和 300℃之间。

ⅳ. 18MnMoNb 钢焊后要进行热处理。电渣焊接头进行 900～980℃正火＋630～670℃回火处理,如遇钢材性能偏低或要充分发挥钢材性能潜力时,可采用调质处理。在手工电弧焊或埋弧自动焊后,进行回火或消除残余应力热处理,其加热温度通常比钢材回火温度低 30℃。

(2) 低温用钢的焊接

低温用钢主要用于低温下工作的容器、管道等装备。低温用钢可分为无镍和含镍为主的两大类,其牌号、化学成分和力学性能见表 5-58～表 5-61。对低温用钢的主要性能要求是保证在使用温度下具有足够的韧性及抵抗脆性破坏的能力。低温用钢一般是通过合金元素的固溶强化细晶粒,并通过正火、回火处理细化晶粒、均化组织,从而获得良好的低温性能。中国的低温压力容器用钢(见表 5-58)为无镍的,最低使用温度−30～−90℃(见表 5-60)。在钢中加入合金元素 Ni 可显著改善钢的低温韧性,含镍的低温用钢(见表 5-61)最低使用温度−70～−170℃,常称为镍钢,基本上进口。

表 5-58　低温压力容器用低合金厚钢板的牌号和化学成分（GB 3531—83）

牌　号	化学成分（%）									S	P
	C	Mn	Si	V	Ti	Cu	Nb	RE		不大于	
16MnDR	≤0.20	1.20～1.60	0.20～0.60							0.035	0.035
09MnTiCuREDR	≤0.12	1.40～1.70	≤0.40		0.03～0.08	0.20～0.40		0.15（加入量）		0.035	0.035
09Mn2VDR	≤0.12	1.40～1.80	0.20～0.50	0.04～0.10						0.035	0.035
06MnNbDR	≤0.07	1.20～1.60	0.17～0.37				0.02～0.05			0.030	0.030

表 5-59　低温压力容器用低合金厚钢板的力学性能（GB 3531—83）

钢　号	钢板厚度/mm	抗拉强度 σ_b/MPa(kgf·mm^{-2})	屈服强度 σ_s/MPa(kgf·mm^{-2})	伸长率 δ_s(%)	冷弯试验 $b=2a\,180°$
			不小于		
16MnDR	6～20	493～617(50～63)	312(32.0)	21.0	$d=2a$
	21～38	470～598(48～61)	294(30.0)	19.0	$d=3a$
09MnTiCuREDR	6～26	441～568(45～58)	312(32.0)	21.0	$d=2a$
	27～40	421～549(43～56)	294(30.0)		
09Mn2VDR	6～20	461～588(47～60)	323(33.0)	21.0	$d=2a$
06MnNbDR	6～16	392～519(40～53)	294(30.0)	21.0	$d=2a$

　　各种低温用钢的最低使用温度一般相当于钢材的最低冲击值温度。选择低温用钢时，针对产品工作应力大小、板材厚度及热处理条件等不同情况，可以适当调整低温用钢的最低使用温度。如中国的低温压力容器用低合金钢标准中，薄板的最低冲击温度可比厚板低10～20℃（见表 5-60）；有的国家规定，采用热处理消除应力后，钢材的许用温度可降低10～20℃。

　　a. 低温用钢的焊接　低温用钢由于含碳量低，其淬硬倾向和冷裂倾向小，具有良好的焊接性，但应关注焊缝和粗晶区的低温脆性。为了避免焊缝金属和热影响区形成粗晶组织而降低低温韧性，要求采用小的焊接线能量。焊接电流不宜过大，宜用快速多道焊的方法以减轻过热，并通过多层焊的重热作用细化晶粒。多焊道时要控制层间温度，如焊接06MnNbDR 低温用钢时，层间温度不大于 300℃。埋弧自动焊时，焊接线能量应控制在28～45kJ/cm。

表 5-60　低温压力容器用低合金厚钢板的夏比低温冲击性能(GB 3531—83)

牌　　号	钢板厚度/mm	最低冲击温度/℃	试样方向	冲击吸收功≥/J(kgf·m)	
				试样尺寸/mm	
				10×10×55	5×10×55
16MnDR	6～20	−40	纵向	21(2.1)	14(1.4)
	21～38	−30			
09MnTiCuREDR	6～20	−60			
	21～30	−50			
	32～40	−40			
09Mn2VDR	6～20	−70			
06MnNbDR	6～16	−90			

焊接低温用钢的焊条见表 5-62，焊接 16Mn（用于−40℃）低温用钢时，可采用 E5015-G 或 E5016-G 高韧性焊条。

埋弧自动焊时，可用中性熔炼焊剂配合 Mn-Mo 焊丝，可用碱性熔炼焊剂配合含 Ni 焊丝，也可采用碱性非熔炼焊剂配合 C-Mn 焊丝，由焊剂向焊缝渗入微量 Ti、B 合金元素，以保证焊缝金属获得良好的低温韧性。

焊接低温用钢产品，应注意避免产生缺陷（如弧坑、未焊透及焊缝成形不良等），并注意及时修补产生的缺陷，否则装备在低温运行时，因钢材对缺陷和应力集中的敏感性大，而增大装备的低温脆性破坏倾向。焊后消除应力处理可以降低低合金低温用钢焊接装备的脆断倾向。

b. 3.5％镍低温用钢的焊接　国外低温用钢以镍为主要合金元素，目前含镍的低温用钢中，随着镍含量的增加，有 2.25％镍钢、3.5％镍钢、5％镍钢及 9％镍钢，其最低使用温度逐渐降低。9％镍钢可用于制造液化氟（液化温度为−196℃）的装备。3.5％镍钢广泛用于乙烯、化肥、橡胶、液化石油气及煤气等工程中低温装备的制造。3.5％镍钢一般为正火或正火＋回火状态使用，其最低使用温度为−101℃。3.5％镍钢经淬火、固火调质处理后，组织和低温韧性得到改善，日本 JIS 标准中的 SL3N45 钢调质后的最低使用温度为−110℃（参见表 5-61），3.5％镍钢依靠降低 C、P、S 含量，加入 Ni 等合金成分，并利用热处理细化晶粒，确保低温韧性。

3.5％镍钢有应变时效倾向，当冷加工变形量在 5％以上时，要进行消除应力热处理以保证低温韧性。

3.5％镍钢可以采用手工电弧焊、熔化极气体保护电弧焊及埋弧自动焊进行焊接。为保证焊接产品的低温韧性，应注意控制焊接线能量：手工电弧焊在 20kJ/cm 以下；熔化极气体保护电弧焊在 25kJ/cm 左右。

由于 3.5％镍钢的含碳量较低，所以其淬硬倾向不大。但板厚在 25mm 以上，且刚性较大时，焊前要预热 150℃左右，层间温度也要保持相同。

表 5-61　含镍低温钢的化学成分和力学性能

国别	标准号	牌号	板厚δ/mm	化学成分(%)						热处理	板厚δ/mm	力学性能			
				C	Si	Mn	Ni	P	S			最小屈服强度/MPa(kgf·mm⁻²)	抗拉强度/MPa(kgf·mm⁻²)	试验温度/℃	最小冲击吸收功 A_{KV}/J(kgf·m)
2.25%Ni 钢															
日	JISG3217	SL2N26	6~50	≤0.17	0.15~0.30	≤0.70	2.10~2.50	≤0.025	≤0.025	正火	—	255(26)	451~588(46~60)	-70	21(2.1)
美	ASTM A203-72	A级	δ≤50	≤0.17	0.15~0.30	≤0.70	2.10~2.50	≤0.035	≤0.040	正火	—	255(26)	451~529(46~54)	—	—
			50<δ≤100	≤0.21		≤0.80									
			100<δ≤150	≤0.23		≤0.80									
美	ASTM A203-72	B级	δ≤50	≤0.21	0.15~0.30	≤0.70	2.10~2.50	≤0.035	≤0.040	正火	—	274(28)	480~588(49~60)	—	—
			50<δ≤100	≤0.24		≤0.80									
			100<δ≤150	≤0.25		≤0.80									
法	NF A36-208-66	2.25Ni	3~50	≤0.15	0.15~0.30	≤0.8	2~2.5	≤0.030	≤0.030	正火	δ≤30	274(28)	451~529(46~54)	-80	40(4.1)
											30<δ≤50	265(27)			
3.5%Ni 钢															
日	JIS G3217	SL3N26	6~50	≤0.15	0.15~0.30	≤0.70	3.25~3.75	≤0.025	≤0.025	正火	—	255(26)	441~588(45~60)	-10	21(2.1)
		SL3N45	6~50	≤0.15	0.15~0.30	≤0.70	3.25~3.75	≤0.025	≤0.025	调质	—	441(45)	539~686(45~70)	-110	27(2.8)
美	ASTM A203-72	D级	δ≤50	≤0.17	0.15~0.30	≤0.70	3.25~3.75	≤0.035	≤0.040	正火	—	255(26)	451~529(46~54)	—	—
			50<δ≤100	≤0.20		≤0.80									
美	ASTM A203-72	E级	δ≤50	≤0.20	0.15~0.30	≤0.70	3.25~3.75	≤0.035	≤0.040	正火	—	274(28)	480~588(49~60)	—	—
			50<δ≤100	≤0.23		≤0.80									
法	NF A36-208-66	3.5Ni	3~50	≤0.15	0.15~0.30	≤0.8	3.25~3.75	≤0.030	≤0.030	通过协议	δ≤30	274(28)	451~529(46~54)	-100	40(4.1)
											30<δ≤50	265(27)			
5%Ni 钢															
美	ASTM A645-72	—	3~50	≤0.13	0.20~0.35	0.30~0.60	4.75~5.25	≤0.025	≤0.025	调质	δ≤30	451(46)	657~794(67~81)	-170	34(3.5)
法	NF A36-208-66	5Ni	3~50	≤0.10	0.15~0.30	≤0.8	4.75~5.25	≤0.030	≤0.030	通过协议	δ≤30	392(40)	≥539(55)	-120	48(4.9)
											30<δ≤50	372(38)			

表 5-62　低温钢焊条

焊条牌号	焊条型号	焊缝金属合金系统	主　要　用　途
W707		低碳 Mn-Si-Cu 系	焊接－70℃工作的 09Mn2V 及 09MnTiCuRE 钢
W707Ni	E5515-C₁	低碳 Mn-Si-Ni 系	焊接－70℃工作的低温钢及 2.5％Ni 钢
W907Ni	E5515-C₂	低碳 Mn-Si-Ni 系	焊接－90℃工作的 3.5％Ni 钢
W107Ni		低碳 Mn-Si-Ni-Mo-Cu 系	焊接－100℃工作的 06MnNb、06AlNbCuN 及 3.5％Ni 钢

注：1. 焊条牌号前加"W"，表示低温用钢焊条。

2. 焊条牌号第一、第二位数字，表示低温用钢焊条的工作温度等级，如 W707 的低温温度等级为－70℃。

3. 表中焊条为低氢钠型药皮，采用直流电源。

　　3.5％镍钢焊接所用焊接材料参见表 5-62（为国产焊条）、表 5-63（为日本的焊条和焊丝牌号、焊缝成分及力学性能）。用 NB-3N 焊条焊接时，建议采用表 5-64 规定的焊接电流，焊后进行 600～650℃热处理，有利于改善焊接接头的低温韧性。

表 5-63　焊接 3.5％Ni 钢的日本焊条及焊丝

牌　　号		标准型号	焊缝金属成分（％）						
			C	Mn	Si	Ni	Mo	S	P
NB-3N 焊条		JISDL5016-D-3 AWSE7016-G	0.03	0.94	0.33	3.20	0.27	0.009	0.010
MGS-3N 焊丝	Ar＋2％O₂		0.03	1.20	0.25	4.12	0.20	0.006	0.003
	Ar＋5％CO₂		0.03	1.18	0.26	4.08	0.20	0.006	0.004
MF-27XUS-203 埋弧焊丝		AWSF7P15- ENi2-Ni2	0.05	0.75	0.18	2.85	0.20	0.007	0.009

牌　　号		焊缝力学性能				焊后热处理
		σ_s/MPa	σ_b/MPa	δ（％）	A_{KV}/J	
NB-3N 焊条		460	550	32	120（－85℃） 100（－100℃）	620℃×1hSR
MGS-3N 焊丝	Ar＋2％O₂	530	600	29	88（－101℃）	焊态
		480	550	34	110（－101℃）	620℃×1hSR
	Ar＋5％CO₂	500	590	27	98（－101℃）	焊态
		470	570	32	130（－101℃）	620℃×1hSR
MF-27XUS-203 焊弧焊丝		430	530	33	130（－75℃） 110（－87℃） 60（－101℃）	625℃×5hSR

注：SR 表示消除应力热处理。

表 5-64　NB-3N 焊条的焊接电流（交流或直流反接）

焊条直径/mm		2.6	3.2	4.0	5.0
焊条长度/mm		300	350	400	400
焊接电流/A	平　焊	55～85	90～130	130～180	180～240
	立或仰焊	50～80	80～115	100～170	

（3）耐蚀钢的焊接

耐蚀钢是指用做抗潮湿、耐海水腐蚀的钢材。国产耐蚀钢如 16CuCr、12MnCuCr、09MnCuPTi 等，是以 Cu、P 合金化为主，配以 Cr、Mn、Ti、Nb、Ni 等合金元素。Cr 能提高钢的耐腐蚀稳定性，Ni 与 Cu、P、Cr 共同加入时，能加强耐腐蚀效果。严格讲在焊缝中含有磷时是不利的，磷会使冷脆敏感性增加，会因易产生偏析而增加热裂纹产生的机会，因此焊缝中含磷时要严格控制碳的含量，因碳会加重磷的危害，一般碳和磷的含量都控制在 0.25% 以下时，钢的冷脆倾向不大。

若不采用磷而选择其他元素的合金化，如 Ni-Cr 合金化方案或只含铜不含磷的方案等，也能用于潮湿大气和海水环境，而且不含磷的耐蚀钢要比含磷的焊接性好。

总之，耐蚀钢虽含有铜、磷等合金元素，但含量较低，所以焊接时不会产生热裂纹，冷脆倾向也不大，焊接性仍较好。耐蚀钢的焊接工艺与强度级别较低（$\sigma_s = 343 \sim 392MPa$）的热轧钢相同。

（4）耐热钢的焊接

耐热钢是长期在高温条件下工作，仍具备高温持久强度、蠕变强度和抗氧化性、抗脆断能力、耐蚀性等性能的用钢。

a. 耐热钢的种类　按其合金成分的含量可分为低合金、中合金、高合金耐热钢。

① 合金元素总含量在 5% 以下的合金钢统称为低合金耐热钢。合金系列有 Mo、Cr-Mo、Cr-Mo-V 等。这类钢通常以退火状态或正火＋回火状态供货。合金元素总含量在 2.5% 以下的低合金耐热钢，在供货状态下具有珠光体＋铁素体组织，故也称为珠光体耐热钢，如 12CrMo、15CrMo 等。

② 合金元素总含量在 5%～12% 的合金钢统称为中合金耐热钢。目前用于焊接结构的中合金耐热钢分别是 Cr-Mo、Cr-Mo-V、Cr-Mo-Nb 等系列。这类钢必须以退火状态或正火＋回火状态供货，某些钢种也可以调质状态供货。合金总含量在 10% 以下的中合金耐热钢，在退火状态下具有铁素体＋合金碳化物组织，在正火＋回火状态下为铁素体＋贝氏体。当合金总含量超过 10% 时，在供货状态下的组织为马氏体，因此属于马氏体耐热钢，如 1Cr13，2Cr13 等。

③ 合金元素总含量高于 13% 的合金钢称为高合金耐热钢。按其供货状态下的组织可分马氏体、铁素体、奥氏体铬镍（应用最广）型耐热钢。其合金系列包括 Cr-Ni、Cr-Ni-Ti、Cr-Ni-Mo 等，如 0Cr19Ni19、1Cr18Ni9Ti、0Cr18Ni11Ti 等。

可见，耐热钢中 Cr 和 Mo 是重要合金元素，其中 Cr 主要有抗氧化作用，在高温下与氧结合强，在金属表面形成 Cr_2O_3 稳定化合物包围金属，阻止了金属继续氧化；在温度较高下的金属原子活动能较强，由于金属再结晶的结果，使金属性能软化，而 Mo 可以提高再结晶温度，阻碍高温下原子的活动能力，提高热强性。碳易与铬结合，降低了抗氧化性，因此碳的含量应小于 0.25%。

在锅炉装备的制造中，耐热钢主要用于制造受热部件（如过热器、再热器和水冷壁等）、集箱、管道和各种炉内零件。常用的低合金耐热钢有：15CrMo、12Cr1MoV 等。在炼油和化工装备制造中，耐热钢主要用于炉管、热交换器、其他受热面管子、高压加氢装备中的各种管道等。常用的高合金耐热钢有奥氏体型镍铬耐热钢等。

b. 珠光体耐热钢的焊接

① 厚板的 Cr-Mo 耐热钢，在加工焊接坡口时，可以采用火焰切割，但要预热，预热温度可在 100～150℃ 范围，并做磁粉检测表面是否产生裂纹。

② 焊接材料的选择要注意保证焊后 Cr 和 Mo 等重要合金元素的含量，控制碳的含量。

③ 焊前预热是防止低合金耐热钢焊接冷裂纹和消除应力裂纹的有效措施之一。预热温度参见表 5-65。

④ 焊后热处理既可以消除焊接残余应力，又可以改善组织、提高接头的综合力学性能，包括提高高温蠕变强度和组织稳定性、降低焊缝及热影响区的硬度等。焊后回火温度参见表 5-65。

表 5-65　珠光体耐热钢的预热、后热温度

母材钢号	焊条牌号	预热温度/℃	焊后回火温度/℃
12CrMo	热 200，热 207	150～300	670～710
15CrMo	热 307	250～300	680～720
$2\frac{1}{4}$Cr-1Mo	热 400，热 407	250～350	720～750
12Cr1MoV	热 310，热 317	250～350	720～750
15Cr1Mo1V	热 327，热 337	250～350	730～750
12Cr5Mo	热 507	300～400	740～760

在制造高温、高压的耐热钢焊接的装备中，对每种焊接接头都应编制相应的焊接工艺规程，其基本内容有坡口的制备、焊前预热温度、层间温度、焊接材料的选择、焊接规范、焊后热处理等。2.25Cr-1Mo 钢容器纵环缝的典型焊接工艺规程实例见表 5-66。

表 5-66　2.25Cr-1Mo 钢厚板埋弧自动焊工艺规程(实例)

焊接方法	埋弧自动焊(SAW)	母材	钢号 A387-22　规格 90mm
坡口形式		焊前准备	① 检查坡口尺寸和接缝错边是否符合图纸要求 ② 清理坡口两侧母材，直止露出金属光泽 ③ 焊丝清锈除油

焊接方法	埋弧自动焊（SAW）	母材	钢号 A387-22 规格 90mm	
焊接材料	焊条牌号 E6015-B3　　规格 φ4、φ5mm 焊丝牌号 EB3（AWS）　规格 φ4mm 焊剂牌号 SJ101			
预热制度	预热温度 150～200℃ 层间温度 ≥150℃ 后热温度 250℃/1h	焊后热处理制度	焊后消除应力处理 730℃±10℃/4h	
焊接规范参数	焊接电流 600～650A 焊接电压 35～36V 焊接速度 25～28m/h	直流反接 焊丝伸出长度 40～50mm		
操作技术	焊接位置平焊 焊道层数多层多道 焊丝摆动参数不摆动			
焊后检查	① 100％超声波探伤＋25％射线检查 ② 热处理前后各做 100％磁粉探伤			

5.3.4 奥氏体不锈钢的焊接

当合金钢中的主要元素铬的含量超过 12％时，会使钢具有不锈的特性，对某些腐蚀性介质具有耐腐蚀性。通常的不锈钢一般多为单相组织：铁素体不锈钢，如 0Cr13、1Cr17 等；马氏体不锈钢，如 1Cr13、2Cr13 等；奥氏体不锈钢如 0Cr18Ni9、0Cr18Ni9Ti、00Cr18Ni10 等（又常称为 18-8 型奥氏体不锈钢）。其中，奥氏体不锈钢应用较广泛，因为这类钢不但能抗很多介质（主要是氧化性介质）的腐蚀，而且高温、低温的力学性能均较好，－196℃仍具有相当的塑性和韧性、较好的焊接性。

在实际焊接生产中，这类钢易产生的问题是晶间腐蚀和热裂纹。为此，了解其产生原因，采取适当的措施是很有必要的。

（1）晶间腐蚀

在腐蚀介质的作用下，腐蚀由金属表面沿晶界深入金属内部的腐蚀就是晶间腐蚀。晶间腐蚀是一种局部性腐蚀，它将导致晶粒间的结合力丧失，材料或焊接接头强度急剧下降，甚至造成破坏。

a. 晶间腐蚀产生的原因　奥氏体不锈钢产生晶间腐蚀的原因有多种解释，其中关于在晶界附近形成"贫铬"现象（见图 5-48）的解释是比较有说服力的。

18-8 型奥氏体不锈钢中的碳在常温下是以过饱和状态存在于其中的，含碳量一般平均为 0.10％左右，上限可达 0.25％，下限也为 0.03％（超低碳奥氏体不锈钢），而碳的

溶解值只有 0.02％。在焊接热的作用下，

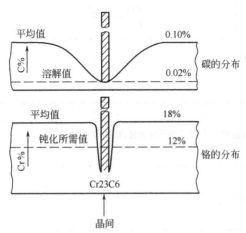

图 5-48　晶间腐蚀贫铬论的示意

过饱和的碳就会在晶界处析出，并与铬结合形成碳化铬，如 Cr23C6 等。碳化铬中铬的含量很高，远远超出 18-8 型钢中铬的含量（要求铬的含量在 12％ 以上），因此使得碳化铬析出的晶界处附近，形成了铬的含量下降，当铬的含量降到不锈钢所需最低含量（12％）以下时，则产生了贫铬现象。在晶界处产生的贫铬现象会加速腐蚀，进而发生了晶间腐蚀。

b. 影响晶间腐蚀产生的因素　由贫铬现象的分析可知，在晶界处化学成分的重新分布是影响晶间腐蚀的因素之一。温度和时间是晶间腐蚀产生的另外两个影响因素。

温度较高时，碳可以扩散到晶界附近，有碳化铬化合物析出，而铬的扩散速度不如碳快，不能补充晶界处的铬，因此产生了晶间腐蚀。而温度较低时，碳原子不能扩散，也就不

存在碳化物在晶界的析出，也就不会产生晶间腐蚀。但温度过高时（如超过 1000℃），碳化物不稳定，析出来也会重新溶入到奥氏体中去，不会造成晶间贫铬。可见，18-8 型奥氏体不锈钢只有在一定的温度范围内受热时，才能产生晶间贫铬现象，称这个最容易产生

晶间腐蚀的温度区间为敏化温度区。焊接接头的敏化温度区为 450～1000℃，其中最为敏感的温度范围为 600～650℃。晶界贫铬与温度、时间的关系，如图 5-49 所示。

在整个焊接过程中不同时间阶段、时间长短，会产生不同的结果。尽管在焊接过程中不能避开敏化温度区，但可以控制不同时间阶段和在此区停留的时间长短来控制晶间腐蚀的产生，即在敏化温度区停留时间越短越好，使得碳原子来不及扩散到晶界，不能形成碳化物，未发生贫铬现象。图 5-49 中曲线 I 的左上方未发生贫铬，曲线 II（虚线部分是假设的）的右边，当时间足够长时，碳化铬已停止

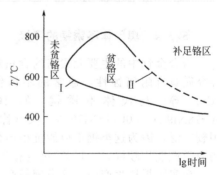

图 5-49　晶界贫铬与温度、
时间的关系

析出，只要铬原子仍在向晶界扩散补充，随时间增长晶界处铬的含量就会回升，从而消除曾产生的贫铬现象。由曲线 I、II 所包围的区域为贫铬区。

c. 预防晶间腐蚀的措施

控制焊缝的化学成分

ⅰ. 控制焊缝的含碳量使之低于 0.08％（低碳）或低于 0.03％（超低碳），减少形成碳化铬的条件，这是控制焊缝化学成分的有效措施。如选择母材为 0Cr18Ni9Ti、00Cr18Ni10 等，前者为低碳不锈钢，后者为超低碳不锈钢；选择焊接材料为焊条 E0-19-

10-××和 E00-19-10-××等，前者为低碳（不大于 0.08％）的不锈钢焊条，后者为超低碳（不大于 0.3％）的不锈钢焊条。

ⅱ. 添加稳定化元素在被焊母材和焊接材料中，加入钛（Ti）、铌（Nb）等元素，使碳与这些合金元素优先形成碳化物析出，起到稳定奥氏体内铬含量的作用，避免贫铬，这些加入元素称为稳定剂，它们相当丁代替了铬与碳结合，所以这种方法有称为加稳定剂法，又有称为替铬法。其中钛元素的效果最好。稳定剂可通过母材加入，如 0Cr18Ni9Ti，这类 18-8 型钢为稳定型；也可以通过焊接材料加入，如焊条 E0-19-10-Nb-××等。

ⅲ. 双相组织法。对于某些腐蚀介质来说，最经济的措施是使焊缝中形成少量 δ 铁素体组织，与奥氏体一起呈现双相组织，可以提高抗晶间腐蚀的能力。这是因为铬在铁素体中溶解度大、扩散能力强，在有铁素体的地方，形成碳化铬时铬原子主要来自铁素体，使奥氏体晶粒内的铬含量很少降低，不至于贫铬。所以在有铁素体的地方就会有堵塞腐蚀通道，并延伸总通道长度，使腐蚀不能沿奥氏体晶界由表面向内部发展。但铁素体的含量不能太高，一般控制在 5％～10％。铁素体组织含量过高，双相组织将会由于原电池原理使总抗腐蚀能力下降，力学性能也要降低。

从焊接工艺着手

ⅰ. 以快焊快冷为原则，尽量采用大的焊接速度，短弧焊，不横向摆动。多层焊时，层间要完全冷却后再焊接下一层，允许采用焊后快冷的方法，如用水激冷焊缝。慢焊慢冷虽然从理论上也可以防止晶间腐蚀，但需要时间太长，生产上难以实现。

ⅱ. 采用小电流、直流反接为宜。

ⅲ. 不要在焊接接头附近引弧，不要敲打工件。

ⅳ. 与腐蚀介质接触侧焊缝尽量安排在最后焊接，以免其受另一侧焊缝热源影响而增大晶间腐蚀倾向。

Ⅴ. 当存在有晶间腐蚀倾向时，可采用焊后热处理工艺。

稳定化退火 加热到 850℃保温 2h 后空冷，使碳化物充分析出，铬得到充分扩散以补充贫铬区的铬，减少晶间腐蚀的产生。这样处理后，即使再度加热到敏化温度区也不会出现晶间腐蚀。

固溶处理 加热到 1050～1150℃，使焊接时析出的碳化铬重新分解溶入奥氏体内，经淬火即进入未贫铬区。此工艺较复杂，仅适用于小件。经固溶处理的焊缝若再度加热到敏化温度区，仍有出现晶间腐蚀的可能。

(2) **热裂纹**

热裂纹产生的原因

① 低熔点共晶体的存在是产生热裂纹的主要原因。奥氏体不锈钢中的镍等元素及钢中的有害元素硫、磷，都是生成低熔点共晶的合金元素，如生成的 $Ni+Ni_3S_2$ 共晶的熔点为 645℃，$Ni+Ni_3P$ 共晶的熔点为 880℃。当产生低熔点共晶并形成高温下的液态膜层，具溶池金属已由液相转变为固相时，是产生热裂纹的危险时刻。若焊接接头承受一定的拉应力，则液态膜层很可能就是热裂纹产生的裂纹源，直到扩展成热裂纹。

② 18-8 型奥氏体不锈钢导热系数小，仅为低碳钢的 1/3；线胀系数大，为低碳钢的 1.5 倍。这在焊接过程中延长了焊缝金属在高温区停留的时间，增加了热裂纹产生的时

机，而且焊接变形大，易产生较大的焊接残余应力，不能承受较大的塑性拉伸应变。

预防焊接热裂纹的措施

① 严格限制焊缝中的硫、磷等有害元素的含量。

② 控制焊缝成分，使其形成由奥氏体与铁素体组成的双相组织，并控制铁素体的含量不宜过高了，可参考预防晶间腐蚀的双相组织法。这时的双相组织焊缝具有较高的抗裂性。

③ 选用碱性焊接材料，低线能量，快焊快冷，防止过热。

④ 尽量减少焊接残余应力。注意正确的焊接结构，选择减少焊缝金属充填量的坡口形式。

5.3.5 铝及铝合金的焊接

铝及铝合金具有较好的耐腐蚀性能，而且低温性能也较好，常用做压力较低的换热装备和储存装备。铝很活泼，在空气中就会与氧结合，在表面生成一层致密的 Al_2O_3 薄膜，可防止硝酸、乙酸的腐蚀，但在碱类和含有氯离子的盐类溶液中，Al_2O_3 薄膜很容易被破坏，引起纯铝的强烈腐蚀。在铝中加入铜、镁、锰等合金元素，可获得不同性能的合金。工业纯铝有 L1、L2、L3 等；防锈铝合金有 LF1、LF2、LF3 等其强度适中，塑性、耐腐蚀性好，是目前铝合金焊接结构中应用最广的。

（1）铝及铝合金的焊接特点

① 铝的氧化能力强，在焊接过程中，已形成的 Al_2O_3 薄膜，熔点高（达 2050℃）、密度大，会阻碍金属之间的互相结合，而且不熔化，很容易造成焊缝的未熔合、夹渣、气孔等缺陷。

② 铝及铝合金的导热系统（W/m·℃）、比热容（J/kg·℃）等都很大（比钢大一倍多），在焊接过程中大量的热能迅速传播，因此焊接铝及铝合金要比钢消耗更多的热能，应选择能量大、集中的大功率热源。

③ 铝及铝合金焊接接头中气孔是较容易产生的缺陷。氢是熔化焊时产生气孔的主要因素。铝及铝合金液体在高温下很容易吸收大量气体，焊接后冷却凝固过程中来不及析出，而聚集在焊缝中形成气孔。

④ 铝及铝合金的热裂纹倾向性大。其线膨胀系数约为钢的两倍，凝固收缩时的体积收缩率达 6.5％左右，焊接时由于过大的内应力而在脆性温度区间内产生热裂纹，这是铝合金尤其是高强铝合金焊接时最常见的严重缺陷之一。

（2）铝及铝合金的焊接

① 焊前必须认真清理铝及铝合金与焊接材料表面的氧化物及污物，并防止焊接过程中再氧化。对焊接全过程进行有效保护，这是最行之有效的预防措施，既可防止氧化，又能减少气孔等缺陷的产生。

② 钨极氩弧焊，熔化极氩弧焊，是焊接铝及铝合金的较好焊接方法，其热量集中，氩气保护效果较好，可获得满意的焊接接头。

③ 注意焊接材料要烘干，并要严格保管、发放，这是预防空气、水蒸气入侵，预防氢气孔的重要工艺内容。

④ 铝及铝合金在高温焊接时强度很低，液态金属及附近金属容易塌陷。为了保证焊透而又不致塌陷，焊接时常采用垫板托住熔化金属及附近金属，垫板可用石墨、钢材制成。

5.3.6　钛及钛合金的焊接

钛（Ti）有"第三金属"之称，原子序数 22、原子量 47.9，位于元素周期表第 4 周期第 ⅣB 族。熔点 1668℃、密度 4.51g/cm³（约为铁的一半）。在退火状态下工业钝钛的抗拉强度为 350～700MPa，延伸率为 20％～30％，冷弯角为 80°～130°。

钛合金的最大优点是比强度（抗拉强度/密度）大、有的钛合金甚至超过钢、而且有较好的韧性、焊接性、良好的耐腐蚀性。在氧化性、中性及有氯离子的介质中，其耐腐蚀性均优于不锈钢，甚至超过 1Cr18Ni9Ti 钢的十倍。在还原性介质如稀盐酸和稀硫酸中，钛的耐腐蚀性较差，但经过氮化处理后，耐腐蚀性大大提高。钛在高温和低温下都具有良好的性能，例如，铝在 150℃、不锈钢在 310℃时就会失去原有的性能，而钛在 550℃时，性能还保持不变。钛在超低温下（如－253℃）也能保持良好的性能。

钛的塑性好但强度较低，弹性模数较小，在许多情况下，用增加构件的截面积来保证结构的足够刚度，为提高强度和改善其他性能，往往需要加入合金元素。

（1）钛及钛合金的分类

按生产工艺可将钛合金分为变形钛合金、铸造钛合金和粉末钛合金，变形钛合金应用较广泛；按性能和用途可分为结构钛合金、耐热钛合金、耐蚀钛合金和低温钛合金等。

中国现行标准按钛合金退火状态的室温平衡组织分为 α 钛合金、β 钛合金和 α＋β 钛合金三类，分别用 TA、TB 和 TC 表示，如 TA2、TA7、TB2、TC4、TC10 分别为其代表。

（2）钛及钛合金的焊接特点

① 钛的化学性能非常活泼。钛在常温下能与氧生成致密的氧化膜而保持高的稳定性和耐腐蚀性，在 540℃以上生成的氧化膜则不致密。钛在 300℃以上即可快速吸氢，600℃以上快速吸氧。700℃以上快速吸氮，氢可以导致钛的塑性、韧性降低，随着含氢量的增加，焊缝金属的冲击韧性急剧下降，甚至脆裂。一般来说，焊缝中氧、氮含量增加也是不利的。另外，钛易与碳形成硬而脆的 TiC，易引起裂纹。

② 钛的熔点高（1668℃），焊接时需要较高温度的热源。钛的导热性差，焊接接头易产生晶粒长大倾向（特别是 β 钛合金）；钛容易过热，使接头塑性降低。

③ 钛的弹性模量是钢的一半，焊接后变形较大，而且校正较困难。

（3）钛及钛合金的焊接

① 不宜采用气焊、手工电弧焊，应采用惰性气体保护焊（如氩气保护电弧焊）、真空电子束焊等，而且在焊接前就进入保护状态，注意焊接接头周围的保护。

② 焊接前必须对钛及钛合金的表面进行严格清理，如表面除油、除锈等污物，机械打磨等，且在处理后及时焊接。

③ 在整个焊接工艺过程中，严格防止铁离子对焊缝的污染，否则会使焊接接头性能变坏。在利用钢、铁制的工具、夹具等辅助装备时，严禁与坡口处接触。

④ 钛及钛合金的切割下料宜采用机械加工方法，当采用氧气-乙炔火焰切割下料时，最好下料后进行表面处理。

⑤ 尽量选用低的焊接线能量。多道焊时注意冷却后再焊下一道焊缝以防过热。

5.3.7 异种金属的焊接

异种金属的焊接是指将两种（或两种以上）不同的金属材料通过焊接手段使它们形成焊接接头的过程。由于异种材料焊接的种类繁多，性能差别可能很大等，使得异种金属的焊接问题很复杂，这里结合实例介绍如下。

（1）熔合比、稀释率

异种金属焊接时，通常以熔敷的焊接材料的化学成分作为焊缝金属的基本成分，而将熔入的母材引起焊缝中合金元素所占比例的变化视为"稀释"。稀释的程度取决于焊缝金属的熔合比。熔合比即母材金属在焊缝金属中所占的百分比。熔合比高时，稀释的程度大，反之则稀释的程度小。图 5-50 说明了稀释率的计算方法，图中 B 和（B_1+B_2）分别为两种情况下的熔合比。如果母材 1（B_1）和母材 2（B_2）是异种金属，则两种母材的稀释率可分别按照图 5-50（b）计算。其他接头形式和不同焊缝形状的熔合比、稀释率的计算与上述计算同理。在许多情况下，熔合比的数值与稀释率的数值是相同的。

$$稀释率 = \frac{B}{B+W} \times 100\% \tag{5-15}$$

$$母材 1 引起的稀释率 = \frac{B_1}{B_1+B_2+W} \times 100\% \tag{5-16}$$

$$母材 2 引起的稀释率 = \frac{B_2}{B_1+B_2+W} \times 100\% \tag{5-17}$$

式中　W——焊缝金属中，熔敷焊接材料所占百分比，%；

　　　B——焊缝金属中，母材所占百分比，%；

　　　B_1——焊缝金属中，母材 1 所占百分比，%；

　　　B_2——焊缝金属中，母材 2 所占百分比，%。

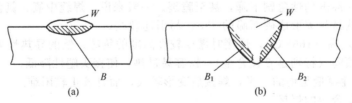

图 5-50　焊缝金属的稀释率

（2）异种金属的焊接特点

异种金属焊接时，焊缝金属与母材热影响区金属之间没有明显的界线，而是形成了一个化学成分即不同于焊缝金属又不同于母材的过渡层。当焊缝金属与母材金属化学成分差别很大时，过渡层不易充分混合，过渡层明显，其各部位的性能将对焊接接头的整体性能有重要影响。虽然过渡层的厚度极小，在焊缝金属总量中通常只占 1% 左右，但它对接头性能的影响却是不容忽视的。熔合比或稀释率高时，过渡层更明显。

（3）异种钢的焊接

奥氏体不锈钢与低碳钢、普低钢的焊接是装备制造中异种钢焊接的典型例子，很普遍。例如，0Cr18Ni9Ti 钢板与 Q235 钢板的对接（见图 5-51），复层为 0Cr18Ni9Ti，基层为 Q235 的复合钢板的焊接（见图 5-52）等。

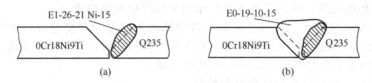

图 5-51　对接异种钢焊接过渡层

① 焊接前首先要分析考虑过渡层金属的化学成分、性能，应满足实际生产条件的要求，如图 5-51 所示对接异种钢焊接的焊缝，通常要保证其 0Cr18Ni9Ti 母材的耐腐蚀性要求，而要同时保证两种母材的性能要求是较困难的。

② 过渡层的焊接，为保证焊缝的耐腐蚀性要求，第一步选用高 Cr 高 Ni 的焊条焊接 Q235 一侧以减少 Q235 对过渡层的稀释，如图 5-51（a）所示选用 E1-26-21Ni-15 焊条焊接，形成过渡层后，再如图（b）所示选用 E0-19-10-15 焊条焊接整个焊缝，使焊缝中

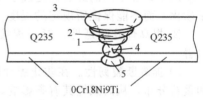

图 5-52　复合钢板焊接顺序

Cr、Ni 的含量保证在 13％和 8％左右，以与母材 0Cr18Ni9Ti 相近，从而达到焊缝的耐腐蚀性要求。可见，过渡层的焊接关键是过渡层焊接材料的选择问题。

③ 对复层为 0Cr18Ni9Ti，基层为 Q235 的复合钢板焊接，与对接相同的是过渡层（第 4 道焊缝）焊接。同时要注意图 5-52 中所示的焊接顺序：先焊基层 1、2、3，再焊第 4 层（过渡层），最后焊接第 5 层（复层）。

5.4　焊后热处理

焊后热处理是装备制造尤其是压力容器制造中非常重要的工序，它是保证装备的质量、提高装备的安全可靠性、延长装备寿命的重要工艺措施。焊后热处理是将焊接装备的整体或局部均匀加热至金属材料相变点以下的温度范围内，保持一定的时间，然后均匀冷却的过程。

5.4.1　目的和规范

（1）焊后热处理的目的

a. 松弛焊接残余应力　通过焊后热处理可以降低、松弛焊接残余应力。焊后热处理可使焊接残余应力在加热过程中随着材料屈服点的降低而降低，当达到焊后热处理温度后，就削弱到该温度的材料屈服点以下。在高温过程中，由于蠕变现象（高温松弛），焊接残余应力得以充分松弛、降低。对于高温强度低的钢材及焊接接头，焊接残余应力的松弛主要是加热温度、加热过程的作用，而对于高温强度高的钢材及焊接接头，保温时间、

保温过程的作用却相当重要。

焊接残余应力的降低，加热温度起很大作用，如果降低加热温度，即使延长保温时间效果也不大。由于冷却过程中产生热应力，因而使冷却后的残余应力值增大，该值取决于焊接结构的形状、尺寸以及进行焊后热处理过程中从保温温度冷却到常温时的条件。如果对于结构件的形状及最大厚度与最小厚度之比缺乏充分考虑，尤其是对于低温区的缓冷及降低出炉温度有所疏忽，那么将再次产生相当大的焊接残余应力。

b. 稳定结构形状和尺寸　为稳定结构件的形状和尺寸，需要充分松弛残余应力和防止应力的再产生。因此，在注意加热温度和保温时间的同时，还必须注意要采用足够低的冷却速度（以降低结构件内部的温差）和出炉温度。

c. 改善母材、焊接接头和结构件的性能

① 软化焊接热影响区。焊后热处理对于因焊接而被硬化及脆化的热影响区有着复杂的影响。一般情况下，焊后热处理的温度越高、保温时间越长，热影响区就越容易软化。但应注意，在不同的焊后热处理条件下，有时可能达不到应有的软化效果，有时又可能过于软化，而不能保证所规定的强度。

② 提高焊缝的延性。对于焊接后延性不良的焊缝金属，可以通过焊后热处理得到改善。

③ 提高断裂韧性。在防止脆性断裂方面，焊后热处理可以使焊接残余应力得到松弛和重新分布，从而减轻其有害影响，同时还有提高（或恢复）母材、热影响区、焊缝金属断裂韧性的效果。但是对于淬火、回火的调质高强钢等材料，采用焊后热处理有时会使其失去调质效果因而降低断裂韧性，某些钢材甚至出现相反效果，对此应予以注意。

④ 有利于焊接接头（焊缝区、热影响区）的氢等有害气体扩散、逸出。

⑤ 提高蠕变性能，在各种腐蚀介质中的耐腐蚀性能、抗疲劳性能等。

（2）焊后热处理规范

a. 加热温度　是焊后热处理规范中最主要的工艺参数，通常在金属材料的相变温度以下，低于调质钢的回火温度 30～40℃，同时要考虑避开钢材产生再热裂纹的敏感温度。但加热温度也不能太低，要考虑消除焊接残余应力、软化热影响区及扩散氢逸出的效应（详见表 5-67）

b. 保温时间　一般以工件厚度来选取（详见表 5-67）。焊件保温期间，加热区内最高与最低温差不宜大于 65℃。

c. 升温速度　要考虑焊件温度均匀上升，尤其是厚件和形状复杂构件应注意缓慢升温。升温速度慢使生产周期加长，有时也会影响焊接接头性能。焊件升温至 400℃后，加热区升温速度不得超过 $5000/\delta$ ℃/h（δ 为厚度，mm），且不得超过 200℃/h，最小可为 50℃/h。升温期间，加热区内任意长度为 5000mm 内的温差不得大于 120℃。

d. 冷却速度　过快会造成焊件过大的内应力，甚至产生裂纹，同时也会影响性能，应加以控制。当焊件温度高于 400℃时，加热区降温速度不得超过 $6500/\delta$ ℃/h，且不得超过 260℃/h，最小可为 50℃/h。

e. 进、出炉温度　过高则与加热、冷却速度过快产生相似的结果。焊件进炉时，炉内温度不得高于 400℃。焊件出炉时，炉温不得高于 400℃，出炉后应在静止的空气中冷却。

常用钢号焊后热处理推荐规范见表 5-67（详见 JB/T 4709—92《钢制压力容器焊接规范》）。

表 5-67　常用钢号焊后热处理推荐规范

钢　　号	需焊后热处理的厚度 δ/mm		焊后热处理温度/℃		回火最短保温时间/h
	焊前不预热	焊前预热 100℃以上	电弧焊	电渣焊	
Q235-A·F（A3F，AY3F），Q235-A（A3，AY3），10，20，20R，25	>34	>38	580～620 回火	900～930 正火 580～620 回火	① 当厚度 $\delta \leqslant 50$mm 时为 $\dfrac{\delta}{25}$ (h)，但最短时间不少于 $\dfrac{1}{4}$ h ② 当厚度 $\delta > 50$mm 时，为 $\dfrac{150+\delta}{100}$(h)
09Mn2VD 09Mn2VDR 06MnNbDR	—	—	580～620 回火	900～930 正火 580～620 回火	
16Mn，16MnR 16MnD，16MnDR	>30	>34	580～620 回火	900～930 正火 580～620 回火	
15MnV，15MnVR	>28	>32	540～580 回火	900～930 正火 540～580 回火	
20MnMo	—	—	580～620 回火	—	
15MnVNR	—	—	540～580 回火	900～930 正火 540～580 回火	
15MnMoV 18MnMoNbR 20MnMoNb	—	任意厚度	600～650 回火	950～980 正火 600～650 回火	
12CrMo	—	任意厚度	600～680 回火	890～950 正火 600～680 回火	① 当厚度 $\delta \leqslant 125$mm 时为 $\dfrac{\delta}{25}$ (h)，但最短时间不少于 $\dfrac{1}{4}$ h ② 当厚度 $\delta > 125$mm 时，为 $\dfrac{375+\delta}{100}$(h)
15CrMo 15CrMoR	—	任意厚度	600～680 回火	890～950 正火 600～680 回火	

5.4.2　方法

（1）炉内整体热处理

焊后热处理在条件允许的情况下应当优先采用炉内整体加热处理的方法。其优点是被处理的焊接构件、容器温度均匀，比较容易控制，因而残余应力的消除和焊接接头性能的改善都较为有效，并且热损失少。但需要有较大的加热炉，投资较大。

（2）炉内分段加热处理

当被处理的焊接构件、容器等装备体积较大，不能整体进炉时，或者装备上局部区域不宜加热处理，否则会引起有害影响时，可以在加热炉内分段或局部热处理。分段热处理时，其重复加热长度应不小于 1500mm。炉内部分的操作应符合上述焊后热处理规范，炉外部分应采取保温措施，使温度梯度不致影响材料的组织和性能。

例如，B、C、D 类焊接接头，球形封头与圆筒相连的 A 类焊接接头以及缺陷补焊部位，允许采用局部热处理方法。

炉内的加热燃料有工业煤气、天然气、液化石油气、柴油等。

（3）炉外加热处理

当被处理的装备过大，或由于其他各种原因不能进行炉内热处理时，只能在炉外进行热处理。炉外加热的方法有工频感应加热法、电阻加热法、红外线加热法、内部燃烧加热法。

炉外加热处理也有整体加热处理和分段或局部加热处理之分。

a. 炉外整体焊后热处理　是对不能进入加热炉的大型装备（如大型球形储罐等），在安装现场组焊后，将其整体加热、保温而进行的热处理。这种方法已有较多的应用。由于是大型装备且在现场进行热处理，所以采用这种方法时，对于满足具体的热处理工艺要求，如均匀加热、保温、温度测量、管理、热膨胀对策、安全措施等有一定的困难，因此一定要严格实施工艺要求和管理，并且注意以下几个问题。

① 由于把底座上面的装备整体加热，考虑到热胀冷缩产生的变形和热应力，必须防止其对本体结构、支撑结构、底座等产生不利影响。

② 由于是对大型装备进行加热，采用的热源，均匀加热所需的循环、搅拌装置以及炉外产生的热量等问题都应特别注意其安全保护措施。

③ 为提高热效率和保证温度均匀，对大型装备必须有良好的隔热保温措施。为防止像支柱一类的支撑结构的热传递引起的不利后果（如温度不均等），要注意对这些结构的保温处理。

④ 整体炉外焊后热处理与整体炉内焊后热处理相比较，要做到均匀加热比较困难，为确认整个装备的加热工艺情况是否达到工艺要求，应注意有足够数量且正确配置的温度检测设备，以保证热处理效果。

b. 炉外局部焊后热处理　主要是对装备的局部，如焊接区域、修补焊接区域或易产生较大应力、变形的部位进行局部加热，由于温度分布的不均匀，总的说来是很难取得整体焊后热处理的效果，但又因为其操作工艺相对简单方便，不需要大型加热设备，只要适当注意加热范围、加热温度及保温方法等工艺内容，故实际生产中仍有较多的应用。炉外局部焊后热处理应注意以下几个问题。

① 局部加热由于温度的分布不均匀、温度梯度较大而容易产生较大的热应力，为了尽量减少这种热应力造成的不利影响，加热的范围可以考虑尽量对称，如容器筒体或管子的整个焊接区圆周以环形带状加热器进行焊后热处理，在 ASME 等规程中已规定了这种方法。中国 HG 20584—1998《钢制化工容器制造技术要求》中规定：接管、附件等与壳体的连接焊缝或补焊焊缝的加热带宽度应至少包括焊缝边缘外侧 6 倍壳体壁厚宽度，形成

连续环形的加热带。

② 容器环焊缝的加热带宽度应至少包括焊缝边缘两侧各 3 倍壁厚的宽度，管子对接焊者为 2 倍。

③ 尽量减少加热区与非加热区域之间的温度梯度差，温度梯度过大时，则可能产生残余应力和变形。加热温度不宜过高，适当放慢加热速度和冷却速度。纵焊缝或复杂部件的焊缝宜在容器组焊前进行整体热处理。

④ 保温期间应控制加热带中央相当其一半宽度的范围内的温度达到规定的保温温度和允许的温度偏差。同时，在加热带边缘测得的温度应不低于保温温度的 1/2。为此，应在加热带外和/或焊缝内侧设置足够宽度的保温带，以防止有害的温度梯度。保温带的宽度一般应为加热带宽度的 1 倍以上。

⑤ 当采用热电偶测温时，安排好热电偶安装的位置、数量以及与被测表面接触良好，是保证焊后热处理效果的重要条件。

5.4.3 钢制压力容器应进行焊后热处理的条件

钢制压力容器是进行焊后热处理的典型装备。压力容器用钢板厚度大小、材质的不同，容器接触各种腐蚀性介质，钢板所具备的冷、热加工工艺性能、焊接性的不同等诸多因素，都会在不同程度上造成装备或焊接接头的内部产生残余应力、变形或其他性能变化，为此各国都对压力容器的焊后热处理做出了具体的规定，中国 GB 150—98《钢制压力容器》中也提出了相应的要求。

① 容器及其受压元件符合下列条件之一者，应进行焊后热处理。

ⅰ. 钢材厚度 δ_s 符合以下条件者应进行焊后热处理。碳素钢、07MnCrMoVR 厚度大于 32mm（如焊前预热 100℃以上时，厚度大于 38mm）；16MnR 及 16Mn 厚度大于 30mm（如焊前预热 100℃以上时，厚度大于 34mm）；15MnVR 及 15MnV 厚度大于 28mm（如焊前预热 100℃以上时，厚度大于 32mm）；任意厚度的 15MnVNR、18MnMoNbR、13MnNiMoNbR、15CrMoR、14Cr1MoR、12Cr2Mo1R、20MnMo、20MnMoNb、15CrMo、12Cr1MoV、12Cr2Mo1 和 1Cr5Mo。

对于钢材厚度 δ_s 不同的焊接接头，上述厚度按薄者考虑；对于异种钢材的焊接接头，按热处理要求严者确定。除图样另有规定，奥氏体不锈钢的焊接接头可不进行热处理。

ⅱ. 图样注明盛装毒性为极度或高度危害介质的容器。

ⅲ. 图样注明有应力腐蚀的容器，如盛装液化石油气、液氨等的容器。

② 冷成形或中温成形的受压元件，凡符合下列条件之一者应于成形后进行热处理。

ⅰ. 圆筒钢材厚度 δ_s 符合以下条件者成形后应进行热处理。碳素钢、16MnR 的厚度不小于圆筒内径 D_i 的 3％；其他低合金钢的厚度不小于圆筒内径 D_i 的 2.5％。

ⅱ. 冷成形封头应进行热处理。当制造单位确保成形后的材料性能符合设计、使用要求时，不受此限。

除图样另有规定，冷成形的奥氏体不锈钢封头可不进行热处理。

ⅲ. 需要焊后进行消氢处理的容器如免做消氢处理。则焊后应随即进行焊后热处理。

ⅳ. 改善材料力学性能的热处理，应根据图样要求所制定的热处理工艺进行。母材的热处理试板与容器（或受压元件）同炉热处理。

当材料供货与使用的热处理状态一致时，则整个制造过程中不得破坏供货时的热处理状态，否则应重新进行热处理。

复习题

5-1 举例说明 GB150《钢制压力容器》中，根据压力容器主要受压部分的焊接接头位置，对焊接接头的分类及其对压力容器制造的实际作用。

5-2 焊接接头的基本形式有几种，在设计制造时应尽量选用哪种形式，为什么？

5-3 为什么焊接接头的"余高"称为"加强高"是错误的？

5-4 以低碳钢为例说明焊接接头在组织、性能上较为薄弱的部位是哪个部位，为什么？

5-5 焊接坡口的形式有几种，选择坡口时主要考虑哪些问题？

5-6 手工电弧焊的弧焊设备有几种，压力容器壳体焊接时选用哪种，为什么？

5-7 焊条的组成及其作用。解释"E5015"和"J507"的含义。

5-8 焊丝的种类及实芯焊丝的特点与应用。

5-9 焊剂的种类，比较熔炼焊剂与烧结焊剂的各自特点。

5-10 埋弧自动焊焊接 16MnR 钢时，试选择焊丝与焊剂。

5-11 手工钨极氩弧焊时使用的电流有几种，其各自的特点是什么？

5-12 气体保护电弧焊时，使用的保护气体主要有几种，其各自的特点是什么？

5-13 熔化极氩弧焊时，熔滴过渡有几种类型，哪种应用较多，为什么？

5-14 脉冲电流熔化极气电焊的主要优点。

5-15 二氧化碳气体保护焊的特点。在选用焊丝时应注意的问题。

5-16 电渣焊及其焊接特点。

5-17 窄间隙焊及其焊接特点。

5-18 焊接材料选择原则。

5-19 45 钢焊接时应注意的问题。

5-20 熟悉-16Mn、18MnMoNb 钢的焊接工艺措施。

5-21 奥氏体不锈钢（18-8 型钢）焊接的主要问题及预防措施。

5-22 钛及钛合金的焊接特点及其焊接。

5-23 异种钢焊接的特点，0Cr18Ni9Ti 钢与 Q235 钢焊接时，应注意哪些问题？

5-24 压力容器焊后热处理的目的及条件。

5-25 解释下列概念：①焊接线能量；②焊缝形状系数；③焊接冷却时间 $\tau_{8/5}$；④可焊性；⑤TIG、MIG；⑥冷裂纹。

6 受压壳体制造的准备

6.1 钢材的预处理

钢材的预处理是指对钢板、管子和型钢等材料的净化处理、矫形和涂保护底漆。

净化处理主要是对钢板、管子和型钢在划线、切割、焊接加工之前和钢材经过切割、坡口加工、成形、焊接之后清除其表面的锈、氧化皮、油污和熔渣等。

矫形是对钢材在运输、吊装或存放过程中的不当所产生的变形进行矫正的过程。

涂保护漆主要是为提高钢材的耐腐蚀性、防止氧化、延长零部件及装备的寿命，在表面涂上一层保护涂料。

6.1.1 净化处理

在设备制造的全部工艺过程中都涉及到净化处理。

（1）作用

① 试验证明，除锈质量的好坏直接影响着钢材的腐蚀速度。不同的除锈方法对钢材的保护寿命也不同，如抛丸或喷丸除锈后涂漆的钢板比自然风化后经钢丝刷除锈涂漆的钢板耐腐蚀寿命要长五倍之多。钢板表面氧化皮存在的多少对腐蚀速度的影响参见表 6-1。

表 6-1 钢板表面氧化皮的多少对腐蚀速度的影响

样板型号	用喷砂法除氧化皮的面积（%）	阴极与阳极面积比	去除氧化皮部分钢材腐蚀速度/mm·年$^{-1}$
1	5	10：1	1.140
2	10	9：1	0.840
3	25	3：1	0.384
4	50	1：1	0.200
5	100	—	0.125

另外，铝、不锈钢制造的零件应先进行酸洗再进行纯化处理，以形成均匀的金属保护膜，提高其耐腐蚀性能。

② 对焊接接头处尤其是坡口处进行净化处理，清除锈、氧化物、油污等，可以保证焊接质量。例如，铝及合金、低合金高强钢，特别是目前广泛推广使用的钛及其合金的焊接，必须进行焊前的严格清洗，才能保证焊接质量，保证耐腐蚀性能。

③ 可以提高下道工序的配合质量。例如，下道工序需要进行喷镀、搪瓷、衬里的设备以及多层包扎式和热套式高压容器的制造，净化处理是很重要的一道工序。

（2）方法

对局部维修等净化处理可使用手工净化即手工用砂布、钢丝刷或手提砂轮打磨，显然这种方法劳动强度大、效率低。在现代专业化的生产中使用喷砂法、抛丸法和化学清洗法。

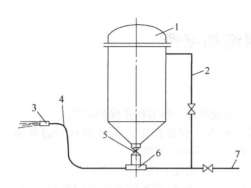

图 6-1　喷砂装置工作原理

1—砂斗；2—平衡管；3—喷砂嘴；4—橡胶轮管；5—放砂旋塞；6—混砂管；7—导管

a. 喷砂法　是目前国内常用的一种机械净化方法，主要用于型材（如钢板）和设备大表面的净化处理。可除锈、氧化皮等，使之形成均匀的有一定粗糙度的表面。效率较高但粉尘大，对人体有害，应在封闭的喷砂室内进行。

喷砂的工作原理如图 6-1 所示。

砂粒为均匀石英砂，压缩空气的压力一般为 0.5～0.7MPa，喷嘴受冲刷磨损较大，常用硬质合金或陶瓷等耐磨材料制成。

b. 抛丸法　由于喷砂法严重危害人体健康，污染环境，目前国外已普遍应用抛丸法处理。其主要特点是改善了劳动条件，易实现自动化，被处理材料表面质量控制方便。例如，对不锈钢表面的处理，使表面产生压应力，可提高抗应力腐蚀的能力，表面粗糙度的不同要求，可通过选择抛丸机的型号、数量和安装分布位置来实现。

抛丸机抛头的叶轮一般为 $\phi380\sim\phi500$mm；抛丸量 200～600kg/min；钢丸粒度 $\phi0.8\sim\phi1.2$mm。另外，还有一套钢丸回收除尘系统。

c. 化学净化法　金属表面的化学净化处理主要是对材料表面进行除锈、除污物和氧化、磷化及钝化处理，后者即在除锈、除污物的基础上根据不同材料，将清洁的金属表面经化学作用（氧化、磷化、钝化处理）形成保护膜，以提高防腐能力和增加金属与漆膜的附着力。

钢铁酸洗除锈　钢铁材料酸洗是常用的净化方法，它可以除去金属表面的氧化皮、锈蚀物，焊缝上残留的熔渣等污物。

影响酸洗除锈效果的主要因素有钢铁种类、锈蚀程度及酸的种类、浓度、温度和时间（参见表 6-2）。

钢铁材料表面除锈多用盐酸，其速度快、效率高，不产生氢脆，表面状态好，配制洗液时比硫酸安全、经济。

钢材常用酸洗方法及条件见表 6-3。

表 6-2　温度、浓度对盐酸、硫酸酸洗的影响

酸的种类	温度/℃			酸的浓度（%）
	18	40	60	
	酸洗时间/min			
盐酸	15	15	5	5
	9	6	2	10
硫酸	135	45	13	5
	120	32	18	10

有一种常温特效除锈液（见表6-4），它能快速除锈及氧化皮，并兼有除油作用。

表6-3 酸洗方法及条件

酸洗方法	酸浓度（%）		酸洗温度/℃	酸洗时间/min
一般酸洗	H_2SO_4	5～10	60～80	5～20
	HCl	5～20	20～50	5～20
加热酸洗	H_2SO_4	20～25	90	0.25～2
连续酸洗	HCl	15～20	40～70	0.1～1

表6-4 常温特效除锈液组成及工作条件

组成	工业硫酸（相对密度1.84）	工业盐酸（含量30%）	十二烷基磺酸钠	六次甲基四胺	三乙醇酸	食盐
含量/g·L^{-1}	150～200	200～300	10	3	2	200～300
工作条件	除锈温度15～25℃；除锈时间2～5min					

注：食盐能控制 H_2SO_4 对碳钢、铬钢、铬镍钢的腐蚀作用，兼作防灰剂。

钢铁材料还可用酸洗膏除锈，涂膏厚度1～2mm，用量2～3kg/m^2，全部除锈时间60min。除锈后用水冲洗。最后用乙醇和氨水的混合液擦干，以利防锈。酸洗膏配方参见表6-5。

表6-5 除锈酸洗膏配方

原料名称	牌号		
	1号/g（每300g用量）	2号/g（每300g用量）	3号（%）
工业盐酸（含量30%）	4.3	1.2	1
磷酸（相对密度1.7）	18.6	0.2	—
工业硫酸（相对密度1.84）	40.3	5.5	5.33
六次甲基四胺	0.8	0.1	0.1
白土（120#）或硅藻土、黄土	200	200	7.6
草酸	—	—	0.07
石棉绒	—	—	6.5
水	36	93	余量

不锈钢酸洗配方为：浓硝酸20%；氢氟酸10%；水70%。室温，时间15～30min。

金属表面除油 主要是利用油脂能溶于有机溶剂，能发生皂化反应等特性，将金属表面上的油污除掉。

ⅰ.有机溶剂除油是一种普遍采用的方法。所用溶剂要求溶解力强、不易着火、毒性小、便于操作、挥发慢。常用溶剂有汽油、石油溶剂、松节油、丙乙酮、酒精、甲苯、二甲苯、二氯乙烷、三氯乙烯、四氯乙烯等。

除油时一般采用浸渍法，此外还有蒸汽法和超声波法，其速度快、质量好。

ⅱ．碱液除油。借助碱的化学作用，清除金属表面的油脂和轻微锈蚀。主要适用于黑色金属如钢、铸铁和不溶于碱液的金属如镍、铜等。碱液配方及工作条件见表 6-6 和表 6-7。

表 6-6　碱液配方　　　　　　　　　　　　　　　　　g·L⁻¹

组合	钢、铸铁制件		钢及其合金	铝及其合金	钢及镍（电化学除油）
	少量污物	大量污物			
氢氧化钠	20～30	40～50	—	10～20	40～50
碳酸钠	—	80～100	—	—	20～40
磷酸钠	30～50	—	80～100	50～60	10～20
水玻璃	3～5	5～15	—	20～30	35

表 6-7　碱液工作条件

工作温度与时间	钢、铸铁制件		钢及其合金	铝及其合金	钢及镍（电化学除油）
	少量污物	大量污物			
温度/℃	80～90	80～90	80～90	60～70	
时间/min	10～40	15～18	10～40	3～5	阴极 4～5 阳极 0.5～1

注：电化学除油的电流密度为 $(3～5)×10^2 A/m^2$，电压为 3～12V。

ⅲ．乳化除油。利用能促使两种互不相溶的液体如油和水，形成稳定乳浊液的物质（乳化剂）来除去表面油脂及其他污物。此法在室温下比碱液效率高。

乳化除油液主要由有机溶剂、乳化剂、混合溶剂、表面活性剂组成，其配方见表 6-8。

表 6-8　乳化除油液配方

原料名称	煤油	松节油	月桂酸	三乙醇胺	丁基溶纤剂
原料配比（%）	67	22.5	5.4	3.6	1.5

金属表面的氧化、磷化和钝化　将清洁后的金属表面经化学作用，形成保护性薄膜，以提高防腐能力和增加金属与漆膜的附着力的方法，即氧化、磷化、钝化处理。

ⅰ．氧化处理。金属表面与氧或氧化剂作用，形成保护性的氧化膜，防止金属被进一步腐蚀。

黑色金属氧化处理主要有酸性氧化法和碱性氧化法，前者经济、应用较广，耐腐蚀性和机械强度均超过碱性氧化膜。酸性氧化液组分及工作条件见表 6-9。有色金属可以进行化学氧化和阳极氧化处理。

表 6-9　酸性氧化物的组分及工作条件

组分	含量/g·L⁻¹	氧化温度/℃	氧化时间/min	备　　注
硝酸钙	80～100		40～45（至停止放气为止）	正磷酸含量：碳钢 3～5g/L；合金钢、铸件 5～10g/L。
过氧化锰	10～15	100		溶液中正磷酸含量不能低于 2g/L，否则会产生微晶体
正磷酸	8～10			薄膜，高于 10g/L 时制品会受到侵蚀

ⅱ. 磷化处理。用锰、锌、镉的正磷酸盐溶液处理金属，使表面生成一层不溶性磷酸盐保护膜的过程称金属的磷化处理。此薄膜可提高金属的耐腐蚀性和绝缘性，并能作为油漆的良好底层。

ⅲ. 钝化处理。金属与铬酸盐作用，生成三价或六价铬化层，该铬化层具有一定的耐腐蚀性，多用于不锈钢、铝等金属。其配方及工作条件见表 6-10。

表 6-10　钝化处理配方及工作条件

项　　目	组　　分	质量分数(%)	溶液温度/℃	浸泡时间/min
不锈钢钝化	硝酸(相对密度 1.42)	35	室温	30~40
	水	65		
	重铬酸钾	0.5~1	室温	60
	硝酸	5		
	水	余量		
铝合金钝化	硝酸	35	室温	约 2~3 呈银白色为止
	铬酐	0.5~1.5		
	水	余量		

（3）设备净化处理

各种过程装备运行一段时间后都会产生污垢等，无论是大型设备如换热器、锅炉还是管道等都有这种现象，为了恢复、提高设备的工作效率，防止损失或因污垢引起的局部腐蚀，必须对设备进行净化处理。目前对设备净化处理方法有两大类：机械清洗和化学清洗。两种方法的对比情况见表 6-11。不同的清洗对象（设备）、不同的清洗目的（除锈、除油、除垢等）要选择不同的清洗剂。前面介绍的原材料的净化处理方法、清洗剂等工艺内容可作为设备净化处理的参考。

表 6-11　机械清洗和化学清洗的对比

清洗方法	机　械　清　洗	化　学　清　洗
优点	① 清洗排洗不含药剂，处理简单 ② 用水量少 ③ 适用于大型装备 ④ 不腐蚀金属材料，除垢、除锈效果好	① 可均匀地清洗结构复杂的设备表面 ② 设备不需要解体，从而缩短工期 ③ 可发现金属表面龟裂、腐蚀等 ④ 局部性损耗少，可进行清洗后的钝化处理
缺点	① 清洗结构复杂的设备困难 ② 不能造成局部损伤 ③ 清洗装置规模大 ④ 必须解体才能清洗	① 废液处理困难 ② 清洗液如果选择错误会损伤或腐蚀设备基体 ③ 水洗时用水量大 ④ 不适合清洗封闭管线

6.1.2　矫形

矫形除要矫正由于钢材在运输、吊装或存放过程中的不当所产生的较大变形外，有些制造精度要求较高的设备（如热套式、层板色扎式高压容器要求钢板的变形很小），对保存较好的供货钢材也需要矫形，因为供货时的平面度要求有时不能满足实际制造的要求。

钢板、型钢供货的平面度、弯曲度技术要求见表 6-12，设备制造前一般钢材的变形量允许偏差可参见表 6-13，就钢板而言，供货的技术要求钢板的平面度每米不得大于 10mm，不能满足一般钢板的变形量允许偏差每米小于 1mm 或 1.5mm 的要求。因此钢板在设备制造前应予以矫形，以保证壳体的制造精度要求。

表 6-12　钢板、型钢供货的平面度、弯曲度技术要求

钢材名称	平面度或弯曲度		
钢板	钢板的平面度每米不得大于 10mm(GB 713—86) 钢板的平面度：厚度不大于 10mm 的钢板，每米不大于 10mm，[YB(T)41—87] 　　　　　　厚度大于 10mm 的钢板，每米不大于 8mm		
扁钢	扁钢的弯曲度应符合下面规定(GB704—88)		
	精度级别	弯曲度(不大于)	
		每米弯曲度/mm	总弯曲度
	普通级	4	交货长度的 0.4%
	较高级	2.5	交货长度的 0.25%
等边角钢	等边角钢每米弯曲度不大于4mm[GB 9787—88]		
槽钢	槽钢每米弯曲度不大于3mm,总弯曲度不大于总长度的 0.3%[GB 707—88]		
工字钢	工字钢每米弯曲度不大于2mm,总弯曲度不大于总长度的 0.2%[GB 706—88]		

表 6-13　一般钢材的变形量允许偏差

偏差名称	图　示	允许值/mm
钢板的局部弯曲度		$\delta \geqslant 14$ 时:$f \leqslant 1$ $\delta < 14$ 时:$f \leqslant 1.5$
型钢及管子的直线度		$f \leqslant \dfrac{L}{1000}$ 且 $f \leqslant 5$
角钢两肢的垂直度		$f \leqslant \dfrac{b}{100}$ 且 $f \leqslant 1.5$
工字钢、槽钢翼缘的倾斜度		$f_1 \leqslant \dfrac{b}{100}$; $\begin{array}{l}L>10\text{m};f_2\leqslant 5\\ L<10\text{m};f_2\leqslant 3\end{array}$

另外，为了减小型材在矫正、矫直后材质本身塑性性能的损失，型材在矫正、矫直之前的变形量不能太大，即对可矫正的变形量有所规定。低碳钢在矫正时的伸长率不能超过1‰，若超出规定则应考虑热矫正。低碳钢型材冷矫前的最小曲率半径 ρ_{min}，最大挠度 f_{max} 允许值（包括冷弯曲前允许型材的最小曲率半径 ρ_{min} 和最大挠度 f_{max}）参见表 6-14。

表 6-14 型材冷矫前（包括冷弯前）最小曲率半径及最大挠度的允许值（低碳钢）

型钢名称	简图	中性轴	矫正		弯曲		型钢名称	简图	中性轴	矫正		弯曲	
			ρ_{min}	f_{max}	ρ_{min}	f_{max}				ρ_{min}	f_{max}	ρ_{min}	f_{max}
钢板扁钢		I-I	50δ	$\dfrac{L^2}{400\delta}$	25δ	$\dfrac{L^2}{200\delta}$	槽钢		I-I	$50h$	$\dfrac{L^2}{400h}$	$25h$	$\dfrac{L^2}{200h}$
		II-II	$100b$	$\dfrac{L^2}{800b}$	$50b$	$\dfrac{L^2}{400b}$			II-II	$90b$	$\dfrac{L^2}{720b}$	$45b$	$\dfrac{L^2}{360b}$
角钢		I-I	$90b$	$\dfrac{L^2}{720b}$	$45b$	$\dfrac{L^2}{360b}$	工字钢		I-I	$50h$	$\dfrac{L^2}{400h}$	$25h$	$\dfrac{L^2}{200h}$
		II-II							II-II	$50b$	$\dfrac{L^2}{400b}$	$25b$	$\dfrac{L^2}{200b}$

注：1. 表中 L 为弯曲弦长。

2. 钢板弯曲 ρ_{min}、f_{max} 结合钢板成形部分 R_{min} 处理。

矫正方法有机械矫正和火焰矫正。机械矫正主要用冷矫，当变形较大、设备能力不足时，可用热矫，其矫正方法及适用范围见表 6-15；常用矫正设备及矫正精度见表 6-16；辊式矫板机冷矫基本参数见表 6-17。火焰矫正原理及其适用范围见表 6-18。

表 6-15 机械矫正方法及适用范围

矫正方法	矫正设备及其示意图	适 用 范 围
手工矫正	手锤、大锤、型锤（与被矫正型材外形相同的锤）或一些专用工具	操作简单、劳动强度大、质量不高，适用于设备无法矫正的场合
拉伸机矫正	$F \longleftarrow \quad \longrightarrow F$ (a) 拉伸机	适用于薄板瓢曲矫正、型材扭转矫正及管材的矫直
压力机矫正	F S (b) 压力机	适用于板材、管材、型材的局部矫正。对型钢的校正精度一般为 1.0mm/m

矫正方法	矫正设备及其示意图	适用范围
辊式矫板机矫正	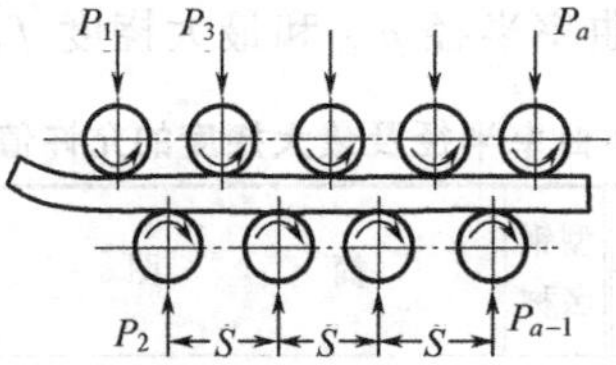 (c) 辊式矫板机	适用于钢板的矫正,不同厚度的钢板选择辊子数目、直径不同的矫板机(见矫板机基本参数表 6-17)。矫正精度为 1.0~2.0mm/m
斜辊矫管机矫正	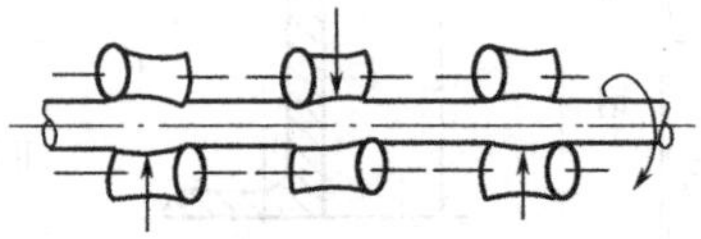 (d) 2-2-2 型斜辊矫管机 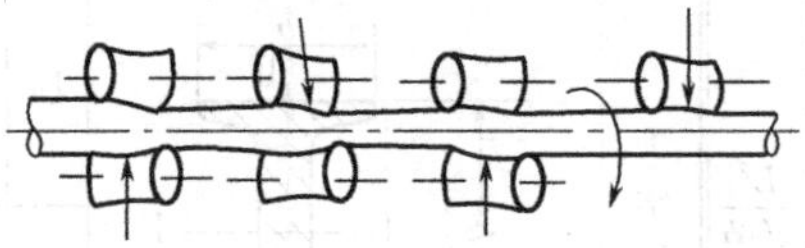 (e) 2-2-2-1 型斜辊矫管机	适用于管材、棒材的矫正,有不同的结构形式,如左图所示。图(d)所示主动辊对称分布,被矫件受对称圆周力,工件稳定。有一个矫正循环。图(e)所示主动辊仍是对称分布,而且有两个矫正循环,矫正质量较高
型钢矫正机矫正	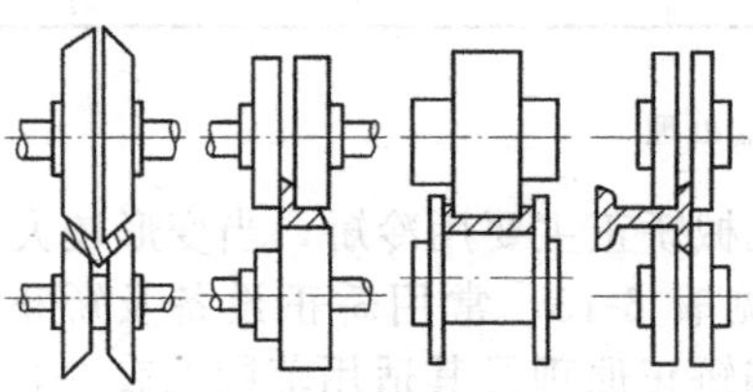 (f) 辊式型钢矫正机	适用于型钢的矫正。矫正辊的形状与被矫型钢截面形状相同,一般上、下列辊子对正排列,以防止矫正过程中产生扭曲变形

表 6-16　常用矫正设备的矫正精度

矫正设备		矫正范围	矫正精度/mm·m^{-1}
辊式矫正机	多辊板材矫正机	板材矫平	1.0~2.0
	多辊角钢矫正机	角钢矫直	1.0
	矫直切断机	卷材(棒料、扁钢)矫直切断	0.5~0.7
	斜辊矫正机	圆截面管材及棒材矫正	毛料 0.5~0.9 精料 0.1~0.2

矫正设备		矫正范围	矫正精度/mm·m^{-1}
压力机	卧式压力弯曲机	工字钢、槽钢的矫直	1.0
	立式压力弯曲机	工字钢、槽钢的矫直	1.0
	手动压力弯曲机	坯料的矫直	精料模矫时 0.05～0.15
	摩擦压力机	坯料的矫直	
	液压机	大型轧材的矫正	

表 6-17　辊式矫板机的冷矫基本参数

辊数 n	辊距 s /mm	辊径 d /mm	钢板 ($\sigma_s \leqslant 392MPa$) 最小厚度 δ_{min} /mm	辊身有效长度 l/mm								最大矫正速度 W_{max} /m·s^{-1}	主电机最大功率 N_{max} /kW	最大负荷特性 W_x/J
				1200	1450	1700	2000	2300	2800	3500	4200			
				钢板宽度 b/mm										
				1000	1250	1500	1800	2000	2500	3200	4000			
				钢板最大厚度 δ_{max}/mm										
17	80	75	1	5.5	5	4.5	4					1	130	12553
13	100	95	1.5	8	7	7	6	6				1	155	18244
13	125	120	2		10	9	8	8				0.5	130	50210
11	160	150	3		15	14	13	12				0.5	130	112973
11	200	180	4			19	18	17	16			0.3	245	251051
9	250	220	5					25	22	20		0.3	180	502101
9	300	260	6					32	28	25		0.3	210	784532
7	500	420	16						50	45	40	0.1	110	210503

表 6-18　火焰矫正原理及其适用范围

示　意　图	矫　正　原　理	适　用　范　围
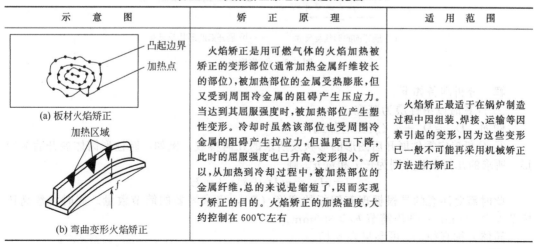　(a) 板材火焰矫正　(b) 弯曲变形火焰矫正	火焰矫正是用可燃气体的火焰加热被矫正的变形部位（通常加热金属纤维较长的部位），被加热部位的金属受热膨胀，但又受到周围冷金属的阻碍产生压应力。当达到其屈服强度时，被加热部位产生塑性变形。冷却时虽然该部位也受周围冷金属的阻碍产生拉应力，但温度已下降，此时的屈服强度也已升高，变形很小。所以，从加热到冷却过程中，被加热部位的金属纤维，总的来说是缩短了，因而实现了矫正的目的。火焰矫正的加热温度，大约控制在600℃左右	火焰矫正最适于在锅炉制造过程中因组装、焊接、运输等因素引起的变形，因为这些变形已一般不可能再采用机械矫正方法进行矫正

6.2 划线

划线是在原材料或经初加工的坯料上划出下料线、加工线、各种位置线和检查线等，并打上（或写上）必要的标志、符号。划线工序通常包括对零件的展开计算、放样和打标记。

划线前应先确定坯料尺寸。坯料尺寸由零件展开尺寸和各种加工余量组成。确定零件展开尺寸的方法如下。

作图法　用几何制图法将零件展开成平面图形。

计算法　按展开原理或压（拉）延变形前后面积不变原则推导出计算公式。

试验法　通过试验公式决定形状较复杂零件的坯料，简单、方便。

综合法　对计算过于复杂的零件，可对不同部位分别采用作图法、计算法，有时尚需用试验法配合验证。

容器制造过程中欲展开的零件可分为两类：可展零件和不可展零件，如圆形筒体和椭圆形封头等。

6.2.1 零件的展开计算

（1）可展零件的展开计算

例 6-1　某容器筒体的展开计算，如图 6-2 所示。已知 H、D_g（公称直径）、D_m（中性层直径）、δ（壁厚）。

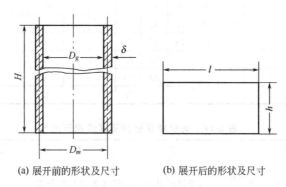

(a) 展开前的形状及尺寸　　　　(b) 展开后的形状及尺寸

图 6-2　筒节展开

解　分析准备如下。

① 计算时以中性层为基准。

例如，$D_m = D_g + \delta$（后面均如此）。

② 分析确定零件展开后图形的形状及所求的几何参数。例如，圆柱形筒体展开后为矩形，所求的几何参数分别为长 l 和宽 h。则

$$l = \pi D_m = \pi(D_g + \delta); \quad h = H$$

此时需要注意的是根据现有钢板的宽度（B），来求需要的筒节数量。同时注意高压筒节 $h_1 > 600\mathrm{mm}$；低压筒节 $h_2 > 300\mathrm{mm}$。

筒体公称直径 D_g 可参见表 6-19。

表 6-19   筒体公称直径 D_g（JB 1152—82）   mm

300	(350)	400	(450)	500	(550)	600	(650)	700	800	900	1000	(110)	1200	(1300)	1400	(1500)	
1600	(1700)	1800	(1900)	(2000)	(2100)	2200	2300	2400	2600	2800	3000	3200	(3400)	3600	3800	4000	

注：1. 筒体公称直径 D_g 即为内径。

　　2. 带括号的公称直径尽量不用。

例 6-2   说明展开计算的分析准备工作是十分必要的，无论是可展零件还是不可展零件的展开计算，在计算前都应该进行分析准备。

例 6-3   60°无折边锥形封头的展开计算如图 6-3 所示，已知 D_m、d_m，$\dfrac{\beta}{2}=30°$。

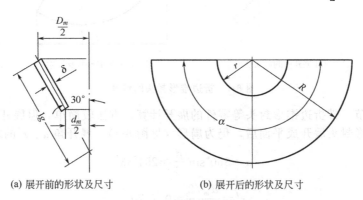

　　　(a) 展开前的形状及尺寸　　　　　　　　(b) 展开后的形状及尺寸

图 6-3   无折边锥形封头的展开

解   分析准备如下。

展开后图形为扇形，需要求的几何参数为展开后的圆心角 α，锥形封头小端半径 r' 和大端半径 R。

$$\alpha=360°\frac{r}{l}=360°\sin\frac{\beta}{2}$$

$$\sin\frac{60°}{2}\times360°=180°$$

$$R=l=\frac{D_m/2}{\sin30°}=D_m$$

$$r'=d_m$$

同上可求得 90°无折边锥形封头的展开尺寸。

（2）不可展零件的展开计算

例 6-4   带折边锥形封头的展开计算如图 6-4 所示。已知折边锥形封头大端中性层直径 D_m，小端中性层直径 d_m，折边中性层半径 r_m，直边高度 h，锥顶角 $\beta=90°$。

解   分析准备如下。

从理论上讲带折边锥形封头属于不可展的零件，但生产中需要展开，则可假设板材的中性层处弧长在成形前后相等（等弧长法），以进行展开计算。此法适用于曲面面积较小

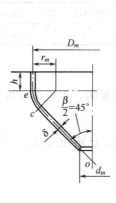

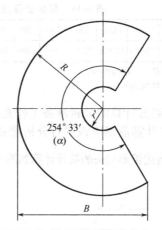

(a) 展开前的形状及尺寸　　　　(b) 展开后的形状及尺寸

图 6-4　折边锥形封头的展开

零件，如膨胀节、带折边锥形封头等零件的展开计算，方法较简单，但展开尺寸偏大。

带折边锥形封头展开成平面后，仍为扇形（见图 6-4）。展开角 α、r' 的求解同例 6-2。

$$\alpha = 360°\sin\frac{\beta}{2} \approx 254°33'$$

$$r' = \frac{d_m/2}{\sin45°} = 0.707d_m$$

利用等弧长法求展开后大端展开半径 R，展开后中性层处半径等于展开前中性层处弧长。

$$
\begin{aligned}
R &= \overline{oc} + \overset{\frown}{ce} + h \\
&= 0.707D_m - 0.414r_m + 0.785r_m + h \\
&= 0.707D_m + 0.371r_m + h
\end{aligned}
$$

例 6-5　椭圆形封头的展开计算如图 6-5 所示。已知公称直径 D_g、壁厚 δ、封头曲面深度 h_g、封头直边高度 h。

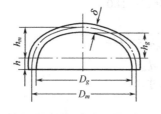

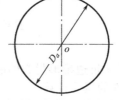

(a) 展开前的形状及尺寸　　　　(b) 展开后的形状及尺寸

图 6-5　椭圆形封头展开计算

解　分析准备如下。

椭圆形封头、球形封头、碟形封头都属于不可展的零件，但生产中冲压加工或旋压加工时毛坯料（展开后的图形）都为圆形，所以只需要求出展开后的半径或直径即可。

封头中性层处直径 D_m 等于公称直径（内径）与壁厚之和，即 $D_m = D_g + \delta$。封头中性层处长、短半径分别为 a 和 b，且 $a = D_m/2$；$b = h_m = h_g + \delta/2$（中性层处曲面深度）。

① 等面积法 椭圆形封头毛坯的较准确计算方法应为等体积法，即板材在成形前后的体积是不变的，但实际上壁厚的变化，很小而可以忽略，故可以认为中性层处的表面积在展开前后是相等的，即等面积法。

椭圆形封头展开前的表面积由直边部分表面积和半椭球表面积组成，即

$$\pi D_m h + \pi a^2 + \frac{\pi b^2}{2e} \ln \frac{1+e}{1-e} \quad (e \text{ 为椭圆率，} e = \frac{\sqrt{a^2 - b^2}}{a})$$

椭圆形封头展开后的表面积为 $\frac{1}{4} \pi D_a^2$

则

$$\frac{1}{4} \pi D_a^2 = \pi D_m h + \pi a^2 + \frac{\pi b^2}{2e} \ln \frac{1+e}{1-e}$$

可得

$$D_a^2 = 8ah + 4a^2 + \frac{2b^2}{e} \ln \frac{1+e}{1-e} \tag{6-1}$$

对标准椭圆形封头 $a : b = 2$，代入式（6-1）整理得

$$D_a = \sqrt{1.38 D_m^2 + 4 D_m h} \tag{6-2}$$

式（6-2）即为标准椭圆形封头的展开近似计算公式。

② 等弧长法

$$D_a = \frac{\pi}{2} \sqrt{2 \left[\left(\frac{D_g}{2} \right)^2 + b^2 \right] + \frac{1}{4} \left(\frac{D_g}{2} - b \right)^2} + 1.5h \tag{6-3}$$

标准椭圆形封头 $D_a = 1.213 D_g + 1.5h$

③ 经验法

$$D_o = K D_m + 2h \tag{6-4}$$

式中，D_o 为包括了加工余量的展开直径；K 为经验系数，可查表 6-20。

标准椭圆形封头 $D_o = 1.19 D_m + 2h$ \tag{6-5}

表 6-20 经验系数 K 值

a/b	1.0	1.1	1.2	1.3	1.4	1.5	1.6	1.7	1.8	1.9	2.0	2.1	2.2	2.3	2.4	2.5	2.6	2.7	2.8	2.9	3.0
K	1.42	1.38	1.34	1.31	1.29	1.27	1.25	1.23	1.22	1.21	1.19	1.18	1.17	1.16	1.16	1.15	1.14	1.13	1.13	1.12	1.12

6.2.2 号料（放样）

工程上把零件展开图画在板料上的过程称为号料（放样）。号料过程中主要注意两个方面的问题：全面考虑各道工序的加工余量；考虑划线的技术要求。

（1）加工余量

上述展开尺寸只是理论计算尺寸，号料时还要考虑零件在全部加工工艺过程中各道工序的加工余量，如成形变形量、机加工余量、切割余量、焊接工艺余量等。由于实际加工制造方法、设备、工艺过程等内容不尽相同，因此加工余量的最后确定是比较复杂的，要

根据具体条件来确定。这里重点介绍几个方面的内容作为参考。

a. 筒节卷制伸长量　与被卷材质、板厚、卷制直径大小、卷制次数、加热等条件有关。钢板冷卷伸长量较小，通常忽略，约 7～8mm。

钢板热卷伸长量较大，不容忽略，用经验公式可估算伸长量 Δl。

$$\Delta l = (1-K)\pi D_m \qquad (6\text{-}6)$$

式中　K——修正系数，$K = 0.9931 \sim 0.9960$。

热卷筒节展开后长度 l 的计算公式为

$l = K\pi D_m$，对 π 修正的 $K\pi$ 值可参见表 6-21。

表 6-21　$K\pi$ 值

材　　质	冷　　卷		热　　卷
	三辊	四辊	
低碳钢、奥氏体不锈钢	3.14	3.137～3.14	3.12～3.129
低合金钢、合金钢	3.14		

注：热卷温度高、卷制次数多、直径小时，宜取小值。

b. 边缘加工余量　包括焊接坡口余量，主要考虑内容为机加工（切削加工）余量和热切割加工余量。边缘机加工余量见表 6-22，边缘加工余量与加工长度关系见表 6-23；钢板切割加工余量见表 6-24。

表 6-22　边缘机加工余量　　　　mm

不 加 工	机 加 工		要去除热影响区
0	厚度≤25	厚度＞25	＞25
	3	5	

表 6-23　边缘加工余量与加工长度关系　　　　mm

加工长度	＜500	510～1000	1000～2000	2000～4000
每边加工余量	3	4	6	10

表 6-24　钢板切割加工余量　　　　mm

钢板厚度	火 焰 切 割		等 离 子 切 割	
	手工	自动及半自动	手工	自动及半自动
＜10	3	2	9	6
10～30	4	3	11	8
32～50	5	4	14	10
52～65	6	4	16	12
70～130	8	5	20	14
135～200	10	6	24	16

　　焊接坡口余量主要是考虑坡口间隙。坡口间隙的大小主要由坡口形式、焊接工艺、焊接方法等因素来确定。由于影响因素较多，坡口形式也较多，所以实际焊接坡口余量（间隙）要由具体情况来确定，可参见 GB 985、GB 986。坡口间隙确定举例见表 6-25。

表 6-25　坡口间隙确定举例　　　　　　　　　　　　　　mm

坡口形式及坡口间隙	焊接方法和焊接工艺								备　　注
	埋弧自动焊				手工电弧焊				
		单双面焊	单面焊	双面焊	带垫板		单双面焊	双面焊	带垫板	
I 字形坡口	δ	3～20	>9~12	>11~24	>9~12	δ	<3	>3.5~6	2～4	b——对接I形坡口间隙；δ——板厚。窄间隙焊：b 为 8～12 电渣焊：b 为 30 左右
	b	0^{+1}	2^{+2}_{-1}	3±1	4±1	b	0	$1^{+1.5}_{-1.0}$	$2^{+1.6}_{-2.0}$	
单面 Y 形坡口	不带垫板		带垫板		不带垫板		带垫板		b——V形坡口间隙；δ——板厚；p——钝边高度；α——坡口角度。其他条件下的坡口间隙，根据实际情况确定
	δ	>9~26		>9~26		δ	>16~24		>20~30	
	b	2^{+1}_{-2}		5±1		b	3±1		4±1	

　　③ 焊缝变形量　对于尺寸要求严格的焊接结构件，划线时要考虑焊缝变形量（焊缝收缩量）。焊缝收缩量参见表 6-26 和表 6-27。

表 6-26　焊缝横向收缩量近似值（电弧焊）

接 头 形 式	板　厚/mm						
	3～4	4～8	8～12	12～16	16～20	20～24	24～30
	焊　缝　收　缩　量/mm						
V 形坡口对接接头	0.7～1.3	1.3～1.4	1.4～1.8	1.8～2.1	2.1～2.6	2.6～3.1	—
X 形坡口对接接头	—	—	—	1.6～1.9	1.9～2.4	2.4～2.8	2.8～3.2
单面坡口十字接头	1.5～1.6	1.6～1.8	1.8～2.1	2.1～2.5	2.5～3.0	3.0～3.5	3.5～4.0
单面坡口角焊缝	0.8			0.7	0.6	0.4	
无坡口单面角焊缝	0.9			0.8	0.7	0.4	
双面断续角焊缝	0.4	0.3		0.2	—	—	—

表 6-27　焊缝纵向收缩量近似值

焊　缝　形　式	焊缝收缩量/mm·m^{-1}
对接焊缝	0.15～0.30
连续角焊缝	0.20～0.40
断续角焊缝	0～0.10

焊缝的收缩量、弯曲变形等受多种因素影响，在划线时若准确地考虑由于焊接变形所产生的各种焊接余量是十分困难的，因此表 6-26、表 6-27 均为近似值。

对一些简单结构在自由状态下进行电弧焊接时，也可以对焊缝收缩量等变形进行大致估算。

单层焊对接接头焊缝纵向收缩量为

$$\Delta l = \frac{K_1 A_H L}{A} \tag{6-7}$$

式中　Δl——焊缝纵间收缩量，mm；

K_1——与焊接方法有关的系数，手工电弧焊 $K_1 = 0.052 \sim 0.057$，埋弧自动焊 $K_1 = 0.071 \sim 0.076$；

A_H——焊缝熔敷（熔化）金属截面积，mm²；

L——构件长度，如纵向焊缝长度比构件短，则取焊缝长度，mm；

A——构件截面积，mm²。

焊缝收缩量和焊缝其他，变形受多种因素影响，准确地考虑是比较困难的，应结合实际确定。

（2）划线技术要求

a. 加工余量与尺寸线之间的关系　在实际生产中经常划出零件展开图形的实际用料线和切割下料线。筒体（节）划线如下。

实际用料线尺寸＝展开尺寸－卷制伸长量＋焊缝收缩量
　　　　　　　　－焊缝坡口间隙＋边缘加工余量

切割下料线尺寸＝实际用料线尺寸＋切割余量＋划线公差

b. 划线公差　目前划线尚无统一标准，各制造单位根据具体情况制定内部要求，来保证产品符合国家制造标准。

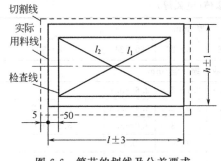

图 6-6　筒节的划线及公差要求

图 6-6 所示为某厂对一般筒节划线的公差要求。长度 l 和宽度 h 如图 6-6 所示；对角线（$l_1 - l_2$）不大于 1mm；两平行线的不平行度不大于 1mm。若再考虑相对长度、宽度的关系则更为完善。一般情况下划线公差也可以考虑为制造公差的一半。

c. 合理排料

① 充分利用原材料、边角余料，使材料利用率达到 90％以上。

② 零件排料要考虑到切割方便、可行。例如，剪板机下料必须是贯通的直线等。

③ 筒节下料时注意保证筒节的卷制方向应与钢板的轧制方向（轧制纤维方向）一致。

④ 认真设计焊缝位置。在划线下料的同时，基本上也就确定了焊缝的位置（钢板的边缘往往就是焊缝的位置），因此必须给予认真配置。这一问题也正是焊接结构的焊缝设计问题，在此结合国家标准予以基本介绍。

ⅰ. 焊缝不仅是承压和耐腐蚀的薄弱区域，而且焊缝过多、过长还会增加制造成本和检验工时等。因此，应尽量从整体和局部全面考虑减少焊缝数量、缩短焊缝长度，并将焊缝设计在较合理的位置上。

ⅱ. 由于钢板尺寸的限制，展开零件必须拼焊时，拼接焊缝应满足以下要求。

封头、管板的拼接焊缝数量，公称直径 D_g 不大于 2200mm 时，拼接焊缝不多于 1 条；D_g 大于 2200mm 时拼接焊缝不多于 2 条。

封头各种不相交的拼焊焊缝中心线间距至少应为封头钢材厚度（δ_s）的 3 倍，且不小于 100mm。封头由成形的瓣片和顶圆板拼制成时，焊缝方向只允许是径向和环向的。

锅炉炉胆、锅壳的每节筒节，其纵向焊缝数量，公称直径 D_g 不大于 1800mm 时，拼接焊缝不多于 2 条；D_g 大于 1800mm 时拼接焊缝不多于 3 条。

筒体、锅壳等元件的拼接焊缝，每节筒体纵向焊缝中心线间的弧长不应小于 300mm，如图 6-7 所示；相邻筒体纵向焊缝以及封头（或管板）拼接焊缝与筒体纵向焊缝应互相错开，且两焊缝中心间的弧长不得小于 100mm，如图 6-7 所示。

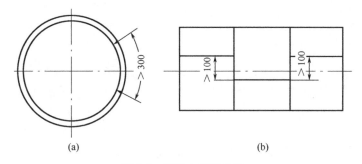

图 6-7　筒体上焊缝位置

最短筒节长度不应小于 300mm。

当焊缝需要进行探伤检验时，要使检验能方便可行。例如，需要进行超声波检验时，在焊缝两侧要留有适当的探头操作移动范围和空间，如图 6-8 所示，探头移动区应不小于 $1.25p_1$ 或 $p_1 \geqslant 2\delta K$，$p_1 \geqslant 2\delta \tan\beta$，同时再考虑探头尺寸及适当的余量空间。

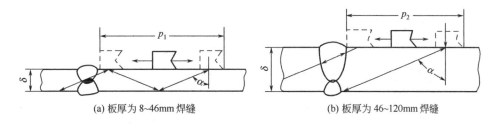

(a) 板厚为 8~46mm 焊缝　　　　(b) 板厚为 46~120mm 焊缝

图 6-8　探头移动范围

6.2.3　标记和标记移植

在钢板划线时对制造受压元件的材料应有确认的标记（如打上冲眼、涂上标号），如原有确认标记被截掉或材料分成几块，应于材料切割前完成标记移植工作，以保证材料及加工尺寸的准确、清晰，而有利于后续工序顺利进行，且有利于材料的管理、待查和核准。

对有防腐要求的不锈钢以及复合钢板制容器，不得在防腐蚀面采用硬印作为材料的确认标记。

复 习 题

6-1 净化处理的作用及常用净化方法、特点。

6-2 无折边锥形封头的展开计算（参见图 6-3），已知 D_m、d_m、$\beta=90°$。

6-3 带折边锥形封头的展开计算（参见图 6-4），已知 D_m、d_m、γ_m、h 和锥顶角 $\beta=60°$。

6-4 标准椭圆形封头的展开计算（参见图 6-5），已知封头的公称直径 D_g 为 2200mm，封头直边高度 45mm。试分别利用等面积法、等弧长法和经验法的计算公式展开计算，并比较结果。

7 成形加工

在装备制造过程中受压壳体的成形加工主要有筒节弯卷、封头的冲压、旋压加工、管材的弯曲等，这些成形加工都是通过外力作用使金属材料在室温下或在加热状态下，产生塑性变形而达到预先规定的尺寸和形状的过程。

7.1 筒节的弯卷成形

筒节的弯卷成形是用钢板在卷板机上弯卷而成形的。根据钢板的材质、厚度、弯曲半径、卷板机的形式和卷板能力，实际生产中筒节的弯卷基本上可分为冷卷和热卷。

7.1.1 冷卷成形的特点

① 冷卷成形通常是指在室温下的弯卷成形，不需要加热设备，不产生氧化皮，操作工艺简单且方便操作，费用低。

② 钢板弯卷的变形率与最小冷卷半径。

钢板弯卷的变形率、临界变形率 钢板弯卷时的塑性变形程度可用变形率 ε 表示。钢板弯卷的塑性变形程度沿钢板厚度方向是不同的，外侧伸长，内侧缩短，中性层可以认为长度不变。按外侧相对伸长量计算变形率为

$$\varepsilon = \frac{\pi D_w - \pi D_m}{\pi D_m} \times 100\% = \frac{\delta}{D_m} \times 100\% \tag{7-1}$$

或

$$\varepsilon = \delta / 2R_m \left(1 - \frac{R_m}{R_o}\right) \times 100\% \text{（单向拉伸，如钢板卷圆）} \tag{7-2}$$

$$\varepsilon = \frac{1.5\delta}{2R_m} \left(1 - \frac{R_m}{R_o}\right) \times 100\% \text{（双向拉伸，如筒体折边、冷压封头）} \tag{7-3}$$

式中　ε——钢板弯卷变形率，%；

　　　δ——钢板名义厚度，mm；

　　D_w——筒节外径，mm；

　　D_m——筒节中性层直径，mm；

　　R_m——筒节中性层半径，mm；

　　R_o——钢板弯曲前的中性层半径，对于平板为无限大，mm。

由式（7-1）～式（7-3）可以看出，钢板越厚、筒节的弯卷半径越小，则变形率越大。变形率的大小对金属再结晶后晶粒的大小影响很大。金属材料冷弯后产生粗大再结晶晶粒的变形率，称为金属的临界变形率（ε_o）。

钢材的理论临界变形率范围为 5%～10%。钢板的实际变形率 ε 应该小于理论临界变形率，否则粗大的再结晶晶粒将会降低后续加工工序（如热切割、焊接等）的力学性能。

因此实际生产中，要求 ε＜5％，一般控制在 ε≤2.5％～3％。

在 HG 20584—1998《钢制化工容器制造技术要求》中规定：受压元件用的钢板冷加工、冷成形后，如变形率超过以下第 ⅰ 款的范围，且符合下列第 ⅱ～ⅶ 款中任意一条时，应进行热处理，以消除加工应力、改善延性。

ⅰ. 碳素钢、16MnR：3％（单向拉伸），5％（双向拉伸）。

其他低合金钢：2.5％（单向拉伸），5％（双向拉伸）。

奥氏体不锈钢：15％。

ⅱ. 使用介质为极度危害或高度危害。

ⅲ. 介质对材料具有应力腐蚀破裂危害。

ⅳ. 成形后厚度减薄大于 10％者（碳钢、低合金钢）。

ⅴ. 材料要求较高冲击韧性或低温冲击韧性者（碳钢、低合金钢）。

ⅵ. 成形后表面硬度 HB＞235（奥氏体不锈钢）。

ⅶ. 板材名义厚度大于 16mm（碳钢、低合金钢）。

最小冷弯半径 R_{min}　用其表示冷成形后的变形率 ε 更为直观，如在上述第 ⅰ 款中，要求碳素钢、16MnR 的变形率小于或等于 3％（钢板卷圆），即 ε≤3％，δ/D_m≤3％，δ/R_m≤6％，则有 $R_{min}=100\delta/6=16.7\delta$。

钢板冷弯卷制筒节时，筒节的半径要大于或等于最小冷弯半径 R_{min}，否则可以考虑进行热处理。

用最小冷弯半径 R_{min} 代替变形率 ε 可得

碳素钢、16MnR　$R_{min}=16.7\delta$（单向拉伸）　　　　(7-4)

$$R_{min}=10\delta\text{（双向拉伸）}\tag{7-5}$$

其他低合金钢　$R_{min}=20\delta$（单向拉伸）　　　　(7-6)

$$R_{min}=10\delta\text{（双向拉伸）}\tag{7-7}$$

奥氏体不锈钢　$R_{min}=3.3\delta$　　　　(7-8)

③ 在冷卷成形过程中随着变形率 ε 的增大，即塑性变形增大，在金属内部晶格发生严重歪扭和畸变，金属的强度、硬度上升，而塑性、韧性下降，称为冷加工硬化。冷加工硬化产生的组织使变形抗力增加，成形的动力消耗增加，影响成形质量。

7.1.2　热卷成型的特点

① 钢板在再结晶温度以上的弯卷称为热卷（热变形），在再结晶温度以下的弯卷称为冷卷（冷变形）。钢板加热到 500～600℃ 进行的弯卷，由于是在钢材的再结晶温度以下，因此其实质仍属于冷卷，但它具备热卷的一些特点。

金属的再结晶温度 T_Z 与金属熔点 T_U 之间的关系为

$$T_Z=(0.35\sim0.4)T_U(\text{K})\tag{7-9}$$

热卷可以防止冷加工硬化的产生、塑性和韧性大为提高，不产生内应力，减轻卷板机工作负担。

② 应控制合适的加热温度。热卷筒节时温度高，塑性好、易于成形，变形的能量消耗少。但温度过高会使钢板产生过热或过烧，也会使钢板的氧化、脱碳等现象加重。过热

是由于加热温度过高或保温时间较长，使钢中奥氏体晶粒显著长大，钢的力学性能变坏，尤其是塑性明显下降。过烧是由于晶界的低熔点杂质或共晶物开始有熔化现象，氧气沿晶界渗入，晶界发生氧化变脆，使钢的强度和塑性大大下降。过烧后的钢材不能再通过热处理恢复其性能。因此，加热温度应适当。钢板的加热温度一般取 900～1100℃，弯曲终止温度不应低于 800℃。对普通低合金钢还要注意缓冷。

③ 应控制适当的加热速度。钢板在加热过程中，其表面与炉内氧化性气体 H_2O、CO_2、O_2 等进行化学反应，生成氧化皮。氧化皮不但损耗金属，而且坚硬的氧化皮被压入钢板表面，会产生麻点、压坑等缺陷。同时氧化皮的导热性差，延长了加热时间。钢在加热时，由于 H_2O、CO_2、O_2、H_2 等气体与钢中的碳化合生成 CO 和 CH_4 等气体，从而使钢板表面碳化物遭到破坏，这种现象称为脱碳。脱碳使钢的硬度和耐磨性、疲劳强度降低。

因此，钢材在具有氧化性气体的炉子中加热时，钢材既产生氧化，又产生脱碳。一般在 1000℃ 以上，由于钢材强烈地产生氧化皮，脱碳相对微弱，在 700～900℃ 时，由于氧化作用减弱，脱碳相对严重。

综上所述，在保证钢材表里温差不太大，膨胀均匀的前提下，加热速度越快越好。实践证明，只有导热性较差的高碳钢和高合金钢或截面尺寸较大的工件，因其产生裂纹的可能性较大，此时需要低温预热或在 600℃ 以下缓慢加热。而对于一般低碳钢或合金钢板，在任何温度范围内都可以快速加热。

④ 热卷需要加热设备，费用较大，在高温下加工，操作麻烦，钢板减薄严重。

⑤ 对于厚板或小直径筒节通常采用热卷。当卷板时变形率 ε 超过要求、卷板机功率不能满足要求时，都需采用热卷。

7.1.3　卷板机及弯卷工艺

卷板机有三辊卷板机、四辊卷板机和立式卷板机，其工作特点及主要弯卷工艺如下。

(1) 对称式三辊卷板机

对称式三辊卷板机的工作过程如图 7-1 (a)、(b) 所示，主要特点有如下。

① 与其他类型卷板机相比，其构造简单，价格便宜，应用很普遍。

② 被卷钢板两端各有一段无法弯卷而产生直边，直边长度大约为两个下辊中心距的一半。直边的产生使筒节不能完成整圆，也不利于校圆、组对、焊接等工序的进行。因此在卷板之前通常将钢板两端进行预弯曲。特殊情况下，如厚板卷制后，纵缝采用电渣焊时，也可保留直边以利于电渣焊，焊后校圆。

钢板的预弯方法如图 7-1 (c)、(d)、(e)、(f) 所示；其中图 (f) 所示方法浪费直边部分钢材，且工艺较麻烦，适用于单台装备制造或筒节制造精度要求较高的情况，如热套式制造的筒体。

钢板弯卷的可调参量是上、下辊的垂直距离 h，h 取决于弯曲半径 R 的大小，其计算可从弯卷终了时三辊的相互位置中求得 [参见图 7-1 (b)]。

$$(R+\delta+r_2)^2=(R-r_1+h)^2+\left(\frac{l}{2}\right)^2$$

$$h=\sqrt{(R+\delta+r_2)^2-\left(\frac{l}{2}\right)^2}-(R-r_1) \tag{7-10}$$

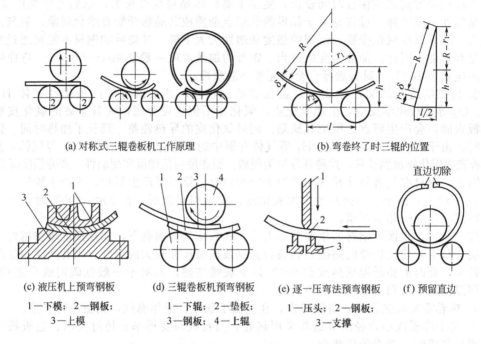

(a) 对称式三辊卷板机工作原理　　　　　　　　(b) 弯卷终了时三辊的位置

(c) 液压机上预弯钢板　　　　(d) 三辊卷板机预弯钢板　　　(e) 逐一压弯法预弯钢板　　(f) 预留直边

1—下模；2—钢板；　　　1—下辊；2—垫板；　　　1—压头；2—钢板；

3—上模　　　　　　　3—钢板；4—上辊　　　　　　3—支撑

图 7-1　对称式三辊卷板机工作原理及直边处理

由式（9-10）也可以导出钢板弯曲半径 R 与各参数之间的关系。

$$R=\frac{(r_2+\delta)^2-(h-r_1)^2-\left(\dfrac{l}{2}\right)^2}{2(h-r_1-r_2-\delta)} \tag{7-11}$$

式中　δ——钢板厚度，mm；

　　　R——筒节弯曲半径，mm；

　r_1, r_2——上、下辊半径，mm；

　　　l——两下辊间中心距，mm；

　　　h——上、下辊中心的垂直距离，mm。

（2）其他型式的卷板机

① 下辊垂直移动三辊卷板机如图 7-2 所示。图（a）中，上辊 1 是从动辊，可以上下移动，以适应各种弯曲半径和厚度的需要，并对钢板施加一定的弯曲压力。两个下辊 2 是主动辊，对称于上辊轴线排列，并由电动机经减速机带动，以同向同速转动。工作时将钢板置于上、下辊之间，然后上辊向下移动，使钢板被压弯到一定程度。接着启动两个下辊转动，借助于辊子与钢板之间的摩擦力带动钢板送进，上辊随之转动。通常一次弯转很难达到所要求的变形程度，此时可将上辊再下压一定距离，两下辊同时反向转动，使钢板继续弯卷，这样经过几次反复，可将钢板弯卷成一定弯曲半径的筒节。图（e）所示为把钢板弯卷成无直边的圆筒。这种卷板机操作简单，结构不复杂，在生产上得到较普遍的应用。

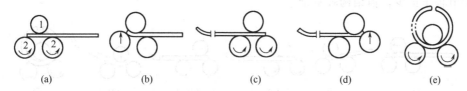

图 7-2　下辊垂直移动三辊卷板机

② 不对称式三辊卷板机如图 7-3 所示。上辊 1（主动辊）装在下辊 2 的上面（有时下辊 2 也为主动辊），电动机经变速器带动其旋转。旁辊 3 装在下辊 2 的一侧。下辊可在垂直方向进行调节，调节量的大小约等于卷板的最大厚度。旁辊可沿 A 向调节。下辊与旁辊间的调节可用电动或手动操作。卷板时，先将钢板置于上、下辊之间，使其前端进入旁辊并摆正。然后升起下辊将钢板紧压在上、下辊之间，如图（a）所示。再升起旁辊，预弯右板边，如图（b）所示。旁辊回原位，启动上、下辊，使钢板移至图（c）位置。再升起旁辊，预弯左板边，如图（d）所示。最后启动电机带动上、下辊旋转，使钢板弯卷成形，如图（e）所示。这种卷板机不仅可卷圆筒节，由于旁辊两端可分别调节，故也可弯卷锥形筒体。

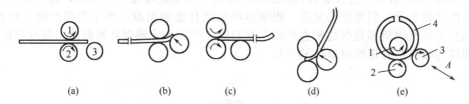

图 7-3　不对称式三辊卷板机

③ 两下辊同时水平移动的三辊卷板机如图 7-4 所示。卷板时将钢板置于上、下辊之间，如图（a）所示。两下辊同时向右作水平移动至图（b）位置。上辊向下移动，预弯左板边，如图（c）所示。上辊旋转，钢板移至图（d）位置。两下辊同时向左作水平移动至图（e）位置，上辊向下移动，预弯右板边。最后上辊旋转，使钢板弯卷成形，如图（f）所示。这种卷板机由于可以同时调节的辊子较多，故机械传动机构较复杂。

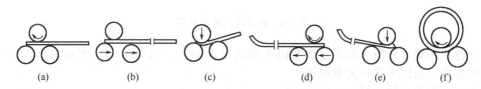

图 7-4　两下辊同时水平移动的三辊卷板机

④ 上辊作水平移动的三辊卷板机如图 7-5 所示。卷板时将钢板置于上、下辊之间，上辊向右水平移动，如图（a）所示。移至图（b）位置，上辊向下移动，预弯右板边。下辊旋转，使钢板移至图（c）位置。上辊向左水平移动至图（d）位置。上辊向下移动，预弯左板边，如图（e）所示。最后下辊旋转，使钢板弯卷成形，如图（f）所示。这种卷板

机的调节辊子虽少，但结构较复杂。

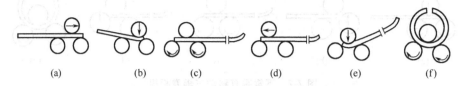

图 7-5 上辊作水平移动的三辊卷板机

⑤ 对称式四辊卷板机如图 7-6 所示。上辊 1 为主动辊，下辊 3 可垂直上、下移动调节，两侧辊 2 是辅助辊，其位置也可以调节。卷板时，将钢板端头置于 1、3 辊之间并找正，升起下辊 3 将钢板压紧，如图（a）所示。然后升起左侧辊对板边预弯，如图（b）所示。预弯后适当减小压力（防止钢板碾薄），启动上辊旋转，此时构成一个不对称式三辊卷板机对钢板弯卷。随后升起右侧辊托住钢板，当钢板卷至另一端时，上辊停止转动，将下辊向上适当加大压力，同时将右侧辊上升一定距离，弯曲直边，再适当减小下辊压力，并启动上辊旋转，又形成一个不对称式的三辊卷板机，连续弯卷几次直到卷成需要的筒节为止，如图（c）所示。这种卷板机的最大优点是一次安装卷完一个圆筒，而不留下直边，故加工性能较先进。但其结构复杂，辊轴多用贵重合金钢制造，加工要求严格，造价高。高压锅炉的厚壁锅筒都是在这种卷板机上卷制的。近年来，随着各种新型三辊卷板机的出现，四辊卷板机已有逐渐被取代的趋势。

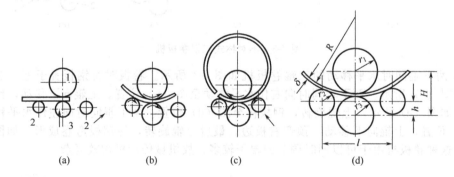

图 7-6 对称式四辊卷板机

对称式四辊卷板机可调参量和弯曲半径的计算如下。图 7-6（d）所示为弯卷终了时四辊的位置，由图中几何关系可得

上、下辊中心距 $H = r_1 + r_3 + \delta$

两侧辊与下辊的高差 $h = R + \delta + r_3 - \sqrt{(R + \delta + r_2)^2 - \left(\dfrac{l}{2}\right)^2}$ （7-12）

式中 r_1，r_2，r_3——上辊、侧辊、下辊半径；

δ——钢板厚度；

l——两侧辊中心距。

由式（7-12）也可导出钢板弯曲半径 R 与各参数间的关系。考虑钢板弯卷后的回弹（见后述筒节弯卷的回弹估算），实际弯卷筒节半径应比需要的筒节半径略小。

⑥ 立式卷板机如图 7-7 所示。图（a）中轧辊 1 为主动辊，两个侧支柱 2 可沿机器中心线 O-O 平行移动，其间的距离还可调节，压紧轮 3 可前、后调节。弯卷时，钢板放入辊 1 和柱 2 之间，压紧轮 3 靠液压力始终将钢板紧压在辊 1 上，两侧支柱 2 朝辊 1 方向推进将钢板局部压弯。然后支柱 2 退回原位，驱动辊 1 使钢板移动一定距离，两侧支柱 2 再向前将钢板压弯。这样依次重复动作，将钢板压弯成圆形筒节。其特点如下：

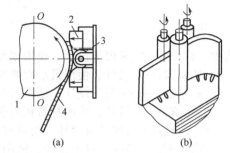

图 7-7　立式卷板机

不像卧式卷板机那样连续弯板，而是间歇地、分级地将钢板压弯成筒节；压弯力强，钢板一次通过便弯卷成形；

热卷厚钢板时，氧化皮不会落入辊筒与钢板之间，因而可避免表面产生压坑等缺陷；

卷大直径薄壁筒节时，不会因钢板的刚度不足而下塌；

其缺点是弯卷过程中钢板与地面摩擦，薄壁大直径筒节有拉成上、下圆弧不一致的可能。目前比较先进的卷板机已经实现数控，而且出现大型卷板机以适应大型装备的需要。

（3）卷板机的主要工作参数

卷板机的工作能力和卷制范围由卷板机的技术性能和主要工作参数来决定。几种卷板机的主要参数见表 7-1。

表 7-1　几种卷板机的主要参数

规格 最大板厚×最大宽度/mm	上辊直径/mm	下辊直径/mm	下辊中心距/mm	卷板速度/m·s⁻¹	下辊升降速度/m·s⁻¹	主电机功率/kW	下辊升降电机功率/kW
40×4000	550	530	610	3.35	100	80	40×2
50×4000	650	600	750	4	100	100	50×2
70×4000	700	666	800	3.45	100	125	65×2
95×4000	900	850	1000	3.5	100	80×2	液压系统

卷板机可卷制的最小圆筒直径 D_{min} 按式（7-13）计算。

$$D_{min} = d_1 + (0.15 \sim 0.20)d_1 \tag{7-13}$$

式中　d_1——卷板机的上辊直径，mm。

（4）卷板机的扩大使用

卷板机的主要工作参数是根据某一材料（通常为低碳钢）在常温下，按一定的板厚、板宽等卷制条件来设计的。当使用条件与设计条件不同时，如冷卷、热卷、板宽改变、弯卷曲率改变等，可以进行适当计算以扩大使用。

① 只改变钢板材料的计算。

冷卷 $$\delta_2=\delta_1\left[\frac{(1.5+K_{o1}\delta_1/R_1)\sigma_{s1}}{(1.5+K_{o2}\delta_2/R_2)\sigma_{s2}}\right]^{1/2} \qquad (7\text{-}14)$$

热卷 $$\delta'_2=\delta'_1\left(\frac{\sigma'_{s1}}{\sigma'_{s2}}\right)^{1/2} \qquad (7\text{-}15)$$

式中 δ_1，δ_2——常温下设计、使用当量板厚，mm；

R_1，R_2——设计、使用最小弯曲半径，mm；

σ_{s1}，σ_{s2}——常温下设计、使用材料屈服极限，MPa；

K_{o1}，K_{o2}——设计、使用材料相对强化模数（见表7-2）；

σ'_{s1}，σ'_{s2}——700℃时设计、使用材料屈服极限，MPa；

δ'_1、δ'_2——700℃以上设计、使用当量板厚，mm。

② 改变钢板宽度的计算。

弯卷条件为冷卷，$a_1\neq c_1$，$a_2\neq c_2$（见图7-8）。

$$\delta_2=\delta_1\left[\frac{b_1(b_1+2c_1)(4a_1l+2b_1c_1+b_1^2)}{b_2(b_1+2c_2)(4a_2l+2b_2c_2+b_2^2)}\right]^{1/2} \qquad (7\text{-}16)$$

弯卷条件为 $a_1=c_1$，$a_2=c_2$，$b_1\approx l$（参见图7-8）。

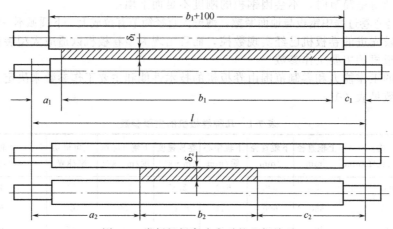

图 7-8　卷板机板宽改变时的几何关系

$$\delta_2=\delta_1\left[\frac{b_1^2}{b_2(2l-b_2)}\right]^{1/2} \qquad (7\text{-}17)$$

弯卷条件为 $b_1=2l-b_2$（参见图7-8）。

$$\delta_2=\delta_1\left(\frac{b_1}{b_2}\right)^{1/2} \qquad (7\text{-}18)$$

式中 δ_1，δ_2——设计、使用当量板厚，mm；

b_1，b_2——设计最大使用板宽，mm；

a_1，c_1——设计板端至轴承中心距离，mm；

a_2，c_2——使用板端至轴承中心距离，mm；

l——两轴承中心间距，mm。

③ 改变弯卷曲率的计算（冷卷，参见图7-9）。

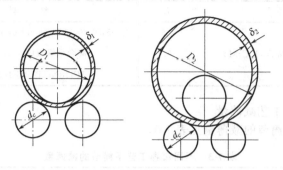

图 7-9　卷板机弯卷曲率改变时的几何关系

$$\delta_2 = \delta_1 \left[\frac{D_2(D_1 + d_c)}{D_1(D_2 + d_c)} \right]^{1/2} \tag{7-19}$$

式中　δ_1，δ_2——设计、使用当量板厚，mm；

　　　　D_1，D_2——设计、使用筒节外径，mm；

　　　　　　d_c——距上辊最近的下辊直径，mm。

（5）筒节弯卷的回弹估算

弯卷钢板在辊子压力下既有塑性弯曲，又有弹性弯曲，故钢板卸载后，会有一定的弹性恢复，即回弹。

筒节在热弯卷时，回弹量很小，不予考虑。只要掌握好筒节的下料尺寸，使弯卷钢板两端面刚好闭合即可，直至钢板温度下降到500℃以下为止。

筒节在冷弯卷时，回弹量较大，钢材的强度越大，回弹量越大。为了尽量控制回弹量，冷弯卷时要过卷，如图7-10所示。同时，在最终成形前进行一次退火处理。

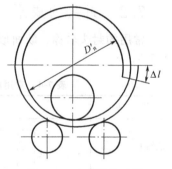

图 7-10　冷弯卷的过卷

冷卷回弹量的计算较复杂。筒节回弹前的内径 D_n' 可按式（7-20）估算。

$$D'_n = \frac{1 - 2K_o\sigma_s/E}{1 + K_1\sigma_s D'_n/E\delta} D_n \tag{7-20}$$

过卷量 Δl 可按式（7-21）估算。

$$\Delta l = \frac{\pi}{2}(D_n - D'_n) \tag{7-21}$$

式中　D_n——筒节内径，mm；

　　　　σ_s——钢材屈服极限，MPa；

　　　　E——钢材弹性模量，MPa；

　　　　K_1——钢板截面形状系数，矩形 $K_1 = 1.5$；

　　　　δ——钢板厚度，mm；

　　　　K_o——钢材相对强化模数（见表7-2）。

表 7-2 钢材的相对强化模数 K_o 值

材　料	K_o	材　料	K_o
10,20	5	40,45,50,60,15Cr,20Cr,30Cr,40Cr,50Cr,20CrNi	8.8
20g,25,Q235,12CrMoV,15CrMo	5.8	高合金钢板($\sigma_s \leqslant 784$MPa)	10
30,35	7	1Cr18Ni9Ti,1Cr18Ni12Ti	3

（6）筒节弯卷的工艺减薄量

不同弯卷工艺下筒节的减薄量见表 7-3。

表 7-3　不同弯卷工艺下筒节的减薄量

弯 卷 工 艺	筒 节 类 别	减 薄 量/mm
热弯卷	高压、超高压锅筒筒节	4
	中压锅筒筒节	3
冷卷、热校	薄壁筒节	1
冷卷、冷校	薄壁筒节	0

7.2　封头的成形

常用的封头名称、断面形状、类型代号及形状参数示例见表 7-4。封头的公称直径见表 7-5。

表 7-4　常用的封头名称、断面形状、类型代号及形状参数示例

名　称	断 面 形 状	类型代号	常用形状参数示例
椭圆形封头	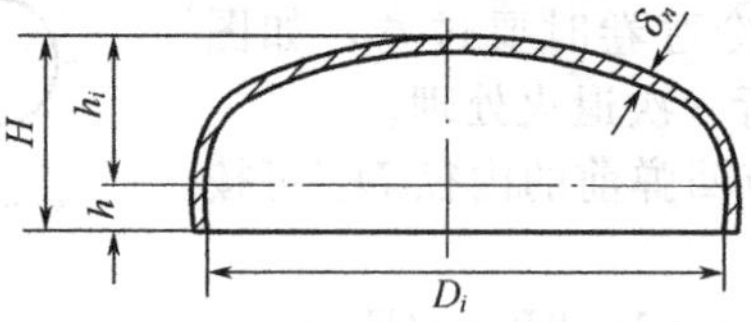	EH	$D_i/(2h_i)=2$
碟形封头	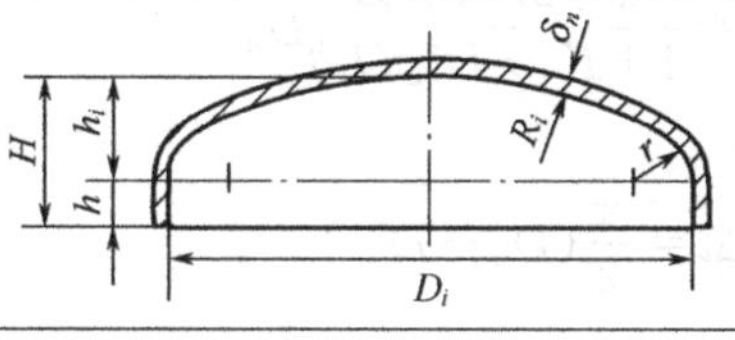	DH	$R_i=0.901D_i$ $r=0.173D_i$
球冠形封头	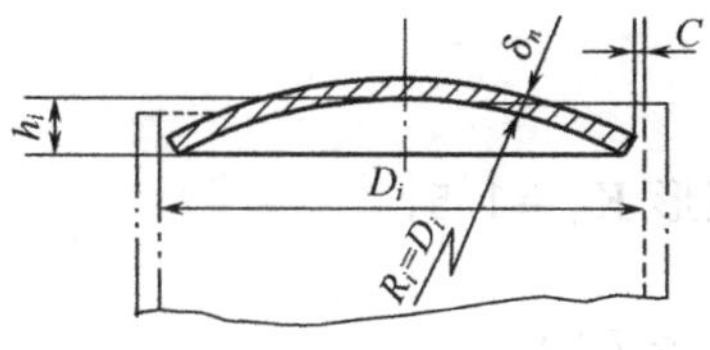	SH	$R_i=D_i$

名　　称	断　面　形　状	类型代号	常用形状参数示例
折边平 封头		FH	$r \geqslant 3\delta_n$
大端折 边锥形 封头		CH	$r = 0.5D_i$ $\alpha = 30°$
半球形 封头		HH	$R_i = 0.15D_i$

注：折边平封头不得用于压力容器。

表 7-5　封头的公称直径　　　　　　　　　　　　　　　mm

300	1100	1900	2800	4200	700	1500	2300	3500	4800
400	1200	2000	3000	4400	800	1600	2400	3600	5000
500	1300	2100	3200	4500	900	1700	2500	3800	5200
600	1400	2200	3400	4600	1000	1800	2600	4000	

封头的成形方法主要有冲压成形、旋压成形和爆炸成形。

7.2.1　封头的冲压成形

（1）冷、热冲压条件

按冲压前毛坯是否预先加热分为冷冲压和热冲压，其选择的主要依据如下。

① 材料的性能。对于常温下塑性较好的材料，可采用冷冲压；对于热塑性较好的材料，可以采用热冲压。

② 依据毛坯的厚度 δ 与毛坯料直径 $D_。$ 之比即相对厚度 $\delta/D_。$ 来选择冷、热冲压（参见表7-6）。

表 7-6　封头冷、热冲压与相对厚度的关系

冲压状态	碳素钢、低合金钢	合金钢、不锈钢
冷冲压	$\dfrac{\delta}{D_o} \times 100 < 0.5$	$\dfrac{\delta}{D_o} \times 100 < 0.7$
热冲压	$\dfrac{\delta}{D_o} \times 100 \geqslant 0.5$	$\dfrac{\delta}{D_o} \times 100 \geqslant 0.7$

（2）毛坯热冲压的加热过程

从降低冲压力和有利于钢板变形考虑，加热温度可高些。但温度过高会使钢材的晶粒显著长大，甚至形成过热组织，使钢材的塑性和韧性降低。严重时会产生过烧组织，毛坯冲压可能发生碎裂。几种常用封头材料的加热规范参见表 7-7。

表 7-7　常用封头材料的加热规范

钢材牌号	加热温度/℃	终压温度/℃	冲压后的热处理温度/℃
Q235	≤1100	≥700	880～920
20R,20g	≤1100	≥750	880～910
16MnR,16Mng 15MnVR,15MnVg	≤1050	≥850	870～900
12CrMoV	≤960	≥900	890～920
12Cr1MoV	≤1100	≥850	880～910
0Cr18Ni9Ti	≤1150	≥950	—

钢板在加热过程中，会发生氧化，造成材料的损耗。加热温度越高，加热时间越长，氧化也越严重。因此，在保证钢板加热的温度分布均匀和不产生过大热应力的情况下，应缩短钢板的加热时间。对于导热性较差的合金钢，可以增加保温时间，减慢加热速度。生产上为了减少加热时间，常采用热炉装料的方法，并按一定的加热规范进行加热。20g中压锅炉封头的典型加热过程如图 7-11 所示。

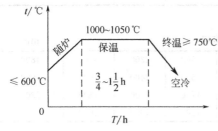

图 7-11　20g 中压锅炉封头加热过程

（3）冲压加工常用的润滑剂

为了有利于钢板的塑性变形，提高冲压模具寿命和封头表面质量，封头冲压时常采用润滑剂（见表 7-8）。

（4）冲压过程

表 7-8　封头冲压常用润滑剂

封头材料	润滑剂	封头材料	润滑剂
碳素钢	40%石墨粉＋60%水（或机油）	铝	机油；工业凡士林
不锈钢	石墨粉＋水；滑石粉＋机油＋肥皂水	钛	二硫化钼；石墨粉＋云母粉＋水

封头的冲压成形通常是在 50～8000t 的水压机或油压机上进行。图 7-12 所示为水压机冲压封头的过程。将封头毛坯 4 对中放在下模（冲环）5 上，如图（a）所示。然后开动水压机使活动横梁 1 空程向下，当压边圈 2 与毛坯接触后，开动压边缸将毛坯的边缘压紧。接着上模（冲头）3 空程下降，当与毛坯接触时［见图（b）中 I］，开动主缸使上模向下冲压，对毛坯进行拉伸［见图（b）中 II］，至毛坯完全通过下模后，封头便冲压成形［见图（b）中 III］。最后开动提升缸和回程缸，将上模和压边圈向上提起，与此同时用脱模装置 6（挡铁）将包在上模上的封头脱下［见图（b）中 IV］，并将封头从下模支座下取出，冲压过程即告结束。

上述冲压过程称为一次成形冲压法，对于低碳钢或普通低合金钢制成一定尺寸（$6\delta \leqslant D_o - D_m \leqslant 45\delta$，$D_o$ 为毛坯外径，D_m 为封头中性层直径，δ 为厚度）的封头，均可一次冲压成形。

（5）冲压的应力和变形

封头的冲压属于拉延过程，在冲压过

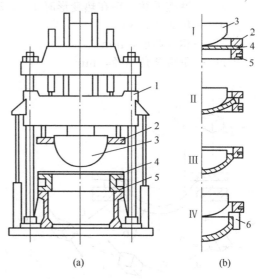

图 7-12　水压机冲压封头过程
1—活动横梁；2—压边圈；3—上模（冲头）；
4—毛坯；5—下模（冲环）；6—脱模装置

程中各部分的应力状态和变形情况都不同，如图 7-13 所示。处于压边圈下部的毛坯边缘 A 部分，由于冲头的下压力使其受经向拉伸应力 σ_r，并向中心流动（产生经向应变），坯料外直径减小；边缘金属沿切向收缩，产生切向压缩应力 σ_t，会使毛坯边缘丧失稳定而产生折皱；为了避免折皱的产生，常用压边圈将边缘压紧，则在板厚方向又产生了压应力 σ_n。即 A 部分材料处于承受三向应力的状态。处于下模圆角 B 部分的材料，除受到经向拉伸应力和切向压缩应力外，还受到弯曲而产生弯曲应力。在冲头与下模空隙的 C 部分金属材料，仍受经向拉伸应力和切向压缩应力，而板厚方向不受力，处于自由状态，越接近下模圆角处切向压缩应力越大，所以薄壁封头在毛坯外径缩小到此区时，容易起皱。封头底部 D 处的金属材料，经向和切向都受到拉应力，有较小的伸长，所以厚度略有减薄。

a. 经向应力分析　经冲压拉延的金属材料在冲头与下模之间流动。在下模圆角起点处（下模圆角与其内圆表面相切处），由于冲头压力作用使坯料产生的拉应力 σ_r 均匀分布，其值与金属的变形抗力、封头直径、毛坯直径、摩擦力及弯曲力等因素有关，而且最大应力发生在毛坯完全包裹下模圆角之时，约在冲头的直边部分进入到下模圆角的起点处。热冲压时拉应力 σ_r 的计算公式如下（几何关系参见图 7-14）。

$$\sigma_r = \left(\sigma_s^t \ln \frac{D_o}{D_m} + \frac{2\lambda Q}{\pi D_m \delta} \right)(1 + 1.6\lambda) + \frac{\delta \sigma_s^t}{2r + \delta} \tag{7-22}$$

式中　σ_s^t——冲压温度下钢材的屈服极限，MPa；

D_o——毛坯的瞬时外径，可以近似等于毛坯外径，mm；

D_m——封头中性层处直径，mm；

λ——摩擦系数，钢在热变形时 $\lambda = 0.3 \sim 0.4$，冷变形时 $\lambda = 0.18 \sim 0.2$；

Q——压边力，N；

δ——钢板厚度，mm；

r——下模圆角半径，mm。

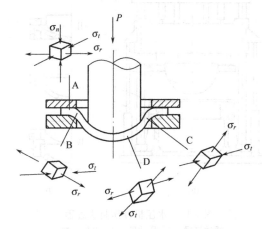

图 7-13　封头冲压应力状态

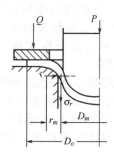

图 7-14　径向应力分析的几何关系

在高温冲压时，钢材处于全塑状态，此时的 σ_s^t 可用高温下的 σ_b^t 代替。

式（7-22）中括号内第一项为克服金属变形抗力使毛坯产生塑性变形所引起的经向拉应力；第二项是由于压边力 Q 的作用，在毛坯表面与压边圈之间和毛坯下表面与下模之间的摩擦力引起的应力；最后一项是毛坯在下模圆角处产生弯曲引起的应力。

另外，在毛坯拉伸过程中，由于某种原因会产生局部受力和变形不均现象，使成形后的封头产生鼓包。鼓包是金属局部纤维的变形量大于其他部位引起的。例如，毛坯边缘焊缝的余高太高，会因摩擦等原因产生较大的拉应力，使局部的金属产生较大的伸长而鼓包。又如，毛坯局部温度高于其他部位，此处金属变形抗力小，在相同拉应力作用下，金属纤维将产生较大的伸长而鼓包。

b. 切向应力分析　根据应力状态分析，冲压封头时将产生切向应力，其计算公式如下。

$$\sigma_t = -\sigma_s \left(1 - \ln \frac{D_o}{D_x} \right) \tag{7-23}$$

式中　σ_s——钢材的屈服极限，MPa；

D_o——毛坯外径，mm；

D_x——计算切向应力作用点 X 处的毛坯直径，mm。

从式（7-23）可以看出，最大切向应力在坯料的最外缘。从宏观来看，坯料外缘周边的压缩量 $\Delta l = \pi(D_o - D_m)$，封头越深，毛坯直径越大，压缩量越大，例如，球形封头的周边压缩量比椭圆形封头大。此压缩量可向三个方向流动：增加边缘厚度；拉伸时向中心流动，以补充经向拉薄；向外自由伸长。由于金属在经向向外流动的阻力小，所以向外伸长往往较大。如果工件较薄或模具不当、工艺不当，则坯料周边就会在切向应力作用下，丧失稳定而产生折皱。折皱是冲压封头中常见的缺陷。

影响折皱产生的主要因素是相对厚度 δ/D_m 和切向应力 σ_t 的大小。相对厚度越大，坯料边缘的稳定性越好，切向应力可能使板边增厚。反之相对厚度小，板边对纵向弯曲的抗力小，容易丧失稳定而起皱。在相对厚度一定的条件下，切向应力越大，则毛坯边缘丧失稳定而起皱的可能性就越大。另外，折皱的产生还与毛坯加热的温度高低和均匀性、封头是否有焊缝及焊缝对口错边量的大小、上下模具间的间隙大小和均匀性、下模圆角和润滑情况有关，采用压边圈可以用来防止折皱的产生。

(6) 压边条件和压边力的计算

采用压边圈使毛坯料只能在压边圈与下模之间滑动，可以防止折皱的产生，而且在由压边圈产生的摩擦力作用下，增加了经向拉应力，也有利于防止封头鼓包的产生。因此，确定在什么条件下需要采用压边圈是关系到封头质量好坏的重要因素。采用压边圈的条件主要决定于 D_o、D_n 与 δ 的关系，也与各制造厂的生产工艺和经验有关。

对于椭圆形封头热冲压采用压边圈的条件为

$$D_o - D_n \geqslant (18 \sim 20)\delta \tag{7-24}$$

式中　D_n——封头内径，mm；

其他符号意义同上。

$D_o = 400 \sim 1200\text{mm}$ 时，压边条件为 $D_o - D_n \geqslant 20\delta$

$D_o = 1400 \sim 1900\text{mm}$ 时，压边条件为 $D_o - D_n \geqslant 19\delta$

$D_o = 2000 \sim 4000\text{mm}$ 时，压边条件为 $D_o - D_n \geqslant 18\delta$

对于球形封头，压边条件为 $D_o - D_n \geqslant (14 \sim 15)\delta$ \hfill (7-25)

对于平顶封头，压边条件为 $D_o - D_n \geqslant (21 \sim 22)\delta$ \hfill (7-26)

压边圈上的压边力是保证封头成形质量的关键，压边力过大，增大了摩擦力，即增大了拉应力，会使封头拉薄，甚至拉裂；压边力过小，则不能防止折皱的产生。根据分析和试验，不产生折皱的最适宜的压边力是一个变值，它应随冲头向下行程的增加而逐渐加大，这就要求设计一个能作相应变化的特殊液压或气动装置来实现。但由于结构复杂，目前生产中大多采用固定不变的压边力方式，这无疑增加了拉深力。在这种情况下，压边力应选取保证封头成形不起折皱的最低值。压边力的计算有如下几个公式。

$$Q = \frac{\pi}{4}\left[D_o^2 - (D_{xm} + 2r)^2\right]q \tag{7-27}$$

式中　D_{xm}——下模内径，mm；

　　　q——单位面积压边力，N/mm^2，对于钢 $q = (0.011 \sim 0.0165)\sigma_b^t$，热冲压取小值，冷冲压取 T 值；

其他符号意义同上。

$$Q = \frac{\pi}{4}(D_o^2 - D_g^2)\sigma_r K \frac{D_o}{100\delta} \text{（某厂经验公式）} \tag{7-28}$$

计算经向应力 σ_r，若忽略第二项和最后一项，即取 $\sigma_r \approx \sigma_s^t \ln\dfrac{D_o}{D_m}$ 代入式 (7-28)，则有

$$Q=\frac{\pi}{4}(D_o^2-D_g)^2\sigma_s^t K\frac{D_o}{100\delta}\ln\frac{D_o}{D_m} \tag{7-29}$$

式中　D_g——封头公称直径，mm；

　　　K——系数，取 $0.006\sim0.008$；

　　　其他符号意义同上。

$$Q=\frac{\pi}{4}\left[D_o^2-(D_m+2r)^2\right]q\text{（某厂经验公式）} \tag{7-30}$$

$$q=\phi\left(\frac{D_o}{D_g}-\phi'\right)\phi''\frac{D_m}{100\delta}\sigma_b^t$$

式中　$\phi,\ \phi',\ \phi''$——与材料硬化等有关的系数（见表9-9）；

　　　其他符号意义同上。

（7）冲压力的计算

表 7-9　压边力计算中与材料硬化等有关的系数

条　件		ϕ	ϕ'	ϕ''
冷冲压	有润滑	$0.72\sim0.78$	$0.95\sim1.0$	$0.006\sim0.007$
	无润滑	$0.8\sim0.85$	$1.1\sim1.2$	
热冲压	有润滑	1.0	$1.15\sim1.2$	$0.004\sim0.005$
	无润滑			

　　冲压力是衡量压机能力和判断模具强度的主要依据。如前所述，冲压封头时经向应力 σ_r 是由冲头作用在毛坯上的冲压力所引起的。冲压力可按式（7-31）计算。

$$P=\sigma_r\pi D_m\delta=\pi D_m\delta\left[\left(\sigma_s^t\ln\frac{D_o}{D_m}+\frac{2\lambda Q}{\pi D_m\delta}\right)(1+1.6\lambda)+\frac{\delta\sigma_s^t}{2r+1}\right] \tag{7-31}$$

　　按式（7-31）计算影响因素较多，且在冲压过程中是变化的，较复杂，目前计算冲压力常用下面公式。

$$P=CK\pi(D_o-D_w)\delta\sigma_b^t \tag{7-32}$$

式中　C——压边力影响系数，无压边力 $C=1$，有压边力 $C=1.2$；

　　　K——封头形状影响系数，椭圆形封头 $K=1.25\sim1.35$，球形封头 $K=1.4\sim1.6$；

　　　D_o——封头外径，mm；

　　　其他符号意义同上。

$$P=C\pi D_m\delta\sigma_b^t\ln\frac{D_o}{D_m} \tag{7-33}$$

式中　C——系数，一般取 $C=1.6\sim2.0$，有压边圈、无润滑时可取上限；

　　　其他符号意义同上。

$$P=C\pi D_w\delta\sigma_b^t\frac{1-K^2}{K} \tag{7-34}$$

式中　C——系数，取 $C=0.8\sim1.0$；

K——系数，$K = D_m / D_o$；

其他符号意义同上。

值得注意的是，σ_b' 应考虑钢板加热后其冷却速度和板厚的关系等因素的影响，计算时一般推荐，碳钢 $\delta \leqslant 18mm$ 时，取 700℃ 时的 σ_b' 值；$20 \leqslant \delta \leqslant 256mm$，取 750℃ 时的 σ_b' 值；$\delta \geqslant 26mm$ 时，取 800℃ 时的 σ_b' 值。

（8）冲压加工后的封头壁厚变化

椭圆形封头和球形封头冲压后各部分的壁厚变化情况如图 7-15 所示。可见，通常在封头曲率大的部位，由于经向拉应力和变形占优势，所以壁厚减薄较大。碳钢椭圆形封头减薄可达 8%～10%；球形封头可达 10%～14%。而直边和靠近直边曲率较小部件，由于切向压应力和变形占优势，所以壁厚增加，而且越接近边缘，增加壁厚越大。

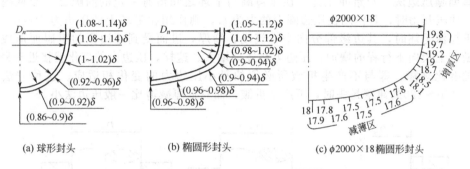

(a) 球形封头　　　　(b) 椭圆形封头　　　　(c) $\phi 2000 \times 18$ 椭圆形封头

图 7-15　封头壁厚的变化

影响封头壁厚变化的因素很多，所有影响毛坯受力状态和力学性能的因素，都会对壁厚变化有所影响。毛坯材料塑性好、加热温度高、上下模间隙小、下模圆角半径小、压边力大、润滑情况不好等，都会使壁厚减薄量大；球形封头比椭圆形封头的壁厚减薄量大。

椭圆形封头（$0.20 \leqslant h_n / D_n \leqslant 0.35$）壁厚减薄量为 0.1δ 或（$0.1 \sim 0.13$）δ，一般情况为 0.1δ 左右，当壁厚较大时（$\delta > 40$），则可考虑上限 0.13δ。对于深椭圆形封头和球形封头（$0.35 < h_n / D_n \leqslant 0.50$），壁厚减薄量为 0.15δ 或 0.13δ。其中 h_n 为封头内高度；δ 为理论计算厚度；其他符号意义同上。

（9）不同类型封头的冲压成形

a. 薄壁封头　对于薄壁（$D_o - D_m \geqslant 45\delta$）封头，即使采用带有压边圈的一次冲压成形法，也会产生鼓包和折皱缺陷。可以采用下列方法冲压成形。

多次冲压成形法　在封头冲压过程中，上模与毛坯接触的直径为 D_c［参见图 7-16（a）］，D_c 随着上模向下冲压而逐渐增加。在毛坯上有宽度为 l 的环形段，即不与上模接触，也不与下模接触，因而容易丧失稳定，又称为不稳定段 l。采用多次冲压成形法就是用一个上模，多个下模进行多次冲压成形，这样可以减少不稳定段 l 的宽度，从而减少了产生折皱的机会。图 7-16（b）所示为两次冲压成形法，第一次冲压采用比上模直径 D_{sm} 小 200mm 左右的下模，将毛坯冲压成碟形，此时可将 2～3 块毛坯钢板重叠起来进行成形；第二次采用与封头规格相配合的下模，最后冲压成形（图中 Z 为冲压间隙值，其值按封头厚度确定）。多次冲压成形的下模直径的推荐值见表 7-10。

表 7-10　多次冲压成形的下模直径推荐值

封头形式		椭圆形封头	球形封头	封头形式		椭圆形封头	球形封头
D_o/δ		270～560	200～400	D_o/δ		560～800	400～600
冲压次数		2	2	冲压次数		3	3
下模直径	第一次	$0.91D_{sm}$	$0.89D_{sm}$	下模直径	第一次	$0.89D_{sm}$	$0.88D_{sm}$
	第二次				第二次	$0.97D_{sm}$	$0.96D_{sm}$

　　有间隙压边法　开始冲压前，在压边圈与毛坯之间留有一定的间隙 Δ［参见图 7-16(c)］。冲压开始时，若作用在压边圈上的力为 G，则作用在毛坯上的压边力 $Q=0$。当上模向下拉深毛坯时，其边缘部分向中心流动，增厚，进而受到压边圈的阻碍而形成压边力。随着上模向下行程的增加，压边力将逐渐增大。这样，压边力的变化就接近于最佳压边力的变化规律，即与不产生折皱所必须的最小压边力的变化相适应。这种方法冲压 $D_o/\delta=120～220$ 的薄壁封头时，不产生折皱，而且壁厚减薄比一般压边法小。

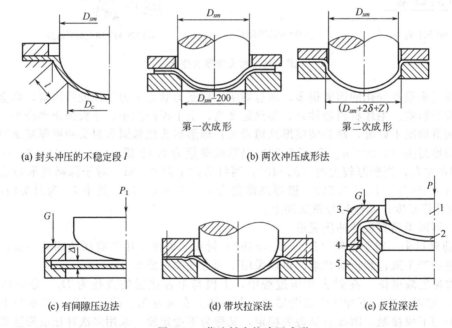

(a) 封头冲压的不稳定段 l　　(b) 两次冲压成形法

第一次成形　　　　第二次成形

(c) 有间隙压边法　　(d) 带坎拉深法　　(e) 反拉深法

图 7-16　薄壁封头的冲压成形

　　压边力 Q 的大小及变化与毛坯厚度及间隙大小有关，间隙过大压边力不足，会产生折皱和鼓包；间隙过小，则使封头壁厚减薄较大，失去有间隙压边的意义。间隙的大小须通过实验确定，表 7-11 为某厂的推荐值。

表 7-11　有间隙压边法的间隙推荐值

毛坯冲压前厚度/mm	8	10	12	16	20	24	28	30	32	36
间隙 Δ/mm	0.5	1	1	2	2	3	4	4	5	6

带坎拉深法和反拉深法　冲压较薄壁封头（$60\delta < D_o - D_m < 120\delta$），如冷冲压 $\phi 400 \times 2$ 和热冲压 $\phi 2000 \times 8$ 的碳钢封头，可采用带坎拉深法和反拉深法，如图 7-16（d）、（e）所示。这两种方法的共同特点是，在不增大压边力的情况下增大了经向拉应力，增加了毛坯抗纵向弯曲的能力，降低了拉深比（D_o/D_m），使毛坯不易产生折皱。反拉深法较明显地把拉深比分成两部分，它一般用两次拉深第一次将外环拉深翻边，第二次作与第一次相反的拉深直至成形。反拉深时可以采用有间隙拉深或无间隙拉深。这两种方法都需要特殊的模具，反拉深的模具和冲压工艺都较复杂，但可冲压特别薄的封头。

b. 厚壁封头　当 $D_o - D_m \leqslant 6\delta$ 的封头认为是厚壁封头，进行冲压加工时，尤其是带有直边的球形封头，因毛坯较厚，边缘部分金属不易变形，在拉深时急剧增厚，增厚率常达 10% 以上，使其通过下模圆角时的阻力大为增加，需要很大的冲压力，为此，冲压时必须增大模具间隙，或将坯料边缘削薄（参见图 7-17），再进行冲压加工。

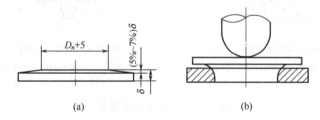

图 7-17　厚壁封头的冲压

c. 复合钢板封头的冲压特点主要有以下几点。

① 复合钢板在加热时，基层和复层金属不同则膨胀系数不同；在高温下两种金属具有不同的变形抗力，所以流动特点不同，即在相同的应力下，产生的变形不同。因此，复合钢板封头在冲压加工时，易在两层材料的结合区产生裂纹，甚至撕裂、起折皱。所以，无论复合钢板的厚度如何，冲压时都必须采用压边圈，防止复板起皱。复合钢板结合区最常出现裂纹的部位是直边部分，因为这部分材料在冲压时的应力和变形最大。

② 热冲压复合钢板封头对复层材料有影响。复合钢板常用的复层材料为镍铬不锈钢或钛材。镍铬不锈钢在高温（1000～1100℃）冷速较快（相当于淬火）时，能得到单相的奥氏体组织，若缓慢冷却会出现 α 相。在不锈钢的敏化温度区（450～850℃，尤其是 600～800℃）冷却速度较慢时，则可能引起晶间腐蚀问题。钛材为复板时，当温度在 300℃ 以上，钛即可快速吸氢，600℃ 以上可快速吸氧，700℃ 以上可快速吸氮，当温度高于 1000℃ 时，钛可以直接与碳化合生成碳化钛，这些因素都可使钛材塑性、韧性下降，所以钛材为复层的复合板的冲压温度不宜过高，在 550～650℃ 之间为宜。

d. 封头上设计有人孔的冲压加工　当封头上设计有椭圆形人孔（或圆孔）时，一种工艺是封头冲压好后，再割人孔，焊上加强圈；另一种工艺是预先在毛坯上割出人孔预切椭圆，然后在热态下进行翻孔冲压。

封头冲压后再在翻孔模上进行外翻孔（板孔）如图 7-18（a）所示，在石油、化工容器上应用较多。锅炉封头上人孔的内翻孔工序，一般是在封头冲压过程中同时进行的。先在毛坯上割出人孔预切椭圆，上冲模在此起着冲封头凸模和翻孔冲环两个作用，其典型结构如图 9-18（b）所示。

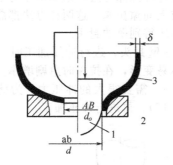

(a) 封头外翻人孔示意

1—上冲头；2—冲环；3—封头

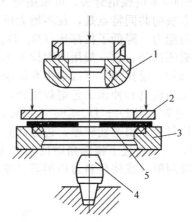

(b) 封头内翻孔冲压示意

1—上冲模；2—压边圈；3—冲模与冲环；
4—翻孔冲头；5—坯料

图 7-18　封头上人孔加工

人孔冲压力 P 的估算如下。

圆形人孔 $\qquad\qquad P=1.1\pi(d-d_o)\delta\sigma_b^t$ $\qquad\qquad$ (7-35)

椭圆形人孔 $\qquad\qquad P=1.5(C_2-C_1)\delta\sigma_b^t$ $\qquad\qquad$ (7-36)

式中　d——翻边后圆孔直径（设计要求给定），mm；

$\qquad d_o$——预割圆孔直径，按表 7-12 选取热翻孔系数 $K_f=d_o/d$，mm；

$\qquad \delta$——钢板厚度，mm；

$\qquad \sigma_b^t$——材料的抗拉强度，MPa；

$\qquad C_1$——毛坯椭圆孔周边长度，mm；

$\qquad C_2$——封头椭圆孔周边长度，mm。

表 7-12　热翻孔系数 K_f

d_o/δ	>50	20～50	10～20	<10
K_f	≥0.6～0.9	≥0.5～0.6	≥0.4～0.5	≥0.25～0.4

（10）冲压模具设计

a. 上模（冲头）　其结构及主要设计参数如图 7-19 所示。在实际冲压中，以内径为准的封头，上模设计应考虑同一直径几种相邻壁厚封头的通用性。

① 上模直径 D_{sm}（参见图 7-19）：根据封头内径 D_n 和热冲压的收缩率 ψ 或冷冲压的回弹率 ψ 计算。

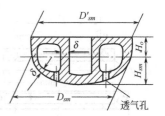

$$D_{sm}=D_n(1\pm\psi)(mm) \tag{7-37}$$

$$\psi=\alpha\Delta t\times100\% \tag{7-38}$$

式中　α——线胀系数（碳钢、低合金钢 $\alpha=14.7\times10^{-6}$，不锈钢 $\alpha=19\times10^{-6}$），℃$^{-1}$；

Δt——冲压结束温度与室温之差，℃。

图 7-19　上模结构参数

实际冲压中，直径和壁厚大的封头冷却慢，冲压结束温度高、收缩率大；直径和壁厚小的封头冲压结束温度低、收缩率小。因此收缩率并不完全按公式（7-38）计算确定，通常由经验（见表 7-13）选定。回弹率通常按材料不同参考表 7-13 选定。

表 7-13　收缩率或回弹率的经验值

D_n/mm	<600	700~1000	1100~1800	>2000	材料	碳钢	不锈钢	铝	铜
ψ(%)	0.5~0.6	0.6~0.7	0.7~0.8	0.8~0.9	$-\psi$(%)	0.3~0.4	0.4~0.7	0.1~0.15	0.15~0.2

注：1. 薄壁封头取下限，厚壁封头取上限。

2. 不锈钢封头的收缩率按表增加 30%~40%。

3. 需调质处理的封头应另减调质后的胀大量，其值通常为 0.05%~0.1%。

4. 封头余量采用气割时，应增加气割收缩量，其值通常为 0.04%~0.06%。

② 上模曲面部分高度 H_{sm}（参见图 7-19）：

$$H_{sm}=h_n(1\pm\psi)(mm) \tag{7-39}$$

式中　h_n——封头内（曲面）高度，mm；

$\pm\psi$——收缩率或回弹率。

③ 上模直边高度 H_o（参见图 7-19）：

$$H_o=h+H_1+H_2+H_3（mm） \tag{7-40}$$

式中　h——封头直边高度（按标准规定），mm；

H_1——封头高度修边余量，一般为 15~40mm；

H_2——卸料板厚度，一般为 40~80mm；

H_3——保险余量，一般为 40~100mm。

④ 上模上部直径 D'_{sm}（参见图 7-19）：

$$D'_{sm}=D_{sm}+(2\sim3)(mm) \tag{7-41}$$

⑤ 上模壁厚 δ：

当压机吨位小于等于 400t 时 $\delta=30\sim40mm$；

当压机吨位大于等于 1500t 时 $\delta=70\sim80mm$。

b. 下模（冲环）　其结构及主要设计参数如图 7-20 所示。为了适应冲压不同尺寸封头及模具设计的通用性，下模的结构常设计为下模和下模座。这样在冲压不同直径封头时，只需改变下模直径 D_{xm} 即可，而下模座可以满足一系列封头冲压的需要，方便了模具的更换，避免了设计、制造大量模具。

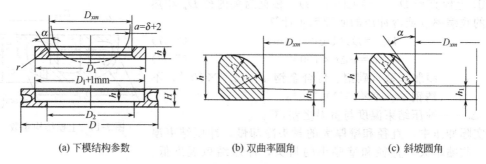

(a) 下模结构参数　　　　　　(b) 双曲率圆角　　　　　　(c) 斜坡圆角

图 7-20　下模结构参数及下模圆角

① 上、下模的间隙 a　对封头成形质量有直接影响。若 a 值过大，则使冲压力减小，但易产生鼓包和折皱，并影响封头直径尺寸；若 a 值过小，则边缘部分将产生很大的挤压力和摩擦力，使冲压力增大，不仅耗费功率，而且可能将封头严重拉薄。因此，间隙 a 应考虑板厚 δ，还应考虑适当的附加值 Z，即

$$a = \delta + Z \text{(mm)} \tag{7-42}$$

热冲压时 $Z = (0.1 \sim 0.2)\delta$；冷冲压时 $Z = (0.2 \sim 0.3)\delta$。

间隙附加值 Z 的选取要注意：

薄壁封头取小值、厚壁封头取大值；

球形封头及直边较大的椭圆形封头取较大值；

压机能力较小时取大值，并可适当加大；

可以参考实践的经验数据（见表 7-14）。

表 7-14　间隙附加值 Z 的经验值

δ/mm	6	8	10	12	14	16	20	25	28	30	32	36	40	46	50	52	56	60
$2Z$/mm			1		1.5	2	2.5	3.5	4	4.5	5	6	6.5		8		9	11

② 下模内径 D_{xm}

$$D_{xm} = D_{sm} + 2a + \delta_m \text{(mm)} \tag{7-43}$$

式中　δ_m——下模制造公差，mm。

其他符号同上。

③ 下模圆角半径 r。冲压毛坯通过下模圆角时，除受拉应力外，还受很大的弯曲应力。若圆角太小，毛坯滑入下模拐弯很急，弯曲应力增大，并使冲压力增大，毛坯受到严重拉薄和表面产生微裂纹；若圆角太大，则易产生折皱和鼓包。因此有三种设计方案。一种如图 7-20（a）所示，根据经验选取。

采用压边圈时 $r = (2 \sim 3)\delta \text{(mm)}$ (7-44)

不采用压边圈时 $r = (4 \sim 6)\delta \text{(mm)}$ (7-45)

当毛坯很厚，下模高度受限制时，可采用双曲率圆角，如图 7-20（b）所示；或采用

斜坡圆角，如图 7-20 (c) 所示。

$$r_1=80\sim150mm；r_2=(3\sim4)\delta；\alpha=30°\sim40° \tag{7-46}$$

④ 下模直边高度 h_1

$$h_1=(40\sim70)(mm) \tag{7-47}$$

⑤ 下模总高度 h

$$h=(100\sim250)(mm) \tag{7-48}$$

⑥ 下模外径 D_1

$$D_1=D_{xm}+(200\sim400)(mm) \tag{7-49}$$

⑦ 下模座　外径 D 应大于毛坯直径 D_o；高度 $H=h$ $+(60\sim100)(mm)$；下口内径 D_2 应比与之配套的最大壁厚封头的下模内径 D_{xm} 大 5～10mm。

c. 压边圈　其结构及设计参数如图 7-21 所示。其主要尺寸为：内径 $D_n'=D_{xm}+(50\sim80)(mm)$；外径 $D_w'=D$ 下模座外径(mm)；厚度 $\delta'=70\sim120mm$。

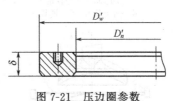

图 7-21　压边圈参数

7.2.2　封头的旋压成形

随着装备制造的大型化，大型封头的制造问题迫切需要解决。而仍采用冲压成形法，需要大吨位、大工作台面的水压机，大吨位冲压模具，成本高。采用分片冲压拼焊法也需要制作冲压瓣片的模具，组焊工作量大、工序多、工期长、成本高、质量不易保证、焊缝常与封头上开孔有矛盾等。目前采用旋压成形法制造大型封头已成为主要方法。

(1) 旋压成形的特点

优点：

① 适合制造尺寸大、壁薄的大型封头，目前已制造 $\phi5000mm$、$\phi7000mm$、$\phi8000mm$，甚至 $\phi20000mm$ 的超大型封头；

② 旋压机比水压机轻巧，制造相同尺寸的封头，比水压机约轻 2.5 倍；

③ 旋压模具比冲压模具简单、尺寸小、成本低。同一模具可制造直径相同而壁厚不同的封头；

④ 工艺装备更换时间短，占冲压加工的 1/5 左右，适于单件小批生产；

⑤ 封头成形质量好，不易产生减薄和折皱；

⑥ 压鼓机配有自动操作系统，翻边机的自动化程度也很高，操作条件好。

不足：

① 冷旋压成形后对于某些钢材还需要进行消除冷加工硬化的热处理；

② 对于厚壁小直径（小于等于 $\phi1400mm$）封头采用旋压成形时，需在旋压机上增加附件，比较麻烦，不如冲压成形简单；

③ 旋压过程较慢，生产率低于冲压成形。

(2) 旋压成形的方法

a. 单机旋压法　在旋压机上一次完成封头的旋压成形过程。它占地面积小，不需要半成品堆放地，生产效率较高。根据模具使用情况可分为有模旋压法、无模旋压法和冲旋联合法，分别如图 7-22（a）、（b）、（c）所示。

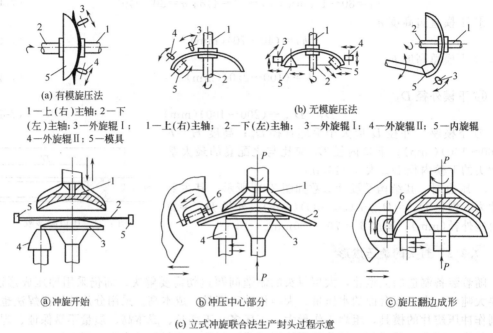

(a) 有模旋压法

1—上（右）主轴；2—下
（左）主轴；3—外旋辊Ⅰ；
4—外旋辊Ⅱ；5—模具

(b) 无模旋压法

1—上（右）主轴；2—下（左）主轴；3—外旋辊Ⅰ；4—外旋辊Ⅱ；5—内旋辊

ⓐ冲旋开始　　　　　　ⓑ冲压中心部分　　　　　　ⓒ旋压翻边成形

(c) 立式冲旋联合法生产封头过程示意

1—上压模；　2—坯料；　3—下压模；　4—内旋辊；　5—定位装置；　6—外旋辊

图 7-22　封头单机旋压成形

有模旋压法　这类旋压机具有一个与封头内壁形状相同的模具，封头毛坯被辗压在模具上成形，如图 7-22（a）所示。这类旋压机一般都是用液压传动，旋压所需动力由液压提供。因此效率较高、速度快，封头旋压可一次完成、时间短。同时具有液压靠模仿形旋压装置，旋压过程可以自动化。旋压的封头形状准确。在一台旋压机上可具有旋压、边缘加工等多种用途。但这类旋压机必须备有旋压不同尺寸封头所需的模具，因而工装费用较大。

无模旋压法　这类旋压机除用于夹紧毛坯的模具外，不需要其他的成形模具，封头的旋压全靠外旋辊并由内旋辊配合完成，如图 7-22（b）所示。下（或左）主轴一般是主动轴，由它带动毛坯旋转，外旋辊有两个或一个，数控旋压过程。该装备构造与控制比较复杂，适于批量生产。

冲旋联合法　在一台装备上先以冲压法将毛坯压鼓成碟形，再以旋压法进行翻边使封头成形。图 7-22（c）所示是立式冲旋联合法加工封头的过程示意。图ⓐ加热的毛坯 2 放到旋压机下模压紧装置的凸面 3 上，用专用的定中心装置 5 定位，接着有凹面的上模 1 从上向下将毛坯压紧，并继续进行模压，使毛坯变成碟形，如图ⓑ示。然后上下压紧装置夹住毛坯一起旋转，外旋辊 6 开始旋压并使封头边缘成形，内旋辊 4 起靠模支撑作用，内外辊相互配合，即将旋转的毛坯旋压成所需形状，如图ⓒ示。这种装置可旋压直径 $\phi 1600 \sim$ $\phi 4000 \mathrm{mm}$、厚度 18～120mm 的封头。这类旋压机虽然不需要大型模具，但仍需要用比较大的压鼓模具来冲压碟形,功率消耗较大。这种方法大都采用热旋压,需配有加热装置和装料设备,较适宜于制造大型、单件的厚壁封头。

　　b. 联机旋压法　　是用压鼓机和旋压翻边机先后对封头毛坯进行旋压成形的方法。首先用压鼓机将毛坯逐点压成凸鼓形,完成封头曲率半径较大的部分成形,如图7-23(a)所示,然后再用旋压翻边机将其边缘部分逐点旋压,完成曲率半径较小部分的成形,如图7-23(b)所示。

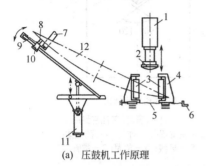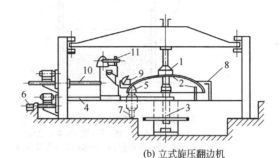

(a) 压鼓机工作原理　　　　　　　　　　　　　　　(b) 立式旋压翻边机

1—油压缸;2—上胎(下胎未画出);3—导辊;4—导辊架;　　　1—上转筒;2—下转筒;3—主轴;4—底座;
5—丝杆;6—手轮;7—导辊(可作垂直板面运动);　　　　　　5—内旋辊;6—内辊水平轴;7—内辊垂直轴;
8—驱动辊;　9—电机;10—减速箱;　　　　　　　　　　　　8—加热炉;9—外旋辊;10—外辊水平轴;
11—压力杆;12—毛坯　　　　　　　　　　　　　　　　　　　　　11—外辊垂直轴

图7-23　联机旋压法

　　这种方法占地面积大,需有半成品堆放地,工序间的装夹、运输等辅助操作多。但机器结构简单,不需要大型胎具,而且还可以组成封头生产线。目前采用此法仍较多。

7.2.3　封头的爆炸成形

　　封头的爆炸成形是利用高能源炸药在极短时间内(约10^{-6}s)爆炸所产生的巨大冲击波,并通过水或砂子等介质作用在封头毛坯上,迫使其产生塑性变形而获得所要求形状、尺寸的封头。封头爆炸成形根据是否采用模具可分为有模成形和无模成形。

　　(1) 有模爆炸成形

　　封头有模爆炸成形如图7-24(a)所示。封头毛坯6被夹紧在压板3与模具5之间,在毛坯上放置着竹圈2及塑料布1,其中盛水,水中挂有炸药包10。模具利用支架7撑离地面一定高度,在支架中装有砂子。在接通电源使炸药爆炸后,高压冲击波使毛坯通过模具下落,封头即可成形。这种爆炸成形的特点是:

　　封头成形质量好,可以达到要求的形状、尺寸及表面粗糙度,壁厚减薄较小;封头经退火处理后,其力学性能可进一步得到改善;

　　设备简单,不需要其他大型配套装备;

　　操作方便、效率高、成本低,对于成批生产更为有利。

　　影响封头爆炸成形质量的因素如下。

　　a. 炸药种类及用量　　爆炸成形的炸药分为低能炸药(如硝胺)和高能炸药(如三硝

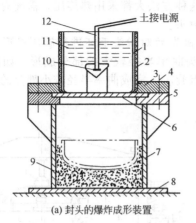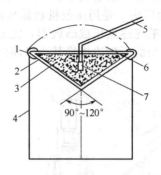

(a) 封头的爆炸成形装置　　　　　　(b) 炸药包的结构

1—塑料布；2—竹圈；3—压板；4—螺栓；　　　　1—胶布、黄泥、黄油密封；
5—模具；6—毛坯；7—支架；8—底板；　　　　2—铁皮罩；3—炸药；4—药包架；
9—砂；10—炸药包；11—水；12—雷管导线　　　5—导线；6—黄泥；7—雷管

图 7-24　封头有模爆炸成形

基甲苯)。炸药的用量主要决定于毛坯的尺寸，可以通过下述方法确定。

试验法　根据爆炸成形同类封头的用药量，按材料强度和封头尺寸、厚度，用能量准则进行估算试验。能量准则也称为"二、四、八"准则，即如果封头尺寸不变，厚度增加一倍，则需要两倍用药量；如果封头厚度不变，而尺寸放大一倍，则需要四倍用药量；如果封头尺寸和厚度均增加一倍，则需要八倍药量。如果封头所用材料强度提高，则用药量也按比例增加。

估算法　经大量试验结果整理得出，低碳钢封头爆炸成形的炸药用量计算式为

$$\frac{H}{D_m} = K \left(\frac{W}{D_m^2 \delta}\right)^{0.78} \left(\frac{D_m}{h}\right)^{0.74} \tag{7-50}$$

式中　H——封头全高，mm；

　　　D_m——模口直径，mm；

　　　W——炸药量，g；

　　　δ——封头毛坯厚度，mm；

　　　K——压力传递介质系数，对于水 $K=120$，对于砂 $K=44.2$；

　　　h——炸药包吊高（药位高度），通常可取 $h=(1/3\sim1/4)D_n$（D_n 为封头内径），mm。

在采用水作为传递压力介质时，由式（7-51）可得炸药用量为

$$\ln W = 1.282\ln H + \ln\delta + 0.9487\ln h - 0.2308\ln D_m - 6.1378 \tag{7-51}$$

上述炸药用量是按三硝基甲苯计算的，如采用硝胺，则用药量还需增加 13%～18%。

b. 炸药包的形状　与封头成形的形状、尺寸有很大关系。爆炸成形用的炸药包形状有球形、柱形、锥形、环形等。对于椭圆形封头应采用锥形炸药包，锥顶角通常取为 90°～120°，如图 7-24（b）所示。锥形炸药包爆炸后，顶部产生的冲击波较弱，而锥面产生的冲击波较强，这样有利于凸缘毛坯流入模腔，壁厚减薄量不大。

c. 压力传递介质　如果用炸药直接爆炸（即以空气为压力传递介质），往往会因爆炸冲击波和旋压速率太快而导致毛坯破裂，因而较少采用。如果用砂子作为压力传递介质，由于其与毛坯间存在较大的摩擦力，虽有防止封头起折皱的作用，但由于其压力传递效率低，冲击波的能量损失较大，因而也很少采用。目前大都用水作为压力传递介质，因为水的可压缩性很小，其本身所消耗的变形能极少，水向各方向传递压力均匀，传压效果好，而且使用方便，价廉易取。

选择合理的水层高度是很重要的。水层过浅，会削弱作用到毛坯上的压力；水层过深，会增加生产辅助时间和不必要的水量消耗。通常可取水层高度为炸药包吊高的 2.4～2.8 倍。

d. 模具尺寸设计　爆炸成形所用的模具很简单，只是一个圆环，其内径 D_m 应既保证封头毛坯能顺利通过，又保证封头具有准确的成形尺寸。通常按式（7-52）确定。

$$D_m = D_n + 2\delta + \Delta \qquad (7\text{-}52)$$

式中　D_n——封头内径，mm；

　　　δ——毛坯厚度，mm；

　　　Δ——变形余量，mm。

（2）无模爆炸成形

封头无模爆炸成形不用模具，它是通过控制载荷的分布来达到控制封头成形的目的。图 7-25 所示为封头的无模爆炸成形简图。

成形加工先选择安全、适宜的基地，如山谷或沙滩，要求砂床透气性和温度较好。再挖一直径为毛坯直径两倍的锥形地坑，圆锥角 α 一般为 90°～100°左右。

为了克服无模爆炸成形后封头边缘起折皱和无直边的缺陷，可在毛坯上加放压边圈，或在毛坯外侧焊一防皱圈。为造出直边，可在封头的成形端口加放成形环。

无模爆炸成形与其他封头成形方法相比，有以下优点：

装置简单，成本低，操作方便；

封头弯曲度均匀，表面光滑，成形质量好；

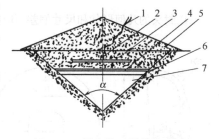

图 7-25　封头的无模爆炸成型
1—导线；2—雷管；3—平面药包；
4—毛坯；5—砂堆；6—防皱圈；7—砂坑

由于爆炸产生的冲击波是呈球面传播的，故可制造其他成形方法难以制造的球形封头。

可以使双金属的复合工艺与封头成形工艺结合起来一步完成，使某些难于冲压的金属材料如磷青铜等，也能顺利完成封头成形，简化了工艺。

封头爆炸成形工艺若处理不当，存在一定的危险性。具体实施必须做好安全防护工作，并应取得有关部门的认可和批准。

7.2.4　封头制造的质量要求

① 封头应尽量用整块钢板制成，必须拼接时，焊缝数量及位置参见封头的划线技术要求。

② 封头冲压前应清除钢板毛刺，冲压后去除内外表面的氧化皮，表面不允许有裂纹等缺陷。对于微小的表面裂纹和高度达 3mm 的个别凸起应进行修整。人孔板边处圆柱部

分上距板边圆弧起点大于 5mm 处的裂口，经检验部门同意后，可修磨、补焊，修磨后的板厚不得超过表 7-15 的规定。缺陷补焊后应进行无损检测。

表 7-15　封头几何形状和尺寸偏差　　　　　　　　　　　　　　　　mm

名　称		代号	偏　差	名　称		代号	偏　差
总　高　度		ΔH	$+10$ -3	人孔板边高度		h_2	± 3
圆柱部分倾斜	$\delta \leqslant 30$	ΔK	$\leqslant 2$	人孔尺寸	椭圆形	a,b	$+4$ -2
	$\delta > 30$		$\leqslant 3$		圆　形	d	± 2
过渡圆弧处减薄量	标准椭圆形	$\Delta \delta$	$\leqslant 10\%\delta$	人孔中心线偏差		e	$\leqslant 5$
	深椭圆和球形		$\leqslant 15\%\delta$				

注：δ 为公称壁厚。

③ 封头和筒体对接处的圆柱部分长度 L 应符合表 7-16 的规定。球形封头可取 L 为零。

表 7-16　封头圆柱形部分长度　　　　　　　　　　　　　　　　mm

封头壁厚 δ	$\delta \leqslant 10$	$10 < \delta \leqslant 20$	$\delta > 20$
长度 L	$L \geqslant 25$	$L \geqslant \delta + 15$	$L \geqslant \dfrac{\delta}{2} + 25$ 且 $L \leqslant 50$

④ 封头的几何形状和尺寸偏差不应超过表 7-15 和表 7-17 的规定（参见 图 7-26 和图 7-27）。

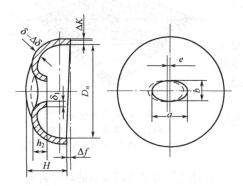

图 7-26　椭圆形封头中心开椭圆形人孔

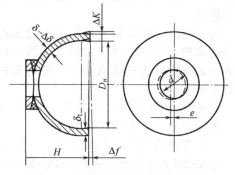

图 7-27　球形封头中心开圆形人孔

表 7-17　封头几何形状和尺寸偏差　　　　　　　　　　　　　　　　mm

公称内径 D_n	内径偏差 ΔD_n	椭圆度 $D_{maxx} - D_{min}$	端面倾斜度 Δf	人孔板边处厚度 δ_1
$D_n \leqslant 1000$	$+3$ -2	4	1.5	
$1000 < D_n \leqslant 1500$	$+5$ -3	6	1.5	$\delta_1 \geqslant 0.7\delta$
$D_n > 1500$	$+7$ -4	8	2.0	

注：δ 为公称壁厚。

7.3 管子的弯曲

（1）应力分析及易产生的缺陷

如图 7-28 所示，管子在弯矩 M 作用下发生纯弯曲变形时，中性轴外侧管壁受拉应力 σ_1 的作用，随着变形率的增大，σ_1 逐渐增大，管壁可能减薄，严重时可产生微裂纹；内侧管壁受压应力 σ_2 的作用，管壁可能增厚，严重时可使管壁失稳产生折皱；同时在合力 N_1 与 N_2 作用下，使管子横截面变形，若管子是自由弯曲，变形将近似为椭圆形，如图 7-28（b）所示，若管子是利用具有半圆槽的弯管模进行弯曲，则内侧基本上保持半圆形，而外侧变扁，如图 7-28（b）所示。

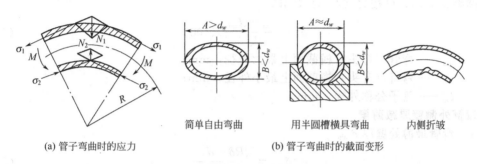

(a) 管子弯曲时的应力　　　　　(b) 管子弯曲时的截面变形

图 7-28　管子弯曲的应力和变形分析

上述缺陷一般情况下不能同时发生，当相对弯曲半径 R/d_w 和相对弯曲壁厚 δ/d_w 越小，即弯曲半径 R 越小，管子公称外径 d_w 越大，管子壁厚 δ 越薄时，上述弯管缺陷越容易产生。

管子外径 d_w 和壁厚 δ 通常由结构与强度设计的决定，而管子弯曲半径 R 应根据结构要求和弯管工艺条件来选择。为尽量预防弯管缺陷的产生，管子弯曲半径不宜过小，以减小变形度，若弯曲半径较小时，可适当采取相应的工艺措施，如管内充砂、加芯棒、管子外用槽轮压紧等工艺。

（2）变形率要求及变形量计算

a. 变形率要求　在行业标准 HG 20584—1998《钢制化工容器制造技术要求》中对钢管冷弯曲的变形率做出如下规定。

钢管冷弯后，如变形率超过下列范围时，应进行热处理：

碳钢、低合金钢的钢管弯管后的外层纤维变形率应不大于钢管标准规定伸长率 δ_5 的一半，或外层材料的剩余变形率应不小于 10%；

对有冲击韧性要求的钢管，最大变形率不大于 5%。

在实际生产中控制管子弯曲变形率的主要方式是控制管子弯曲的半径，弯曲半径越小、变形率越大，就越容易产生弯管缺陷。不同管材、规格的管子弯曲半径，有关标准和资料作了一些规定，如 JB 1624《中低压锅炉管子弯曲半径》中对选取常用弯管半径（指管子中性层处弯曲半径）作了规定。GB 151—89《钢制管壳式换热器》中要求 U 形管弯

管段的弯曲半径 R（见图 7-28）应不小于两倍的管子外径。常用换热管的最小弯曲半径 R_{min} 按表 7-18 选取。

表 7-18　换热管最小弯曲半径 R_{min}　　　　mm

换热管外径	10	14	19	25	32	38	45	57
R_{min}	20	30	40	50	65	75	90	115

需要指出的是，上述介绍的管子弯曲半径不但与管子外径 d_w 和壁厚 δ 有关，还与管子材质、弯管工艺、弯管方法等因素有关。

b. 变形量计算

椭圆率 a　管子进行简单的自由弯曲，其横截面将成为近似的椭圆形，其椭圆的程度用椭圆率 a 表示，可按式（7-53）计算。

$$a=\frac{d_{max}-d_{min}}{d_w}\times100\%\qquad(7-53)$$

式中　d_{max}——弯管（弯头）横截面上最大外径，mm；

　　　d_{min}——弯管（弯头）横截面上最小外径，mm；

　　　d_w——管子公称外径，mm。

弯管外侧壁厚减薄量

ⅰ. 弯管最薄处壁厚 δ_{min}

$$\delta_{min}=\frac{2R\delta-d_w}{2(R+R_w)}\qquad(7-54)$$

$$\delta_{min}=\left(1-\frac{d_w}{4R}\right)\delta\qquad(7-55)$$

式中　δ——弯管前管子壁厚，mm；

　　　R——管子弯曲半径，参见图 7-28（a），mm；

其他符号意义同上。

ⅱ. 管子弯头处壁厚减薄量 b

$$b=\frac{\delta-\delta_{min}}{\delta}\times100\%\qquad(7-56)$$

式中符号意义同上。

弯管伸长量　管子弯曲后产生的塑性变形将使管子的总长度增加，弯管后的伸长量与诸多因素有关，如冷弯或热弯、管子材质、弯曲半径、弯管方法、弯管工艺等，生产中常按经验。

ⅰ. 近似估算的经验数据　不同直径的管材弯曲不同角度时，伸长量可按表 7-19 进行近似的估算。

表 7-19　弯曲不同角度时伸长量的估算

d_w/mm	16～18	25	32～42	51～89	108	133	159
$(\Delta l/\alpha)$(mm/°)	5/180	(8～9)/180	(9～10)/180	(0.8～1.3)/10	(1.3～1.5)/10	(1.5～1.7)/10	(2～2.5)/10

ⅱ. 弯头伸长量 Δl 的计算公式

$$\Delta l = \frac{\pi\alpha}{180°}e \tag{7-57}$$

$$\rho \approx \frac{r}{2}\sqrt{\frac{r}{R}}$$

$$r = \frac{d_w - \delta}{2}$$

式中　α——管子弯曲角度，(°)；

　　　e——中性层偏移量，mm；

　　　r——管子平均半径，mm；

其他符号意义同上。

7.3.2　弯管方法

生产中弯管的方法很多，有冷弯和热弯、有芯弯管和无芯弯管、手工弯管和机动弯管，按外力作用方式又有压（顶）弯、滚压弯、拉弯和冲弯等。其主要目的是在保证弯管的形状、尺寸的同时，要尽量减少和防止弯管时产生的不同缺陷。下面以冷弯、热弯为主，同时介绍其他弯管方法。

（1）冷弯或热弯方法的选择

选择冷弯或热弯方法主要考虑如下内容。

① 管子的尺寸规格和弯曲半径。通常管子的外径大、管壁较厚、弯曲半径较小时，多采用热弯，相反则采用冷弯。同时，注意表 7-20 的内容（其中，管子相对弯曲壁厚 $\delta_x = \delta/d_w$，相对弯曲半径 $R_x = R/d_w$），并且注意管子冷弯，热弯方法的特点及有关工艺要求。

表 7-20　冷弯和热弯的适用范围

		无		芯		有	芯
	$d_w < 108$mm （或 $d_g < 100$mm）	弯管机回弯	挤弯	简单弯曲	滚弯	$\delta_x \geq 0.05$	$\delta_x \geq 0.035$
冷弯		$\delta_x \approx 0.1$	$\delta_x \geq 0.06$	$\delta_x \geq 0.06$	$\delta_x \geq 0.06$		
	$R > 4d_g$	$R_x \geq 1.5$	$R_x \geq 1$	$R_x > 10$	$R_x > 10$	$R_x \geq 2$	$R_x \geq 3$
	$d_g < 400$mm	充砂	热挤			热挤	
热弯	中低压管路 $R \geq 3.5d_g$	$\delta_x \geq 0.06$	$\delta_x \geq 0.06$			$\delta_x \geq 0.06$	
	高压管路 $R \geq 5d_g$	$R_x \geq 4$	$R_x \geq 1$			$R_x \geq 1$	

② 管子材质低碳钢、低合金钢可以冷弯或热弯；合金钢、高合金钢应选择热弯。

③ 弯管形状较复杂，无法冷弯，可采用热弯。

④ 不具备冷弯设备、采用热弯。

（2）冷弯方法及特点

冷弯不需要加热，效率较高，操作方便，所以直径在 108mm 以下的管子大多采用冷弯，直径在 60mm 以下的厚壁管也可以采用适当工艺措施冷弯。冷弯方法有采用手动弯管机弯管和机动弯管机弯管。机动弯管法中拉拔式弯管法应用较广泛。

a. 手动弯管法 常使用手动弯管器（参见图 7-29）来完成弯管。弯管前管内常填充干燥砂，管端塞堵或焊堵。弯管时将管子插入固定扇轮 1 与活动滚轮 2 之间，使其一端放入夹子 6 中，推动手柄 4 带动滚轮朝管子弯曲方向转动，一直达到所需要的弯曲角度为止。这种弯管器是利用一对不能调换的固定扇轮和活动滚轮滚压弯管，故只能弯曲一种规格（外径在 32mm 以下）与一种弯曲半径（由固定扇轮的半径来决定）的管子。从保证弯管质量合格考虑，凭经验一般取最小弯曲半径为管径的四倍。手动弯管法劳动量大，生产率较低，但设备简单，并且能弯曲各种弯曲半径和各种弯曲角度的管子，所以应用仍较普遍，尤其是现场组对、安装和修配时。

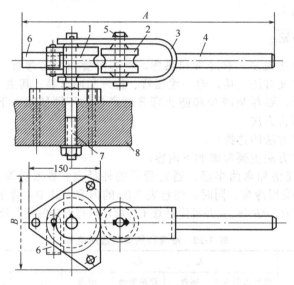

图 7-29 手动弯管器
1—工作扇轮；2—活动滚轮；3—夹叉；4—手柄；5—销轴；6—夹子；7—螺栓；8—工作台

b. 拉拔式弯管法 常用的机动弯管机采用拉弯法使管子截面材料的受拉应力为主弯曲成形，按其结构形式分为滚轮式和导槽式两种，可以采用无芯弯管、反变形弯管和有芯弯管等方法。

辊轮式弯管机无芯弯管如图 7-30 所示，辊轮式弯管机由电机驱动，通过蜗轮减速器带动扇形轮 1 转动。弯管时，将管子安置在扇形轮与压紧辊 3、导向辊 4 中间，并用夹头 2 将管子固定在扇形轮的周边上。当扇形轮顺时针转动时，管子随同一起旋转，被压紧辊和导向辊阻挡而弯曲成形。扇形轮的半径即为弯管的弯曲半径（弯管机配有不同半径的扇形轮）。

导槽式弯管机有芯弯管如图 7-31 所示，它与辊轮式弯管机的区别是用导槽代替辊轮。由于导槽与管子接触面大，在控制管子截面变形上比辊轮优越。另外，还可以在管子内放置一根芯棒，预防管子的变形（参见有芯弯管）。

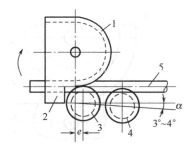

图 7-30　辊轮式弯管机无芯弯管
1—扇形轮；2—夹头；3—压紧辊；
4—导向辊；5—管子

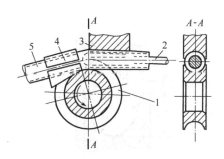

图 7-31　导槽式弯管机有芯弯管
1—扇形轮；2—芯棒；3—导槽；
4—夹头；5—管子

　　反变形弯管如图 7-32 所示。无芯弯管法管内无支撑易产生椭圆变形。为预防变形，可采用反变形弯管法，即将压紧辊的辊槽设计成反变形槽。反变形槽的宽度 B 应略小于管子外径d_w，压紧辊与扇形辊的间隙 $\Delta \approx 1 \sim 2\text{mm}$，其他尺寸参见表 7-21。压紧辊中心线与扇形轮中心线之间的距离 e（见图 7-30）可在 $0 \sim 12\text{mm}$ 范围内调整，为便于装卸管子，压紧辊和导向辊的中心线应与扇形轮中心线倾斜 $3° \sim 4°$。

表 7-21　反变形槽尺寸设计

相对弯曲半径 R/d_w	R_1	R_2	R_3	H
$1.5 \sim 2.0$	$0.5d_w$	$0.95d_w$	$0.37d_w$	$0.56d_w$
$\geqslant 2.0$	$0.5d_w$	$1.0d_w$	$0.4d_w$	$0.545d_w$
$\geqslant 3.5$	$0.5d_w$	—	$0.5d_w$	$0.5d_w$

　　反变形槽的作用是使被弯管子在弯曲前先产生一个预变形，其变形方向与弯曲变形方向相反，因而管子被弯曲后，两个相反方向的变形可以互相抵消或减小最后的变形，尽量保证弯管截面呈圆形。

　　反变形弯管在终弯点后边一小段（参见图 7-33 中阴影 A 处）因未受弯曲，其反变形无法恢复，反而呈椭圆形，因此要恰当调整后变形槽尺寸，反变形不可过大，使最后的剩余反变形在允许范围之内。

　　反变形槽压紧辊制造较复杂，使用中也易磨损，所以在有一定批量、大直径弯管时才考虑采用反变形弯管法。而且只有在弯曲半径 $R > 1.5d_w$ 时，采用反变形弯管法才能保证质量。

　　有芯弯管如图 7-34 所示。为弯制大直径的管子，减少弯管变形，可在管内设置一根芯棒，芯棒另一端固定在弯管机支架上，弯管时芯棒不动，芯棒的形状、尺寸及在管内的位置是保证有芯弯管质量的关键。辊轮式弯管机有芯弯管及五种芯棒形状如图 7-34 所示。

　　图ⓐ 所示为圆柱式芯棒，形状简单，制造方便，在生产上得到广泛的应用。但是，由于芯棒与管壁弯管时的接触面积小，因而其防止椭圆变形的效果较差。这种芯棒适用于相对弯曲壁厚 $\delta_x \geqslant 0.5$，相对弯曲半径 $R_x \geqslant 2$ 或 $\delta_x = 0.035$，$R_x \geqslant 3$ 的情况。

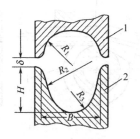

图 7-32 反变形槽

1—扇形轮；2—反变形槽压紧辊

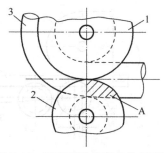

图 7-33 反变形法终弯点的变形区

1—扇形轮；2—反变形槽压紧辊；

3—被弯管子；A—终弯点的变形区

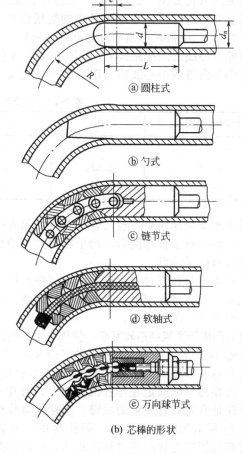

ⓐ 圆柱式

ⓑ 勺式

ⓒ 链节式

ⓓ 软轴式

ⓔ 万向球节式

(b) 芯棒的形状

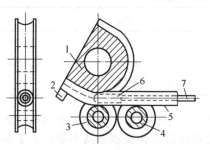

(a) 辊轮式弯管机有芯弯管

1—扇形轮；2—夹头；3—压紧辊；4—导向辊；
5—管子；6—芯棒；7—芯杆

图 7-34 辊轮式弯管机有芯弯管及芯棒的形状

图ⓑ 所示为勺式芯棒，芯棒可向前伸进，与管子外侧内壁的支撑面积较大，防止椭圆变形的效果较好，且有一定的防皱作用，但制作稍嫌复杂。这种芯棒的适用范围与圆柱式芯棒相同。

图ⓒ 所示为链节式芯棒，是一种柔性芯棒，由支撑球和链节组成，能在管子的弯曲平面内挠曲，以适应管子的弯曲变形。因为它可以深入管子内部与管子一起弯曲，故防止椭圆变形的效果很好。但这种芯棒制造复杂，成本高，一般不宜采用。

图 ⓓ 所示为软轴式芯棒，也是一种柔性芯棒，是利用一根软轴将几个碗状小球串接而成。它也能深入管中与管子一起弯曲，防止椭圆效果好。

图ⓔ 所示为万向球节式芯棒，是一种可以多方向挠曲的柔性芯棒。芯棒各支撑球之间采用球面铰接，因而可以很方便地适应各种变形。支撑球可以自由转动，其磨损均匀，使用寿命长。

上述图ⓒ、图ⓓ、图ⓔ三种柔性芯棒如与防皱板、顶镦机构配合使用，可用于相对弯曲半径 $R_x \geqslant 1.2$ 的情况。

芯棒的尺寸及其伸入管内的位置，对弯管质量影响很大 [参见图 7-34（a）]。芯棒的直径 d 一般取为管子内径 d_n 的 90% 以上。通常比管内径小 $0.5 \sim 1.5$mm。芯棒长度 L 一般取为 $(3 \sim 5) d$；d 大时系数取小值，d 小时系数取大值。芯棒伸入弯管区的距离 e，可按式（7-58）选取。

$$e = \sqrt{2\left(R + \frac{d_n}{2}\right)Z - Z^2} \qquad (7\text{-}58)$$

式中　Z——管子内径与芯棒间的间隙，$Z = d_n - d$，mm。

为了方便、准确地调整好芯棒的位置，可将被弯管子预先切下一小段短圆环，使之沿扇形轮的半圆槽滑动，模拟出管子弯曲时弯头的轨迹，并以此调整芯棒的位置，以芯棒刚能通过管环内壁的位置作为正式弯管时芯棒应处的位置，如图 7-35 所示。为了减少芯棒与管内壁的摩擦，管内应涂润滑油或采用喷油芯棒。

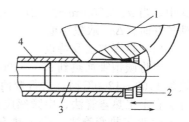

图 7-35　用管环调整芯棒位置
1—扇形轮；2—管环；3—芯棒；4—管子

有芯弯管虽可预防管子椭圆变形，但因芯棒与管内壁摩擦，会使内壁粗糙度增大，弯管功率也增大，小直径的管子采用有芯弯管还存在很多困难。

（3）冷弯管的回弹量计算

管子冷弯后部分弹性变形的恢复，称为回弹量。为此，在设计扇形轮半径时，应比需要的弯曲半径小些；在设计弯管的弯曲角时，应比需要的弯曲角大些。其确定方法如下。

① 回弹前弯曲半径（即扇形轮半径）R'

$$R' = \frac{R}{1 + 2m \dfrac{\sigma_s}{E} R_x} \qquad (7\text{-}59)$$

式中　R——需要弯曲的半径，mm；

　　　R_x——相对弯曲半径，$R_x = \dfrac{R}{d_w}$；

σ_s——材料的屈服强度，MPa；

E——材料的弹性模量，碳钢为 2×10^5 MPa，MPa；

m——系数，$m = K_1 + \dfrac{K_o}{R_x}$；

K_o——钢材的相对强化模数，查表 7-2；

K_1——管子的截面形状系数，$K_1 = 1.275 \dfrac{d_w - 2\delta}{d_w - 3\delta}$ 或查表 7-22。

表 7-22 K_1 与 δ/d_w 关系

δ/d_w	0~0.05	0.06~0.12	0.13~0.20	0.21~0.30
K_1	1.3	1.4	1.5	1.6

当 $R_x \leqslant 10$ 时，可按经验公式确定 R'：碳钢管 $R' = (0.96 \sim 0.98)R$；合金钢管 $R' \approx 0.94R$，弯曲半径 R 大时，R' 取较小值。一般 $R_x \leqslant 1.5$ 时，可以不考虑回弹量。

② 回弹前弯曲角度 α'

$$\alpha' = \frac{\alpha}{1 - 2m \dfrac{\sigma_s}{E} R_x} \tag{7-60}$$

式中 α——回弹后弯曲角（需要弯曲角），（°）；

其他符号意义同上。

当 $R_x = 2.5 \sim 6$ 时，可按经验公式确定回弹角 $\Delta\alpha$，然后通过试弯进行修正。

$$\alpha' = \alpha + \Delta\alpha; \quad \Delta\alpha = \Delta\alpha_1 + 0.05\alpha \tag{7-61}$$

式中，当 $d_w \leqslant 76$mm 时，$\Delta\alpha_1 = 2.5° \sim 3°$；当 $d_w = 83 \sim 108$mm 时，$\Delta\alpha_1 = 4° \sim 5°$。材料塑性较好时，$\Delta\alpha_1$ 取较小值。

(4) 热弯方法及特点

当将碳钢管加热到 950~1000℃，低合金钢管加热到 1050℃左右，18-8 型不锈钢管加热到 1100~1200℃时，进行弯曲加工，通常称为管子的热弯加工。生产中常用的热弯管方法有手工热弯管法、中频感应加热弯管法等。

a. 手工热弯管法　手工热弯管前，在管内装实烘干纯净的砂子，并将管口封堵好。管子被弯曲部位加热要均匀，达到加热温度后立即送至弯曲平台，夹在插销之间，如图 7-36（a）所示为应用样杆弯管。

为不使管子夹坏，可以放保护垫（钢板或木板）。弯管时施力要均匀，并按样杆形状或按预先划出的弯曲半径线进行弯曲。对已达到弯曲半径的部位，可用水冷却，但对合金钢管弯曲时禁用水冷，以防淬硬、出现微裂纹。弯管终止温度控制在 800℃左右，即当管壁颜色由樱红色变黑时，立即停止弯曲。

若是批量弯曲相同的管子、半径时，可以应用样板弯管如图 7-36（b）所示。将样板用插销固定在弯管平台上。这种方法弯曲的半径、弯曲角较准确，效率较高。管径较大时，可利用卷扬机代替手工弯管。

b. 中频加热弯管法　是将特制的中频感应线圈套在管子适当位置上，依靠中频电流（通常为 2500Hz）产生的热效应，将管子局部迅速加热到需要的高温（900℃左右），采用

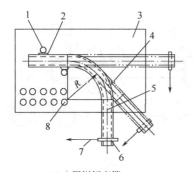
(a) 应用样杆弯管
1—插销；2—垫片；3—弯管平台；4—管子；
5—样杆；6—夹箍；7—钢丝绳；8—插销孔

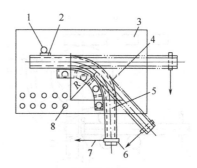
(b) 应用样板弯管
1—插销；2—垫片；3—弯管平台；4—样板 (胎模)；
5—管子；6—夹箍；7—钢丝绳；8—插销孔

图 7-36　手工热弯管

机械或液压传动，使管子边加热边拉弯或推弯成形。如图 7-37 (a)、(b)、(c) 所示分别为拉弯式、推弯式中频感应加热弯管和中频感应圈结构。

拉弯式中频感应加热弯管［参见图 7-37 (a)］，先按管子外径配置好感应圈 5，套在待弯管子 1 上，靠导向辊 6 保持管子与感应圈同轴，管子一端通过夹头 2 固定在转臂 3 上，另一端自由地托在支撑辊 7 或机床面上，管子仅在感应圈宽度范围内 (一般为 5～20mm) 被加热到 900～950℃，然后转臂回转将管子拉弯，紧接着被从感应圈侧面喷水孔［见图 7-37 (c)］喷出的水冷却。因此，加热管段的前后均处于冷态，只有加热段被弯曲。这样，管子局部被加热—弯曲—冷却，连续进行下去，就完成了整个管子的成形。

中频加热弯管的优点是弯管机结构简单，不需模具，消耗功率小。转臂长度可调以弯曲不同的半径，可弯制相对弯曲半径 $R_x = 1.5～2$ 的管件。加热速度快，热效率高，弯管表面不生氧化皮。弯管质量好，椭圆变形和壁厚减薄小，不易产生折皱。拉弯式可弯制 180°弯头。其缺点是投资较大，耗电量大。拉弯式易产生弯头外侧壁厚减薄，弯曲半径受转臂长度影响。

为弥补拉弯式的不足，可采用推弯式中频加热弯管，如图 7-37 (b) 所示。推弯式的动力在管子末端，管子只能沿转臂作图弧弯曲。推弯式外壁减薄量小，弯曲半径调整方便，但弯曲角度一般不超过 90°角。

中频感应圈是保证中频加热弯管质量的关键，其结构如图 7-37 (c) 所示。感应圈大都用紫铜管制成，其内径 d_1 比管子外径 d_w 大 20～100mm，宽度 h 为 5～20mm，外径 d_2 按允许通过的最大电流密度 (20～40A/mm²) 确定。管内通水冷却，并沿着感应圈侧面圆周具有一圈斜向喷水机，喷水压力以 0.05MPa 表压为宜，喷水温度低于 75℃。

管子被加热程度 (温度) 与电流大小密切相关，电流太大，管子而被烧损；电流太小，加热不够，弯管困难。

7.3.3　管件制造的技术要求

用于不同装备 (如换热器、锅炉等) 的管件，其具体的技术要求有所不同，但总的原

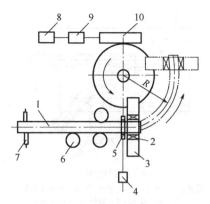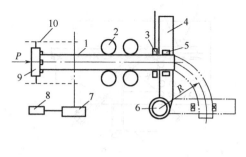

(a) 拉弯式中频感应加热弯管

1—管子；2—夹头；3—转臂；4—变压器；
5—中频感应圈；6—导向辊；7—支撑辊；
8—电动机；9—减速器；10—蜗轮副

(b) 推弯式中频感应加热弯管

1—管子；2—导向辊；3—感应圈；4—转臂；
5—夹头；6—立轴；7—变速箱；8—调速电动机；
9—推力挡板；10—链条

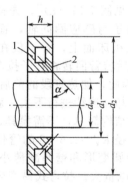

(c) 中频感应圈结构

1—感应线圈；2—喷水孔

图 7-37　中频加热弯管

则一致。现以换热管和 U 形管的设计、制造为例，简介管件制造的技术要求（详细要求见相应标准）。

（1）换热管的拼接

换热器用换热管拼接时，须符合下列要求。

① 同一根换热管，其对接焊缝不得超过一条（直管）或两条（U 形管）。

② 最短管长不得小于 300mm。

③ 包括至少 50mm 直管段的 U 形管段范围内不得有拼接焊缝。

④ 对口错边量应不超过管子壁厚的 15%，且不大于 0.5mm；直线度偏差以不影响顺

利穿管为限。

⑤ 对接后，应按表 7-23 选取钢球直径对焊接接头进行通球检查，以钢球通过为合格。

表 7-23　通球直径

mm

换热管外径 d_w	$d_w \leqslant 25$	$25 < d_w \leqslant 40$	$d_w > 40$
钢球直径	$0.75d_i$	$0.8d_i$	$0.85d_i$

注：d_i 为换热管内径。

⑥ 对接焊接接头应作焊接工艺评定。

⑦ 对接焊接接头应进行射线检测，抽查数量应不少于接头总数的 10%，且不少于一条，以 GB 3323—87 的 Ⅲ 级为合格。如有一条不合格时，应加倍抽查；再出现合格时，应 100% 检查。

⑧ 对接后的换热管，应逐根做液压试验，试验压力为设计压力的两倍。

（2）U 形管的弯制

① U 形管弯管段的圆度偏差，应不大于管子名义外径的 10%。

② U 形管不宜热弯，否则应征得用户同意。

③ 当有耐应力腐蚀要求时，冷弯 U 形管的弯管段及至少包括 150mm 的直管段应进行热处理：

碳钢、低合金钢管作消除应力热处理；

奥氏体不锈钢管可按供需双方商定的方法进行热处理。

另外，对于其他装备，如锅炉的管件制造还有管子端面倾斜度、对接后的弯折度、管子弯曲角度偏差、弯曲管子的平面度等要求。

复　习　题

7-1　钢板冷弯卷时，金属的临界变形率 ε_c 与最小冷卷半径 R_{min} 之间的关系。

7-2　热卷筒节成形的特点。

7-3　利用对称式三辊卷板机卷制筒节时，直边产生的原因及其处理方法。

7-4　简述封头冲压加工时的应力状态和冲压加工后封头壁厚的变化情况。

7-5　冲压加工标准椭圆形封头，材料 Q235，公称直径 $D_g = 2200mm$，壁厚 $\delta = 12mm$，直边高度 $h = 45mm$，试制定下列加工工艺内容：

① 估算冲压加工该封头的冲压力（压力机吨位）；

② 设计冲压加工该封头时的冲压模具（冲头和冲环）。

7-6　封头旋压成形的特点。

7-7　管子弯曲时易产生的缺陷及控制方法。

8 典型压力容器

压力容器是过程装备的核心，随着现代生产的需要和科学技术的发展，压力容器的应用领域越来越广，且出现了不少结构不同的压力容器，现对工程上几种典型压力容器如换热压力容器（换热器）、储存容器（各种储罐）、热套式超高压容器、扁平钢带错绕式压力容器，分别简介其各自的结构及特点。

8.1 管壳式换热器

在炼油、石油化工等过程装备中，几乎所有的工艺过程都有装备为加热、冷却或冷凝过程（统称为传热过程）服务（除加热炉外），这些装备又统称为冷换设备（习惯上称为换热设备或换热器）。据统计，在各种石油化工厂、炼油厂，换热设备约占总装备投资的10%～40%；在炼油厂的各工艺装置中，换热设备台数占工艺设备总台数的25%～70%；质量占工艺设备总质量的25%～50%；检修工作量有时可达总检修量的60%～70%。表8-1为几个石油化工典型装置中换热器的数量和所占比重，说明换热设备用量之大。各国对其研究和制造也都非常重视。

表 8-1 石油化工典型装置中换热器占有情况

装　　　置	专用设备[①]		换　热　器		
	总台数	总质量/t[②]	台数	质量/t	占总质量的百分数（%）
30 万吨/年　乙烯	273	7469.2	134	1902.43	25.5
4.5 万吨/年　丁二烯抽提	58	638.3	32	206.1	32.3
18 万吨/年　高压聚乙烯	326	1365	62	64	19.3
8 万吨/年　聚丙烯	318	967.5	93	243.87	25.2
6 万吨/年　乙二醇	85	1103.7	37	375.4	34.0
10 万吨/年　加氢制苯	78	734	37	129.38	17.6
250 万吨/年　原油常减蒸馏	118		81		69

① 包括中低压容器、换热器、反应器、炉类、化工机器。

② 炉类中不包括耐火材料、炉架质量。

换热设备种类繁多、结构各异，工程上以按结构型式、用途和传热方式三种方法分类最多，其中按结构型式分类的管壳式换热器又称为列管式换热器，是最典型的换热设备，在所有换热器中占有主导地位，无论是产值还是产量都超过半数以上。

管壳式换热器的工业生产有悠久的历史，工艺成熟，经验丰富，生产成本低，选用材料广泛，维修方便，适应性强，处理量大，尤其适于在高温、高压下应用。因此它在与近代出现的各种新型、高效和紧凑式换热器的竞争中仍处于主导地位，同时也是压力容器制造的典型代表。其壳体多以单层卷焊制造。

管壳式换热器结构型式很多，常用的有固定管板式、浮头式及 U 形管式等。

8.1.1　主要零部件、分类及代号

管壳式换热器主要零部件名称见表 8-2，主要部件分类及代号见表 8-3。

表 8-2　管壳式换热器主要零部件名称

序号	名称	序号	名称	序号	名称
1	平盖	21	吊耳	41	封头管箱（部件）
2	平盖管箱（部件）	22	放气口	42	分程隔板
3	接管法兰	23	椭圆形封头	43	悬挂式支座（部件）
4	管箱法兰	24	浮头法兰	44	膨胀节（部件）
5	固定管板	25	浮头垫片	45	中间挡板
6	壳体法兰	26	无折边球形封头	46	U 形换热管
7	防冲板	27	浮头管板	47	内导流筒
8	仪表接口	28	浮头盖（部件）	48	纵向隔板
9	补强圈	29	外头盖（部件）	49	填料
10	壳体（部件）	30	排液口	50	填料函
11	折流板	31	钩圈	51	填料压盖
12	旁路挡板	32	接管	52	浮动管板裙
13	拉杆	33	活动鞍座（部件）	53	部分剪切环
14	定距管	34	换热管	54	活套法兰
15	支持板	35	假管	55	偏心锥壳
16	双头螺柱或螺栓	36	管束（部件）	56	堰板
17	螺母	37	固定鞍座（部件）	57	液面计接口
18	外头盖垫片	38	滑道	58	套环
19	外头盖侧法兰	39	管箱垫片		
20	外头盖法兰	40	管箱短节		

注：序号 1～47 件可参见图 8-1～图 8-3，序号 48～58 件见 GB151—89（图 1-3～图 1-5）。

表 8-3　主要部件的分类及代号

前端管箱		壳体		后端结构	
A	平盖管箱	E	单程壳体	L	与 A 相似的固定管板结构
		F	具有纵向隔板的双程壳体	M	与 B 相似的固定管板结构

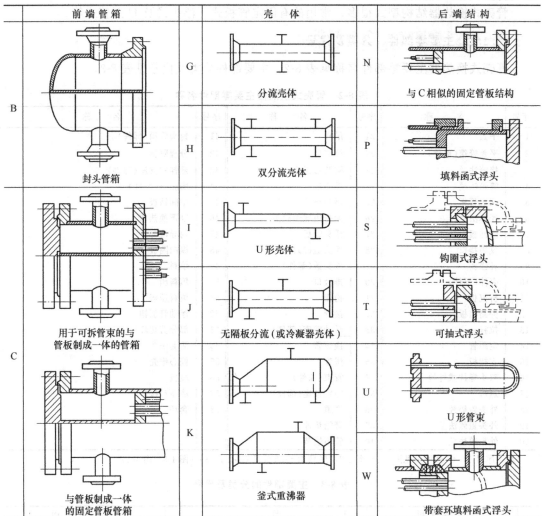

前端管箱		壳体		后端结构
B	封头管箱	G	分流壳体	N 与C相似的固定管板结构
		H	双分流壳体	P 填料函式浮头
C	用于可拆管束的与管板制成一体的管箱	I	U形壳体	S 钩圈式浮头
		J	无隔板分流(或冷凝器壳体)	T 可抽式浮头
	与管板制成一体的固定管板管箱	K	釜式重沸器	U U形管束
				W 带套环填料函式浮头

关于管壳式换热器，中国已颁布相关标准 GB 151—89《钢制管壳式换热器》，其型号和表示方法如下。

示例

① 两端可拆平盖管箱，公称直径 500mm，管程和壳程设计压力均为 1.6MPa，公称换热面积 54m²，高精度冷拔换热管外径 25mm，管长 6m，4 管程、单壳程的浮头式换热器的型号为

$$\text{AES500-1.6-54-}\frac{6}{25}\text{-4 I}$$

② 一端可拆管箱，公称直径 700mm，管程设计压力 2.5MPa，壳程设计压力 1.6MPa，公称换热面积 200m²，高精度冷拔换热管外径 25mm，管长 9m，4 管程、单壳

程的固定管板式换热器的型号为

$$BEM700-\frac{25}{1.6}-200-\frac{9}{25}-4 \text{ I}$$

$$\times\times\times \quad D_g-\frac{P_t}{P_s}-A-\frac{L}{d}-\frac{N_t}{N_s} \text{II（或II）I 级换热器（或II级换热器）}$$

管/壳程数，单壳程只写 N_t

L 为公称长度(m)；d 为换热管外直径(mm)

公称换热面积(m^2)

管/壳程设计压力(MPa)，压力相等时只写 P_t

公称直径(mm)，对于釜式重沸器用分数表示，分子为管箱内直径，分母为壳体内直径

第一个字母代表前端管箱型式
第二个字母代表壳体型式 } （见表8-3，见图8-1、图8-3）
第三个字母代表后端结构型式

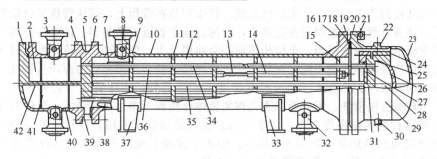

图 8-1　AES、BES 浮头式换热器

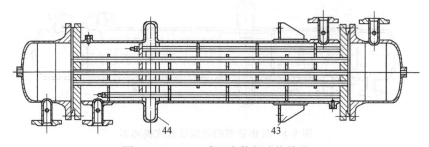

图 8-2　BEM立式固定管板式换热器

③ 一端可拆管箱，公称直径 500mm，管程设计压力 4.0MPa，壳程设计压力 1.6MPa，公称换热面积 75m^2，高精度冷拔换热管外径 19mm，管长 6m，2 管程、单壳程的 U 形管式换热器的型号为

$$\text{BIU500-}\frac{4.0}{1.6}\text{-75-}\frac{6}{19}\text{-2 I}$$

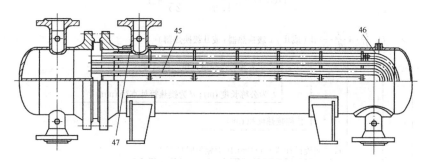

图 8-3　BIU U 形管式换热器

8.1.2　结构特点与应用

（1）固定管板式换热器

图 8-2 所示，为管壳式换热器中最基本的一种。它是由一个钢制圆筒形的承压壳体和在壳体内平行装设的许多钢管（管束）所组成。管束安装在管板上，两块管板又分别被焊在壳体的两端，使所有管束都被固定在壳体上，故称为固定管板式换热器。两端头盖和管箱用螺栓连接在管板上。其结构简单，单位传热面积金属用量少，但当冷、热流体温差较大时，由于管束和壳体热膨胀伸长量不同，在管子和管板连接处就会固温差应力而产生裂纹，造成泄漏。这种结构要求冷、热流体温差一般不超过 50℃。另外，由于管束与壳体焊死，管子外表面无法用机械方法清洗，因此要求走壳程的流体介质要干净，不易结垢、结焦和沉淀。

为了使这种结构能在冷、热流体平均温差较大的场合下使用，设计出了一种具有波形膨胀节的固定板式换热器，如图 8-4 所示。但由于膨胀节壁厚不能太大（补偿能力减小），所以壳程使用压力较低，一般不超过 0.6～1MPa。

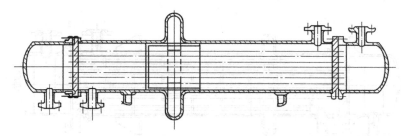

图 8-4　带膨胀节的固定管板式换热器

（2）浮头式换热器

在各种带温度补偿的换热器中，浮头式结构应用最多。其结构特点是，管板一端被固定，另一端是活动的，可以在壳体内自由地滑动，如图 8-1 所示。能自由滑动的管板与头盖组成一体，称为"浮头"。由于浮头可以随着冷、热流体温差的变化自由伸缩，因而就不会产生温差应力，所以可以用在冷、热流体温差较大的场合。同时，由于浮头直径比外壳内径小，整个管束可以从壳体中拉出，因此管束内外部便于清洗，或更换管子。缺点是结构较复杂，耗材料多，浮头处泄漏不易检查出来。

（3）U 形管换热器

U 形管换热器即将管束全部弯成 U 形，全部管端只连接在一块管板上（见图 8-3），可以自由膨胀，不会因为管子与壳体间的壁温差而产生温差应力，但要避免管程温度的急剧变化，因为分程隔板两侧的温度差太大会在管板中引起局部应力，同时，U 形管的直管部分的膨胀量不同也会使 U 形部分应力过大。

U 形管换热器管束密封连接少、结构简单；外侧管束可以抽出清洗（但管子内壁 U 形弯头处不易清洗）；只有一块管板而无浮头，所以造价低。其缺点是管内清洗不如直管方便；管板上排列的管子较少；管束中心部位存在较大间距，使得流体易走短路，影响传热效果；由于弯管后管壁会减薄，所以直管部分也必须用厚壁管；各排管子弯管曲率不同、管子长度不同，故物料公布不如直管的均匀；管束中部的内圈 U 形管不能更换，管子堵后报废率大（堵一根 U 形管相当于两根直管）。

U 形管换热器适用于管、壳壁温差较大或管程介质易结垢，需要清洗又不宜采用浮头式或固定管板式的情况。特别适用于管内走清洁而不易结垢的高温、高压和腐蚀性强的物流。

8.1.3 壳体组对焊接的要求与管子管板的连接

管壳式换热器的主要零件制造包括筒节的制造、封头的制造及管子弯曲等，其工艺内容在前 7 章中已分别作了较具体地分析和介绍。管壳式换热器的制造还有一些较突出的工艺内容，如整个承压壳体的组对焊接制造要求；管子和管板的连接方法及工艺；管板加工，折流板加工，管束的制造、装配等。现再对整个壳体组对、焊接的要求和管子与管板的连接，进行介绍其他制造工艺内容详见 GB 151—89《钢制管壳式换热器》。

（1）壳体制造技术要求

GB 151—89《钢制管壳式换热器》中，对圆筒壳体制造的有关技术要求简介如下。

① 用板材卷制时，内直径允许偏差可通过外圆周长加以控制。其外圆周长允许上偏差为 10mm；下偏差为零。

② 圆筒同一断面上，最大直径与最小直径之差 $e < 0.5\% D_N$，且 $D_N \leqslant 1200$mm 时，其值不大于 5mm；$D_N > 1200$mm 时，其值不大于 7mm。

③ 圆筒直线度允许偏差为 $L/1000$（L 为圆筒总长），且 $L \leqslant 6000$mm 时，其值不大于 4.5mm；$L > 6000$mm 时，其值不大于 8mm。

直线度检查，应通过中心线的水平和垂直面，即沿圆周 0°、90°、180°、270°四个部位测量。

另外，关于筒节与封头、筒节与筒节的组对及焊接接头棱角度的技术要求和 GB 150—1998 中关于壳体制造的相应技术要求参见 1.1.2（2）加工成形、组装缺陷。

（2）管子与管板连接

钢制管壳式换热器管子与管板的连接方式有胀接、焊接和胀焊连接。

a. 胀接 将胀管器插入到装配在管板孔里的管口内，加向前轴向力并顺时针旋转，将管子端部胀大变形直至管子端部产生塑性变形，管板孔产生弹性变形，退出胀管器则管子在管板孔弹性变形恢复的作用下，使管子与管板孔接触表面上产生很大的挤压力并紧密结合，既达到了密封又能抗拉脱力。为保证胀接质量，要注意控制胀管率并注意胀接的应用、特点。

胀管率　控制胀管率实际上是控制管子、管板的变形率，而控制变形率在生产中比较方便、直接的检测方式是测量胀管前的管板孔、管子外径、管子内径和胀接后的管子内径（容易测得）。为此推荐以下两种计算胀管率的公式。

$$K = \frac{[(d_2 - d_1) - (D - d)]}{D} \times 100\% \tag{8-1}$$

$$W = \frac{[(d_2 - d_1) - (D - d)]}{2\delta} \times 100\% \tag{8-2}$$

式中　K——内径增大率，%；

W——壁厚减薄率，%；

D——胀前管板孔直径，mm；

d——胀前管子外径，mm；

d_1，d_2——胀前、胀后管子内径，mm；

δ——胀前管子壁厚，mm。

通过测量胀接后的管板孔直径、管子外径（测量很不方便且不准确）来计算胀管率是不理想的。

计算胀管率不但要考虑胀接前后管板孔、管子内径和外径、管子壁厚的变化，还要注意管板、管子的材料性能等因素的影响。不同胀接接头的形式，不同规格及不同材质的管子（同时还要考虑管板尺寸、材质等），都存在不同胀管率，不能一致要求。例如，$\phi 25 \times 2.5\text{mm}$、20 钢钢管胀接时取 $W = 4\% \sim 8\%$；相当于 $K = 0.8\% \sim 1.6\%$。管子直径大、管壁薄取小值；管子直径小，管壁厚取大值。

胀管率过小为欠胀，不能保证必要的连接强度和密封性。胀管率过大为过胀，它可能使管子壁厚减薄量过大，加工硬化现象严重，甚至产生裂纹；还可能使管板产生塑性变形，而使胀接强度下降，且过胀后很难修复。

应用及特点　胀接适用于直径不大、管壁不厚的管子；胀接的管板材料的力学性能（如硬度）应比管子材料的高，使管子产生塑性变形时，管板仍处于弹性变形阶段，以保证胀接的强度，相同材料不宜胀接；胀接后管子与管板孔的间隙比焊接的小，有利于管端的耐腐蚀性提高；胀接的强度和密封性不如焊接；胀接不适于管程和壳程温差较大的场合，否则影响胀接质量；胀接时要求环境温度不低于 $-10℃$，以保证胀接质量；胀接表面要求清洁，管板孔表面粗糙度 R_a 值不大于 $12.5 \mu \text{m}$。

b. 焊接　管子与管板连接采用焊接法应用比较广泛。其主要特点是对不能胀接的管子与管板，如管子与管板材料相同、小直径厚壁管、大直径管及管程和壳程介质温差较大的场合等，可以采用焊接连接；焊接连接的管子与管板孔的间隙较大，且介质在此流动困难，耐腐蚀性差；焊接的强度较高、密封性好；管子与管板连接采用的自动脉冲钨极氩弧焊、效率高、质量好。

c. 胀焊连接　即是对同一管口进行胀接再加焊接，因此胀焊连接同时具备了胀接和焊接的优点。对于在高温、高压下工作的换热器，由于单一的焊接或胀接的缺点，而不能满足工作条件的需要，胀焊连接则既可以解决高温下胀接应力松弛、胀口失效，又可以解决焊接接口在高温循环应力作用下，焊口易发生疲劳裂纹和焊接间隙内的易腐蚀损坏等问题。

胀焊连接在生产中又有先胀后焊和先焊后胀的两种工艺，各有特长，但大多采用先焊后胀工艺，只是要注意避免后胀可能产生裂纹的问题。

另外，管子与管板连接还有采用爆炸胀接的方法。

8.2 高压容器的制造

目前高压容器的制造和结构型式中，有单层结构和多层结构型式，参见表 8-4。单层结构压力容器中以单层卷焊式为主；多层结构压力容器中有热套式、扁平钢带倾角错绕式、层板包扎式。

表 8-4 高压容器结构型式

单 层 容 器	多 层 容 器	单 层 容 器	多 层 容 器
单层卷焊式	热套式	铸锻焊式	绕丝式
整体锻造式	扁平钢带错绕式	电渣垂熔式	
半片筒节冲压拼焊式	层板包扎式	引伸式	
锻焊式	绕板式		

8.2.1 单层和多层容器制造的比较

单层容器和多层容器在制造工艺上各有特点，比较如下。

① 单层容器相对多层容器，其制造工艺过程简单、生产效率较高。多层容器工艺过程较复杂，工序较多，生产周期长。

② 单层容器使用钢板相对较厚，而厚钢板（尤其是超厚钢板）的轧制比较困难，抗脆裂性能比薄板差，质量不易保证，价格昂贵。多层容器所用钢板相对较薄，质量均匀易保证，抗脆裂性好。

③ 多层容器的安全性比单层容器高，多层容器的每层钢板相对抗脆裂性好，而且不会产生瞬时的脆性破坏，即使个别层板存在缺陷，也不至延展至其他层板。另外，多层容器的每个筒节的层板上都钻有透气孔，可以排出层间气体，若内筒发生腐蚀破坏，介质由透气孔泄出也易于发现。

④ 多层容器由于层间间隙的存在，所以导热性比单层容器小得多，高温工作时热应力大。

⑤ 由于多层容器层板间隙的存在，环焊缝处必然存在缺口的应力集中（参见图 8-10）。

⑥ 多层容器没有深的纵焊缝，但它的深环焊缝难于进行热处理。

⑦ 单层厚壁容器在内压作用下，筒体沿壁厚方向的应力分布很不均匀，筒体内壁面应力大、外壁面应力小，随着筒体外直径和内直径之比的增大，这种不均匀性更为突出。为提高厚壁筒的承载能力，在内壁面产生预压缩应力，达到均化应力沿壁厚分布的目的，出现了各种形式的多层筒体结构。热套式筒体是典型的多层筒体结构。

8.2.2 热套式高压容器

① 热套式高压容器结构如图 8-5 和图 8-6 所示。

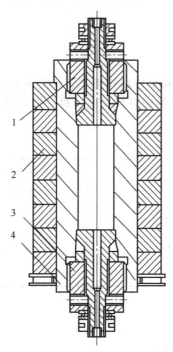

图 8-5　双层套箍式容器

1—顶塞；2—套箍；3—底塞；4—内筒

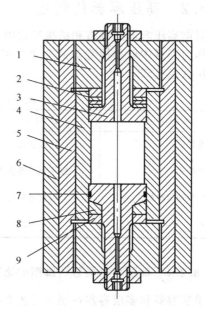

图 8-6　三层热套式容器

1—螺塞；2—垫片；3—自紧塞头；4—内筒体；5—中筒体；6—外筒体；7—密封圈；8—楔形垫；9—垫圈

图 0～2 为三层热套式容器（氨合成塔），是热套式高压容器的一种结构。分段套合，利用热套法制成一段一段筒节、套合后通过对环焊缝的组焊制体容器。这种方法技术成熟，应用较广泛。

图 8-6 三层热套式容器是热套式高压容器的另一种结构。整体热套合，即先焊好内筒全长，然后分段热套外筒。外筒之间（轴向）不焊接，因此容器轴向力完全由内筒承受。这种方法使环焊缝较薄，容易保证环焊缝质量，但容器太长，整体套合不方便。

② 热套层数。热套式容器的层数增多，可以减薄各层圆筒的厚度，提高筒体的承载能力和抗脆性断裂能力，但会影响筒壁的传热，增加制造的复杂性，费用高，因此以 2～3 层较普遍。热套式的层数一般不超过 5 层，通常生产中选用相同的厚度更为方便。

在压力很高的场合，为充分发挥材料的各自特性，内筒往往采用抗拉强度高、断裂韧性低的材料，而外筒采用抗拉强度稍低、断裂韧性高的材料。若介质腐蚀性很强或内筒易发生磨损破坏，内筒也可以采用耐腐蚀或耐磨的高强度钢。

③ 过盈量的选择。热套式容器制造的关键工艺是热套时过盈量的选择。通常是控制过盈量在一

定的范围内，然后将外层筒加热，内层筒迅速套入外层筒内成为厚壁筒节。

目前过盈量的选择，大部分在套合直径的 0.1%～0.2% 范围内，即选择较大的过盈量范围。这样可以降低加工精度，方便加工，甚至可以不进行机加工。同时使套合面更加紧密，对套合后所产生的较大套合应力，应作消除套合应力热处理。

④ 每个套合圆筒上必须按图样要求钻泄放孔。

8.2.3 扁平钢带倾角错绕式高压容器

(1) 扁平钢带倾角错绕式高压容器筒体结构

其筒体结构如图 8-7 所示，是在较薄的单层或多层组合内筒外面倾角错绕多层扁平钢带（一般为偶数层），钢带两端分别与端部法兰和底部封头焊接所组成的压力容器。它由薄内筒、端部法兰、底部封头、钢带层、外保护薄壳和密封装置及接管等组成。薄内筒一般为单层卷焊而成的单层结构，其厚度为总体厚度的⅙～¼。在某些特殊场合如介质腐蚀性很强，也可以采用多层组合薄内筒。端部法兰通常为锻件，亦可用多层组合法兰。底部封头为锻制平盖、锻制紧缩口封头或半球形封头。在距离与内筒相连接的焊接接头 20mm 处，端部法兰、底部封头上都有 35°～45°的斜面，供每层钢带的始末两端与其焊接。钢带为宽 80～120mm，厚 4～8mm 的热轧扁平钢带，以相对于容器环向 15°～30°倾角逐层交错多层多根预应力缠绕，每层钢带始末两端斜边用通常的焊接方法与端部法兰和底部封头上的斜面相焊接。外保护薄壳为厚 3～6mm 的优质薄板，以包扎方法焊接在钢带层外部。

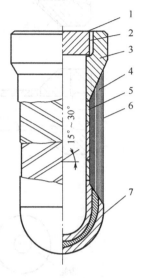

图 8-7　扁平钢带倾角错绕式压力容器

1—顶盖；2—扁平螺栓；3—端部法兰；4—钢带层；5—薄内筒；6—外保护薄壳；7—底部封头

(2) 扁平钢带倾角错绕式高压容器典型制造工艺（见图 8-8）

这种绕带式压力容器的制造工艺简便、适用性广，易实现安全状态监控。据不完全统计，全国已生产 7000 多台，主要用于氨合成塔、甲醇合成塔、氨冷凝塔、铜液吸收塔、油水分离器、水压机蓄能器、氨或甲醇分离器及各种高压气体（空气、氨气、氮气和氢气）储罐等装备。其中

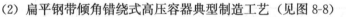

最大试验容器内直径	1000mm	最小使用容器壁厚比	1/7
最大使用容器内直径	1000mm	最大开孔试验接管内直径	140mm
最大使用容器长度	22m	最高使用容器设计压力	32MPa
最大使用容器壁厚	150mm	最高使用容器设计温度	约 200℃
最多钢带层数	28 层	最大钢带横截面（宽×厚）	80×6mm²
最高爆破试验压力	209.7MPa	最大绕带装置（外直径×长度）	$\phi 2 \times 25$m
最小使用容器长度	2m		

8.2.4 层板包扎式高压容器

(1) 制造工艺

① 内筒板为 12～25mm 较厚板。

② 层板为 6～12mm，国外层板已选 12～20mm，预先将层板弯卷成瓦片状。

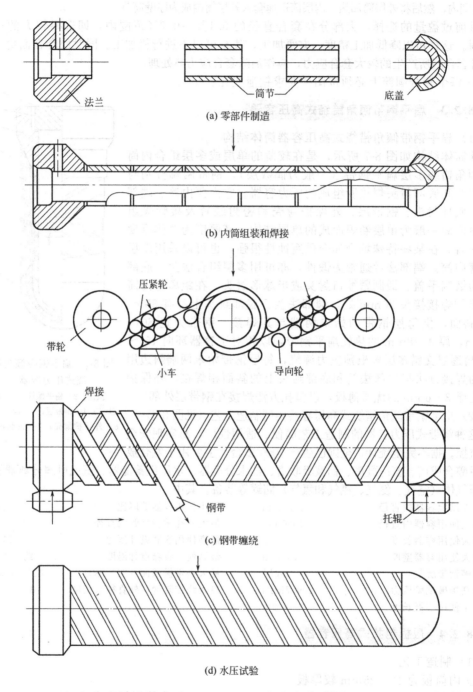

(a) 零部件制造

(b) 内筒组装和焊接

(c) 钢带缠绕

(d) 水压试验

图 8-8　扁平钢带倾角错绕式压力容器典型制造工艺

③ 将预弯的瓦片状层板，放在专用的层板包扎拉紧装置的内筒上（注意每层层板的 C 类纵焊缝位置要预先安排好，不能重叠或太近），用钢丝绳捆在层板上并拉紧、点焊，最后焊接纵缝。

④ 修磨焊缝，准备下层的包扎、拉紧、点焊至焊接全部纵缝。

⑤ 每层层板包扎后需要进行松动面积检查。GB150 中规定：对内径 D_i 不大于 1000mm 的容器，每一有松动部位，沿环向长度不得超过 D_i 的 30%，沿轴向长度不得超过 600mm；对于内径 D_i 大于 1000mm 的容器，每一有松动的部位，沿环向长度不得超过 300mm，沿轴向长度不得超过 600mm。

⑥ 每个多层筒节上必须按图样要求钻泄放孔。

（2）层板包扎拉紧装置

层板包扎拉紧装置如图 8-9 所示。

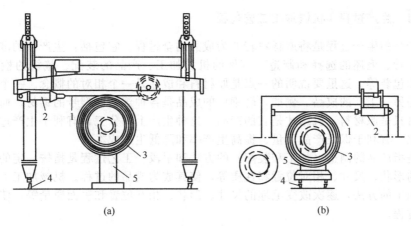

图 8-9　大型层板包扎拉紧装置
1—钢带；2—液压缸；3—层板；4—导轨；5—翻转台

图 8-9（a）所示为日本申户制钢所设计的龙门架式包扎装置。由两组间距约为 500mm 的扁平钢丝绳捆扎层板，绳宽 100mm、厚 5mm。先从筒节中部捆起，钢丝绳拉力由油缸调节，筒节在翻转台可以翻转，捆紧后在钢丝绳两侧点焊。龙门架可以沿筒节轴向移动，逐段捆扎、点焊，直至完成纵缝焊接。这种装置自动化程度较高，包扎后的松动较少。

图 8-9（b）所示为另一种包扎装置，结构与图（a）相似。只是翻转台 5 下有轮子，可以在轨道 4 上移动，框紧是固定的，可顺利完成拉紧、点焊直至全部纵缝的焊接。

复 习 题

8-1　了解、熟悉管壳式换热器的主要零部件名称及作用。

8-2　了解、熟悉固定管板式、浮头式、U 形管换热的结构特点及应用。

8-3　管子与管板连接方式及其特点。

8-4　比较单层与多层容器制造的特点。

8-5　多层容器的结构形式有哪些种类及其结构特点。

第Ⅲ篇 过程机器制造的质量要求

9 机械加工工艺规程

9.1 概述

9.1.1 生产过程和机械加工工艺过程

机械产品的生产过程是将原材料转变为成品的全过程。它包括：生产前的准备、原料的运输和保管、毛坯的选择和制造、零件的机械加工、产品的装配、整机的检验和试运转、油漆和包装等。这里要说明的一点是原材料和成品是一个相对的概念。一个工厂的原材料可能是另一工厂的成品。例如，轧钢厂的成品是各种规格和型号的钢材，而对机床厂来说，钢材只是原材料，机床才是它的产品。这种生产上的分工，有利于生产过程的机械化和自动化，有利于保证产品质量、提高生产率和降低生产成本。

工艺是指产品的制造（加工和装配）的方法和手段。工艺过程是指按一定的顺序改变生产对象的形状、尺寸、相对位置和性质等，使其成为成品的过程。机械加工工艺过程即通过机械加工的方法，逐次改变毛坯的尺寸、形状、相互位置和表面质量等，使之成为合格零件的过程。

9.1.2 机械加工工艺过程的组成

一个零件的机械加工工艺过程往往是比较复杂的。为了便于组织和管理生产，以保证零件质量，生产中常把机械加工工艺过程分为若干工序，而工序又可分为工位、工步和走刀等。

(1) 工序

工序是指一个或一组工人，在一个工作地点对同一个（或同时对几个）工件所连续完成的那一部分工艺过程。

区分工序的主要依据，是设备（或工作地）是否变动和完成的那一部分工艺内容是否连续。零件加工的设备变动后，即构成另一工序。如图 9-1 所示的阶梯轴，当零件小批生产时，其加工工艺及工序划分见表 9-1；当中批生产时，其工序划分见表 9-2。

表 9-1 阶梯轴加工工艺过程（单件小批生产）

工序号	工 序 内 容	设 备
1	车端面，钻中心孔、车全部外圆、车槽与倒角	车 床
2	铣键槽、去毛刺	铣 床
3	磨外圆	外圆磨床

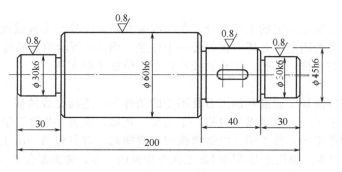

图 9-1 阶梯轴

表 9-2 阶梯轴加工工艺过程（中批生产）

工序号	工序内容	设备	工序号	工序内容	设备
1	铣端面、钻中心孔	铣端面钻中心孔机床	4	去毛刺	钳工台
2	车外圆、车槽与倒角	车床	5	磨外圆	外圆磨床
3	铣键槽	铣床			

工序不仅是制订工艺过程的基本单元，也是制订时间定额、配备工人、安排作业计划和进行质量检验的基本单元。

（2）安装

工件经一次装夹所完成的那一部分工序，称为安装。在一道工序中，工件可能被装夹多次才能完成，即一道工序中可能包含几次安装。例如，表 9-2 中的工序 3，一次安装即可铣出键槽，而表 9-2 中的工序 2，为了车出全部外圆则至少需要两次安装。工件加工中应尽量减少安装的次数，因为多一次安装就多一次安装误差，而且还增加了辅助时间。

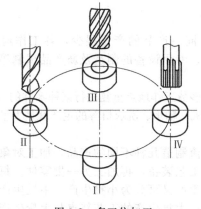

图 9-2 多工位加工
工位Ⅰ—装卸工作；工位Ⅱ—钻孔；
工位Ⅲ—扩孔；工位Ⅳ—铰孔

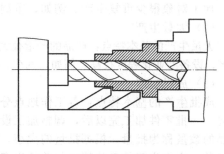

图 9-3 复合工步

（3）工位

工位是指为了完成一定的工序部分，在一次装夹下，工件与夹具或设备的可动部分一起相对刀具或设备的固定部分所占据的每一个位置。图 9-2 所示为用回转工作台在一次安装中顺序完成装卸工件、钻孔、扩孔和铰孔四个工位加工的实例。

（4）工步

工步是在零件的加工表面和加工刀具不变的条件下所连续完成的那一部分工序。一个工序可以包括几个工步，也可以只包括一个工步。例如，在表 9-2 的工序 2 中，包括车各外圆表面及车槽等工步，而工序 3 用键槽铣刀铣键槽时，就只包括一个工步。

为了提高生产率，用几把刀具同时加工几个表面的工步，称为复合工步（见图 9-3）。在工艺文件上，复合工步应视为一个工步。

（5）走刀

在一个工步内，若工件被加工表面需除去的金属层很厚，可分几次切削，则每切削一次即为一次走刀。

9.1.3　生产纲领和生产类型

生产纲领是企业在计划期限内应当生产的产品产量和进度计划。由于一般工业企业都是以年作为计划期限，这样，年产量即为生产纲领。零件的生产纲领可按下式计算。

$$N = Qn\,(1 + \alpha\% + \beta\%)$$

式中　N——零件的生产纲领，件/年；

　　　Q——产品的年产量，台/年；

　　　n——每台产品中该零件的数量，件/台；

　　$\alpha\%$——零件的备品率；

　　$\beta\%$——零件的废品率。

生产类型是企业（或车间、工段、班组、工作地）生产专业化程度的分类。它一般分为以下三种类型。

（1）单件生产

单件生产的基本特点：产品的品种很多，同一产品的产量很少，各工作地点经常变换，加工对象很少重复生产。例如，重型机械、专用设备的制造及新产品试制等。

（2）大量生产

大量生产的基本特点：产品的产量很大，大多数工作地点重复进行某种零件的某道工序的生产，设备专业化程度很高。例如，汽车、拖拉机、轴承、洗衣机等的生产就是大量生产。

（3）成批生产

成批生产的基本特点：各工作地点分批轮流制造几种不同的产品，加工对象周期性地重复。一批零件加工完以后，调整加工设备和工艺装备，再加工另一批零件。每批被加工产品的数量称为批量。根据批量的大小，成批生产又可分为小批生产、中批生产和大批生产三种。小批生产的工艺特点与单件生产相似；大批生产的工艺特点与大量生产相似。以上两种生产分别称为单件小批生产和大批量生产。中批生产的工艺特点介于单件小批生产和大批量生产之间。例如，机床、汽轮机的生产，就是成批生产的典型例子。

生产类型与生产纲领的关系见表9-3，可供确定生产类型时参考。

表 9-3　生产纲领与生产类型的关系

生产类型	零件的年生产纲领/件		
	重型零件	中型零件	轻型零件
单件生产	<5	<10	<100
小批生产	5～100	10～200	100～500
中批生产	100～300	200～500	500～5000
大批生产	300～1000	500～5000	500～50000
大量生产	>1000	>5000	>50000

不同生产类型零件的加工工艺有很大不同，产量大、产品固定时，适合采用各种高生产率的专用机床和专用夹具，以提高生产率和降低成本。但在产量小、产品品种多时，目前多采用通用机床和通用夹具，生产率较低。各种生产类型的工艺特征见表9-4。生产类型对其工艺规程的制订有很大影响。

表 9-4　各种生产类型的工艺特征

工艺特征	生产类型		
	单件小批	中批	大批大量
零件的互换性	用修配法，钳工修配，缺乏互换性	大部分具有互换性。装配精度要求高时，灵活应用分组装配法和调整法，同时还保留某些修配法	具有广泛的互换性。少数装配精度较高处，采用分组装配法和调整法
毛坯的制造方法与加工余量	木模手工造型或自由锻造。毛坯精度低，加工余量大	部分采用金属模铸造或模锻。毛坯精度和加工余量中等	广泛采用金属模机器造型、模锻或其他高效方法。毛坯精度高，加工余量小
机床设备及其布置形式	通用机床。按机床类别采用机群式布置	部分通用机床和高效机床。按工件类别分工序排列设备	广泛采用高效专用机床及自动机床。按流水线和自动线排列设备
工艺装备	大多采用通用夹具、标准附件、通用刀具和万能量具。靠划线和试切法达到精度要求	广泛采用夹具，部分靠找正装夹，达到精度要求。较多采用专用刀具和量具	广泛采用专用高效夹具、复合刀具、专用量具或自动检验装置。靠调整法达到精度要求
对工人技术要求	需技术水平较高的工人	需一定技术水平的工人	对调整工的技术水平要求高，对操作工的技术水平要求较低
工艺文件	有工艺过程卡，关键工序要工序卡	有工艺过程卡，关键零件要工序卡	有工艺过程卡和工序卡，关键工序要调整卡和检验卡
成本	较高	中等	较低

9.2 机械加工工艺规程

机械加工工艺规程是规定零件制造工艺过程和操作方法等的技术文件，它一般应包括下列内容：零件的加工基准，加工工艺路线，各工序的具体加工内容及精度，切削用量，时间定额及所用的设备和工艺装备等。制订零件工艺规程的基本要求是，在保证产品质量的前提下，尽可能提高劳动生产率和降低加工成本。并在充分利用本企业现有生产条件的基础上，尽可能采用国内、外先进工艺技术和经验。还应保证操作者有良好的劳动条件。

9.2.1 机械加工工艺规程的格式

通常，机械加工工艺规程应填写成表格（卡片）的形式。目前中国各机械制造厂使用的机械加工工艺规程的表格的形式不尽一致，但其基本内容是相同的。在单件小批生产中，一般只编写简单的机械加工工艺过程卡片（参见表9-5）；在中批生产中，多采用机械加工工艺卡片（参见表9-6）；在大批大量生产中，则要求有详细和完整的工艺文件，要求各工序都要有机械加工工序卡片（参见表9-7）。对半自动及自动机床，则要求有机床调整卡，对检验工序则要求有检验工序卡等。

表 9-5　工艺过程卡片

（工厂名）	机械加工工艺过程卡片	产品名称及型号		零件名称		零件图号			
		材料	名称	毛坯	种类	零件质量/kg	毛重		第　页
			牌号		尺寸		净重		共　页
			性能	每料件数		每台件数		每批件数	
工序号	工序内容			加工车间	设备名称及编号	工艺装备名称及编号			技术等级	时间定额/min
						夹具	刀具	量具		单件	准备—终结
更改内容											
编制		抄写		校对		审核		批准			

表 9-6　机械加工工艺卡片

（工厂名）	机械加工工艺卡片	产品名称及型号		零件名称		零件图号							
		材料	名称	毛坯	种类	零件质量/kg		毛重				第　页	
			牌号		尺寸			净重				共　页	
			性能	每料件数		每台件数		每批件数					

工序	安装	工步	工序内容	同时加工零件数	切削用量				设备名称及编号	工艺装备名称及编号			技术等级	工时定额/min	
					背吃刀量/mm	切削速度/m·min⁻¹	切削速度/r·min⁻¹或双行程数/min⁻¹	进给量/mm·r⁻¹或mm·min⁻¹		夹具	刀具	量具		单件	准备—终结
	更改内容														
编制		抄写		校对			审核			批准					

表 9-7　机械加工工序卡片

（工厂名）	机械加工工序卡片	产品名称及型号	零件名称	零件图号	工序名称	工序号	第　页	
							共　页	
			车间	工段	材料名称	材料牌号	力学性能	
			同时加工件数	每料件数	技术等级	单件时间/min	准备—终结时间/min	
（画工序简图处）			设备名称	设备编号	夹具名称	夹具编号	工作液	
			更改内容					

工步号	工步内容	计算数据/mm			走刀次数	切削用量				工时定额/min			刀具量具及辅助工具				
		直径或长度	进给长度	单边余量		背吃刀量/mm	进给量/mm·r⁻¹或mm·min⁻¹	切削速度/r·min⁻¹或双行程数·min⁻¹	切削速度/m·min⁻¹	基本时间	辅助时间	工服务作地点时间	工步号	名称	规格	编号	数量
编制		抄写		校对			审核			批准							

9.2.2 机械加工工艺规程的作用

（1）指导生产的主要技术文件

合理的工艺规程是根据长期的生产实践经验、科学分析方法和必要的工艺试验，并结合具体生产条件而制订的。按照工艺规程进行生产，有利于保证产品质量、提高生产效率和降低生产成本。

（2）组织和管理生产的基本依据

在生产组织和管理中，产品投产前的准备，如原材料供应、毛坯制造、通用工艺装备的选择、专用工艺装备的设计和制造等，产品生产中的调度，机床负荷的调整，刀具的配置，作业计划的编排，生产成本的核算等都是以工艺规程作为基本依据的。

（3）新建和扩建工厂或车间的基本资料

通过工艺规程和生产纲领，可以统计出所需建厂房应配备的机床和设备的种类、规格和数量，进而计算出所需的车间面积和人员数量，确定车间的平面布置和厂房基建的具体要求，从而提出有根据的新建或扩建车间、工厂的计划。

（4）进行技术交流的重要手段

技术先进和经济合理的工艺规程可通过技术交流，推广先进经验，从而缩短产品试制周期和提高工艺技术水平。这对提高整个行业的技术水平和降低产品成本有着重要的现实意义。

工艺规程作为一个技术文件，有关人员必须严格执行，不得违反或任意改变工艺规程所规定的内容，否则就有可能影响产品质量，打乱生产秩序。当然，工艺规程也不是长期固定不变的，随着生产的发展和科学技术的进步，新材料和新工艺的出现，可能使得原来的工艺规程不相适应。这就要求技术人员及时吸取合理化建议、技术革新成果、新技术新工艺及国内外的先进工艺技术，对现行工艺进行不断完善和改进，并通过有关部门论证和审批，以使其更好地发挥工艺规程的作用。

9.2.3 制订机械加工工艺规程的原始资料和步骤

（1）原始资料

制订零件的工艺规程时，通常须具备下列原始资料。

① 零件工作图和产品装配图。

② 产品的生产纲领。

③ 产品验收的质量标准。

④ 现场生产条件。包括毛坯的制造条件或协作关系，现有设备和工艺装备的规格、功能和精度，专用设备和工艺装备的制造能力及工人的技术水平等。

⑤ 有关手册、标准及工艺资料等。

（2）步骤

制订工艺规程的步骤大致如下。

① 零件的工艺分析。认真分析零件的工作图及该零件所在部件的装配图，了解零件

的结构和功用，分析零件的结构工艺性及各项技术要求，找出主要技术关键。

② 确定毛坯。毛坯的类型和制造方法对零件质量、加工方法、材料利用率及机械加工劳动量等有很大影响。目前国内的机械厂多半由本厂的毛坯车间供应毛坯。选择毛坯时，要充分采用新工艺新技术和新材料，以便改进毛坯制造工艺和提高毛坯精度，从而节省机械加工劳动量和简化工艺规程。

③ 拟定加工工艺路线，即确定零件由粗加工到精加工的全部加工工序。其主要工作内容包括定位基准和表面加工方法的选择、工序的划分、工序顺序的安排以及热处理、检验及辅助工序的安排等。这是制订加工工艺过程的中心环节，一般需提出几种可能的方案进行比较、论证，最后确定其中一种最佳方案。

④ 选择加工设备时，应使加工设备的规格与工件尺寸相适应，设备的精度与工件的精度要求相适应，设备的生产率要能满足生产类型的要求，同时也要考虑现场原有的加工设备，尽可能充分利用现有资源。

⑤ 确定刀具、夹具、量具和必需的辅助工具。

⑥ 确定各工序的加工余量，计算工序尺寸及其偏差。

⑦ 确定关键工序的技术要求及检验方法。

⑧ 确定切削用量及时间定额。

⑨ 填写有关工艺文件。

9.3 零件的工艺分析和毛坯的选择

零件工作图及其有关部件装配图是了解零件结构和功用及制订其工艺规程最主要的原始资料。制订加工工艺时，必须对图纸进行认真仔细的分析和研究。主要包括下列两个方面。

9.3.1 零件的技术要求分析

零件的技术要求主要包括以下几方面。

① 加工表面的尺寸精度。

② 主要加工表面的形状精度。

③ 主要加工表面的相互位置精度。

④ 加工表面的粗糙度、力学性能、物理性能。

⑤ 热处理及其他要求。

首先应检查这些技术要求的完整性，在此基础上再审查各项技术要求的合理性。过高的精度和过低的表面粗糙度都会使工艺过程复杂造成加工困难。在满足零件工作性能的前提下应尽可能降低零件的加工技术要求。如果发现有问题，应及时提出，并会同有关设计人员共同讨论研究，按规定手续对图纸进行修改或补充。

9.3.2 零件的结构工艺性分析

零件由于使用要求不同而具有不同的形状和尺寸，从形体上加以分析，各种零件都是由一些基本的表面和几个特形表面所构成。基本表面主要有平面、内孔、外圆和渐开线齿面等。零件的结构工艺性，是指其在不同生产类型的具体生产条件下，从毛坯的制造、零件加工到产品的装配和维修，在保证使用要求的前提下，能被经济方便地制造出来。表9-8列举了一些零件切削加工结构工艺性的例子。

表 9-8　零件切削加工结构工艺性分析举例

序号	零件结构		
	工 艺 性 不 好		工 艺 性 好
1	孔离箱壁太近：①钻头在圆角处易引偏；②箱壁高度尺寸大，需加长钻头方能钻孔	(a)　　　(b)	①加长箱耳，不需加长钻头可钻孔②只要使用上允许，将箱耳设计在某一端，则不需加长箱耳，即可方便加工
2	车螺纹时，螺纹根部易打刀；工人操作紧张，且不能清根		留有退力槽，可使螺纹清根，操作相对容易，可避免打刀
3	插键槽时，底部无退刀空间，易打刀		留出退刀空间，避免打刀
4	键槽底与左孔母线齐平，插键槽时易划伤左孔表面		左孔尺寸稍大，可避免划伤左孔表面，操作方便
5	小齿轮无法加工，插齿无退刀空间		大齿轮可滚齿或插齿，小齿轮可以插齿加工
6	两端轴颈需磨削加工，因砂轮圆角而不能清根		留有退刀槽，磨削时可以清根

序号		零 件 结 构		
		工艺性不好	工艺性好	
7	斜面钻孔,钻头易引偏			只要结构允许,留出平台,可直接钻孔
8	锥面需磨削加工,磨削时易碰伤圆柱面,并且不能清根			可方便地对锥面进行磨削加工
9	加工面设计在箱体内,加工时调整刀具不方便,观察也困难			加工面设计在箱体外部,加工方便
10	加工面高度不同,需两次调整刀具加工,影响生产率			加工面在同一高度,一次调整刀具,可加工两个平面
11	三个退刀槽的宽度有三种尺寸,需用三把不同尺寸刀具加工			同一个宽度尺寸的退刀槽,使用一把刀具即可加工
12	同一端面上的螺纹孔,尺寸相近,由于需更换刀具,因此加工不方便,而且装配也不方便			尺寸相近的螺纹孔,改为同一尺寸螺纹孔,方便加工和装配

序号	零 件 结 构		
	工 艺 性 不 好	工 艺 性 好	
13	加工面大,加工时间长,并且零件尺寸越大,平面度误差越大		加工面减小,节省工时,减少刀具损耗,并且容易保证平面度要求
14	外圆和内孔有同轴度要求,由于外圆需在两次装夹下加工,同轴度不易保证		可在一次装夹下加工外圆和内孔,同轴度要求易得到保证
15	内壁孔出口处有阶梯面,钻孔时孔易钻偏或钻头折断		内壁孔出口处平整,钻孔方便,易保证孔中心位置度
16	加工 B 面时以 A 面为定位基准,由于 A 面较小定位不可靠		附加定位基准,加工时保证 A、B 面平行,加工后,将附加定位基准去掉
17	键槽设置在阶梯轴 90°方向上,需两次装夹加工		将阶梯轴的两个键槽设计在同一方向上,一次装夹即可对两个键槽加工
18	钻孔过深,加工时间长,钻头耗损大,并且钻头易偏斜		钻孔的一端留空刀,钻孔时间短,钻头寿命长,钻头不易偏斜

序号	零件结构		
	工艺性不好		工艺性好
19	进、排气(油)通道设计在孔壁上,加工相对困难		进、排气(油)通道设计在轴的外圆上,加工相对容易

9.3.3 毛坯的选择

毛坯制造是零件生产过程中的一个重要部分,是由原材料变成成品的第一步。零件在加工过程中的工序数量、材料消耗、制造周期及制造费用等在很大程度上与所选择的毛坯制造方法有关。工艺人员应根据零件的结构特点和使用要求正确选择毛坯类型及其制造方法,设计出毛坯的结构并制订有关技术要求。

(1) 常用毛坯的种类及其特点

机械制造中的常用毛坯有铸件、锻件、型材和焊接件等。

a. 铸件 形状复杂的零件,一般采用铸造毛坯。目前生产中的铸件大多数采用木模或金属模砂型铸造和金属型铸造。少数尺寸较小的优质铸件可采用离心铸造、压力铸造、熔模铸造等特种造型方法。

砂型铸造的铸件,当采用手工木模造型时,由于木模本身的制造精度不高,使用中受潮易变形,加之手工造型的误差大,为此必须留有较大的加工余量。手工造型的生产率较低,适用于单件小批生产。为提高铸件的精度和生产率,大批大量生产时采用金属模机器造型。这种方法需要一套特殊的金属模和相应的造型设备,费用较高,而且铸件质量受到一定程度的限制,最大质量为250kg。一般多用于中小尺寸的铸件。

金属型铸造,是将熔融的液体金属浇注到金属的模具中,依靠金属自身质量充满铸型而获得铸件。这种铸件比砂型铸件的精度高(公差一般为0.1~0.15mm),表面质量和机械性能好,生产率也较高。但需一套专用的金属型。它适用于大批大量生产中尺寸不大、质量较小(一般铸件质量小于100kg)的铸件。对有色金属铸件尤为适用。

离心铸造是将液体金属注入高速回转的铸型内,使金属液体在离心力的作用下充满铸型腔而形成铸件,这种铸件的金属组织细密、力学性能好,外圆精度高,表面质量也好。但内孔精度较差,需留有较大的加工余量。它适用黑色金属及铜合金的旋转体铸件,如套筒、管子和法兰盘等。

压力铸造是将液态或半液态金属在高压作用下,以较高的速度压入金属铸型而获得的铸件。这种铸件质量好、精度高,机械加工只需进行精加工,因而节省大量材料。由于该铸件是在高压下形成的,因而可铸出结构较为复杂的铸件。但压力铸造的设备投资较大、要求较高,目前主要用于大量生产中形状复杂、尺寸较小及质量较小(一般不大于15kg)

的有色金属铸件。

b. 锻件　锻件有自由锻和模锻两种。

自由锻是在各种锻锤和压力机上由手工操作而锻出的毛坯。这种锻件的精度低、加工余量大、生产率不高且结构简单，但不需专用模具，适用于单件小批生产或锻造大型零件。

模锻是采用一套专用的锻模，在吨位较大的锻锤和压力机上锻出毛坯。它的精度比自由锻件高，表面质量较高，毛坯的形状也可复杂一些。模锻的材料纤维呈连续形，故其机械强度较高。模锻的生产率也较高。它适用于产量较大的中小型零件毛坯的生产。

c. 型材　机械制造中的型材按截面形状可分为圆钢、方钢、六角钢、扁钢、角钢、槽钢及工字钢等。按制造方法有热轧和冷拉两种型材。热轧型材的尺寸较大、规格多、精度低，多用于一般零件的毛坯。冷拉型材的尺寸较小、精度较高，而规格不多和价格较贵，多用于毛坯精度较高的中小型零件。有时表面可不经加工而直接选用。对于批量较大、不需经过热处理的零件尤为适宜。

d. 焊接件　一般是指由型材焊接而形成的零件毛坯。其主要优点是制造简单、生产周期短，不需专用的装备。对一些大型件的焊接，可以弥补工厂的毛坯制造能力的不足。但焊接件的抗振性差，焊接一般要引起较大的残余应力，焊接件容易变形。故一般焊接件需经过时效处理消除残余应力后才进行机械加工。随着焊接工艺和热处理工艺的不断改进，焊接件在成批生产中也有采用。

另外，毛坯的种类还有冲压件、冷挤压件和粉末冶金件等。

（2）选择毛坯应考虑的因素

在选择零件毛坯时，应考虑的因素很多，须作全面比较后才能最后确定。

a. 生产类型　生产类型在很大程度上决定采用哪一种毛坯制造方法是经济的。如生产规模大时，便可采用高精度和高生产率的毛坯制造方法。这时虽然一次性投资较大，但均分到每个毛坯上的成本就较小。同时，由于精度、生产率较高的毛坯制造，既能减少原材料的消耗又可减少机械加工劳动量。节约能源，改善工人劳动条件。另外可使机械加工工艺过程缩短，最终降低产品的总成本。

b. 零件的结构形状和尺寸　选择毛坯应考虑零件结构的复杂程度和尺寸的大小。例如，形状复杂和薄壁零件的毛坯一般不采用金属型铸造。尺寸较大时，往往不采用模锻和压铸等。再如，某些外形复杂的小型零件，由于机械加工困难，往往采用较精密的毛坯制造方法，如压铸、熔模铸造、精密模锻等。一般钢质阶梯轴零件，若各节直径相差不大，则可用棒料毛坯，若直径相差很大时，宜采用锻件。箱体零件一般采用铸造的方法来确定其毛坯。

c. 零件的力学性能要求　零件的力学性能和其材料有密切的关系。材料不同，毛坯制造方法不尽相同。铸铁材料往往采用铸件，钢材则以锻件和型材为多。对相同的材料，采用不同的毛坯制造方法，其力学性能也不尽相同。例如，金属型浇铸的毛坯的机械强度优于砂型浇铸的，而离心和压力铸造的毛坯其强度又高于金属型浇铸的，锻造的毛坯强度较型材的为优。

d. 零件的功用　会影响毛坯的类型及其制造方法。对一些功用相同，而要求材料力学性能尽量一致的偶件往往采用合制毛坯的方法。像磨床主轴部件的三块瓦、四块瓦轴承，车床中的开合螺母外壳，发动机中的连杆体盖等，常将这些偶件毛坯先做成一个整体，加工到一定阶段后再切割分开。

e. 现有生产条件　选择毛坯时，应充分利用本单位的生产条件，使毛坯制造方法适合本单位的实际生产水平和能力。在本单位不能解决时，要考虑外协的可能性和经济性。可能时，应积极组织外协以便从整体上取得较好的经济性。

f. 新工艺、新技术和新材料的利用　为节省材料和能源，应充分考虑到利用新工艺、新技术和新材料的可能性。例如，当前精铸、精锻、冷轧、冷挤、粉末冶金和工程塑料等的应用日益增多，应用这些方法可大大减少机械加工量，有时甚至不必再进行机械加工，其经济效果十分显著。

9.4　工件的定位基准的选择

在制订零件加工工艺规程时，正确选择定位基准对保证加工表面的尺寸精度和相互位置精度的要求，以及合理安排加工顺序都有重要的影响。选择定位基准不同，工艺过程也随之而异。

9.4.1　基准的概念及其分类

所谓基准就是零件上用以确定其他点、线、面的位置所依据的点、线、面。基准根据其功用不同可分为设计基准与工艺基准则两大类，前者用在产品零件的设计图上，后者用在机械制造的工艺过程中。

（1）设计基准

在零件图上用以确定其他点、线、面位置的基准称为设计基准。

如图 9-4（a）所示的钻套，轴线 $O\text{-}O$ 是各外圆表面及内孔的设计基准；端面 A 是端面 B、C 的设计基准；内孔表面 D 的轴心线是 $\phi 40h6$ 外圆表面的径向跳动和端面 B 跳动的设计基准。同样，图 9-4（b）中的 F 面是 C 面及 E 面尺寸的设计基准，也是两孔垂直度和 C 面平行度的设计基准。作为设计基准的点、线、面在工件上不一定具体存在，例如表面的几何中心、对称线、对称平面等。

（2）工艺基准

工件在工艺过程中所使用的基准称为工艺基准。工艺基准按用途不同可分为工序基准、定位基准、测量基准和装配基准。

a. 工序基准　在工序图上，用以标注本工序被加工表面加工后的尺寸、形状、位置的基准称为工序基准。其所标注的加工面位置尺寸称为工序尺寸。

图 11-5（a）中，A 为加工表面，母线 B 至 A 面的距离 h 为工序尺寸，位置要求 A 面对母线 B 平行，所以母线 B 为本工序的工序基准。

有时确定一个表面就需要数个工序基准。如图 9-5（b）所示，ϕE 孔为加工表面，要求其中心线与 A 面垂直，并与 B 面及 C 面保持距离 L_1、L_2，此表面 A、B、C 均为本工序的工序基准。

b. 定位基准　加工时，使工件在机床或夹具中占据一个确定位置所用的基准称为定

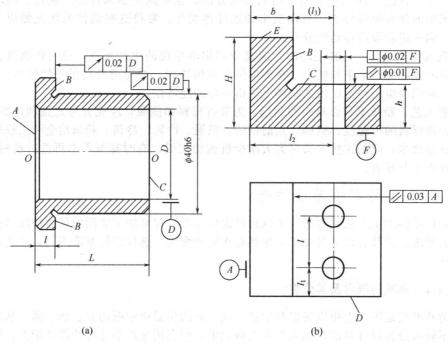

(a)   (b)

图 9-4　基准分析示例

位基准。例如将图 9-4（a）零件的内孔套在心轴上加工 $\phi40h6$ 外圆时，内孔即为定位基准。加工一个表面时，往往同时需要数个定位基准。如图 9-5（b）零件，加工 ϕE 孔时，为保证孔对 A 面的垂直度，要用 A 面作定位基准，为保证 L_1、L_2 的距离尺寸，要用 B、C 面作定位基准。

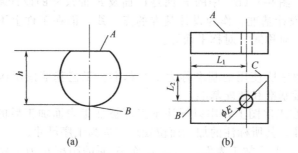

(a)   (b)

图 9-5　工序基准及工序尺寸

　　定位基准除了是工件的实际表面外，也可以是表面的几何中心、对称线或对称面，但必须由相应的实际表面来体现。如内孔（或外圆）的中心线由内孔表面（外圆表面）来体现，V 形架的对称面用其两斜面来体现。这些面通称为定位基面。

　　c. 测量基准　零件检验时，用以测量已加工表面尺寸及位置的基准称为测量基准。例如图 9-5（a）中，检验尺寸 h 时，B 为测量基准；图 9-4（a）中，以内孔套在检验心轴上去检验 $\phi 40h6$ 外圆的径向跳动和端面 B 的端面跳动时，内孔即为测量基准。

d. 装配基准　装配时，用以确定零件或部件在机器中的位置所用的基准称为装配基。例如图 9-4（a）的钻套，$\phi 40h6$ 外圆及端面 B 为装配基准；图 9-4（b）的支承块，底面 F 为装配基准。

9.4.2　定位基准的选择

定位基准有粗基准与精基准之分。在加工的起始工序中，只能用毛坯上未加工的表面作定位基准，则该表面称为粗基准。利用已经加工过的表面作定位基准，则该表面称为精基准。

（1）粗基准的选择

粗基准的选择将影响到加工面与不加工面的相互位置，或影响到加工余量的分配，并且第一道粗加工工序首先要遇到粗基准选择问题，因此正确选择粗基准对保证产品质量将有重要影响。

在选择粗基准时，一般应遵循下列原则。

a. 保证相互位置要求的原则　如果必须保证工件上加工面与不加工面的相互位置要求，则应以不加工面作为粗基准。例如图 9-6（a）所示的拨杆，虽然不加工面很多，但由于要求 $\phi 22H9$ 孔与 $\phi 40mm$ 外圆同轴，因此在钻 $\phi 22H9$ 孔时应选择 $\phi 40mm$ 外圆作为粗基准，利用三爪自定心夹紧机构使 $\phi 40mm$ 外圆与钻孔中心同轴 [见图 9-6（b）]。

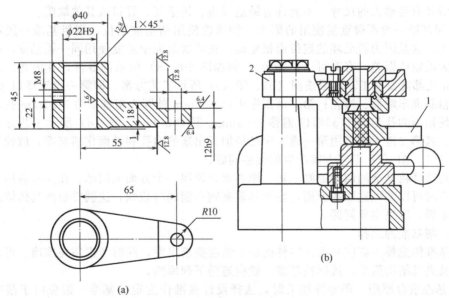

图 9-6　粗基准的选择
1—拨杆；2—钻模

b. 保证加工表面加工余量合理分配的原则 如果必须首先保证工件某重要表面的余量均匀，应选择该表面的毛坯面为粗基准。例如在车床床身加工中，导轨面是最重要的表面，它不仅精度要求高，而且要求导轨面有均匀的金相组织和较高的耐磨性，因此希望加工时导轨面去除余量要小而且均匀。此时应以导轨面为粗基准，先加工底面，然后再以底面为精基准，加工导轨面［见图9-7（a）］。这就可以保证导轨面的加工余量均匀。否则，若违反本条原则必将造成导轨余量不均匀［见图9-7（b）］。

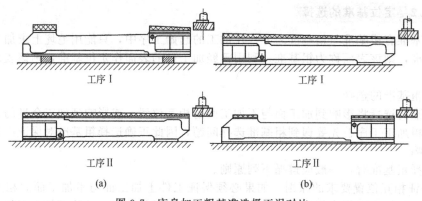

图9-7 床身加工粗基准选择正误对比

c. 便于工件装夹的原则 选择粗基准时，必须考虑定位准确，夹紧可靠以及夹具结构简单、操作方便等的问题。为了保证定位准确，夹紧可靠，要求选用的粗基准尽可能平整、光洁和有足够大的尺寸，不允许有锻造飞边、铸造浇、冒口或其他缺陷。

d. 粗基准一般不得重复使用的原则 如果能使用精基准定位，则粗基准一般不应被重复使用。这是因为若毛坯的定位面很粗糙，在两次装夹中重复使用同一粗基准，就会造成相当大的定位误差（有时可达几毫米）。例如图9-8（a）所示的零件，其内孔、端面及3-ϕ7mm孔都需要加工，如果按图（b）、图（c）所示工艺方案，即第一道工序以ϕ30mm外圆为粗基准车端面、镗孔；第二道工序仍以ϕ30mm外圆为粗基准钻3-ϕ7mm孔，这样就可能使钻出的孔与内孔ϕ16H7偏移2～3mm。图9-8（b）、图（d）所示工艺方案则是正确的，其第二道工序是用第一道工序已经加工出来的内孔和端面作精基准，就较好地解决了图（b）、图（c）工艺方案产生的偏移问题。

上述选择粗基准的四条原则，每一原则都只说明一个方面的问题。在实际应用中，划线装夹有时可以兼顾这四条原则，而夹具装夹则不能同时兼顾，这就要根据具体情况，抓住主要矛盾，解决主要问题。

（2）精基准的选择

精基准的选择主要应从保证零件的加工精度要求出发，同时考虑装夹准确、可靠和方便，以及夹具结构简单。选择精基准一般应遵循下列原则。

a. 基准重合原则 即零件加工时，选择设计基准作为定位基准，避免由于基准不重合带来的定位误差。例如图9-9所示的零件，当零件表面间的尺寸按图9-9（a）标注时，从基准重合原则出发，表面B和表面C的加工，应选择A面（设计基准）作为定位基

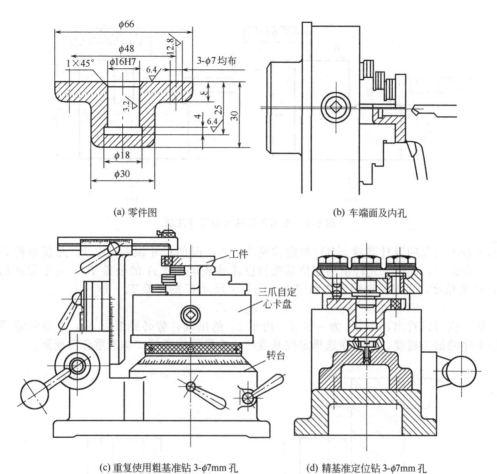

(a) 零件图

(b) 车端面及内孔

(c) 重复使用粗基准钻 3-φ7mm 孔

(d) 精基准定位钻 3-φ7mm 孔

图 9-8　重复使用粗基准的错误实例及其改进方案

准。加工后，表面 B 和 C 相对 A 面的平行度取决于机床的几何精度；尺寸精度 T_a 和 T_b 则取决于机床-刀具-工件所组成的工艺系统的各种工艺因素。

当按调整法加工表面 B 和 C 时，尽管刀具相对定位面 A 的位置是按尺寸 A 和 B 预先调整好的，即在一批工件的加工过程中始终不变，但由于受工艺系统中各种工艺因素的影响，一批零件加工后尺寸 A 和 B 仍会产生误差 Δ_a 和 Δ_b，这种误差称为加工误差。在基准重合的条件下，这两个误差是彼此独立的，只要它们不大于尺寸 A 和 B 的公差（即 $\Delta_a \leqslant T_a$，$\Delta_b \leqslant T_b$），零件加工就不会产生废品。

当零件的尺寸按图 9-9（b）标注时，如果仍选择 A 面为定位基准，并按调整法分别加工表面 B 和 C，则对于 B 面来说，仍符合"基准重合"原则，但对表面 C 则不符合。

表面 C 的加工情况如图 9-10（a）所示，加工后尺寸 C 的误差分布见图 9-10（b）。可以看出，在加工尺寸 C 中，不仅包含有本工序的加工误差（Δ_b）而且还包含有由于基

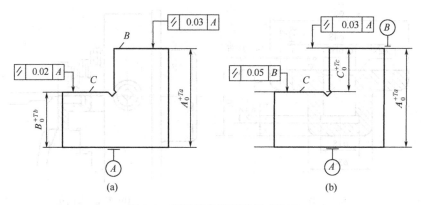

图 9-9　图示零件的两种尺寸注法

准不重合所引起的设计基准（B）与定位基准（A）间的尺寸误差（Δ_a），此误差称为基准不重合误差，其最大允许值为定位基准与设计基准间尺寸 A 的公差 T_a。为了保证加工尺寸 C 的精度，上述两个误差之和应小于或等于尺寸 C 的公差 T_c，即

$$\Delta_b + \Delta_a \leqslant T_c$$

从上式可以看出，在 T_c 为一定值时，由于 Δ_a 的出现，势必要缩小 Δ_b，这意味着要提高该工序的加工精度。因此在选择定位基准时，应尽可能遵循"基准重合"原则。

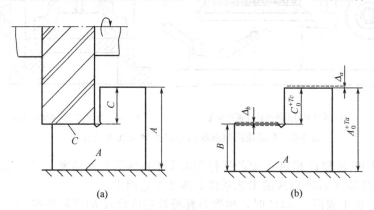

图 9-10　基准不重合示例

　　b. 基准统一原则　选用统一的定位基准来加工工件上的各个加工表面。例如轴类零件的加工采用两端顶尖孔作精基准；圆盘类零件加工采用孔和端面作精基准；箱体类零件加工采用一面两孔作为基准等均属"基准统一"的实例。

　　采用"基准统一"原则，可避免基准的转换带来的误差，有利于保证各表面的位置精度。统一基准也有利于简化工艺规程制订及夹具设计和制造，缩短了生产准备周期。

　　c. 自为基准原则　当某些精加工表面要求加工余量小而均匀时，可选择该加工表面本身作为定位基准，此称"自为基准"。例如磨削床身导轨，就是在磨头上装百分表，以导轨面本身作为精基准，移动磨头来找正工件；或者直接观察磨削时的火花来找正工件。另外，对于定尺寸刀具的加工，如浮动铰孔、珩磨及拉削等，一般也为"自为基准"。

"自为基准"主要是提高加工面本身的精度和表面质量。对加工表面相对其他表面的位置精度几乎没有影响。

d. 互为基准原则　为了使加工重要表面间有较高的相互位置精度，或使加工余量小而均匀，可采用"互为基准"进行多次反复加工。例如精密齿轮的加工，当用高频淬火把齿面淬硬，需再进行磨齿时，因其淬硬层较薄，所以要求磨削余量小而均匀。此时，就须先以齿面为基准磨内孔，再以孔为基准磨齿面。以保证齿面余量均匀及孔与齿面有较高的位置精度。又如，车床主轴轴颈和前锥孔是主轴的主要工作表面，它们之间的同轴度要求很高，因而常以轴颈作基准加工前锥孔，再以前锥孔作基准加工轴颈，并多次反复加工，就能满足要求。

e. 保证工件定位准确、夹紧安全可靠、操作方便、省力的原则　为满足此原则，精基准尽可能选尺寸精度高、粗糙度低和表面支承面积大的表面。当用夹具装夹时，选择的基准面应使夹具结构简单和操作方便。

对上述各项基准的选择原则，都是从不同要求提出的，一般难以全部满足，往往会出现彼此间的相互矛盾，这就需要全面考虑，分清主次，解决主要矛盾。

9.4.3　工件的定位和夹紧

(1) 工件的定位

为了保证零件加工的精度要求，加工前应使工件在机床上或夹具中占据正确位置，这个过程称为定位。

一般情况下，可把工件看成一个不可压缩的刚体。这样，工件在空间位置有六个自由度，即沿空间坐标轴 X、Y、Z 三个方向的移动，记为 $\vec{X}$、$\vec{Y}$、$\vec{Z}$；绕此三坐标轴的转动，记为 $\hat{X}$、$\hat{Y}$、$\hat{Z}$。如果采取一定的约束措施，消除物体的六个自由度，则物体被完全定位。例如在长方体工件的定位时，可以在其底面布置三个不共线的约束点 1，2，3 [见图 9-11 (a)]；在侧面布置两个约束点 4，5 并在端面布置一个约束点 6，则约束点 1，2，3 可以限制 $\vec{Z}$、$\hat{X}$ 和 $\hat{Y}$ 三个自由度；约束点 4，5 可以限制 $\vec{X}$ 和 $\hat{Z}$ 两个自由度；约束点 6 可以限制 $\vec{Y}$ 一个自由度。这就完全限制了长方体工件的六个自由度。

在实际应用中，常把接触面积很小的支承钉看作是约束点，即按上述位置布置六个支承钉，可限制长方体工件的六个自由度 [见图 9-11 (b)]。

采用 6 个按一定规则布置的约束点，可以限制工件的六个自由度，实现完全定位，称为六点定位原理。

由于工件的形状是千变万化的，用于代替约束点的定位元件的种类也很多，除了支承钉以外，常用的还有：支承板，长销，短销，长 V 形块，短 V 形块，长定位套，短定位套，固定锥销，浮动锥销等。直接分析这些定位元件可以限制哪几个自由度，以及分析它们的组合限制自由度的情况，对研究定位问题有更实际的意义。有时候研究定位元件及其

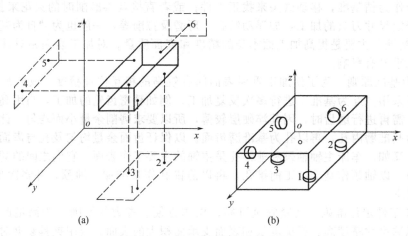

图 9-11 长方体工件的定位分析

组合能限制哪些自由度不如研究它们不能限制哪些自由度更方便。例如长圆柱销（见图 9-12）可以限制四个自由度，即可以限制 $\vec{Y}$，$\vec{Z}$，$\widehat{Y}$，$\widehat{Z}$。若进一步分析长圆柱销不能限制的自由度，就会发现长圆柱销不能限制 $\vec{X}$ 和 $\widehat{X}$ 更为直观和明了。再如长销小平面结合（见图 9-13）以及短销大平面结合（见图 9-14），它们均不能限制绕 X 轴转动的自由度。这里若再进一步分析它们是怎样限制了其他五个自由度，似乎就没有意义了。当然对于初学者来说，反复研究定位元件能限制的自由度，无论从掌握定位原理还是从更深入地研究定位问题来说都是很有必要的。

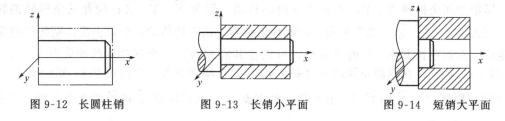

图 9-12 长圆柱销   图 9-13 长销小平面   图 9-14 短销大平面

a. 完全定位和不完全定位 根据工件加工面的位置度（包括位置尺寸）要求，有时需要限制六个自由度，有时仅需要限制一个或几个（少于六个）自由度。前者称作完全定位，后者称作不完全定位。完全定位和不完全定位都有应用。在图 9-15 中列举了六种情况，其中图 (a) 要求在球体上铣平面，由于是球体，所以三个转动自由度不必限制，此外该平面在 X 方向和 Y 方向均无位置尺寸要求，因此这两个方向的移动自由度也不必限制。因为 Z 方向有位置尺寸要求，所以必须限制 Z 方向的移动自由度，即球体铣平面（通铣）只需限制一个自由度。仿照同样的分析，图 (b) 要求在球体上钻通孔，只需要限制两个自由度；图 (c) 要求在长方体上通铣上平面，只需限制三个自由度；图 (d) 要求在圆轴上通铣键槽，只需限制四个自由度；图 (e) 要求在长方体上通铣槽，只需限制五个自由度；图（f）要求在长方体上铣不通槽，则需限制六个自由度。

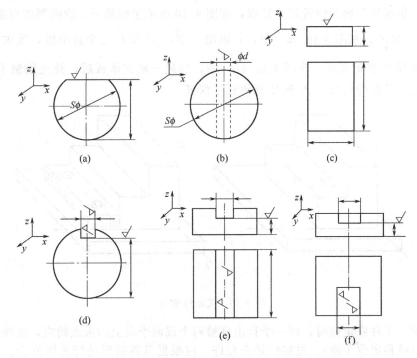

图 9-15　完全定位和不完全定位举例

这里必须强调指出，有时为了使定位元件帮助承受切削力、夹紧力或为了保证一批工件的进给长度一致，常常对无位置尺寸要求的自由度也加以限制。例如在图 9-15（a）中，虽然从定位分析上看，球体上通铣平面只需限制一个自由度，但是在决定定位方案的时候，往往会考虑要限制两个自由度（见图 9-16），或限制三个自由度（见图 9-17）。在这种情况下，对没有位置尺寸要求的自由度也加以限制，不仅是允许的，而且是必要的。

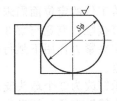

图 9-16　球体上通铣
平面限制 2 个自由度

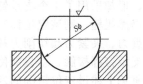

图 9-17　球体上通铣平面
限制 3 个自由度

b. 欠定位和过定位

欠定位　根据工件加工面位置尺寸要求必须限制的自由度没有得到全部限制，或者在完全定位和不完全定位中约束点不足，这样的定位称为欠定位。欠定位是不允许的。例如

图 9-18 所示为在铣床上加工长方体工件台阶的两种定位方案。台阶高度尺寸为 A，宽度尺寸为 B，根据加工面的位置尺寸要求，在图 9-18 所示坐标系下，应限制的自由度为 $\vec{X}$，$\vec{Z}$，$\widehat{X}$，$\widehat{Y}$ 和 $\widehat{Z}$。在图 9-18（a）中，只限制了 $\vec{Z}$，$\widehat{X}$ 和 $\widehat{Y}$ 三个自由度，属欠定位，难以保证位置尺寸 B 的要求。在图 9-18（b）中，加进一块支承板后，补充限制了 $\vec{X}$ 和 $\widehat{Z}$ 两个自由度，才使位置尺寸 A 和 B 都得到了保证。

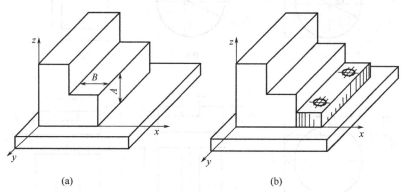

图 9-18　欠定位举例

过定位　工件在定位时，同一个自由度被两个或两个以上约束点约束，这样的定位称为过定位（或称定位干涉）。过定位是否允许，应根据具体情况进行具体分析。一般情况下，如果工件的定位面为没有经过机械加工的毛坯面，或虽经过了机械加工，但仍然很粗糙，这时过定位是不允许的。如果工件的定位面经过了机械加工，并且定位面和定位元件的尺寸、形状和位置都做得比较准确，比较光整，则过定位不但对工件加工面的位置尺寸影响不大，反而可以增强加工时的刚性，这时过定位是允许的。下面针对几个具体的过定位的例子做简要的分析。

图 9-19 为平面定位的情况。图 9-19（a）应该采用 3 个支承钉，限制 $\vec{Z}$，$\widehat{X}$ 和 $\widehat{Y}$ 三个自由度，但却采用了 4 个支承钉，出现了过定位情况。若工件的定位面尚未经过机械加工，表面仍然粗糙，则该定位面实际上只可能与 3 个支承钉接触，究竟与哪 3 个支承钉接触，这与重力、夹紧力和切削力都有关，定位不稳。如果在夹紧力作用下强行使工件定位面与 4 个支承钉都接触，就只能使工件变形，产生加工误差。

为了避免上述过定位情况的发生，可以将 4 个平头支承钉改为 3 个球头支承钉，重新布置 3 个球头支承钉的位置。也可以将 4 个支承钉之一改为辅助支承。辅助支承只起支承作用而不起定位作用。

如果工件的定位面已经过机械加工，并已很平整，4 个平头交承钉顶面又准确地位于同一个平面内，则上述过定位不仅允许而且能增强支承刚度，减小工件的受力变形，这时还可以将支承钉改为支承板［见图 9-19（b）］。

图 9-20（a）所示为利用工件底面及两销孔定位，采用的定位元件是一个平面和两个

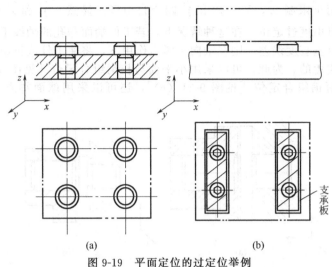

图 9-19 平面定位的过定位举例

短圆柱销。平面限制 $\vec{Z}$，$\overset{\frown}{X}$ 和 $\overset{\frown}{Y}$ 三个自由度，短圆柱销 1 限制 $\vec{X}$ 和 $\vec{Y}$ 两个自由度，短圆柱销 2 限制 $\vec{X}$ 和 $\overset{\frown}{Z}$ 两个自由度，于是 X 方向的自由度被重复限制，产生了过定位。在这种情况下，会因为工件的孔心距误差以及两定位销之间的中心距误差使得两定位销无法同时进入工件孔内。为了解决这一过定位问题，通常是将两圆柱销之一在定位干涉方向，即 X 方向削边，做成菱形销 [见图 9-20（b）]，使它不限制 X 方向的自由度，从而消除 X 方向的定位干涉问题。

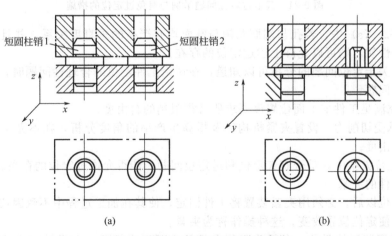

图 9-20 利用工件底面及两销孔定位

图 9-21（a）为孔与端面组合定位的情况。其中，长销的大端面可以限制 $\vec{X}$，$\overset{\frown}{Y}$ 和 $\overset{\frown}{Z}$

三个自由度，长销可限制 $\vec{Z}$，$\vec{Y}$，$\hat{Z}$ 和 $\hat{Y}$ 四个自由度。显然，$\hat{Y}$ 和 $\hat{Z}$ 自由度被重复限制，出现了两个自由度过定位。在这种情况下，若工件端面和孔的轴线不垂直，或销的轴线与销的大端面有垂直度误差，则在轴向夹紧力作用下，将使工件或长销产生变形，这当然是应该想办法避免的。为此，可以采用小平面与长销组合定位［见图 9-21（b）］，也可以采用大平面与短销组合定位［见图 9-21（c）］，还可以采用球面垫圈与长销组合定位［见图 9-21（d）］。

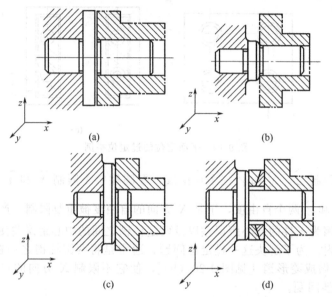

图 9-21　其他过定位问题举例与避免过定位的措施

在图 9-21（a）中，若孔与端面及销与端面均有严格的垂直度关系，并且销和孔有较松的动配合性质，则可以允许上述过定位的存在。

从上述关于定位问题的分析可以知道，在讨论工件定位的合理性问题时，主要应研究下面的三个问题。

① 研究满足工件加工面位置度要求所必须限制的自由度；

② 从承受切削力、设置夹紧机构以及提高生产率的角度分析，在不完全定位中还应限制哪些自由度；

③ 在定位方案中，是否有欠定位和过定位问题，能否允许过定位的存在。

（2）工件的夹紧

工件定位以后，必须用夹紧装置将工件固定，使其在加工过程中不致因切削力及离心力等作用，使定位位置改变，这种操作称为夹紧。

a. 对夹紧装置的要求　夹紧装置是夹具的重要组成部分。在设计夹紧装置时，应满足以下基本要求。

① 在夹紧过程中应能保持工件定位时所获得的正确位置。

② 夹紧应可靠和适当。夹紧机构一般要有自锁作用，保证在加工过程中不会产生松动或振动。夹紧工件时，不允许工件产生不适当的变形和表面损伤。

③ 夹紧装置应操作方便、省力、安全。

④ 夹紧装置的复杂程度和自动化程度应与工件的生产批量和生产方式相适应。结构设计应力求简单、紧凑，并尽可能采用标准化元件。

b. 夹紧力的确定　夹紧力包括大小、方向和作用点三个要素，它们的确定是夹紧机构设计中首先要解决的问题。

① 夹紧力方向的选择一般应遵循以下原则。

ⅰ. 夹紧力的作用方向应有利于工件的准确定位，而不能破坏定位。为此一般要求主要夹紧力应垂直指向主要定位面。如图 9-22 所示，在直角支座零件上镗孔，要求保证孔与端面的垂直度，则应以端面 A 为第一定位基准面，此时夹紧力作用方向应如图 9-22 中 F_{j1} 所示。若要求保证被加工孔轴线与支座底面平行，应以底面 B 为第一定位基准面，此时夹紧方向应如图 9-22 中 F_{j2} 所示。否则，由于 A 面与 B 面的垂直度误差，将会引起被加工孔轴线相对于 A 面（或 B 面）的位置误差。实际上，在这种情况下，由于夹紧力作用不当，将会使工件的主要定位基准面发生转换，从而产生定位误差。

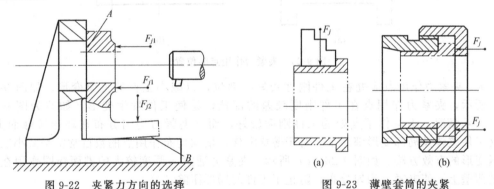

图 9-22　夹紧力方向的选择　　　　图 9-23　薄壁套筒的夹紧

ⅱ. 夹紧力的作用方向应尽量与工件刚度最大的方向相一致，以减小工件变形。例如图 9-23 所示的薄壁套筒工件，它的轴向刚度比径向刚度大。若如图 9-23（a）所示，用三爪自定心卡盘径向夹紧套筒，将使工件产生较大变形。若改成图 9-23（b）的形式，用螺母轴向夹紧工件，则不易产生变形。

ⅲ. 夹紧力的作用方向应尽可能与切削力、工件重力方向一致，以减少所需夹紧力。如图 9-24（a）所示夹紧力 F_{j1} 与主切削力方向一致，切削力由夹具的固定支承承受，所需夹紧力较小。若如图 9-24（b）所示，则夹紧力至少要大于切削力。

② 夹紧力作用点的选择是指在夹紧力作用方向已定的情况下，确定夹紧元件与工件接触点的位置和接触点的数目。一般应注意以下几点。

ⅰ. 夹紧力作用点应正对支承元件或位于支承元件所形成的支承面内，以保证工件已获得的定位不变。如图 9-25 所示，夹紧力作用点不正，对支承元件产生了使工件翻转的

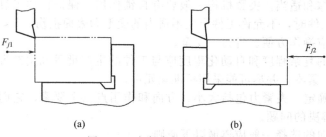

图 9-24　夹紧力与切削力方向

力矩，破坏了工件的定位。夹紧力作用点的正确位置应如图中双点划线所示。

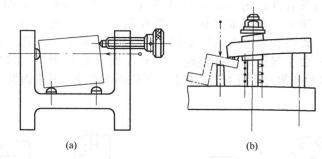

图 9-25　夹紧力作用点的位置

ⅱ．夹紧力作用点应处在工件刚性较好的部位，以减小工件的夹紧变形。如图 9-26 （a）所示，夹紧力作用点在工件刚度较差的部位，易使工件发生变形。如改为图 9-26 （b）所示情况，不但作用点处的工件刚度较好，而且夹紧力均匀分布在环形接触面上，可使工件整体及局部变形都最小。对于薄壁零件，增加均布作用点的数目常常是减小工件夹紧变形的有效方法。如图 9-26 （c）所示。夹紧力通过一厚度较大的锥面垫圈作用在工件的薄壁上，使夹紧力均匀分布，防止了工件的局部压陷。

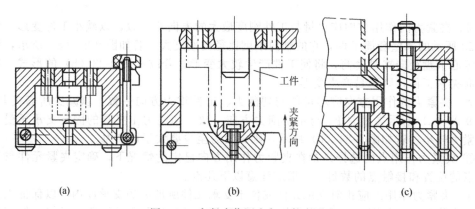

图 9-26　夹紧力作用点与工件变形

ⅲ．夹紧力作用点应尽可能靠近被加工表面，以便减小切削力对工件造成的翻转力矩。必要时应在工件刚度差的部位增加辅助支承并施加夹紧力，以减小切削过程中的振动和变形。如图 9-27 所示零件加工部位刚度较差，在靠近切削部位处增加辅助支承并施加附加夹紧力，可有效地防止切削过程中的振动和变形。

③ 夹紧力大小的确定。在夹紧力方向和作用点位置确定以后，还需合理地确定夹紧力的大小。夹紧力不足，会使工件在切削过程中产

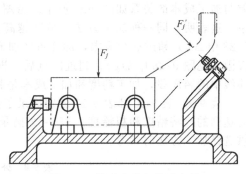

图 9-27　辅助支承与辅助夹紧

生位移并容易引起振动；夹紧力过大又会造成工件或夹具不应有的变形或表面损伤。因此，应对所需的夹紧力进行确定。

夹紧力的大小，可以在加工中实测，也可根据切削力、工件重力等的影响通过力学公式进行估算，估算夹紧力的一般方法是将工件视为分离体，并分析作用在工件上的各种力；再根据力系平衡条件，确定保持工件平衡所需的最小夹紧力；最后将此最小夹紧力乘以一适当的安全系数，即可得到所需要的夹紧力。

9.5　机械加工工艺路线的拟定

拟定零件机械加工工艺路线，主要包括选择各个表面的加工方法，安排各个表面的加工顺序，确定工序集中与分散的程度，合理选用机床、刀具等。

9.5.1　表面加工方法的选择

零件表面的加工方法，首先取决于加工表面的技术要求。在满足表面加工技术要求的前提下，根据各种加工方法的经济精度、经济表面粗糙度和工艺特点等来选择，为此，选择加工方法时应考虑下列因素。

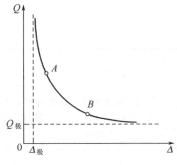

图 9-28　加工误差与
加工成本的关系

（1）表面加工经济精度

一般说来，任何一种加工方法所能获得的加工精度和表面粗糙度都有一个相当大的范围，但只有在某一个较窄的范围内才是经济的。这个经济的加工范围就是经济加工精度。具体地说，经济加工精度是在正常的加工条件下（即采用符合质量标准的设备、工艺装备，使用标准技术等级的工人及不延长加工时间等）所能保证的加工精度。若加工条件不同，则所能达到的精度及其加工成本也不相同。例如，选用较低的切削用量，进行精细操作，则所得的加工精度提高，但加工时间延长，生产率降低，加工成本增加。反之，若增加切削用量，则

生产率提高，加工成本降低，但增大加工误差，使加工精度降低。各种加工方法的加工误

差与加工成本的关系如图 9-28 所示。由图 9-28 可见，加工误差 Δ 与加工成本 Q 成反比关系。这表明：同一种加工方法，精度越高，加工成本越大；加工精度有一定极限（见图 9-28 中 $\Delta_极$）超过这个极限，即使再增加成本，加工精度几乎再不能提高；成本也有一定极限（见图 9-28 中 $Q_极$），超过此点后，即使加工精度再降低，加工成本几乎不再降低；曲线中的 AB 段，加工精度和加工成本是相互适应的，是属于经济精度的范围。

表 9-9、表 9-10 和表 9-11 分别摘录了外圆、孔和平面等典型表面的加工方法及其所能达到的经济精度和粗糙度。表 9-12 摘录了各种加工方法加工轴线平行孔的位置精度，供选择加工方法时参考。

表 9-9　外圆柱面加工方法

序号	加　工　方　法	经济精度 （公差等级表示）	经济粗糙度 R_a 值/μm	适　用　范　围
1	粗车	IT11～13	12.5～50	适用于淬火钢以外的各种金属
2	粗车-半精车	IT8～10	3.2～6.3	
3	粗车-半精车-精车	IT7～8	0.8～1.6	
4	粗车-半精车-精车-滚压（或抛光）	IT7～8	0.025～0.2	
5	粗车-半精车-磨削	IT7～8	0.4～0.8	主要用于淬火钢,也可用于未淬火钢,但不宜加工有色金属
6	粗车-半精车-粗磨-精磨	IT6～7	0.1～0.4	
7	粗车-半精车-粗磨-精磨-超精加工（或轮式超精磨）	IT5	0.012～0.1（或 R_z0.1）	
8	粗车-半精车-精车-精细车（金刚车）	IT6～7	0.025～0.4	主要用于要求较高的有色金属加工
9	粗车-半精车-粗磨-精磨-超精磨（或镜面磨）	IT5 以上	0.006～0.025（或 R_z0.05）	极高精度的外圆加工
10	粗车-半精车-粗磨-精磨-研磨	IT5 以上	0.006～0.1（或 R_z0.05）	

表 9-10　孔加工方法

序号	加　工　方　法	经济精度 （公差等级表示）	经济粗糙度 R_a 值/μm	适　用　范　围
1	钻	IT11～13	12.5	加工未淬火钢及铸铁的实心毛坯,也可用于加工有色金属。孔径小于 15～20mm
2	钻-铰	IT8～10	1.6～6.3	
3	钻-粗铰-精铰	IT7～8	0.8～1.6	
4	钻-扩	IT10～11	6.3～12.5	加工未淬火钢及铸铁的实心毛坯,也可用于加工有色金属。孔径大于 15～20mm
5	钻-扩-铰	IT8～9	1.6～3.2	
6	钻-扩-粗铰-精铰	IT7	0.8～1.6	
7	钻-扩-机铰-手铰	IT6～7	0.2～0.4	

序号	加 工 方 法	经济精度 (公差等级表示)	经济粗糙 度 R_a 值/μm	适 用 范 围
8	钻-扩-拉	IT7~9	0.1~1.6	大批量生产(精度由拉刀的精度而定)
9	粗镗(或扩孔)	IT11~13	6.3~12.5	除淬火钢外各种材料,毛坯有铸出孔或锻出孔
10	粗镗(粗扩)-半精镗(精扩)	IT9~10	1.6~3.2	
11	粗镗(粗扩)-半精镗(精扩)-精镗(铰)	IT7~8	0.8~1.6	
12	粗镗(粗扩)-半精镗(精扩)-精镗-浮动镗刀精镗	IT6~7	0.4~0.8	
13	粗镗(扩)-半精镗-磨孔	IT7~8	0.2~0.8	主要用于淬火钢,也可用于未淬火钢,但不宜用于有色金属
14	粗镗(扩)-半精镗-粗磨-精磨	IT6~7	0.1~0.2	
15	粗镗-半精镗-精镗-精细镗(金刚镗)	IT6~7	0.05~0.4	主要用于精度要求高的有色金属加工
16	钻-(扩)-粗铰-精铰-珩磨;钻-(扩)-拉-珩磨;粗镗-半精镗-精镗-珩磨	IT6~7	0.025~0.2	精度要求很高的孔
17	以研磨代替上述方法中的珩磨	IT5~6	0.006~0.1	

表 9-11　平面加工方法

序号	加 工 方 法	经济精度 (公差等级表示)	经济粗糙 度 R_a 值/μm	适 用 范 围
1	粗车	IT11~13	12.5~50	端面
2	粗车-半精车	IT8~10	3.2~6.3	
3	粗车-半精车-精车	IT7~8	0.8~1.6	
4	粗车-半精车-磨削	IT6~8	0.2~0.8	
5	粗刨(或粗铣)	IT11~13	6.3~25	一般不淬硬平面(端铣表面粗糙度 R_a 值较小)
6	粗刨(或粗铣)-精刨(或精铣)	IT8~10	1.6~6.3	
7	粗刨(或粗铣)-精刨(或精铣)-刮研	IT6~7	0.1~0.8	精度要求较高的不淬硬平面,批量较大时宜采用宽刃精刨方案
8	以宽刃精刨代替上述刮研	IT7	0.2~0.8	

续表

序号	加工方法	经济精度 (公差等级表示)	经济粗糙 度 R_a 值/μm	适 用 范 围
9	粗刨(或粗铣)-精刨(或精铣)-磨削	IT7	0.2～0.8	精度要求高的淬硬平面或不淬硬平面
10	粗刨(或粗铣)-精刨(或精铣)-粗磨-精磨	IT6～7	0.025～0.4	
11	粗铣-拉	IT7～9	0.2～0.8	大量生产,较小的平面(精度视拉刀精度而定)
12	粗铣-精铣-磨削-研磨	IT5 以上	0.006～0.1 (或 R_z0.05)	高精度平面

表 9-12 轴线平行的孔的位置精度(经济精度) mm

加工方法	工具的定位	两孔轴线间的距离误差或从孔轴线到平面的距离误差	加工方法	工具的定位	两孔轴线间的距离误差或从孔轴线到平面的距离误差
立钻或摇臂钻上钻孔	用钻模	0.1～0.2	卧式镗床上镗孔	用镗模	0.05～0.08
	按划线	1.0～3.0		按定位样板	0.08～0.2
立钻或摇臂钻上镗孔	用镗模	0.05～0.08		按定位器的指示读数	0.04～0.06
车床上镗孔	按划线	1.0～2.0		用块规	0.05～0.1
	用带有滑座的角尺	0.1～0.3		用内径规或用塞尺	0.05～0.25
坐标镗床上镗孔	用光学仪器	0.004～0.015		用程序控制的坐标装置	0.04～0.05
金刚镗床上镗孔	—	0.008～0.02		用游标尺	0.2～0.4
多轴组合机床上镗孔	用镗模	0.03～0.05		按划线	0.4～0.6

应予指出,随着工艺技术的发展,各种加工方法所能达到的加工精度不断地提高,粗糙度不断减小。例如外圆磨床一般可达 IT7 级精度和表面粗糙度 R_a 为 $0.4\mu m$,但在采用适当措施提高磨床精度、抗振性和改进磨削工艺后,加工外圆精度可达 IT5 级,表面粗糙度 R_a 达到 $0.1～0.04\mu m$。

不同的加工方法,其加工经济精度也不同。

(2) 工件材料和物理力学性能

不同的材料,或同一种材料、具有不同物理力学性能的,其加工方法均不尽相同。例如对淬火钢应采用磨削加工,对有色金属采用磨削加工就会产生困难,一般宜采用金刚镗削或高速车削。

(3) 工件的结构形状和尺寸

一般回转工件可以用车削或磨削等方法加工孔,而箱体上 IT7 级公差的孔,一般就不宜采用车削或磨削，而通常采用镗削或铰削加工。孔径小时宜采用铰孔，孔径大或长度较短的孔则宜用镗削。

（4）生产类型

为了满足生产率和经济性要求，大批量生产时，应采用高效率的先进工艺，如平面和孔的加工采用拉削代替普通的铣、刨和镗孔等加工方法。也可采用组合铣和组合磨来同时加工几个表面；单件小批生产则一般采用通用机床加工的方法，避免盲目采用高效加工方法和专用设备而增加成本。

（5）现场设备条件

选择加工方法时应考虑充分利用现有设备，挖掘企业潜力，发挥工人和技术人员的积极性和创造性。不断改进现有的加工方法和设备，采用新技术和提高工艺水平。

9.5.2 加工顺序的安排

零件表面的加工方法确定以后，就要进行加工顺序的安排，同时对热处理、检验工序的位置也要仔细考虑。

9.5.2.1 加工阶段的划分

零件加工时，往往不是依次加工完成各个表面。而是将各表面的粗、精加工分开进行。为此，一般都须将整个工艺过程划分为几个加工阶段。

（1）划分加工阶段的目的

a. 粗加工阶段　该阶段的主要作用是切去各表面的大部分加工余量，使毛坯在形状尺寸方面尽快接近成品。这时，应尽可能提高生产率。

b. 半精加工阶段　它主要为零件的主要表面作精加工准备，应达到一定的加工精度。提供合适的精加工余量，并完成次要表面的加工。

c. 精加工阶段　要保证零件各主要表面达到图纸规定的技术要求。

当零件要求很高的尺寸精度、形状精度和表面质量时，还须增加光整加工阶段。其主要目的是提高加工的尺寸精度和降低表面粗糙度，一般不用来纠正形状误差和位置精度。

对余量特别大或表面十分粗糙的毛坯，在粗加工前还需进行去黑皮和飞边、浇冒口等的荒加工阶段。荒加工阶段一般在毛坯准备车间进行。

（2）划分加工阶段的原因

a. 保证加工质量　由于粗加工时余量较大，产生的切削力和切削热都较大，功率的消耗也较多，所需要的夹紧力也大，从而在加工过程中工艺系统的受力变形、受热变形和工件的残余应力变形也都大，不可能达到高的精度和表面质量，需要先进行各表面的粗加工，再通过半精加工和精加工逐步减少切削余量、切削力和切削热，逐步修正工件的残余变形，提高加工精度和改善表面质量，最后达到图纸规定的技术要求。同时，粗加工也能及时发现毛坯的缺陷，及时报废和修复，以免在继续加工时造成浪费。

b. 合理使用机床设备　粗加工时提高生产率是主要的，可采用功率大、精度不高、刚度好的高生产率设备。而精加工时，保证精度是主要的，应采用相应的高精度设备。加工阶段划分后，可发挥粗、精加工设备各自的性能特点，避免以精代粗，做到合理使用设备，也有利于保持精加工机床设备的精度、使用寿命及设备的维护和保养。

c. 便于安排热处理工序　为了在机械加工工艺中插入必要的热处理工序，并能充分发挥热处理的效用，使冷热工序更好地配合，也要求将工艺过程划分成不同的阶段。例如，对一些精度高的零件，可在粗加工阶段安排去除残余应力和降低表面硬度的热处理，以便减少残余应力所引起的变形对加工精度的影响及有利于切削加工。为改善和提高工件材料的力学性能，可在半精加工后安排淬火等热处理，热处理引起的变形和表面氧化，可在精加工中得到消除。

上述划分加工阶段仅是一般原则，并非所有工件都须如此。对于加工精度和表面质量不高、工件刚性足够、毛坯精度较高、加工余量小的工件，可不划分加工阶段。有些刚性好的重型工件，由于装夹及运输费时，常在一次装夹下完成全部加工。这时为了弥补不分阶段加工带来的缺陷，应在粗加工工步后松开夹紧机构，并停歇一段时间，使工件的变形得到充分恢复，然后再用较小的夹紧力重新夹紧工件，继续进行精加工工步，以保证最后的技术要求。

9.5.2.2　工序顺序的安排

(1) 机械加工工序的安排

一个零件上往往有几个表面需要加工，这些表面本身和其他表面总存在着一定的技术要求，为了达到这些精度要求，各表面的加工顺序就不能随意安排，必须遵循一定的原则。这就是在加工过程中，定位基准的选择和转换，以及前工序为后工序准备基准的原则。

a. 先基准后其他　选作精基准的表面，应在起始工序先行加工，以免粗基准的多次使用，同时为后续工序提供可靠的精基准。在主要表面精加工前，应安排定位基准的精加工或修正加工。

b. 先主后次　根据零件的功用和技术要求，先将零件的主要表面和次要表面分开，然后安排主要表面的加工顺序，再将次要表面的加工适当穿插在主要表面的加工工序之间。由于次要表面的精度要求较低，一般安排在粗加工和半精加工阶段进行加工。但对那些与主要表面有相对位置要求的表面，通常多置于主要表面的半精加工之后，最后精加工或在光整加工之前进行加工。

c. 先面后孔　对于由平面和孔组成的零件中（如箱体、连杆和支架等），由于内孔的加工处于半封闭状态，加工过程中，排屑、冷却、测量、观察都不方便，同时孔加工的刀具刚性对加工精度影响较大，故而要求内孔加工次数少，余量均匀，并要求有可靠的定位。平面加工要方便得多，因而安排工序时，先加工平面，再加工孔，以使加工孔时稳定可靠，也不会受到平面加工时对它的影响。

(2) 热处理工序的安排

工件材料的热处理的目的主要为改善金属切削加工性能，消除残余应力及提高材料的力学性能。热处理工序的安排主要根据工件的材料和热处理的目的来进行。

a. 预备性热处理　一般安排在工件机械加工前，主要是为改善切削加工性能，消除毛坯制造所引起的残余应力。热处理的方法一般有退火、正火和人工时效等。例如，为降低含碳量大于 0.7% 的碳钢和合金钢的硬度，便于切削加工，常采用退火；对含碳量低于

0.3%的低碳钢和低碳合金钢，为避免因硬度过低而切削时沾刀，可采用正火处理，以提高其硬度。退火和正火还能细化晶粒、均匀组织、为以后的热处理做准备。

　　b.改善力学性能热处理　这种热处理一般包括调质、渗碳淬火、回火、氰化、氮化等。通过这些热处理能改善材料的力学性能。如提高材料的强度、硬度和耐磨性等，对变形大的热处理，如调质、渗碳淬火等应安排在精加工前进行，以便精加工时纠正热处理变形；变形较小的热处理如氰化、氮化等，可安排在精加工后。

　　c.稳定性热处理　为了消除一些精密零件（如精密丝杠、精密轴承、精密量具、高精度刀具及油泵油嘴偶件等）的残余应力，使尺寸长期稳定不变，需要进行冰冻处理（在 $-70\sim-80℃$ 之间保持 $1\sim2h$）。有时还需进行敲击和振动处理。

　　(3) 辅助工序的安排

　　辅助工序包括工件的检验、倒角、去毛刺、清洗、防锈、平衡及一些特殊的辅助工序，如退磁、探伤等。其中检验工序是辅助工序中必不可少的工序，它对保证加工质量、及时发现不合格产品及分清加工责任等能都起重要作用。除了工序中的自检外，还需要在下列阶段单独安排检验工序：粗加工阶段结束后；工件从一个车间转到另一个车间加工的前后；重要工序加工前后以及全部加工工序结束后。

　　有些特殊的检查工件内部质量的工序，如退磁、探伤等一般安排在精加工阶段。密封性检验、工件的平衡和重量检验，一般都安排在工艺过程的最后进行。

9.5.3　工序集中与工序分散

　　工序集中是指工件的加工集中在少数几道工序内完成，即每道工序的加工内容较多。工序分散是将工件的加工分散在较多工序内进行，即每道工序的内容很少，最少仅一简单工步。工序集中与工序分散是拟定工艺路线时，确定工序数目的两种原则。

　　(1) 工序集中的特点

　　① 工件装夹次数小，相应夹具数目也减少，易于保证表面的位置精度，可减少工序间的运输量，缩短生产周期，对重型零件加工比较方便。

　　② 加工设备数目少，操作工人少，生产占地面积地少，有利于简化生产计划和生产组织工作。

　　③ 采用高效专用设备和工艺装备，结构比较复杂，投资大，并要求有较高的可靠性。在大批量生产中，多采用转塔车床、多刀车床、单轴或多轴自动半自动车床和多工位铣镗床等，这些设备生产率较高，但价格也高，同时要求调整工人的技术水平较高。

　　(2) 工序分散的特点

　　① 采用结构简单的设备和工艺装备，调整和维修方便，对工人的技术水平要求不高。易于平衡工序时间和组织流水线生产。

　　② 生产准备的工作量少，易适应产品更换。

　　③ 设备数量多，操作工人多，生产面积大。

　　④ 可采用最合理的切削用量，减少基本时间。

　　(3) 工序集中与工序分散的选用

　　工序集中和工序分散程度应根据生产纲领、零件技术要求、现有生产条件和产品的发展情况等进行综合考虑。

一般来说，大批量生产宜采用工序集中原则。此时，应采用高效专用机床、多刀多轴自动机床或加工中心等。此为技术措施集中，称机械集中。如果不具备上述生产条件或因零件结构所限不便工序集中时，只能采用工序分散。

单件、小批生产只能采用工序集中，多在一台通用万能机床上加工尽可能多的表面。此为人为的组织措施集中，称组织集中。

中批生产应尽可能采用高效机床，使工序适当集中。

当前由于数控机床、带有自动换刀装置的数控机床（加工中心）、柔性制造单元及柔性制造系统的发展，使得各种类型的生产都能做到工序集中。

9.5.4 机床和工艺装备的选择

选择机床和工艺装备时，应尽可能做到合理、经济，使之与被加工零件的生产类型、加工精度和形状尺寸相适应。

（1）机床的选择

机床选择时要考虑的因素有以下几点。

① 机床的加工规格应与零件的形状、尺寸相适应。

② 机床的精度应与工序要求的加工精度相适应。

③ 机床的生产率应与被加工零件的生产类型相适应。一般单件小批生产时采用通用机床，大批量生产时采用高生产率的专用机床、组合机床或自动机床。

（2）刀具的选择

刀具选择包括刀具的类型、结构和材料的选择，选择时要考虑工件的加工方法、加工表面的尺寸、工件材料、所要求的精度和表面粗糙度、生产率和经济性等。一般情况应尽可能选择标准刀具，必要时可采用高生产率的复合刀具和其他一些专用刀具。

（3）量具的选择

量具选择应考虑的主要因素是生产类型和要求检验的精度。在单件小批生产时，应尽可能选用通用量具，而在大批量生产时则要选用各种规格的高生产率的检验仪器和检验工具。

9.6 加工余量和工序尺寸的确定

9.6.1 加工余量及其影响因素

（1）加工余量的概念

在机械加工过程中，为了使零件得到所需的形式、尺寸和表面质量，需从工件加工表面切去一层金属，此金属层的厚度称为加工余量。加工余量（即公称余量或基本余量）有总加工余量和工序余量之分。总加工余量即为毛坯余量，是毛坯尺寸与零件图的设计尺寸之差；工序余量是相邻两工序的工序尺寸之差。显然，总加工余量等于各有关工序余量之和，即

$$Z_o = \sum_{i=1}^{n} Z_i$$

式中　Z_o——总加工余量（毛坯余量）；

　　　Z_i——第 i 道工序的工序余量；

　　　n——该表面的加工工序数。

由于工序余量等于同一加工表面相邻两工序的尺寸之差，故可按下列公式计算。

① 单边余量，即非对称表面（如平面）的工序余量。

对于外表面〔见图 9-29（a）〕　　$Z_b = a - b$

对于内表面〔见图 9-29（b）〕　　$Z_b = b - a$

式中　Z_b——本工序的加工余量；

　　　a——前工序的工序尺寸；

　　　b——本工序的工序尺寸。

② 双边加工余量，即回转表面（如外圆和内孔）的加工余量

对于轴〔见图 9-29（c）〕　　$Z = 2Z_b = d_a - d_b$

对于孔〔见图 9-29（d）〕　　$Z = 2Z_b = d_b - d_a$

式中　Z、Z_b——直径、半径上的加工余量；

　　　d_a——前工序的工序尺寸（直径）；

　　　d_b——本工序的工序尺寸（直径）。

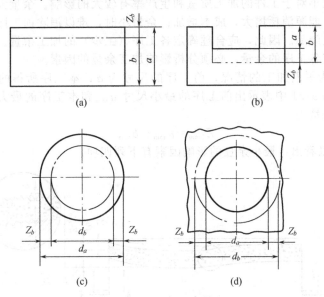

图 9-29　加工余量

由于毛坯制造和各工序尺寸加工都存在误差，因而它们的实际加工余量是变化的，即存在最小和最大加工余量。加工余量与加工尺寸的关系如图 9-30 所示。工序尺寸偏差一般规定为"入体"方向，即对于轴类零件取单向负偏差，此时工序的基本尺寸即为最大极限尺寸；对孔类零件取单向正偏差，此时工序的基本尺寸为最小极限尺寸。对于毛坯尺寸，一般取对称公差。

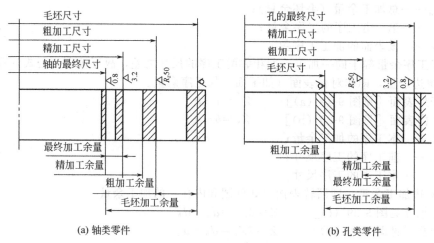

(a) 轴类零件　　　　　　　　　(b) 孔类零件

图 9-30　加工余量和加工尺寸分布

（2）影响加工余量的因素

加工余量的大小对于工件的加工质量和生产率有较大的影响。余量大时，加工时间增加，生产率降低，能源消耗增大，成本增加；余量小时，难以消除前工序的各种误差和表面缺陷，甚至产生废品。因此，应合理确定各工序（工步）的加工余量。

为了合理确定各工序的余量，必须分析影响加工余量的因素。

图 9-31 所示为平面加工的情况，前工序的尺寸为 a，本工序所得的尺寸为 b。a、b尺寸都有公差，图 9-31 中表示出前工序的最小尺寸 a_{min} 和本工序的最大尺寸 b_{max}，由此得本工序的最小余量为

$$Z_{b\,min} = a_{min} - b_{max}$$

由图 9-31 可以看出，最小余量的影响因素有下列四项。

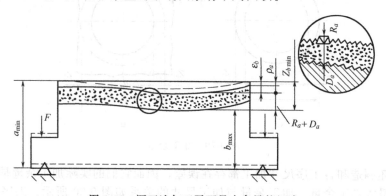

图 9-31　调正法加工平面最小余量的组成

① 前工序的加工表面粗糙度 R_a。

② 前工序的加工表面缺陷层 D_a。

③ 前工序的形位误差，也称空间误差 ρ_a。例如平面的平行度、垂直度；轴线的直线度、同轴度及倾斜度等。

④ 本工序的装夹误差 ε_b。包括工件的定位误差和夹紧误差。图 9-31 中，由于夹紧力 F 的变动，使工件定基准发生位移。

由此得本工序的最小加工余量为

$$Z_{b\min}=R_a+D_a+\mid\rho_a+\varepsilon_b\mid$$

以上为单边最小加工余量的计算公式。

对双边最小加工余量，同样可推出其计算公式为

$$2Z_{b\min}=2(R_a+D_a)+2\mid\rho_a+\varepsilon_b\mid$$

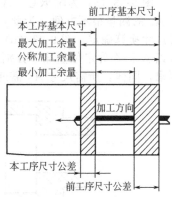

图 9-32 加工余量及其公差

求得最小余量后工序的公称加工余量（简称加工余量）即可相应确定。由图 9-32 可以看出，本工序的加工余量（Z_b）等于本工序最小加工余量（$Z_{b\min}$）与前工序的尺寸公差（T_a）之和，即

对单边余量 $\quad Z_b=T_a+Z_{b\min}=T_a+R_a+D_a+\mid\rho_a+\varepsilon_b\mid$

对双边余量 $\quad 2Z_b=T_a+2(R_a+D_a)+2\mid\rho_a+\varepsilon_b\mid$

9.6.2 确定加工余量的方法

（1）计算法

根据加工余量影响因素的分析，通过以上加工余量计算公式进行计算确定，此法最为经济合理，但需有比较全面的资料，且计算过程也较复杂，主要用于大批量生产。

（2）查表法

根据有关工艺资料和手册查出有关加工余量的推荐数值，结合具体情况进行修正确定。此法方便迅速，但有时难以满足实际情况。目前在工厂中应用广泛。

（3）经验估计法

此法主要凭经验或通过对类似加工表面的类比来确定，为防止余量不够而产生废品，一般所估计余量都偏大。此法多用于单件、小批生产中。

9.6.3 工序尺寸及其公差的确定

零件的设计尺寸及其公差是由毛坯通过多道加工工序逐步得到的。为了最终保证零件的设计要求，需要规定各工序的工序尺寸及其公差。

工序余量及所用加工方法的经济精度（公差）确定后，即可分别算出工序尺寸及其公差。但具体计算方法应根据工序基准（或定位基准）与设计基准是否重合而定。当基准重合时，其计算比较简单，可按工序余量和经济精度直接推算；当基准不重合时，则计算比较复杂，需用尺寸链的原理进行基准转换和分析计算。

9.6.3.1 工艺尺寸链

（1）基本概念

图 9-33（a）为轴承套，A_0 与 A_1 为设计尺寸。当按零件的设计尺寸进行加工时，尺寸 A_0 的测量很不方便。为此，可通过测量 A_1、A_2 来保证 A_0 的要求，所需尺寸 A_2 可通过尺寸换算确定。图 9-33（b）为阶梯块零件，A_0、A_1 为设计尺寸，为便于加工时装夹，可以 A 面作为定位基准，分别加工 B 面和 C 面，即分别控制 A_1 和 A_2 尺寸来保证 A_0 的要求，同样，所需尺寸 A_2 需通过尺寸换算确定。

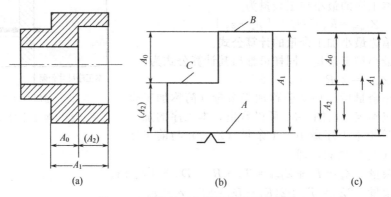

图 9-33 工件加工与测量中的尺寸联系

由上述两例可以看到，在工件加工过程中，为了测量和加工方便，有时需要进行一些工艺尺寸的换算。为此，需将同一工件上的有关尺寸（如 A_0、A_1 和 A_2）组成一封闭的尺寸组，此尺寸组称为工艺尺寸链。尺寸链可以用尺寸联系图来表示，图 9-33（c）即表示了图（a）和图（b）两零件的工艺尺寸链。

组成尺寸链中的每一尺寸称为尺寸链的环，为便于分析和计算，它又分为封闭环和组成环。

封闭环是尺寸链在装配过程或加工过程中最后形成的环，如图 9-33 中的 A_0；

组成环是尺寸链中对封闭环有影响的全部环，如图 9-33 中的 A_1 和 A_2。组成环中任一环的变动必然引起封闭环的变动，故组成环和封闭环的关系是自变量和因变量的关系。

组成环中，按其对封闭环的影响情况又可分为增环和减环。若组成环的变动引起封闭环的同向变动（即同时增大或减小），则此组成环即为增环；相反，若组成环的变动引起封闭环的反向变动（即一个增加，另一个减小，反之亦然），则该组成环称为减环。图 9-33（c）中 A_1 为增环，A_2 为减环。为便于判别，也可在尺寸键各环上顺序画出首尾相接的单向箭头。其中与封闭箭头方向相反的为增环，与封闭环箭头方向相同的为减环。

工艺尺寸链中应用最多的是直线尺寸链和平面尺寸链。直线尺寸链的全部组成环平行于封闭环，如图 9-33（c）所示；平面尺寸链的全部组成环位于一个或几个平面内，但其中某些组成环不平行于封闭环。本章重点讨论直线尺寸链。

（2）工艺尺寸链的基本计算公式

尺寸链的计算方法有极值解法和概率的解法两种，工艺尺寸链多用极值法计算。以下仅介绍极值解法，有关概率解法的公式和应用将在装配尺寸链中介绍。

图 9-34 和表 9-13 分别表示尺寸链计算时各尺寸和偏差的关系及所用的符号。

表 9-13　尺寸链计算所用符号

环名	符号名称							
	基本尺寸	最大尺寸	最小尺寸	上偏差	下偏差	公差	平均尺寸	中间偏差
封闭环	A_0	A_{0max}	A_{0min}	ESA_0	EIA_0	T_0	A_{0M}	ΔA_0
增环	$\overrightarrow{A}_i$	$\overrightarrow{A}_{i\,max}$	$\overrightarrow{A}_{i\,min}$	$ES\overrightarrow{A}_i$	$EI\overrightarrow{A}_i$	$\overrightarrow{T}_i$	$\overrightarrow{A}_{iM}$	$\Delta\overrightarrow{A}_i$
减环	$\overleftarrow{A}_i$	$\overleftarrow{A}_{i\,max}$	$\overleftarrow{A}_{i\,min}$	$ES\overleftarrow{A}_i$	$EI\overleftarrow{A}_i$	$\overleftarrow{T}_i$	$\overleftarrow{A}_{iM}$	$\Delta\overleftarrow{A}_i$

a. 封闭环的基本尺寸

$$A_0 = \sum_{i=1}^{m} \overrightarrow{A}_i - \sum_{i=m+1}^{n-1} \overleftarrow{A}_i \qquad (9\text{-}1)$$

式中　n——包括封闭环在内的总环数；

　　　m——增环数；

　　　$n-1$——组成环数。

b. 封闭环的极限尺寸

$$A_{0max} = \sum_{i=1}^{m} \overrightarrow{A}_{i\,max} - \sum_{i=m+1}^{n-1} \overleftarrow{A}_{i\,min} \qquad (9\text{-}2)$$

$$A_{0min} = \sum_{i=1}^{m} \overrightarrow{A}_{i\,min} - \sum_{i=m+1}^{n-1} \overleftarrow{A}_{i\,max} \qquad (9\text{-}3)$$

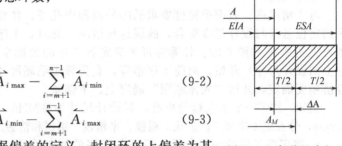

图 9-34　各种尺寸和偏差的关系

c. 封闭环的上下偏差　根据偏差的定义，封闭环的上偏差为其尺寸的最大值减去其基本尺寸，下偏差为该尺寸的最小值减去其基本尺寸。即式（9-2）和式（9-3）分别减去式（9-1），由此可得

$$ESA_0 = \sum_{i=1}^{m} ES\overrightarrow{A}_i - \sum_{i=m+1}^{n-1} EI\overleftarrow{A}_i \qquad (9\text{-}4)$$

$$EIA_0 = \sum_{i=1}^{m} EI\overrightarrow{A}_i - \sum_{i=m+1}^{n-1} ES\overleftarrow{A}_i \qquad (9\text{-}5)$$

d. 封闭环的公差

由公差定义知　　　　　$T_0 = A_{0max} - A_{0min}$

将式（9-2）和式（9-3）代入上式并经整理得

$$T_0 = \sum_{i=1}^{m} \overrightarrow{T}_i + \sum_{i=m+1}^{n-1} \overleftarrow{T}_i = \sum_{i=1}^{n-1} T_i \qquad (9\text{-}6)$$

由式（9-6）可知，封闭环的公差为各组成环公差之和。这表明，在封闭环公差一定的条件下，若能减少组成环的数目，就可使组成环公差放大，从而使加工容易。

e. 封闭环的平均尺寸

$$A_{0M} = \sum_{i=1}^{m} \overrightarrow{A}_{iM} - \sum_{i=m+1}^{n-1} \overleftarrow{A}_{iM} \qquad (9\text{-}7)$$

式中，各组成环的平均尺寸为

$$A_{iM} = \frac{A_{i\,max} + A_{i\,min}}{2}$$

f. 封闭环的中间偏差

$$\Delta A_0 = \sum_{i=1}^{m} \Delta \overrightarrow{A_i} - \sum_{i=m+1}^{n-1} \Delta \overleftarrow{A_i} \tag{9-8}$$

式中，各组成环的中间偏差为

$$\Delta A_i = \frac{ESA_i + EIA_i}{2}$$

9.6.3.2　工序尺寸及其公差的确定

（1）基准重合时工序尺寸及其公差的确定

它是指工序基准或定位基准与设计基准相重合，表面需多道工序加工时，工序尺寸及其公差的确定。

对于精度高、表面粗糙度要求低的外圆和内孔等，往往要经过多道工序加工，且各工序的定位基准与设计基准重合，故属这种情况。此时，工序尺寸及其公差与工序余量的关系可见图9-30和图9-32。计算时可先确定各工序的公称余量，再由后工序的尺寸（即工件上的设计尺寸）开始，向前工序推算，直到算出毛坯尺寸。工序尺寸的公差按各工序的经济精度确定，并按"入体原则"确定上、下偏差。

例如，加工一个法兰盘的内孔，其设计尺寸为 $\phi 80H6\ (^{+0.019}_{\ 0})$ mm，表面粗糙度 R_a 为 $0.2\mu m$，分五道工序加工：扩孔、粗镗、半精镗、精镗和精磨。需确定各工序的尺寸及其公差。

a. 确定各工序的加工余量　根据各工序的加工性质，查阅有关手册，并结合工厂实际经验，确定各工序的直径基本余量（见表9-14第2列）。

b. 计算各工序的基本尺寸　由后面工序向前面工序推算，推算得工序基本尺寸（见表9-14第3列）。

c. 确定各工序的经济精度、经济粗糙度、尺寸公差及上、下极限偏差　最后工序（精磨后）的技术要求已由设计确定：$\phi 80H6\ (^{+0.019}_{\ 0})$，$R_a$ 为 $0.2\mu m$。中间工序的技术要求由下列方法确定：根据各中间工序的加工性质查有关工艺手册（参见表9-9）确定其经济精度和经济粗糙度（见表9-14第4列）；根据各中间工序的基本尺寸和精度等级查标准公差表，得各中间工序的尺寸公差（见表9-14第4列）；按"入体原则"确定各中间工序尺寸的上下极限偏差（见表9-14第5列）。

表 9-14　法兰盘内孔加工的工序对及其公差确定的实例　　　　　　　　　　mm

1	2	3	4	5
工序名称	工序基本余量	工序基本尺寸	工序经济精度及粗糙度	工序尺寸及其上下偏差
精　磨	0.3	80	H6($^{+0.019}_{\ 0}$)$R_a=0.2\mu m$	$\phi 80^{+0.019}_{\ \ 0}$
精　镗	1.2	$80-0.3=79.7$	H7($^{+0.030}_{\ 0}$)$R_a=1.6\mu m$	$\phi 79.7^{+0.030}_{\ \ 0}$
半精镗	2.5	$79.7-1.2=78.5$	H9($^{+0.074}_{\ 0}$)$R_a=3.2\mu m$	$\phi 78.5^{+0.074}_{\ \ 0}$
粗　镗	4	$78.5-2.5=76$	H11($^{+0.190}_{\ 0}$)$R_a=6.3\mu m$	$\phi 76^{+0.19}_{\ \ 0}$
扩　孔	6	$76-4=72$	H13($^{+0.46}_{\ 0}$)$R_a=12.5\mu m$	$\phi 72^{+0.46}_{\ \ 0}$
毛坯孔	14	$72-6=66$	($^{+2.0}_{-1.0}$)	$\phi 66^{+2.0}_{-1.0}$

（2）基准不重合时工序尺寸及其公差的确定

a. 测量基准与设计基准不重合时的尺寸换算　为便于测量，有时所选的测量基准与设计基准不重合，这时可通过换算求出有关尺寸和公差。

例如图 9-35 所示的轴承套，图中 A_1 和 A_0 为设计尺寸。显然，加工时尺寸 A_0 不便于测量，如果先按尺寸 A_1 的要求车出端面 a，然后以 a 面为测量基准控制尺寸 A_2，则设计尺寸 A_0 即可间接获得。在 A_0 和 A_1、A_2 构成的尺寸链中，A_0 为封闭环，A_1 和 A_2 为组成环。

为了较为深入地了解尺寸换算中的问题，现将图样中的设计尺寸 A_0 和 A_1 给出三组不同的公差 [见图 9-35（a）]，进行逐一讨论。

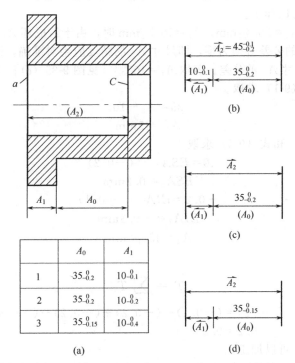

图 9-35　测量基准与设计基准不重合时的尺寸换算

ⅰ. 当设计尺寸 $A_0 = 35_{-0.2}^{0}\,\mathrm{mm}$，$A_1 = 10_{-0.1}^{0}\,\mathrm{mm}$ 时，求尺寸 A_2 及其公差。尺寸链图如图 9-35（b）所示。

按公式（9-1）求基本尺寸。

$$A_0 = A_2 - A_1$$

代入尺寸　　　　　　　　　　　　$35 = A_2 - 10$

故　　　　　　　　　　　　　　　$A_2 = 45\,\mathrm{mm}$

按式（9-4）和式（9-5）求 A_2 的上、下偏差。

因　　　　　　　　　　　　$ESA_0 = ESA_2 - EIA_1$

故 $$ESA_2 = ESA_0 + EIA_1 = 0 + (-0.1) = -0.1 \text{mm}$$

又 $$EIA_0 = EIA_2 - ESA_1$$

故 $$EIA_2 = EIA_0 + ESA_1 = -0.2 + 0 = -0.2 \text{mm}$$

最后求得 $$A_2 = 45^{-0.1}_{-0.2} \text{mm}$$

验算

由式(9-6) $$T_0 = \sum_{i=1}^{n-1} T_i$$

故 $$0 - (-0.2) = [0 - (-0.1)] + [-0.1 - (-0.2)]$$
$$0.2 = 0.2$$

故设计合理，可以加工。

ⅱ. 当设计尺寸 $A_0 = 35^{0}_{-0.2} \text{mm}$，$A_1 = 10^{0}_{-0.2} \text{mm}$ 时，由于组成环 A_1 的公差和封闭环 A_0 的公差相等，故 A_2 的公差必须为零，即尺寸 A_2 的精度应绝对准确，这实际上是无法做到的，因此必须减小尺寸 A_1 的公差。若取 $A_1 = 10^{-0.1}_{-0.2}$［见图 9-35（c）］，则 A_2 计算如下。

基本尺寸由式（9-1）求取。

因 $$35 = A_2 - 10$$

故 $$A_2 = 45 \text{mm}$$

公差由式（9-4）和式（9-5）求取。

因 $$0 = ESA_2 - (-0.2)$$

故 $$ESA_2 = 0.2 \text{mm}$$

又 $$-0.2 = EIA_2 - (-0.1)$$

故 $$EIA_2 = -0.3 \text{mm}$$

最后求得 $$A_2 = 45^{-0.2}_{-0.3} \text{mm}$$

验算

因 $$T_0 = \sum_{i=1}^{n-1} T_i$$

故 $$0 - (-0.2) = (-0.1) - (-0.2) + (-0.2) - (-0.3)$$
$$0.2 = 0.2$$

故新方案合理，可以加工。

ⅲ. 当设计尺寸 $A_0 = 35^{0}_{-0.15} \text{mm}$，$A_1 = 10^{0}_{-0.4} \text{mm}$ 时，由于组成环 A_1 的公差已经大于封闭环 A_0 的公差，根据封闭环公差应等于各组成环公差之和的关系，同时考虑到内孔端面 C 的加工比较困难，应给尺寸 A_2 留有较大的公差，故应大大压缩 A_1 的公差。今设 $T_1 = 0.05 \text{mm}$，并取 $A_1 = 10^{-0.2}_{-0.25}$［见图 9-35（d）］，则 A_2 值求解如下。

基本尺寸的求法同上，得 $A_2 = 45 \text{mm}$。

由式（9-4）和式（9-5）求上下偏差。

因 $$0 = ESA_2 - (-0.25)$$

故 $$ESA_2 = -0.25 \text{mm}$$

又 $$-0.15 = EIA_2 - (-0.2)$$

故 $$EIA_2 = -0.35$$

最后求得 $\qquad A_2 = 45^{-0.25}_{-0.35}\,\text{mm}$

验算

因 $$T_0 = \sum_{i=1}^{n-1} T_i$$

故 $\qquad 0-(-0.15)=(-0.2)-(-0.25)+(-0.25)-(-0.35)$

$\qquad\qquad 0.15 = 0.15$

故新方案合理，可以加工。

从以上三种情况的尺寸换算可以看到，通过尺寸换算来间接保证封闭环的要求，必须提高组成环的加工精度。当封闭环的公差较大时，仅需将本工序（图 9-35 加工 C 面）的加工精度提高；当封闭环的公差等于、甚至小于其中任何一组成环的公差时，则不仅要提高本工序尺寸（A_2）的加工精度，而且还要提高前一工序（工步）的尺寸（A_1）的加工精度，加工精度的提高，意味着加工困难，加工成本增加。当加工精度提得很高时，甚至无法加工出来。这时，就必须改变原定的工艺过程或测量方法。

b. 定位基准与设计基准不重合时的尺寸换算　零件加工中，当加工表面的定位基准与设计基准不重合时，也需要进行尺寸换算。

例如图 9-36 所示为液压心轴的尺寸简图。为了提高生产率，在半自动车床上加工各级外圆时，均以左端面 a 定位，加工的工序尺寸为 L_1、L_2、L_3 和 L_4，现需求出这些尺寸的大小及其偏差。工序尺寸 L_1 和 L_4 正好与设计尺寸 A_1 和 A_4 重合，即工序尺寸 L_1 和 L_4 就是设计尺寸 A_1 和 A_4，它们的定位基准和设计基准重合，都是端面 a。

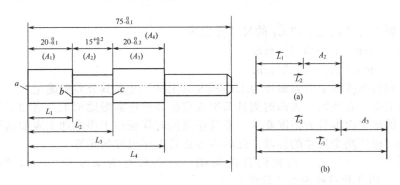

图 9-36　液压阀心轴工序尺寸及其尺寸链

工序尺寸 L_2、L_3 在设计尺寸中并没有出现，它们是为保证设计尺寸 A_2 和 A_3 的要求而设立的。L_2 和 L_3 的定位基准是端面 a，A_2 和 A_3 的设计基准分别为 b 面和 c 面，就存在定位基准和设计基不重合的情况。此时需进行工序尺寸 L_2 和 L_3 的换算。尺寸 A_2 和 A_3 是在加工中间接获得的。故为尺寸链的封闭环。分别组成的两个尺寸链如图 9-36（a）和（b）所示。图 9-36（a）中

因 $\qquad A_2 = L_2 - L_1$

代入值 $\qquad 15 = L_2 - 20$

故 $\qquad L_2 = 35\text{mm}$

又由式（9-4）和式（9-5）

因 $$ESA_2 = ESL_2 - EIL_1$$

代入值 $$0.2 = ESL_2 - (-0.1)$$

得 $$ESL_2 = 0.1\text{mm}$$

又 $$EIA_2 = EIL_2 - ESL_1$$

代入值 $$0 = EIL_2 - 0$$

得 $$EIL_2 = 0$$

故 $$L_2 = 35^{+0.1}_{0}\text{mm}$$

验算略。

同理，对于图 9-36（b）有

因 $$A_3 = L_3 - L_2$$

代入值 $$20 = L_3 - 35$$

得 $$L_3 = 55\text{mm}$$

由式（9-4）和式（9-5）

因 $$0 = ESL_3 - 0$$

得 $$ESL_3 = 0$$

又 $$-0.2 = EIL_3 - 0.1$$

得 $$EIL_3 = -0.1\text{mm}$$

故 $$L_3 = 55^{0}_{-0.1}$$

验算略。

最后得到 L_1、L_2、L_3 和 L_4 的尺寸分别为

$$L_1 = 20^{0}_{-0.1}\text{mm} \quad L_2 = 35^{+0.1}_{0}\text{mm}$$
$$L_3 = 55^{0}_{-0.1}\text{mm} \quad L_4 = 75^{0}_{-0.1}\text{mm}$$

（3）以尚需继续加工的表面作为工序基准时工序尺寸及其公差的确定

零件加工中，有些加工表面的测量基准或定位基准还需继续加工。当加工这些基准面时，不仅要保证基面本身的精度要求，而且还要同时保证前工序原加工表面的要求。即一次加工要同时保证两个尺寸的要求。此时需要进行工序尺寸的换算。

例如图 9-37（a）为一齿轮内孔的简图。内孔尺寸为 $\phi 40^{+0.025}_{0}$ mm，键槽尺寸为 $43.3^{+0.2}_{0}$ mm。内孔和键槽的加工顺序如下。

① 镗内孔至 $\phi 39.6^{+0.062}_{0}$ mm；

② 插键槽保证尺寸 A_1；

③ 热处理；

④ 磨内孔至尺寸 $\phi 40^{+0.025}_{0}$ mm，同时间接保证键槽深度尺寸 $43.3^{+0.2}_{0}$ mm 的要求。

从以上加工顺序可以看出，磨孔后，键槽不再加工，因而不仅要保证内孔尺寸 $\phi 40^{+0.025}_{0}$ mm，而且要同时获得键槽深度尺寸 $43.3^{+0.2}_{0}$ mm。为此必须换算镗孔后插键槽的工序尺寸 A_1。图 9-37（b）列出了尺寸链简图。图 9-37（a）中尺寸 $43.3^{+0.2}_{0}$ 为间接得到，为封闭环；而 r_1、A_1 及 R 均为直接获得的，为组成环。由箭头的方向可以判定，A_1、R 为增环，r 为减环。按工艺尺寸链的有关公式，尺寸 A_1 的计算如下。

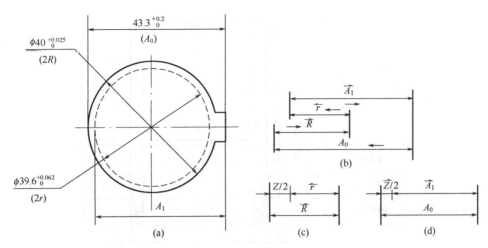

图 9-37　齿轮内孔及键槽加工的工艺尺寸链

由式（9-1）

$$A_0 = A_1 + R - r$$

代入值　　　　　　　$43.3 = A_1 + 20 - 19.8$

得　　　　　　　　　$A_1 = 43.1 \text{mm}$

由式（9-4）、式（9-5）计算偏差

因　　　　　　　　　$0.20 = ESA_1 + 0.0125 - 0$

得　　　　　　　　　$ESA_1 = 0.1875 \text{mm}$

因　　　　　　　　　$0 = EIA_1 + 0 - 0.031$

得　　　　　　　　　$EIA_1 = 0.031 \text{mm}$

最后得到　　　　　　$A_1 = 43.1^{+0.1875}_{+0.031}$

验算略。

图 9-37（b）尺寸链也可以化简成图（c）和图（d）两个尺寸链。图（c）中把磨削余量 $Z/2$ 作为封闭环，而在图（d）中 A_1 和 $Z/2$ 就是组成环。用图（c）和图（d）进行计算，其结果与前面结果相同，读者可自行验证。

（4）需保证表面处理层的深度时工序尺寸及其公差的确定

一般表面处理分成两类，一类是渗入式的，如渗碳和渗氮等；另一类是镀层式的，如镀铬，镀锌和镀铜等。这时，为了保证表面处理层的深度，需进行工序尺寸的换算。

图 9-38 为某轴尺寸图及其有关工艺情况，要求工件最终加工后保证渗碳层深度 t_0 为 $0.7 \sim 0.9 \text{mm}$。

从图 9-38（a）中的工艺过程可知，工件外圆表面经精车及渗碳淬火后，还需进行磨削加工。因而须确定渗碳层深度 t_1，以保证磨削加工后渗碳层深度 t_0。t_0 是间接获得的尺寸，故而为封闭环；渗碳层深尺寸 t_1，精车工序尺寸 A_1 和磨削工序尺寸 A_2 均为组成环。图 9-38（b）所示为其工艺尺寸链。从图 9-38（b）中可判定，t_1 和 A_2 为增环；A_1 为减

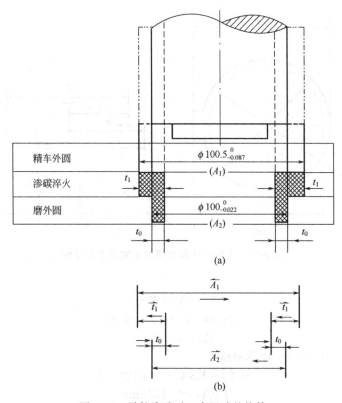

图 9-38　零件渗碳时工序尺寸的换算

环。该尺寸链中，精车精度定为 h9 级，即 $T_1 = 0.087\text{mm}$，$A_1 = \phi 100.5_{-0.087}^{0}$。设 $t_0 = 0.7_{0}^{+0.2}$，则渗碳层深度 t_1 及其偏差可按下法换算。

由式（9-1）　　　　　　　　$2t_0 = A_2 + 2t_1 - A_1$

代入值　　　　　　　$2 \times 0.7 = 100 + 2t_1 - 100.5$

即　　　　　　　　　　$2t_1 = 1.9$

得　　　　　　　　　　$t_1 = 0.95\text{mm}$

由式（9-4）　　　　$2 \times 0.2 = 0 + 2 \times ESt_1 - (-0.087)$

得　　　　　　　　　　$ESt_1 = 0.1565\text{mm}$

由式（9-5）　　　　　$0 = -0.022 + 2 \times EIt_1 - 0$

得　　　　　　　　　　$EIt_1 = 0.011\text{mm}$

最后求得　　　　$t_1 = 0.95_{+0.011}^{+0.1565} = 0.96_{0}^{+0.14}\text{mm}$

验算略。

(5) 靠火花磨削端面时工序尺寸及其公差的确定

所谓"靠火花"磨削，是指磨削时，将磨轮逐渐靠近工件，待出现火花，并在整个端面内火花连续，即停止进给；继续磨削，直至火花基本消失。这种磨削的余量可根据工厂的实际情况和操作人员的经验加以确定。因此，只要适当控制磨削前的工序尺寸，就可在不作测量的情况下保证工件的最终尺寸。工件的最终尺寸为封闭环。磨削余量和磨削的工序尺寸为组成环。

图 9-39 为一齿轮坯工件，要求进行靠火花磨削两端面。根据经验，端面靠火花磨时的单面余量为 (0.1 ± 0.02) mm。现齿轮坯最终设计尺寸 A_0 为 $25_{-0.20}^{\ 0}$ mm，要确定磨削前的工序尺寸 A_1 及其上下偏差，其尺寸链图如图 9-39 所示。

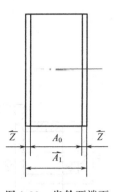

由式（9-1） $A_0 = A_1 - 2Z$

代入值 $25 = A_1 - 0.1\times2$

得 $A_1 = 25.2$ mm

由式（9-4） $0 = ESA_1 - 2\times(-0.02)$

得 $ESA_1 = -0.04$ mm

由式（9-5） $-0.2 = EIA_1 - 2\times0.02$

得 $EIA_1 = -0.16$ mm

最后求得 $A_1 = 25.2_{-0.16}^{-0.04}$ mm

验算略。

图 9-39 齿轮两端面靠火花磨削时工序尺寸的换算

复 习 题

9-1 什么叫机械加工工艺过程？什么叫机械加工工艺规程？它们之间有什么不同？

9-2 什么是工序、安装、工位、工步和走刀？

9-3 机械加工工艺过程卡、工艺卡和工序卡的主要区别是什么？简述它们的应用场合。

9-4 试说明不同生产类型的工艺特点。

9-5 机械加工工艺规程的作用有哪些？

9-6 零件常用毛坯有哪些？铸件毛坯有哪些特点？

9-7 何谓零件加工的结构工艺性？试举例说明零件结构工艺性对加工的影响。

9-8 什么叫基准？基准有哪些类型？试分别举例说明。

9-9 试举例说明零件精基准选择的原则及其应用。

9-10 试举例说明零件粗基准选择的原则及其应用。

9-11 选择零件表面加工方法要考虑哪些因素？

9-12 何谓六点定位原理？何谓"欠定位"？何谓"过定位"？举例说明之。

9-13 为什么要进行加工阶段的划分？

9-14 工序集中和工序分散各有什么特点？

9-15 试选择图 9-40 所示端盖零件加工时的粗基准。

9-16 试选择图 9-41 所示连杆零件第一道工序铣大小端面时的粗基准。

9-17 欲在某工件上加工 $\phi72.5_{\ 0}^{+0.03}$ mm 孔，其材料为 45 钢，加工工序为：扩孔；粗镗孔；半精镗、精镗孔；精磨孔。已知各工序尺寸及公差如下：

精磨 $\phi72.5_{\ 0}^{+0.03}$ mm；   粗镗 $\phi68_{\ 0}^{+0.3}$ mm；

精镗 $\phi71.8_{\ 0}^{+0.046}$ mm；   扩孔 $\phi64_{\ 0}^{+0.46}$ mm；

半精镗 $\phi70.5_{\ 0}^{+0.19}$ mm；   模锻孔 $\phi59_{-1}^{+1}$ mm。

试计算各工序加工余量及余量公差。

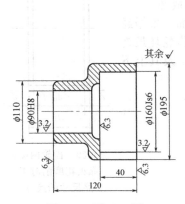

图 9-40 题 9-15 图

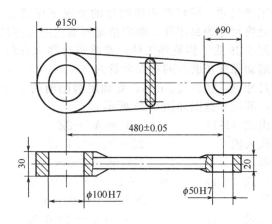

图 9-41 题 9-16 图

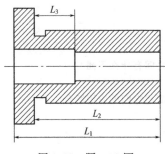

图 9-42 题 9-18 图

9-18 在图 9-42 所示工件中，$L_1 = 70_{-0.050}^{-0.025}$ mm，$L_2 = 60_{-0.025}^{0}$ mm，$L_3 = 20_{0}^{+0.15}$ mm，L_3 不便直接测量，试重新给出测量尺寸，并标注该测量尺寸的公差。

9-19 图 9-43 为某零件的一个视图，图中槽深为 $5_{0}^{+0.3}$ mm，该尺寸不便直接测量，为检验槽深是否合格，可直接测量哪些尺寸？试标出它们的尺寸及公差。

9-20 图 9-44 所示小轴的部分工艺过程为：车外圆至 $\phi 30.5_{-0.1}^{0}$ mm，铣键槽深度为 H_{0}^{+TH}，热处理，磨外圆至 $\phi 30_{+0.015}^{+0.036}$ mm。设磨后外圆与车后外圆的同轴度公差为 $\phi 0.05$mm，求保证键槽深度为 $4_{0}^{+0.2}$mm 的铣槽深度 H_{0}^{TH}。

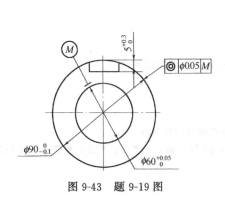

图 9-43 题 9-19 图

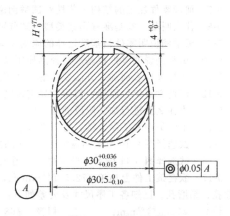

图 9-44 题 9-20 图

9-21 一批小轴其部分工艺过程为：车外圆至 $\phi 20.6_{-0.04}^{0}$ mm，渗碳淬火，磨外圆至 $\phi 20_{-0.02}^{0}$ mm。试计算保证淬火层深度为 $0.7 \sim 1.0$mm 的渗碳工序渗入深度 t。

10 机械加工精度

10.1 概述

（1）机械加工精度的概念

保证产品是一个企业得以生存和发展的关键。机器制造的产品的最终质量与其组成零件的加工质量直接相关。通常，零件的加工质量是整台机器制造质量的基础。

机器零件的加工质量一般用加工精度和加工表面质量两方面的指标来表示。本章研究的是加工精度方面的问题。

机械加工精度是指零件在机械加工后的几何参数（尺寸、几何形状及相互位置）与零件理想几何参数的符合程度。符合程度越高，加工精度也越高。而它们之间的差异即为加工误差。加工误差的小与大反映了加工精度的高与低。零件的理想几何参数对表面几何形状而言主要指绝对正确的圆柱面、平面和锥面等；对表面之间的相互位置而言主要为绝对的平行、垂直和同轴等；对尺寸而言为零件的公称尺寸。

研究加工精度的目的，就是要弄清影响加工精度的各种因素以及它们在加工过程中出现和发展的规律，以便掌握减小和控制加工误差的方法，找出进一步提高加工精度的途径，从而使零件和整个机器达到预期的质量指标。

（2）影响机械加工精度的因素

在机械加工中，零件的加工精度从根本上讲取决于工件和刀具在加工过程中相互位置的关系。在加工时，工件安装于夹具中，夹具又安装在机床上，刀具则通过刀杆和夹具等与机床连接或直接装在机床上。机床提供刀具与工件的相对运动。因此，在机械加工时，机床、夹具、刀具和工件构成了一个系统，称之为机械加工工艺系统。工艺系统中的各种误差，在不同的具体条件下，以不同的程度反映为零件的加工误差。通常，将工艺系统的误差称为原始误差。原始误差大致可分成以下几个方面。

① 工艺系统的几何误差。它包括加工方法的原理性误差，机床、夹具、刀具的磨损和制造误差，工件、夹具、刀具的安装误差以及工艺系统的调整误差。

② 工艺系统力效应产生的误差。

③ 工艺系统热变形产生的误差。

④ 内应力引起的变形误差。

⑤ 测量误差。

10.2 工艺系统的几何误差

工艺系统的几何误差主要指机床、夹具和刀具在制造时产生的误差，以及使用中的调整和磨损误差等。加工方法的原理误差也常列入其中。

10.2.1　原理误差

原理误差是由于采用了近似的成形运动或近似的刀刃轮廓而产生的。

为了获得规定的加工表面，刀具和工件之间必须作相应的成形运动。如圆柱面可以由一根直线围绕与该直线平行的中心线旋转一周来形成。它也可由一个圆，其圆心沿一直线运动来得到，圆柱拉刀拉削内孔即是一例。复杂一点的表面，如螺旋面和渐开线齿形面的形成则要求刀具与工件间分别完成准确的螺旋运动和渐开线展成运动。从理论上讲，应采用完全正确的刀刃形状并作相应的成形运动，以获得准确的零件表面。但是，这往往会使机床、夹具和刀具的结构变得复杂，造成制造上的困难；或者由于机构环节过多，增加运动中的误差，结果反而得不到高的精度。因此，在生产实际中常采用近似的加工原理来获得规定范围的加工精度，有时这还会使生产率得到提高，或使加工过程更为经济。

在加工复杂的曲线表面时，要使刀具刃口制出完全符合理论曲线的轮廓，有时也非常困难。为此，常采用圆弧、直线等简单的型线来替代理论轮廓线。例如，加工渐开线齿轮的滚刀考虑到制造上的困难，常用阿基米德基本蜗杆或法向直廓基本蜗杆来代替渐开线基本蜗杆。这种滚刀产生两种原理误差：一是近似造形原理误差；二是由于滚刀刃数有限，所切出的齿轮齿形实际上并不是光滑的渐开线，而是一根渐近折线。所以滚切齿轮的加工原理是近似的。

10.2.2　机床的几何误差

加工中刀具相对工件的成形运动一般由机床完成。机床的几何误差通过成形运动反映到工件表面上。虽然加工方法很多，但成形运动绝大部分是由回转运动和直线运动这两种基本运动所组成。因此，分析机床几何误差的问题，可转化为分析回转运动和直线运动的误差问题。特别那些直接与工件和刀具相关联的机床零部件，其回转运动和直线运动的误差影响最大。本节着重分析机床几何误差中对加工精度影响最大的主轴误差、导轨误差和传动链误差。

(1) 主轴误差

机床主轴作回转运动时，其回转中心相对工件或刀具的位置变动直接影响被加工零件的加工精度。因此，对于机床主轴，主要要求在运转情况下能保持其轴线位置的变动不超出规定的范围，即要求机床主轴具有一定的回转精度。通常，主轴回转精度可定义为主轴的实际回转轴线相对其理想回转线在误差敏感方向上的最大变动量。主轴理想回转轴线是一条假定的在空间位置不变的回转轴线。对于任何一种结构形式的主轴部件，其理想回转轴线都是客观存在的，但其实际位置却很难确定。为此，人们就把主轴的瞬时几何轴线的平均回转轴线近似地作为理想回转轴线。

由于主轴部件在加工和装配过程中存在多种误差，如主轴轴颈的圆度误差、轴颈或轴承间的同轴度误差、轴承本身的各种误差、主轴的挠度和支承端面对轴颈、轴线的垂直度误差以及主轴回转时力效应和热变形所产生的误差等，因而使主轴各瞬时回转轴线发生变化，即相对平均回转轴线发生偏移，形成了机床主轴的回转误差。此误差可以分为轴向窜动、径向跳动和倾角摆动三种基本形式［见图10-1 (a)、(b)、(c)］。实际上主轴回转误差的三种形式是同时存在的［见图 10-1（d）］。

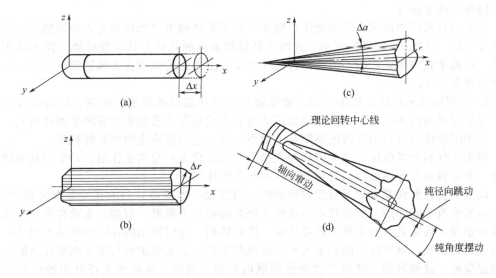

图 10-1 主轴的回转误差

为了分析主轴回转误差对加工误差的影响程度，引入"误差敏感方向"的概念。所谓误差敏感方向，是指通过刀刃垂直于工件表面的方向，在此方向上，工艺系统的原始误差对工件加工误差的影响最大。

应予指出，主轴安装在轴承中，由于轴承的类型不同，主轴回转误差的影响规律也不相同。

① 采用滑动轴承（包括静压轴承和动压轴承）时，主要存在轴承孔和轴颈表面的几何形状误差、配合表面的质量、配合间隙、润滑油膜的变化、加工过程中受力及温升后的变形，以及表面磨损等的影响，因而产生主轴回转误差。一般说来，回转误差是主轴转角周期性的复杂函数，但是也存在随机因素的影响。

对于工件回转类机床，例如车床，加工时切削力及误差敏感方向均保持不变（见图 10-2 中的 Y 方向），此时主轴轴颈误差将复映到工件上去。例如轴径为椭圆形时，则主轴

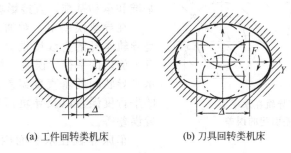

(a) 工件回转类机床   (b) 刀具回转类机床

图 10-2 采用滑动轴承时主轴的径向跳动

径向跳动频率等于 $2f_0$。（f_0 为主轴回转频率），如图 10-2（a）所示。此时工件加工表面也呈椭圆形圆度误差。

对于刀具回转类机床，例如镗床，则加工时误差敏感方向和切削力方向均随主轴回转而相应变化，如图 10-2（b）所示。此时主轴轴颈表面的几何形状误差对加工误差将不起影响，而轴承孔内圆表面的圆度误差将复映到工件上去。若轴承孔为椭圆形，则主轴径向跳动频率等于 f_0。

② 采用滚动轴承时，机床主轴主要受轴承内外环滚道的圆度、坡度、滚动体尺寸误差、前后轴承的内环孔偏心、滚道端面跳动及装配质量等因素的影响而产生回转误差。另外，由于滚动体的自转和公转的周期与主轴不一样，也会影响主轴的回转精度。

对于工件回转类机床，轴承内环外滚道的几何形状误差起主要作用。对于刀具回转类机床，则是轴承外环内滚道的几何形状误差起主要作用。

以上分析几何误差对加工精度的影响时，只涉及一些要点，目的在于掌握分析方法。有些因素粗看不起作用，但在特定的条件下仍会影响加工精度。例如，支承在滚动轴承上的主轴轴颈，通常是与滚动轴承内环装成一体旋转的，此时轴颈的几何形状误差似乎对加工精度无甚影响，但实际上因轴承内外环是薄壁零件，且主轴轴颈与轴承内环孔之间有一定的过盈量，故轴颈的形状误差就会使轴承内环相应变形，从而使内环外滚道也变得不圆。再如，在滑动轴承中，轴颈的几何形状误差会使得油膜厚度发生变化，从而使轴心不能稳定在一个位置，这同样会对加工精度带来影响。因此，对精密机床，其主轴部件应有很高的精度要求。

为提高主轴的回转精度，主要应设计与制造高精度的主轴部件。首先，采用高精度的滚动轴承或高精度的多油楔动压轴承和静压轴承。上海机床厂生产的 MGB1432 外圆磨床采用三块瓦式动压轴承，用来加工 $\phi 60 \times 300\text{mm}$ 的工件时，圆度在 $0.5\mu\text{m}$ 以下，圆柱度在 $2\mu\text{m}$ 以下，粗糙度 R_a 小于 $0.01\mu\text{m}$。其次，提高箱体支承孔、主轴轴颈及与轴承相配的其他有关零件表面的加工精度。在装配时，对滚动轴承采用选择装配的办法，并通过调节使误差相互抵消或补偿。再有，就是使主轴的回转误差不反映到工件上去，在结构上采用使运动和定位分开的主轴结构，如外圆磨床头架部件。这时工件的回转精度主要取决于顶尖和中心孔的形状误差和同轴度误差。

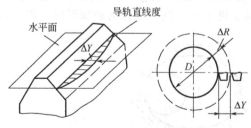

图 10-3　车床导轨在水平面
内直线度误差引起的误差

（2）导轨误差

床身导轨是机床中确定主要部件的位置基准和运动基准，直接影响工件的加工精度。

在导轨误差中，对加工精度影响最大的是导轨本身的直线度误差、前后两导轨在垂直平面内的平行度误差（扭曲）、垂直导轨与水平导轨间的垂直度误差、两平面导轨之间的平行度误差以及导轨面与主轴间的相对位置误差等。

车床导轨在水平面内的直线度误差 ΔY（见图 10-3），使刀尖在水平面内也产生位移 ΔY，这正是造成工件在误差敏感方向的偏移量，它引起工件在半径方向的误差为 ΔR。$\Delta R = \Delta Y$。

车床导轨在垂直平面内的直线度误差，将使刀尖在垂直平面内产生 ΔZ 的偏移量（见图 10-4）。此时，在工件半径方向引起的误差为 $\Delta R_Z = \dfrac{\Delta Z^2}{d}$。$\Delta Z$ 是在误差的非敏感方向上，其值很小，由此引起的 ΔR_Z 就更小，故一般可忽略不计。

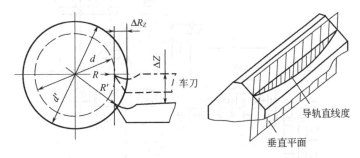

图 10-4　车床导轨在垂直平面内直线度误差引起的误差

前后导轨在垂直平面内的平行度误差（扭曲度），会使车床刀架与工件的相对位置发生偏斜，从而使刀尖相对工件被加工表面产生偏移（见图 10-5），影响加工精度。车床三角形导轨相对于平导轨的平行度误差 ΔZ 所引起的工件半径加工误差 ΔR 为

$$\Delta R \approx \Delta Y = \frac{H \Delta Z}{A}$$

一般车床中，$H \approx \dfrac{2}{3} A$，外圆磨床 $H \approx A$，因此导轨扭曲度的影响也是很大的。

机床的几何精度不仅取决于制造精度，而且还与机床的安装有很大关系。在生产实际中，这项工作常称之为"安装水平的调整"。调整得不好，会破坏导轨原有的制造精度。例如顶尖距为 1m 的

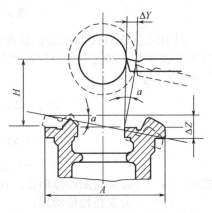

图 10-5　导轨扭曲所引起的加工误差

CA6140 车床，由于安装不正确引起的扭曲度可达 0.22mm。对于床身较长的龙门刨床和导轨磨床等，更应引起充分注意。安装时基础要做得好，同时应考虑机床工作时的受力和受热变形、工件自重以及昼夜温度变化等情况，甚至还要考虑使用一段时间后导轨磨损量的变化情况等多种因素来安装、调整机床的水平位置。根据实际考察结果，在安装某些大型、长床身机床时，往往故意将床身导轨调整成非绝对水平，例如略带中凸或中凹形。

机床在使用过程中，导轨会发生磨损，由于导轨工作区常常集中在某一范围内，故导轨在全长上磨损很不均匀，使用一段时间后，会造成机床几何精度超差，应注意及时修复。

（3）传动键误差

在加工齿轮、蜗轮蜗杆、螺纹及丝杆等类零件的传动表面时，一般通过机床的范成运动来完成。这种范成运动是由机床传动系统中有关传动链来实现的，因此，传动链的误差将会影响被加工表面形状及它们之间相对位置的精确性。

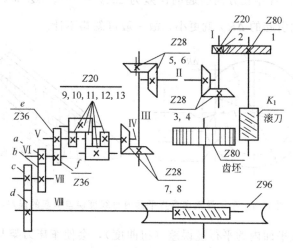

图 10-6　Y3180 滚齿机传动链

图 10-6 为 Y3180 型滚齿机的范成传动链。假定滚刀匀速回转，若滚刀轴上的齿轮 1 （$Z80$）由于加工和安装等原因而产生转角误差 $\Delta\varphi_1$，则通过传动链传到工作台所产生的转角误差 $\Delta\varphi_{1n}$ 为

$$\Delta\varphi_{1n} = \Delta\varphi_1 \frac{80}{20} \times \frac{28}{28} \times \frac{28}{28} \times \frac{28}{28} i_{差} \cdot i_{分} \frac{1}{96}$$

$$= \Delta\varphi_1 i_{差} \cdot i_{分} \frac{1}{24}$$

$$= K_1 \Delta\varphi_1$$

式中　$i_{差}$——差动轮系的传动比，在滚直齿时为 1；

$\quad\ i_{分}$——分度挂轮传动比；

$\quad\ K_1$——第一个元件的误差传递系数。

在滚直齿时 $K_1 = \frac{1}{24} i_{分}$。若传动链中第 j 个元件的转角误差为 $\Delta\varphi_j$，则传递到工作台的转角误差为 $\Delta\varphi_{jn}$。

$$\Delta\varphi_{jn} = K_j \Delta\varphi_j$$

式中　K_j——第 j 个元件的误差传递系数。

整个传动链的传动误差是各传动元件所引起的工作台转角误差的叠加，即

$$\Delta\varphi_n = \sum_{j=1}^{m} \Delta\varphi_{jn}$$

式中　m——传动元件数。

在 Y3180 滚齿机中，分度蜗轮因制造而产生的转角误差以及安装到工作台而产生的

转角误差将全部反映到工件上去，因为它的 $K_n=1$。与滚刀轴相连的齿轮 1（$Z=80$）的影响也较大，因该对齿轮是升速运动。显然，在传动元件误差相同的情况下，终端元件分度蜗轮起着关键作用。在精密滚齿机中往往加大分度蜗轮的齿数（即减少传动比），以减少其他元件对加工精度的影响。

为了减少机床传动链误差对加工精度的影响，可采取下列几方面的措施。

① 减少传动链中的元件数，即缩短传动链，以减少误差来源。

② 提高传动元件，特别是终端传动元件的制造和装配精度。

③ 尽量减小传动链中齿轮副或螺旋副中存在的传动间隙。这种间隙将使速比不稳定，从而使终端元件的瞬时速度不均匀。有时必须采用消除间隙的措施，常见的有双片薄齿轮错齿调整结构和螺母间隙消除结构等。

④ 采用误差补偿办法。通常采用机械结构的误差校正机构，其实质是在传动链中人为地加入一个与终端转角误差大小相等、方向相反的误差，使两者相互抵消。为此，必须准确地测量出传动链的误差。

（4）定程误差

机床的定程误差是指工作台从一个位置移动到另一个位置或者重复移动到规定的位置时，其实际移动位置相对于名义位置的偏移量。定程误差主要影响工件的尺寸精度和被加工表面间的位置精度。

定程误差主要来源于机床的进给传动机构和定程装置。常用的进给传动机构是丝杆螺母副。丝杆转动采用手动或机动，进给距离由刻度盘或其他显示装置显示。为了提高进给机构的定位精度，对精密机床常用滚珠丝杆代替普通丝杆，以减少摩擦引起的工作台低速爬行，同时也消除了丝杆与螺母间的间隙。也有采取可调丝杆螺母副间隙的结构。有的还配以高刚度和高精度的微进给机构，如磁致伸缩机构和弹性变形微进给机构等装置。在一些精密机床中常把进给机构与定位装置分开，如精密坐标镗床，用单独的位置测量装置（如块规、光栅或各种精密刻线尺）来获得重复性好和定位精度高的定位效果。

10.2.3　装夹误差和夹具误差

在加工工件时，必须把工件装夹在机床上或夹具中。装夹误差包含定位和夹紧产生的误差。夹具误差是指定位元件、导向元件、分度机构和夹具体等的制造误差；夹具装配后，各元件的相对位置误差；夹具使用过程中其工作表面磨损所产生的误差。装夹误差和夹具误差主要影响工件加工表面的位置精度。

为了减少夹具误差及其对加工精度的影响，在设计和制造夹具时，对于那些影响工件精度的夹具尺寸和位置应严加控制，其制造公差可取工件相应尺寸或位置公差的 1/2～1/5。对于容易磨损的定位零件和导向零件，除选用耐磨性好的材料外，可制成可拆卸的夹具结构，以便及时更换磨损件。

10.2.4　刀具误差

刀具误差主要为刀具的制造和磨损误差，其影响程度与刀具的种类有关。

一般刀具，如车刀、铣刀、单刃镗刀和砂轮等，它们的制造误差对工件的加工精度没有直接影响，而加工过程中刀刃的磨损和钝化则会影响工件的加工精度。如用车刀车削外圆时，车刀的磨损将使被加工外圆增大；当用调整法加工一批零件时，车刀的磨损将会扩大零件尺寸的变动范围。随着刀刃的不断磨损和钝化，切削力和切削热也会有所增加，从而对加工精度带来一定的影响。

采用成形刀具加工时，刀刃的形状误差以及刃磨、装夹等的误差将直接影响工件的加工精度。

对定尺寸刀具，其尺寸误差直接关系到被加工表面的尺寸精度。刃磨时刀刃之间的相对位置偏差及刀具的装夹误差也将影响工件的加工精度。

任何一种刀具，在切削过程中均不可避免地会磨损，并由此引起工件尺寸或形状的改变，这种情况在加工长轴或难加工材料的零件时显得更为突出。

为了减少刀具的制造误差和磨损，应合理选择刀具材料和规定刀具的加工公差，合理选用切削用量和切削液，正确装夹刀具并及时进行刃磨。

10.2.5 调整误差

所谓调整是指在各机械加工工序开始时为使刀刃和工件保持正确位置所进行的调整。再调整（或称小调整）是指在加工过程中由于刀具磨损等原因对已调整好的机床所进行的再调整或校正。通过调整，使刀具与工件保持正确的相对位置，从而保证各工序的加工精度及其稳定性。调整工作通常分为静态初调和试切精调两步。前者主要是把机床各部件及夹具（已装有工件）、刀具和辅具等调整到所要求的位置；后者主要调整定程装置，即根据试切结果将定程装置调整到正确位置。调整结果不可能绝对准确，因而产生调整误差。

调整方式不同，其误差来源也不相同。

（1）按试切法调整

试切调整就是通过试切──→测量──→调整──→再试切的反复过程来确定刀具的正确位置，从而保证零件加工精度的一种调整方法。这种方法费时、效率低，在单件、小批生产中广泛应用。其调整误差的主要来源如下。

① 测量误差。量具本身的误差、读数误差以及测量力和温度等所引起的误差都将进入测量所得的读数中，这就无形中扩大了加工误差。

② 微进给机构的位移误差。在试切最后一刀时，总是要微量调整刀具（如车刀、砂轮）的进给量，以便最后达到零件的尺寸要求。但在低速微量进给中，进给机构常会出现"爬行"现象，使刀具的实际进给量比手轮转动的刻度数要偏小或偏大些，从而造成加工误差。

③ 切削层太薄所引起的误差。切削加工中，刀刃所能切除的最小厚度是有一定限度的，锐利的刀刃最小切削厚度可达 $5\mu m$，而钝化的刀刃只有 $20\sim50\mu m$。精加工时试切的最后一刀金属层往往很薄，刀刃将切不下金属而仅起挤压作用。此时若认为试切尺寸已经合格而进行正式切削时，则因新切削段的切深比试切时大，此时刀刃不打滑，因而要多切掉一点，使正式切得的工件尺寸比试切时的尺寸小些，这就产生了尺寸误差。

（2）按定程机构调整

用行程挡块、靠模、凸轮等机构来控制刀具进给量以保证达到加工精度，这种方法调整费时，但调整后各零件加工就不像试切法那样麻烦。所以大批量生产应用较多。这类机构的制造精度和刚度以及与它配合使用的离合器、电气开关、控制阀等的灵敏度以及整个系统的调整精度等是影响调整误差的主要因素。

（3）按样件或样板调整

在各种仿形机床、多刀车床和专用机床的加工中，常用专门的样件或样板来调整各刀刃之间的相对位置以保证零件的加工精度。在某些场合下，即使在通用机床上加工，也用样板来调整刀刃位置。例如，在龙门刨床上刨削机床床身导轨面时就常用轮廓与导轨横截面相同的样板来对刀。在一些铣床夹具上，也常装有对刀样块。此时，样件及样板本身的制造和安装误差以及对刀误差就成了产生调整误差的主要因素。

10.3　工艺系统的受力变形

现观察两个加工中工艺系统受力变形的例子。

先看车床上车削细长轴的情况，车刀在纵向走刀过程中切削深度在不断变化，越到轴的中间弯曲变形越大，而使实际切削深度越小，故加工出来的工件呈现两头细中间粗的腰鼓形（见图 10-7）。再看在磨床上精磨外圆时的情况，在最后几个行程中需进行"无火花磨削"（或称"光磨"），即在砂轮不向工件进给的情况下进行磨削，此时，先看到磨削火花出现，由多至少，直至无火花，最后停止磨削。经多次无进给磨削可消除工艺系统受力变形的影响，从而保证工件达到所要求的精度和表面粗糙度。

由此可见，工艺系统的受力变形是机械加工中一项重要的原始误差。它不仅影响工件的加工精度，而且还影响表面加工质量和生产率的提高。

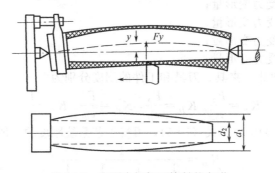

图 10-7　在顶尖间加工棒料的变形

10.3.1　基本概念

为了分析计算工艺系统的受力变形及其抵抗变形的能力，现引入刚度的概念。刚度还关系到工艺系统的振动或稳定性问题，是机械加工中十分重要的概念。

静刚度（简称刚度）K 是指物体上的作用力 F 与由此力所引起的在作用力方向上的变形量 Y 的比值，即

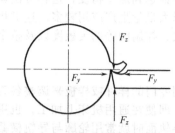

图 10-8　车削时作用在
刀具上和工件上的力

$$K = \frac{F}{y} \text{(N/mm)} \tag{10-1}$$

切削加工中，在各种外力作用下，工艺系统各部分将在各作用力方向产生相应的变形。由于分析加工精度的需要，工艺系统的受力变形主要研究误差敏感方向（即通过刀尖的加工表面的法线方向）。并把工艺系统的刚度 K 定义为工件和刀具的法向切削分力 F_y（参见图 10-8）与由总切削力所产生的、工件和刀具在 F_y 方向上的相对位移 F_{xt} 的比值，即

$$K_{xt} = \frac{F_y}{y_{xt}} \text{(N/mm)} \tag{10-2}$$

应予注意，式中 y_{xt} 并不单是由法向切削分力 F_y 所产生，而是在总切削力作用下，工艺系统各组成部分综合变形的结果。

刚度的倒数称为柔度。工艺系统的柔度 W_{xt} 则为

$$W_{xt} = \frac{y_{xt}}{F_y} \text{(mm/N)} \tag{10-3}$$

一般而言，工艺系统的刚度 K_{xt} 越大，或柔度 W_{xt} 越小，则工艺系统受力后的变形 y_{xt} 越小，所引起的加工误差也越小。

工艺系统是由机床、夹具、刀具和工件等组成。工艺系统的法向总变形量 y 是其各组成部分的法向变形量的叠加，即

$$y_{xt} = y_{jc} + y_{jj} + y_{dj} + y_g \text{(mm)} \tag{10-4}$$

式中　y_{jc}——机床的受力变形量；

　　　y_{jj}——夹具的受力变形量；

　　　y_{dj}——刀具的受力变形量；

　　　y_g——工件的受力变形量。

按刚度的定义，机床、夹具、刀具和工件的刚度分别为

$$K_{jc} = \frac{F_y}{y_{jc}}, \ K_{jj} = \frac{F_y}{y_{jj}}, \ K_{dj} = \frac{F_y}{y_{dj}}, \ K_g = \frac{F_y}{y_g} \tag{10-5}$$

由式（10-2）、式（10-4）、式（10-5），可得工艺系统刚度的一般式为

$$K_{xt} = \frac{1}{\dfrac{1}{K_{jc}} + \dfrac{1}{K_{jj}} + \dfrac{1}{K_{dj}} + \dfrac{1}{K_g}} \tag{10-6}$$

式（10-6）表明了工艺系统各部分的刚度与工艺系统刚度的关系。

由式（10-3）得

$$y_{xt} = W_{xt} F_y \tag{10-7}$$

y_{jc}、y_{jj}、y_{dj} 及 y_g 等也可写成类似形式。可得

$$W_s = W_{jc} + W_{jj} + W_{dj} + W_g \tag{10-8}$$

式中　W_{xt}——工艺系统的柔度；

　　　W_{jc}——机床的柔度；

W_{jj}——夹具的柔度；

W_{dj}——刀具的柔度；

W_g——工件的柔度。

式（12-8）表明了工艺系统各部分的柔度与工艺系统总柔度的关系。

工艺系统中，刀具和工件的结构一般比较简单，刚度计算也比较容易。例如，车床上用卡盘装夹棒料时（图10-9），工件的刚度可用材料力学中悬臂梁的变形公式来计算。即由

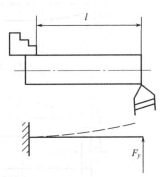

$$y_g = \frac{F_y l^3}{3EI}(\mathrm{mm})$$

得工件的刚度计算公式为

$$K_g = \frac{F_y}{y_g} = \frac{3EI}{l^3}(\mathrm{N/mm})$$

式中　l——工件悬伸长度，mm；

　　　E——工件材料的弹性模量，对于钢 $E = 2 \times 10^5$ MPa；

　　　I——截面惯性矩，mm^4。

图 10-9　工件装在车床卡盘上加工时的变形

圆钢　$K_g = \dfrac{3 \times 2 \times 10^5 \pi d^4}{64 l^3} \approx 3 \times 10^4 \dfrac{d^4}{l^3}(\mathrm{N/mm})$

式中　d——圆钢直径，mm。

又如用两顶尖装夹长轴进行车削时（参见图10-7），可视工件装夹情况为简支梁。此时刀尖在中间位置所产生的弹性变形最大，其计算公式为

$$y_g = \frac{F_y l^3}{48EI}(\mathrm{mm})$$

对于圆钢，其工件刚度计算公式为

$$K_g = \frac{48EI}{l^3} \approx 4.8 \times 10^5 \frac{d^4}{l^3}(\mathrm{N/mm})$$

对于由多个零件组成的机床部件，其刚度计算很复杂，迄今还没有合适的计算方法，通常用实验的方法加以测定。

10.3.2　工艺系统受力变形对加工精度的影响

工艺系统受力变形对加工精度的影响，常表现在以下方面。

（1）切削力作用点位置不同引起的误差

切削过程中，工艺系统的刚度随切削力作用点的位置不同而变化，其变形量是变化的，由此引起的加工误差也随之变化，使加工出来的工件表面产生形状误差。现以在车床两顶尖间加工光轴为例。先假定工件短而粗，即工件的刚度很高时，如图10-10（a）所示，则工件的受力变形很小，与机床、夹具和刀具的变形相比可忽略不计。此时，工艺系统的总位移 Y_{xt} 主要取决于机床头、尾架（包括顶尖）和刀架（包括刀具）的变形。图10-10（a）中，当车刀走到 x 位置时，在切削力的作用下（图10-10中仅画出 F_y 力），头架顶尖从 A 移到 A'，尾架顶尖从 B 移到 B'，刀架上刀尖从 C 移到 C'。它们的变形量分

别为 y_{tj}、y_{wj} 和 y_{dj}，工件的轴心线由 AB 移到 $A'B'$。此时在切削点处的变形量 y_x 为

$$y_x = y_{tj} + \delta_x$$

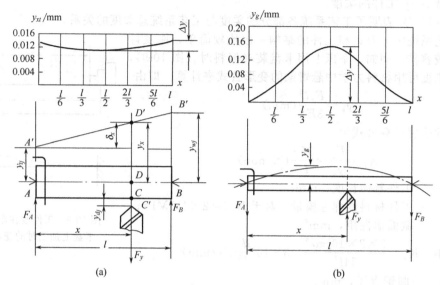

图 10-10 工艺系统的位移随施力点位置变化的情况

由于

$$\delta_x = (y_{wj} - y_{tj}) \frac{x}{l}$$

所以

$$y_x = y_{tj} + (y_{wj} - y_{tj}) \frac{x}{l} = y_{tj} \left(\frac{l-x}{l} \right) + y_{wj} \frac{x}{l}$$

设 F_A、F_B 为 F_y 在头、尾架顶尖处的分力，则

$$F_A = F_y \frac{l-x}{l}; F_B = F_y \frac{x}{l}$$

又

$$y_{tj} = \frac{F_A}{K_{tj}}; y_{wj} = \frac{F_B}{K_{wj}}$$

故

$$y_x = \frac{F_y}{K_{tj}} \left(\frac{l-x}{l} \right)^2 + \frac{F_y}{K_{wj}} \left(\frac{x}{l} \right)^2$$

又

$$y_{dj} = \frac{F_y}{K_{dj}}$$

则切削点处工艺系统的总变形量为

$$y_{xt} = y_{dj} + y_x = F_y \left[\frac{1}{K_{dj}} + \frac{1}{K_{tj}} \left(\frac{l-x}{l} \right)^2 + \frac{1}{K_{wj}} \left(\frac{x}{l} \right)^2 \right] \tag{12-9}$$

切削点处工艺系统的刚度为

$$K_{xt} = \frac{F_y}{y_{xt}} = \frac{1}{\dfrac{1}{K_{dj}} + \dfrac{1}{K_{tj}}\left(\dfrac{l-x}{l}\right)^2 + \dfrac{1}{K_{wj}}\left(\dfrac{x}{l}\right)^2} \tag{10-10}$$

由式（10-10）可看出，工艺系统刚度随受力点位置的变化而变化。按上述条件导出的工艺系统刚度实为机床刚度。若 $F_y = 300N$，$K_{tj} = 6 \times 10^4 N/mm$，$K_{wj} = 5 \times 10^4 N/mm$，$K_{dj} = 4 \times 10^4 N/mm$，两顶尖间的距离为 600mm，则沿工件长度上工艺系统的变形见表 10-1 [参见图 10-10（a）]。按表 10-1 中数据可做出图 10-10（a）上方所示的变形曲线。并可看出，工件形状不理想圆柱体，而是两头大、中间小的回转体，其圆柱度误差为 $0.0135 - 0.0103 = 0.0032mm$。

表 10-1 沿工件长度上工艺系统的变形量

x	0（头架处）	$\frac{1}{6}l$	$\frac{1}{3}l$	$\frac{l}{2}$（工件中间）	$\frac{2}{3}l$	$\frac{5}{6}l$	l（尾架处）
y_{xt}/mm	0.0125	0.0111	0.0104	0.0103	0.0107	0.0118	0.0135

当加工细而长的轴，即工件刚度很低时，则切削时工件的变形将大大超过机床、夹具和刀具的变形。这时，工艺系统的变形量取决于工件变形量的大小，如图 10-10（b）所示。当车刀走到 x 位置时，在切削力作用下工件的轴心线产生弯曲。由材料力学可知，切削点处工件的变形量 y_g 可按下式计算。此变形量也为工艺系统的变形量，即

$$y_{xt} = y_g = \frac{F_y}{3EI} \cdot \frac{(l-x)^2 x^2}{l} \tag{10-11}$$

若 $F_y = 300N$，工件尺寸为 $\phi30 \times 600$，$E = 2 \times 10^5 MPa$，则沿工件长度上的变形量如表 10-2 所示 [参见图 10-10（b）]。根据表中数据可做出图 10-10（b）上方所示的变形曲线。这时，工件也不是理想圆柱体，而是两端小、中间大，似腰鼓形的回转体，其圆柱度误差为 $0.17 - 0 = 0.17mm$。比上例的误差大 50 倍左右。

表 10-2 沿工件长度上工艺系统的变形量

x	0（头架处）	$\frac{1}{6}l$	$\frac{1}{3}l$	$\frac{l}{2}$（工件中间）	$\frac{2}{3}l$	$\frac{5}{6}l$	l（尾架处）
y_g/mm	0	0.052	0.132	0.17	0.132	0.052	0

对于更为一般的情况，既有机床、夹具和刀具的影响，也有工件的影响，则工艺系统的总变形为图 10-10（a）和图 10-10（b）所示变形即式（10-9）和式（10-11）的叠加，即

$$y_{xt} = F_y\left[\frac{1}{K_{dj}} + \frac{1}{K_{tj}}\left(\frac{l-x}{l}\right)^2 + \frac{1}{K_{wj}}\left(\frac{x}{l}\right)^2 + \frac{(l-x)^2 x^2}{3EIl}\right] \tag{10-12}$$

工艺系统刚度为

$$K_{xt} = \frac{1}{\dfrac{1}{K_{dj}} + \dfrac{1}{K_{tj}}\left(\dfrac{l-x}{l}\right)^2 + \dfrac{1}{K_{wj}}\left(\dfrac{x}{l}\right)^2 + \dfrac{(l-x)^2 x^2}{3EIl}} \tag{10-13}$$

可见工艺系统的刚度随切削力作用点位置的不同而不同，因而加工后工件各横截面上的尺寸也不同，从而造成工件的形状误差（如锥度、鼓形和鞍形等）。图 10-11（a）、(b)、(c) 分别表示在内圆磨床、单臂龙门刨床和卧式镗床上加工时，工艺系统中对加工精度起决定性作用的部件的变形情况。它们也都是随着力作用点的位置不同而变化的。图 12-11（d）也为镗孔加工，但采用工件进给方式，此时工艺系统的刚度就不随力作用点位置不同而变化。同时，镗杆的受力情况从悬臂梁变成简支架，使刚度增加，也有利于提高加工精度。

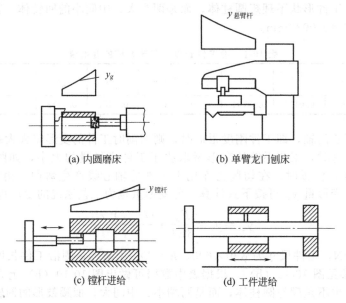

(a) 内圆磨床　　　　　(b) 单臂龙门刨床

(c) 镗杆进给　　　　　(d) 工件进给

图 10-11　工艺系统受力变形随施力点位置的变化而变化的情况

（2）误差复映

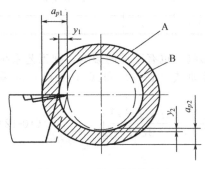

图 10-12　毛坯误差的复映

从工艺系统刚度计算公式看到，切削力的变化将使工艺系统的变形发生变化，从而使工件产生加工误差。引起切削力变化的因素很多，这里介绍的是由工件加工余量和材料硬度不均所引起的切削力变化及其所带来的对加工误差的影响。

现以车削短圆柱工件为例，若毛坯有椭圆形圆度误差，如图 10-12 所示。图中 A、B 分别表示毛坯和加工后工件的外形，加工时，按加工表面的尺寸要求将刀尖调整到虚线位置。由于毛坯的形状误差，工件一转中切削深度将在 a_{p1} 与 a_{p2} 之间变化，从而使工艺系统的受力变形也发生相应变化。对应 a_{p1} 的变形为 y_1；a_{p2} 的变形为 y_2。结果加工出来的工件仍保持椭圆形，这种现象称为误差复映。复映误差的大小可通过计算求得。

根据切削原理，切削分力 F_y 可按下式计算。

$$F_y = C_{Fy} a_p^{x_{Fy}} f^{y_{Fy}}$$

式中　C_{Fy}——与刀具几何形状及切削条件有关的系数；

　　　a_p——切削深度，mm；

　　　f——送给量，mm/r；

x_{Fy}，y_{Fy}——指数。

在毛坯材料硬度均匀，刀具几何形状、切削条件和进给量一定的情况下，下列因素的乘积为一常数。

$$C_{Fy} f^{y_{Fy}} = C$$

由此得 F_y 的计算公式为

$$F_y = C a_p^{x_{Fy}}$$

对于主偏角 $\kappa_r = 45°$，前角 $\gamma_o = 10°$，刃倾角 $\lambda_s = 0°$ 的车刀，其 $x_{Fy} \approx 1$，因而有

$$F_y = C a_p$$

通过刚度计算公式可求得工艺系统的变形量 y_1、y_2 为

$$y_1 = \frac{C a_{p1}}{K_{xt}} ; y_2 = \frac{C a_{p2}}{K_{xt}}$$

车削工件的圆度误差为

$$\Delta_g = y_1 - y_2 = \frac{C}{K_{xt}} (a_{p1} - a_{p2}) = \frac{C}{K_{xt}} \Delta_m$$

式中，Δ_m 为毛坯圆度误差，$\Delta_m = a_{p1} - a_{p2}$，令

$$\frac{\Delta_g}{\Delta_m} = \varepsilon$$

则有

$$\varepsilon = \frac{C}{K_{xt}} \tag{10-14}$$

ε 表示工件加工误差与毛坯误差 Δm 之间的关系，说明误差复映的规律，并定量地反映了毛坯误差经过加工后减小的程度，故称"误差复映系数"。刚度 K_{xt} 越大，则 ε 值越小，表示复映在工件上的误差越小。同样，减小进给量 f、选用合适的刀具，即减小 C 值，也可减小误差复映程度。

若毛坯误差较大，一次走刀不能达到加工精度要求时，可进行多次走刀来消除毛坯误差的复映程度。从毛坯误差 Δ_m 开始，每走刀一次，工件加工误差即相应减小一次。设各次走刀后的工件误差依次为 Δ_{g1}、Δ_{g2}、Δ_{g3}、$\cdots$、Δ_{gn}，则它们的误差复映系数分别为

$$\varepsilon_1 = \frac{\Delta_{g1}}{\Delta_m} ; \varepsilon_2 = \frac{\Delta_{g2}}{\Delta_{g1}} ; \varepsilon_3 = \frac{\Delta_{g3}}{\Delta_{g2}} ; \cdots ; \varepsilon_n = \frac{\Delta_{gn}}{\Delta_{g(n-1)}}$$

由上式可得经 n 次走刀后，工件的加工误差为

$$\Delta_{gn} = \varepsilon_n \Delta_{g(n-1)} = (\varepsilon_1 \varepsilon_2 \cdots \varepsilon_n) \Delta_m = \varepsilon \Delta_m$$

式中　ε——多次走刀的总复映系数，其值为 $\varepsilon = (\varepsilon_1 \varepsilon_2 \cdots \varepsilon_n)$ (10-15)

由于毛坯的最大误差 Δ_m 总是大于工件加工后的最大误差 Δ_g，故复映系数总是小于

1。n 次走刀后，总的误差复映系数可降到很小，从而使加工误差降到允许范围。

以下就误差复映的有关问题作一些讨论。

① 毛坯的形状误差，不论其圆度、圆柱度、同轴度或平直度误差等都会因切削深度不均而引起切削力变化，从而以一定的复映系数复映为工件的加工误差。

② 通常，加工表面经 2～3 次走刀后，即可使加工误差下降到允许范围。当工艺系统的刚度很高时，只需在粗加工时考虑误差复映。在工艺系统刚度较低的场合，如镗孔时镗杆较细、车削细长轴和磨削细长轴时，误差复映的现象较为明显。通过对误差复映系数的分析可找出提高加工精度的途径。

③ 在大批量生产中，通常采用调整法加工。对于一批尺寸、形状相差较大的毛坯，由于误差复映的结果，造成该批工件加工后的"尺寸分散"。为了使尺寸和形状不超出公差范围，可通过对工件加工前、后的测量查明误差复映的影响因素，从而采取相应的措施。

④ 毛坯材料的硬度不均也会使切削力发生变化，导致工艺系统变形量的变化，从而产生加工误差。铸件和锻件在冷却过程中冷速不均是造成毛坯硬度不均的主要原因。

(3) 其他作用力产生的加工误差

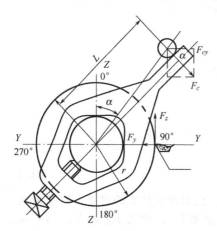

图 10-13　用单拨销传动时受力分析

机械加工中除有切削力作用于工艺系统外，还有其他一些力作用，如传动力、惯性力、夹紧力及工件和机床零部件的重力等。这些力也会使工艺系统发生变形，从而产生加工误差。

a. 传动力的影响　在车削和磨削轴类工件时，常采用单爪拨盘带动工件，如图 10-13 所示。半径为 r 的工件由主轴端面上离轴心距离为 L 的拨销带动旋转。传动力 F_c 在 Y 方向的分力 F_{cy} 有时和切削力 F_y 的方向一致，有时相反，造成工艺系统的受力变形发生变化。

工件半径误差 Δr 随回转角 α 的变化而变化，对工件圆度误差的影响如图 10-14（a）所示。当 $\alpha = 90°$和 $270°$时，$\Delta r = 0$；当 $\alpha = 0°$时，传动力使工件靠近刀具，工件被多切去，形成工件的最小半径；当 $\alpha = 180°$时，传动力使工件离开刀具，工件被少切去，形成工件的最大半径。

图 10-14（b）表示对工件圆柱度的影响情况，工件产生心形曲线的形状误差。刀具离床头的距离 x 越短，传动力的影响越大。

单爪拨盘传动所引起的工件形状误差，在精密零件加工时是不容忽视的。为了避免此影响，可以采用双拨销的拨盘传动，使两头产生的传动力互相平衡。

b. 惯性力的影响　加工时旋转的零部件（夹具、工件和刀具等）的不平衡会产生离心力。对于高速切削，这应是必须注意的问题。离心力和传动力一样，在每一转中不断地变更方向，产生相近的误差规律。车外圆时，工件也将产生心形曲线的形状误差。

此时，常采用"对重平衡"的方法来消除不平衡现象，即在不平衡质量的反向加装重

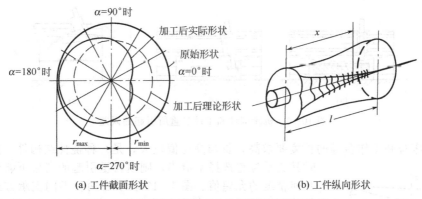

(a) 工件截面形状　　　　　　　　(b) 工件纵向形状

图 10-14　用单拨销传动时对工件加工精度的影响

块，使不平衡工件和重块的离心力大小相等、方向相反，达到相互抵消的效果。必要时还可降低转速，以减小离心力。

c. 夹紧力的影响　当工件刚性很差时，若夹紧方法不当，则也会引起工件加工后的形状误差。例如用三爪卡盘夹持薄壁套筒进行镗孔（见图 10-15），夹紧后套筒会成棱圆状［见图 10-15（a）］。即使镗出的是正圆形孔［见图 10-15（b）］，但松开三爪卡盘后，由于套筒的弹性恢复，使圆形孔又会变成三角棱圆形［见图 12-15（c）］。为了减小这种变形，可在工件外面加一个开口过渡环［见图 12-15（d）］，使夹紧力均匀地分布在薄壁套筒上，从而减小变形。

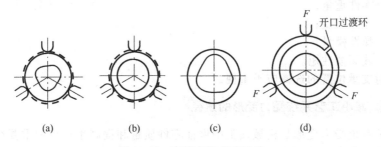

(a)　　　　　　(b)　　　　　　(c)　　　　　　(d)

图 10-15　套筒夹紧变形误差

d. 机床零部件和工件本身重量的影响　机床零部件和工件本身的重量所引起的加工误差，对大型机床和精密机床是不可忽视的因素。在加工过程中，大型机床运动零部件的位置变动将使重力作用点变动，从而使工件的受力变形发生变化而引起加工误差。图 10-16（a）和（b）是大型立车在刀架和横梁自重的作用下引起横梁变形的情形，它使被加工工件的端面产生平面度误差，使外圆柱产生锥度误差。图 10-16（c）是在靠模车床上加工尺寸较大的光轴时因工件重量引起加工误差的例子。此时，因尾架刚度比床头低，故其下沉变形比床头大，从而使工件加工表面出现锥度误差。这种误差可以通过调整靠模板的斜度来纠正。

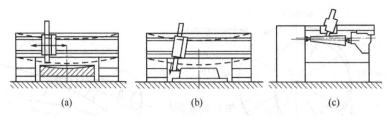

(a)　　　　　　　　(b)　　　　　　　　(c)

图 10-16　机床部件和工件自重所引起的误差

　　磨床床身和工作台等的精度要求高，长与高比值较大，是一种挠性结构件。如果加工时其支承位置选择不恰当，则由自重引起的变形可能会超出其几何精度的允差值。图 10-17 表示在两种不同支承方式下，均匀截面挠性零件的自重变形规律。当支承在两个端点 A 和 B 时，自重变形量为

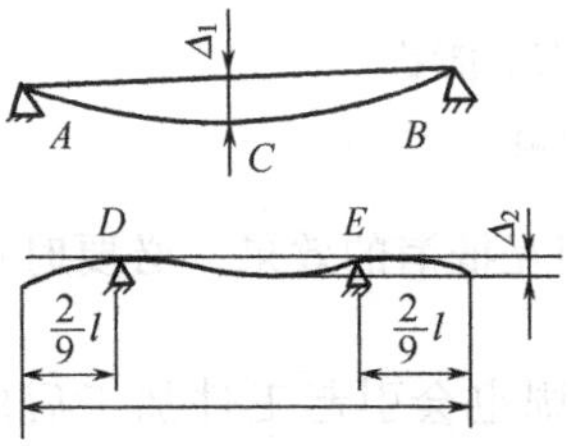

图 10-17　零件的支承位置对其自重变形的影响

$$\Delta_1 = \frac{5WL^3}{384EI}$$

当支承在离两端距离为 $\frac{2}{9}L$ 处的 D 和 E 时，自重变形量为

$$\Delta_2 = \frac{0.1WL^3}{384EI}$$

故

$$\Delta_2 = \frac{1}{50}\Delta_1$$

式中　W——零件重量；
　　　L——零件长度；
　　　E——弹性模量；
　　　I——截面惯性矩。

　　可见，对支承位置的选择应予重视。

10.3.3　减小工艺系统受力变形的途径

　　减小工艺系统受力变形是机械加工中保证零件质量和提高生产率的重要途径。

　　(1) 提高工艺系统的刚度

　　a. 合理设计结构　在设计床身、立柱、横梁、夹具体、镗模板等基础件及支承件时，应合理选择零件的结构和截面形状，尽量减少连接面的数目；注意刚度的匹配，并尽可能防止局部低刚度环节的出现。一般来说，当只受简单的拉、压时，其变形与截面大小有关。当受到弯扭力矩时，则其变形取决于断面的抗弯与抗扭惯性矩，即不但与截面积大小有关，而且还与截面形状有关。当其外形尺寸中高度相等时，则无论是抗弯或抗扭惯性矩，都是方形截面的最大。截面中无论是方形、圆形或矩形，在相同截面积下，空心截面的惯性矩总是比实心的大。因此当零件结构和制造工艺允许时，应尽可能减少壁厚，加大轮廓尺寸。在设计大型零件时，应力求做成四方壁的形式、截面封闭、少开孔，否则，刚度会显著下降。在适当的部件增添隔板或加强筋也可收到良好的效果。

　　b. 提高连接表面的接触刚度　由于部件的接触刚度大大低于零件实体刚度，所以提高接触刚度往往是提高工艺系统刚度的关键。而且也是提高机床刚度最简单、有效的方法。

　　首先是降低连接表面的粗糙度和几何形状误差。例如刮研机床导轨面、多次修研精密加工工件的中心孔等都是在实际生产中常用的工艺方法。通过刮研，降低了配合表面的粗糙度和提高了形状精度，使实际接触面增加，减小微观表面和局部区域的弹性和塑性变形，从而有效地提高接触刚度。

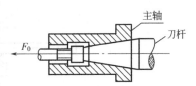

图 10-18　铣床主轴部件
预加载荷（F_0）

　　其次是预加载荷，以消除配合面间的间隙，并使从一开始就有较大的实际接触面积来提高接触刚度。例如滚动轴承内、外环与滚动体之间在进行装配时常给予预紧。再如，铣床主轴常用拉杆装置来使铣刀杆锥面与主轴锥孔紧密接触（见图10-18）。

　　c. 设置辅助支承　图10-19表示转塔车床加工用的辅助支承装置，它可大大提高刀架的刚度。

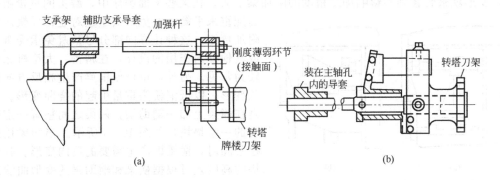

图 12-19　转塔车床提高刀架刚度的措施

　　d. 采用合理的装夹和加工方式　当工件刚度成为产生加工误差的主要矛盾时，可采用缩短切削力作用点与支承点距离等方法来提高工件刚度（见图10-20）。车细长轴时，可利用中心架，使支承间的距离缩短一半，从而使工件刚度比无中心架时提高八倍［见图10-20（a）］。采用跟刀架车削细长轴时［见图12-20（b）］，切削力作用点与跟刀架支承点间的距离减少到5～10mm，工件的刚度得到提高。这时工艺系统刚度的薄弱环节转化为跟刀架本身和跟刀架与溜板的结合面。在卡盘加工中，用后顶尖支承，工件刚度也有显著提高［见图10-20（c）］，但要注意工件自由度的干涉。图10-21表示在铣床上加工支架类零件的不同装夹法。显然，图10-21（a）的工艺系统刚度比图10-21（b）要低。

　　（2）转移或补偿弹性变形

　　图10-22是龙门铣床上用附加梁转移横梁弹性变形的示意图。横梁在铣头重量作用下会产生挠曲变形而影响加工精度。在横梁上加一附加梁，使横梁不承受铣头和配重的重

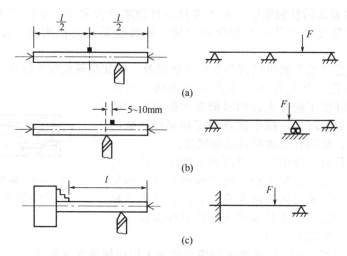

图 10-20　用辅助支承提高工件刚度

量，变形就被转移到不影响加工精度的附加梁上去。在某些平面磨床中，磨头的重量由平衡配重来平衡，避免磨头重量对立柱导轨产生附加弯矩。这种让导向部分尽量避免承受重量或其他外力作用的设计，在精密、大型机床中较为常见。另外，也可使横梁产生相反方向的预变形，以抵消铣头重量引起的挠曲变形。它是在横梁上加一辅助梁，两梁之间垫有一定高度的一组垫块，如图 10-23 所示。当两梁用螺栓紧固时，横梁即产生需要的反向变形。各垫块的高度差可根据横梁和辅助梁的变形曲线来确定。

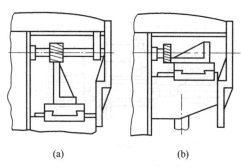

图 10-21　铣角铁时的两种装夹法

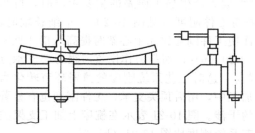

图 10-22　采用附加梁转移横梁的变形

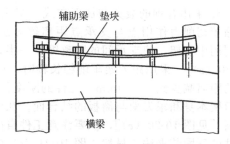

图 10-23　用辅助梁使横梁产生相反的预变形

（3）采取适当的工艺措施

合理选择刀具的几何参数（如增大前角 γ_o 及使主偏角 κ_r 接近 $90°$ 等）和切削用量以减小切削力，尤其是减小径向力 F_y，更有利于减小受力变形；将毛坯分组，使机床在一次调整中的毛坯加工余量比较相近，以减小复映误差。

10.4 工艺系统的热变形

在机械加工过程中，由于切削热、摩擦热以及环境温度等的影响，工件、刀具和机床都会因温度的升高而产生变形，使工件和刀具之间的相对位置发生变化。工艺系统的热变形对加工精度有显著影响。一些研究指出，在现代机床加工中，热变形引起的加工误差占总误差的 50%；在精密加工中，这种误差所占的比例还要大，约占 $40\%\sim70\%$。因为精密加工切削力小，工艺系统受力变形对加工精度的影响相对处于次要地位。因此，减少工艺系统的热变形及其对加工精度的影响已成为机械加工的一个重要课题。

10.4.1 概述

引起工艺系统热变形的热源大致可以分为内热源和外热源两大类（见图12-24）。

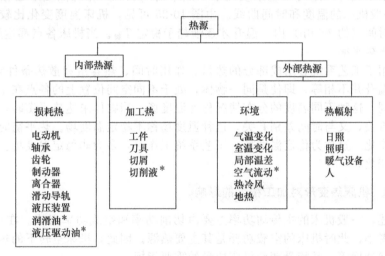

图 10-24 导致机床热变形的热源（＊为二次性热源）

切削过程中，切削层金属的弹塑性变形及刀具、工件与切屑间的摩擦所消耗的能量绝大部分（约 99.5%）转化为切削热。这些热量将传到工件、刀具、切屑和周围介质中去。当不加切削液时，一般车、铣、刨削加工传给工件的热量约占 $10\%\sim40\%$，传给刀具的热量在 5% 以下，大量的切削热（$50\%\sim80\%$）由切屑带走。钻孔时传给工件的热量较多，约占 50% 以上，传入切屑的约 30%，传给刀具的为 15% 左右。磨削时传给工件的热量较多，约占 84%，传入磨屑的约 4%，传给砂轮的为 12% 左右。可见，切削热是刀具和工件热变形的主要热源。

轴承、齿轮副、摩擦离合器、溜板和导轨、丝杆和螺母等运运副的摩擦热，以及动力源的能量消耗所产生的传动系统的摩擦热（如电动机和液压系统的发热）是机床热变形的主要热源。

部分切削热由切削液和切屑带走，当它们落到床身上时，也把热量传给床身，形成二次热源。此外，摩擦热还通过润滑油的循环散布到各处。这些是主要的二次热源，它们对机床热变形也有较大影响。

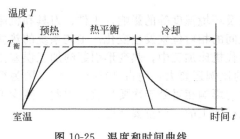

图 10-25　温度和时间曲线

外部热源的影响有时也不可忽视，尤其是加工大型、狭长型零件和精密加工时，由于加工时间长及昼夜温差引起的热变形差别较大，故也影响零件的加工精度。日光、照明及其他外部热源对机床产生的温升往往是局部的，这又会引起各部分不同的热变形。

工艺系统在热源作用下，通过传导、对流和辐射，热量由高温处传向低温处。当温度达到某一数值时，单位时间内热源传入的热量与散发的热量趋于相等，这时工艺系统处于"热平衡"状态，相应热变形也相对稳定。图 10-25 表示一般机床的温度和时间曲线。由图 10-25 可见，机床温度变化比较缓慢。机床开动后一段时间（约 2～6h）内，温升才逐渐趋于稳定 $T_{衡}$。当机床各点都达到稳定值时，则认为已处于热平衡。

由于作用于工艺系统各组成部分的热量、作用时间、热容量和散热条件等各不相同，故各部分的温升并不相等。即使是同一物体，处于不同空间位置上的各点在不同时间内其温度也不相同。这种不同温度的分布情况称为温度场。当物体未达热平衡时，各点温度既与坐标位置有关，又与时间差别有关，这种温度场称不稳定温度场。热平衡时各点温度将不随时间而变化，这称为稳定温度场。工艺系统工作时，多为非稳定温度场。因而其热变形随时间而变化。

10.4.2　机床热变形对加工精度的影响

如前所述，一般机床的主传动功率主要由切削功率和空载功率组成。在精密加工中，前者远比后者小，此时机床的空载功耗是其主要热源。因此，机床空转下的热学特性（温升、热态几何精度等）是衡量精密机床质量的重要指标。

车床类机床的主要热源是主轴箱轴承的摩擦热和主轴箱中油池的发热。它们使主轴箱和床身的温度上升，从而造成机床主轴的抬高和倾斜。图 10-26 表示一台车床空运转时，主轴的温升和位移的测量结果。主轴在水平方向的位移只有 $10\mu m$，而垂直方向的位移却高达 $180\sim200\mu m$。这时对于水平方向安装刀具的普通车床的加工精度影响不太大，但对垂直方向安装刀具的自动车床和转塔车床来说，则对其加工精度的影响就严重多了。

图 10-27 是一台外圆磨床温度分布和热变形的测量结果。当采用该机床进行切入式定程磨削时，被磨工件直径的变化 Δd 达 $100\mu m$。它与该机床工作台和砂轮架间的热变形 x 基本相符。由此可见，影响加工尺寸一致性的主要因素在此是机床的热变形。

图 10-28 所示为几种机床热变形的示意图。可以从其中大致了解机床热变形情况。

相对于工件和刀具来说机床的质量和体积要大得多，其温升也不是很高（一般低于

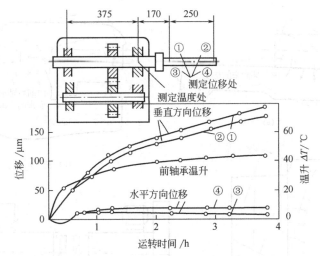

图 10-26　车床主轴箱热变形

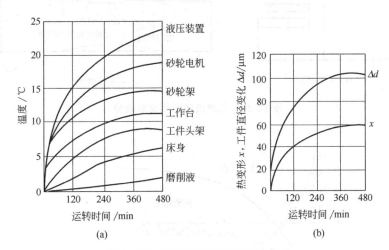

(a)　　　　　　　　　　　(b)

图 10-27　外圆磨床的温升和热变形

60℃）。故其热变形比较缓慢。因此，在一批零件的加工过程中，前后零件由于机床的热变形所产生的加工误差也不一样。精密加工要求机床在热平衡后进行。

10.4.3　刀具热变形对加工精度的影响

使刀具产生热变形的主要热源是切削热。虽然只有大约不到 5％ 的切削热传入刀具，但因刀具的体积和热容量小，故其切削部分的温度急剧升高。高速钢车刀刀刃部分的温度约 700～800℃，硬质合金刀刃可达 1000℃ 以上。图 10-29 所示为车刀热变形情况。开始切削时车刀热变形很快，随后逐渐缓慢，经过一段时间后，趋于热平衡，刀具的热变形趋

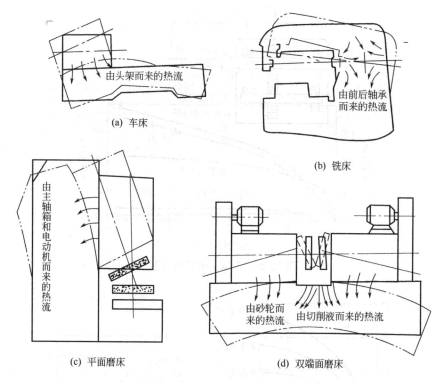

(a) 车床

(b) 铣床

(c) 平面磨床

(d) 双端面磨床

图 10-28 几种机床的热变形趋势

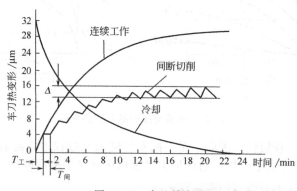

图 10-29 车刀热变形

于停止。当切削停止后，刀具温度迅速下降，开始冷却很快，以后逐渐减慢。间断切削时（如在自动车床上加工一批零件）因刀具有短暂的冷却时间，故刀具温度时升时降，最后稳定在某个范围内波动，其总的热变形比连续切削时要小。

车刀热伸长量 ξ 与时间 τ 的关系式为

$$\xi = \xi_{\max}\left(1 - e^{-\frac{\tau}{\tau_c}}\right)$$

式中，τ_c 为常数，其值与刀具质量 m、比热容 c、截面积 A 及表面换热系数 α_s 等因素有关，量纲同时间，根据试验结果，$\tau_c = 3\sim6\mathrm{min}$；$\xi_{\max}$ 为达到热平衡时的刀具最大伸长量。

一般粗加工刀具的热变形量可达 $0.03\sim0.05\mathrm{mm}$。图 10-30 为在车床上加工一个阶梯轴时的车刀热伸长实例。图 10-30（b）中×为实测值，曲线为计算值。A、C 段切削条件：$f = 3.75\mathrm{mm/s}$；$v = 143\mathrm{m/min}$，$a_{pA} = 0.75\mathrm{mm}$，$a_{pC} = 0.5\mathrm{mm}$。

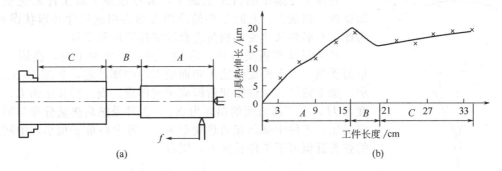

图 12-30　加工过程中改变加工条件的车刀热变形

加工细长轴时，刀具热伸长对工件的加工精度会有较明显的影响。但在一般情况下，这种影响并不明显。

10.4.4　工件热变形对加工精度的影响

在加工过程中传到工件上的热量主要来自切削热，对大型件或精密零件，外部热源也不能忽视。工件的热变形情况与工件的结构和尺寸、加工方法及工件材料等因素有关。

轴类零件车削加工时，工件受热比较均匀，主要引起长度和直径上的变形，其热变形量分别为

$$\Delta L = \alpha L \Delta T$$
$$\Delta D = \alpha D \Delta T$$

式中　ΔL，ΔD——分别为长度和直径上的热变形量，mm；

$\quad\quad\ L$，D——分别为工件原有的长度和直径，mm；

$\quad\quad\ \alpha$——工件材料的热膨胀系数，mm/℃；

$\quad\quad\ \Delta T$——温升（℃）。

对于直径大、长度长的轴，其切削路程长，车削开始时，温升不大，直径膨胀较小，车削终了时温升大，直径膨胀也大，车去较多，故靠近主轴箱的工件直径要比靠近尾架部分的直径小。

一般轴类零件在长度上的精度要求不高，常不考虑其受热伸长。但对细长轴车削，其受热伸长较大，两端受顶尖限位而导致弯曲变形，从而产生圆柱度误差。这时，可采用弹性或液压尾顶尖。

加工丝杆时，工件受热伸长，会引起螺距累积误差。例如，磨削长度为 3000mm 的丝杆，每磨一次，温升约 3℃，丝杆伸长量为

$$\Delta L = \alpha L \Delta T = 3000 \times 1.17 \times 10^{-5} \times 3 = 0.1 \text{mm}$$

式中，$\alpha = 1.17 \times 10^{-5}$，为钢的热膨胀系数。6 级精密丝杆的螺距累积误差在全长上不允许超过 0.02mm，故此热变形已超差。可见热变形影响的严重性。

对在工序集中的机床上加工，常在粗加工后工件未完全冷却就进行精加工，此时工件的冷缩变形会引起尺寸和形状误差。为此，有必要从热变形的角度合理安排工序和工步。

对于壳体和板类零件，在铣、刨、磨削加工时，会因工件单面受热、上下两面受热不均而使工件中部凸起，如图 10-31 所示。加工完毕、工件冷却后即成中间凹形。设工件长度为 L，高度为 H，上下两表面的温差为 ΔT，工件受热后热量分布与高度成正比，工件中部凸起的热变形为 h。若中心角 φ 很小，中间层的弦长近似等于工件长度 L，则有

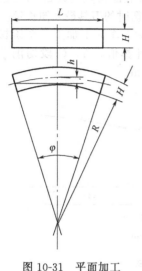

图 10-31 平面加工
热变形估算

$$h = \frac{L}{2} \tan \frac{\varphi}{4} \approx \frac{L\varphi}{8}$$

由于

$$\alpha L \Delta T = (R + H)\varphi - R\varphi$$

得

$$\varphi = \frac{\alpha L \Delta T}{H}, \quad h = \frac{\alpha L^2 \Delta T}{8H}$$

可见，工件凸起量 h 将随工件长度的增大而急剧增加，且厚度 H 越薄，凸起量也越大。为了减小热变形误差，可采用充足的切削液，以减小上下表面的温差 ΔT。

10.4.5 减小工艺系统热变形的途径

（1）改进机床结构

a. 采用热对称结构　将保证加工精度所必需的基准面或对加工精度影响最大的零部件（如主轴）配置在热对称面上或尽量靠近，使机床热变形对加工精度的影响最小。例如双立柱"加工中心机床"与单立柱机床相比，其前、后、左、右的热变形要小得多，沿加工方向上的热变形减小 70%。这种以主轴为中心、左右对称的双立柱结构，体现了热对称设计的一般原则。此外，热源对称分布也有明显效果，例如在机床两边对称配置电动机，使其两边受热条件均等，就可避免左右倾斜。油路布置也应考虑对称性。

图 10-32 为车床主轴箱两种装配结构的热位移的示意。图 10-32（a）中主轴轴线与安装基准 a 在同一垂直平面内，主轴轴线只有 Z 方向的热位移，对加工精度的影响较小；图 10-32（b）的主轴轴线离安装基准 a 在 Y 方向有一距离，主轴轴线除有 Z 方向的热位移外还有误差敏感方向（Y 方向）的热位移，故对加工精度的影响较大。

b. 分离内部热源，减少运动副的摩擦热　一般说来，内部热源是机床热变形的主要原因。对精密机床，应尽可能把电机、液压泵和变速箱等热源从机床中分离出去。对不能分离的热源（如主轴轴承、丝杆副、离合器）可从结构和润滑方面改善摩擦特性，以减少

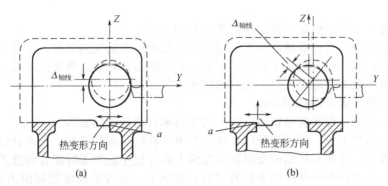

图 10-32   主轴箱的两种装配结构的热位移示意图

发热。此外，还可采用自动热补偿（如机床主轴热伸长补偿）、轴承空冷衬套及水套等。近年来采用无级变速装置来减少传动副发热也有着积极意义。在可能条件下，可采用滚动导轨来替代滑动导轨。滑动导轨的润滑液为高压油，油温变化大，热变形需经 4～5h 后方能趋于稳定。而滚动导轨用的油油压低，油温变化小，导轨摩擦力小，可大大减小床身热变形。且加工前不需预热运行，故也提高了工作效率。

机床加工时，热切屑落在工作台或溜板、床身上，这也是一个不可忽视的热源，可采用隔热板，并尽快移去热切屑。使用切削液虽能冷却刀具，但又作为"二次热源"对机床热变形产生不利影响，因此，应尽快使其流离机床。

（2）采用非金属材料

近年来采用非金属材料制作机床零部件主要有二类，一类含碎石 90% 以上用环氧树脂黏结剂黏合制成的"合成花岗岩"，用以代替铸铁、钢或水泥制的机床基础部件，其热传导率仅为灰铸铁的 1/60，几乎是非热导体。它还具有良好的阻尼特性、大刚度和良好的热稳定性。这类材料主要用作床身、立柱和主轴箱等。另一类是用陶瓷材料制作精密零件，如主轴和轴承。其成分为 Al_2O_3，ZrO_2，Si_3N_4 等，这种材料具有较高的热弹性，热膨胀系数低、耐磨、耐蚀、硬度高，其精度保持性好、密度小，有利于高速回转。

（3）强制冷却，控制温升

对机床内热源进行冷却是采用较多的措施。冷却是指用某种流体把热量带走，如用风扇加大空气流速来冷却机床；将主轴箱内的润滑油抽到热交换器中进行冷却及用带水套的主轴等。某单位曾对一台坐标镗铣床的主轴箱做过试验。当未采用强制冷却时，机床运转 6h 后，主轴中心线到工作台的距离发生了 $190\mu m$ 的热位移，而且还没有达到热平衡；当在主轴箱内采用强制溅油冷却后，热位移减小到只有 $15\mu m$，而且不到 2h 机床就达到平衡。

前苏联某厂曾采用半导体冷却装置自动控制冷却油以稳定机床温度，使被控的机床温度恒定在 20℃ 左右，主轴水平位移 $1\mu m$，垂直方向位移为 $4\mu m$。这时，冷冻机就成为机床的必需部件了。但是冷冻机的冷却能力不能大于机床内部发热能力，以免损伤机床。

对液压传动机床，常采取结构措施控制油温。由于油温是使这类机床产生热变形的重要因素，因而控制了液压系统的油温就能有效地控制其热变形。相对来说控制油温也比较方便。

（4）设置人工辅助热源，稳定和提高热态加工精度

在机床的适当位置安置辅助热源，通过调节这些热源的发热强度，实现对机床热变形的干预或补偿，以达到高的加工精度。这也有利于缩短预热期，使机床迅速达到热平衡状态。辅助热源一般采用电热元件，也有的用热空气加热。

（5）采用热变形自动补偿措施

即加工时依靠补偿装置给以相反方向的变形来自动抵消热变形。

在数控机床加工中，可采用开环补偿法和闭环补偿法进行补偿。开环补偿法是根据热变形的变化规律，将需要补偿的变形量预先编入数控程序使加工时能自动修正刀具和工件的相对位置，以达到自动补偿热变形的目的。实际上，这种补偿法把切削力引起的变形、刀具磨损和工艺系统的几何误差引起的加工误差也进行了补偿。闭环补偿法是根据热变形或温度信息通过计算机分析计算进行实时补偿。其中采用热变形信息反馈的分析计算较简单，但检测装置复杂，价格昂贵。

在某些条件下，也可在结构上进行补偿。图 10-33 是双端面磨床主轴的热补偿结构。当主轴 1 向前（向左）伸长时，过渡套筒 3 也同时吸收了轴承传出的热，而使其尾端自由向右悬伸，从而使整个主轴向右移动，补偿了主轴向前的伸长量。

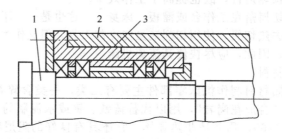

图 10-33　双端面磨床主轴的热补偿
1—主轴；2—壳体；3—过渡套筒

（6）控制环境温度

环境温度的变化将会引起机床精度的变化。机床床身会因室温上升而变成中凸形状，室温降低又会变成中凹形。一台中型的卧式镗床，昼夜温差所引起的弯曲变形量可达 $5\sim11\mu m$。对于固定在基础上的床身，由于两者热膨胀系数和热容量的不同，当温度变化时会引起弯曲变形。对重型机床，这种情况更为严重。一床身长为 7m 的龙门刨床，环境温度变化所引起的热变形可达 $240\mu m$，其中由基础引起的热变形量约占一半以上。

室温的变化不仅影响机床的几何精度，而且还会直接影响到工件的加工质量。如直径为 4m 的齿轮，若齿轮与床身的温度差在 $0\sim2.5℃$ 之间变化，则切深变化为 $50\mu m$，在齿轮表面上会产生高达 $17\mu m$ 的波纹。

阳光对机床的局部照射同样对加工精度产生不利影响。

建立恒温室、恒温车间、甚至恒温工厂，无疑对保证精密加工的精度至关重要。恒温精度一般控制在 $\pm1℃$，精密级为 $\pm0.5℃$，超精密级为 $\pm0.01℃$。恒温室的平均温度为

20℃，夏季为 23℃，冬季取 17℃。

常用的空调法调节室温，其投资和能量消耗均较大，由于机床工作过程中不断产生切削热，因而也不可能彻底解决热变形。目前有一种采用喷油冷却整台机床的方法，可将温度控制在 20℃±0.01℃，热变形误差减少到原来的 1/10，而成本仅为空调的 1/100。具体做法是：将机床及周围工作场地封闭在一个透明的塑料罩内，连续喷射 20℃ 的恒温油，油液带走热量、切屑和灰尘，油经过滤后通过热交换器再继续使用。

10.5 工件残余应力引起的变形

残余应力是指当外部载荷去除后，仍残存在工件内部的应力。残余应力是由于金属内部组织发生不均匀的体积变化而产生的。引起其体积变化的因素主要来自热加工和冷加工。

具有残余应力的零件，其内部组织处于一种不稳定状态，它具有强烈的要恢复到一种稳定的没有内应力状态的倾向。即使在常温下，也在不断地进行这种变化，直到残余应力消失为止。在残余应力重新分布的过程中，零件的形状也相应发生变化，使原有的加工精度逐渐丧失。若把具有残余应力的零件装入机器，就有可能使机器在使用过程中也产生变形，以致影响整台机器的质量。

10.5.1 产生残余应力的主要原因

（1）因工件各部分受热不均或受热后冷却速度不同而引起的残余应力

当工件受热不均时，各部分的温升不一致，高温部分的热膨胀较大而受到低温部分的限制，从而产生温差应力，高温部分为压应力，低温部分为拉应力。温差越大，则应力也越大。冷却时，冷速较快部分的冷缩变形受到冷速较低部分的限制，故前者产生拉应力，后者产生压应力。

在铸、锻及热处理等热加工过程中，由于工件各部分热胀冷缩不均匀以及金相组织转变时体积的变化，使毛坯内部产生相当大的残余应力。各部分的厚度越不均匀，结构越复杂，散热条件差别越大，则毛坯内部产生的残余应力也越大。毛坯内的残余应力暂时处于相对平衡状态，当外界条件变动（如受力或升温）到一定程度或毛坯被切削去一层金属后，就会打破这种平衡，于是残余应力重新分布，工件出现明显的变形。

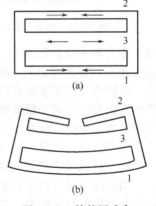

图 10-34 铸件因残余应力而引起的变形

图 10-34（a）表示一个内外壁厚度相差较大的铸件，在浇铸后的冷却过程中，由于壁 2 和壁 1 较薄，冷却较快；而壁 3 较厚，冷却较慢。当壁 1 和壁 2 从塑性状态冷却到弹性状态时。壁 3 的温度还比较高，处于塑性状态。当壁 3 继续冷却收缩时。即受到壁 1 和壁 2 的阻碍。从而使壁 3 受到拉应力，壁 1 和壁 2 受到压应力。待完全冷却后，残余应力处于相对平衡状态。如果在此铸件的壁 2 上切开一缺口 [见图 10-34（b）]，则壁 2 的压应力消失，铸件在壁 3 和壁 1 的

残余应力作用下，壁3收缩，壁1伸长，铸件发生弯曲变形，直至残余应力重新分布达到新的平衡为止。机床床身类似于这样的结构，它的上下表面冷却得快，中心部分冷却得慢。若导轨表面粗加工时刨去一层，就像图10-34（b）中的铸件壁2上切去一缺口，引起残余应力的重新分布而产生弯曲变形。

残余应力的重新平衡需要一段较长的过程，因此工件最终加工合格后仍会慢慢变形而失去原有精度。为了克服这种变形，特别是大型铸件和精度要求高的零件，一般在粗加工后进行时效处理，以加速其残余应力的重新分布而引起的变形过程，而后再精加工。

（2）工件冷态受力较大而引起的残余应力

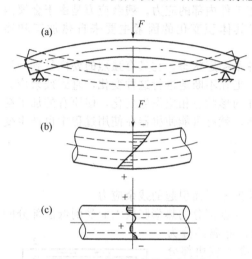

图 10-35　校直引起的残余应力

对细长轴类零件进行冷校直就会使零件产生残余应力。细长轴经车削后，使棒料在轧制中所产生的残余应力进行重新分布而产生弯曲变形。冷校直就是在原有变形的相反方向加力[见图10-35（a）]，使工件向相反方向弯曲而使表层产生塑性变形，从而达到校直的目的。在校直力 F 作用下，工件残余应力的分布如图 10-35（b）所示。即在轴线以上产生压应力（用"－"表示），轴线以下产生拉应力（用"＋"表示）。在轴线上、下两条虚线之间为弹性变形区，其应力成直线分布；在虚线以外是塑性变形区域，应力呈曲线分布。当外力去除后，弹性区的恢复变形受到塑性区的牵制，而使弹性区的应力无法完全消失，塑性区（内外层金属）产生与校直时相反方向的应力，新的残余应力平衡状态如图 10-35（c）所示。此时，冷校直减少了弯曲变形，但工件仍处于不稳定状态，如果再加工一次后，又会产生新的弯曲变形。因此一些要求较高的细长轴类零件，往往需要经多次校直和时效处理，方能逐步减小弯曲变形。冷校直并不能完全解决工件的弯曲变形，对于精度要求很高的细长零件（如高精度丝杠），不允许采用冷校直，而是采取增加余量、经多次车削和时效处理来消除残余应力。有些工厂以热校直来代替冷校直取得了较好的效果，既减小了变形，又提高了生产率。

（3）机械加工带来的残余应力

切削加工时，由于切削力和切削热的作用，使工件表面产生不同程度的塑性变形，从而产生相应的残余应力，并在加工后使工件发生变形。

10.5.2　减小残余应力及其所引起变形的措施

（1）增设消除残余应力的工序

对铸、锻、焊接件进行退火或回火；零件淬火后进行回火；对精度要求较高的零件，如床身、箱体、丝杆、精密主轴等在粗加工后进行时效处理，对要求很高的精密零件，要求每次切削加工后都进行时效处理。常用的时效处理方法有以下几种。

a. 高温时效　将工件经 3～4h 的时间均匀地加热到 500～600℃，保温 4～6h 后以每小时 20～50℃的冷却速度随炉冷却到 100～200℃取出，在空气中自然冷却。一般适用于毛坯或粗加工后。

b. 低温时效　将工件均匀地加热到 200～300℃，保温 3～6h 后取出，在空气中自然冷却，一般适用于半精加工后。

c. 热冲击时效　将加热炉预热到 500～600℃，保持恒温。然后将铸件放入炉内，当铸件的薄壁部分温度升到 400℃左右，厚壁部分因热容量大而温度只升到 150～200℃左右（由放入炉内的时间来控制），及时地将铸件取出，在空气中冷却。由温差而引起的应力场因与铸造时产生的内应力场叠加而抵消，从而达到消除内应力目的。这种方法耗时少（一般只需几分钟），适用于具有中等应力的铸件。

d. 振动时效　用激振器或振动台使工件以一定的频率进行振动来消除内应力，该频率可选择为工件的固有频率或在其附近为佳。由于振动时效没有氧化皮，因此较适用于最后精加工前的时效工序。对于某些零件，可用木锤打的方式进行时效处理。

（2）合理设计零件结构

应简化零件结构；提高零件刚性；尽量缩小零件各部分尺寸和壁厚之间的差值，以减小铸、锻件毛坯在制造中产生的残余应力及由其引起的变形量。

复习题

10-1　试举例说明加工精度、加工误差和公差等概念以及它们之间的区别。

10-2　工艺系统的几何（静态）误差及动态误差各包含哪些内容？试举例说明各种原始差如何产生加工误差。

10-3　何谓工艺系统刚度？工艺系统刚度有何特点？影响工艺系统刚度的因素有哪些？

10-4　影响零件加工表面之间位置精度的主要因素有哪些？如何提高加工表面间的位置精度？

10-5　为什么对车床床身导轨水平面的直线度要求较垂直面的直线度要求高？而平面磨床床身导轨的要求则相反？

10-6　说明误差复映的概念，误差复映系数的大小与哪些因素有关？

10-7　试分析在车床上加工时，产生下述误差的原因。

① 在车床上镗孔时，引起被加工孔圆度误差和圆柱度误差。

② 在车床三爪自定心卡盘上镗孔时，引起内孔与外圆的不同轴度；端面与外圆的不垂直度。

10-8　试分析滚动轴承的外环内滚道及内环外滚道的形状误差 ［图 10-36（a）、（b）］所引起主轴回

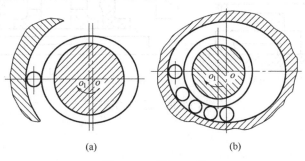

(a)　　　　　　　　(b)

图 10-36　题 10-8 图

转轴线的运动误差,对被加工零件精度有什么影响?

10-9　在车床上用两顶尖装夹工件车削细长轴时,出现图 10-37（a）、（b）、（c）所示误差是什么原因,分别可采用什么办法来减少或消除?

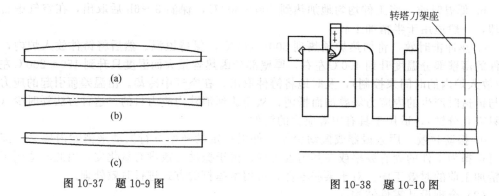

图 10-37　题 10-9 图

图 10-38　题 10-10 图

10-10　试分析在转塔车床上将车刀垂直安装加工外圆（见图 10-38）时,影响直径误差的因素中,导轨在垂直面内和水平面内的弯曲,哪个影响大?与卧式车床比较有什么不同?为什么?

10-11　在卧式镗床上加工箱体孔,若只考虑镗杆刚度的影响,试对图 10-39 中四种镗孔方式所加工的孔的几何形状进行分析,画出其几何形状图,并说明原因。

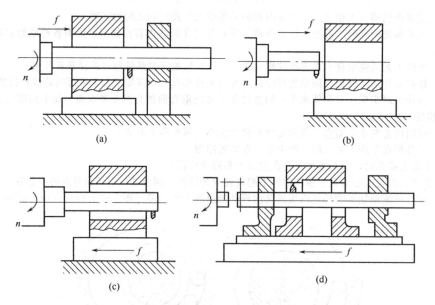

图 10-39　题 10-11 图

11 机械加工表面质量

11.1 概述

机械加工表面质量是零件加工技术要求的一个重要组成部分。主要零件的表面质量，对产品的工作性能、可靠性和耐磨性等都有很大影响。随着工业技术的迅速发展，许多产品要求零件在高速、高压、高温和高负荷下工作，因而对零件的表面质量提出越来越高的要求。

11.1.1 机械加工表面质量的概念

零件的加工表面质量包括零件的表面几何特性和物理力学性能两方面。

图 11-1　表面粗糙度和波纹度

（1）零件的表面几何特性

a. 表面粗糙度　是指加工表面上具有的较小距离的峰谷所组成的表面微观几何形状特性（见图 11-1）。一般由加工中切削刀具的运动轨迹及工艺系统的高频振动等多种因素所形成。其大小由表面轮廓算术平均偏差 R_a、微观不平度十点高度 R_z 和轮廓最大高度 R_y 等参数来评定，其中优先推荐 R_a 参数。

b. 表面波度　指介于宏观几何形状误差与微观几何形状误差（即表面粗糙度）之间的一种周期性几何形状误差。图 11-1 表示了表面粗糙度和表面波度的关系。对于表面波度的表征方法，目前尚无统一的规定。一般有两种表征方法：一种是根据其周期来表征，即波幅和波长；另一种是根据波纹的轮廓形状来表征，如圆弧形、尖峰形和锯齿形等。

（2）零件表面的物理力学性能

① 因加工表面层的塑性变形所引起的表面加工硬化。

② 由于切削和磨削加工等的高温所引起的表面层金相组织的变化。

③ 因切削加工引起的表面层残余应力。

11.1.2 机械加工表面质量对零件使用性能的影响

（1）表面质量对零件耐磨性的影响

零件的耐磨性是机械制造中的重要问题。磨损是一个很复杂的问题，其机理至今尚未清楚。一般认为磨损产生在有相对运动的表面，它不仅与摩擦副的材料和润滑有关，而且还与零件的表面质量有密切关系。当两个零件表面相互接触时，起初只有很少的凸峰顶部真正接触。在外力作用下，凸峰接触部分将产生很大的压强。且表面越粗糙，接触的实际面积越小，产生的压强就越大。这时，当两零件表面作相对运动时，接触部分就会因相互挤压、剪切和滑擦等产生表面磨损现象。

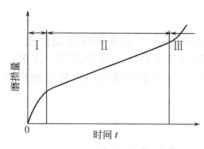

图 11-2　磨损过程的三个阶段

在有润滑的条件下，零件的磨损过程一般可分为初期磨损、正常磨损和急剧磨损三个阶段。如图 11-2 所示，在机器开始运转时，由于实际接触面积很小，压强很大，因而磨损很快。这个时间比较短，称为初始磨损阶段，如图 11-2 中Ⅰ区所示。随着机器的继续工作，相对运动的表面的实际接触面积逐步增大，压强逐渐减小，从而磨损变缓，进入正常磨损阶段。这段时间较长如图 11-2 中Ⅱ区所示。随着磨损的延续，接触表面的凸峰被磨平，粗糙度变得很小。此时，不利于润滑油的贮存。润滑油也难以进入摩擦区，从而使润滑情况恶化。同时，紧密接触表面会产生很大的分子亲和力，甚至会发生分子粘合，使摩擦阻力增大，结果使磨损进入急剧磨损阶段，如图 11-2 中Ⅲ区所示。此时，零件实际上已处于不正常的工作状态。

实践证明，初期磨损量与零件表面粗糙度有很大关系。图 11-3 表示在轻载和重载情况下粗糙度对初期磨损量的影响情况。由图中可以看出，在一定条件下摩擦副表面粗糙度参数总是存在某个最佳点（图 11-3 中 R_{a1} 和 R_{a2}），在这一点的初期磨损量为最小。最佳表面粗糙度参数值可根据实际使用条件通过试验求得，一般 R_a 值在 $0.04\sim0.08\mu m$ 左右。

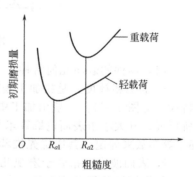

图 11-3　表面粗糙度与初期磨损量的关系

表面磨损还与该表面采用的加工方法和成形原理所得到的表面纹理有关。实验证明，在一般情况下，上下摩擦件的纹理方向与相对运动方向一致时，初期磨损量最小；纹理方向与相对运动方向相垂直时，初期磨损量最大。

表面加工冷作硬化对磨损量也有影响，一般能提高耐磨性 $0.5\sim1$ 倍。但也不是冷作硬度越高越好，因为过高的硬度会使局部金属组织疏松发脆及有细小裂纹出现，此时，在外力作用下，表面层易产生剥落现象而使磨损加剧。同样，冷作硬化也存在一个最佳硬化硬度。

（2）表面质量对零件疲劳强度的消响

在交变载荷作用下，零件表面的粗糙度、划痕和微观裂纹等缺陷容易引起应力集中而产生和扩展疲劳裂纹，致使零件疲劳损坏。试验表明，减小表面粗糙度可以使疲劳强度提高 $30\%\sim40\%$。

　　加工纹理方向对疲劳强度的影响更大，在纹理方向和相对运动方向相垂直时，疲劳强度将明显降低。

　　表面残余应力对疲劳强度的影响很大，当表面层的残余应力为压应力时，能部分抵消外力产生的拉应力，起着阻碍疲劳裂纹扩展和新裂纹产生的作用，因而能提高零件的疲劳强度。而当残余应力为拉应力时，则与外力施加的拉应力方向一致，就会助长疲劳裂纹的扩展，从而使疲劳强度降低。

　　表面冷作硬化有助于提高零件的疲劳强度，这是由于硬化层能阻止已有裂纹的扩大和新疲劳裂纹的产生。但冷作硬化也不能过大，否则反而易于产生裂纹。

　　（3）表面质量对零件耐腐蚀性能的影响

　　零件工作时，不可避免地受到潮湿空气和其他腐蚀性介质的浸入，这就会引起化学腐蚀和电化学腐蚀。如图 11-4 所示，由于表面粗糙度的存在，在表面凹谷处容易积聚腐蚀性介质而产生腐蚀，且凹谷越深，渗透与腐蚀作用越强烈；而在粗糙表面的

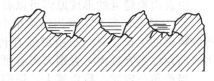

图 11-4　凹谷处的腐蚀介质堆积

凸峰处则因摩擦剧烈而容易产生电化学腐蚀。由此看来，减小表面粗糙度和坡度可提高零件的耐腐蚀能力。

　　零件表面存在残余压应力时，会使零件表面紧密而使腐蚀性物质不易侵入，从而提高耐腐蚀能力，但残余拉应力则相反，会降低耐腐蚀性。

　　对某些敏感金属或合金，在静拉应力和特定环境共同作用下，会导致脆性断裂，从而加速腐蚀作用，此即为应力腐蚀。

　　（4）表面质量对配合性质的影响

　　相配零件的配合性质是由它们之间的过盈量或间隙量来表示的。由于表面微观不平度的存在，使得实际有效过盈量或有效间隙量发生改变，从而引起配合性质和配合精度的改变。

　　当零件间为间隙配合时，若表面粗糙度过大，将引起初期磨损量增大，使配合间隙变大，导致配合性质变化，从而使运动不稳定或使气压、液压系统的泄漏量增大；当零件间为过盈配合时，如果表面粗糙度过大，则实际过盈量将减少，这也会使配合性质改变，降低连接强度，影响配合的可靠性。因此，在选取零件间的配合时，应考虑表面粗糙度的影响。例如，为了维持足够的过盈，可在相配零件的尺寸中增加一粗糙度 R_a 值。

11.2　影响加工表面质量的工艺因素

11.2.1　切削加工时的影响因素

（1）影响切削加工表面粗糙度的因素

切削加工时，形成表面粗糙度的主要原因，一般可归纳为几何原因和物理原因。

几何原因主要指刀具相对工件作进给运动时，在加工表面留下的切削层残留面积。残留面积越大，表面越粗糙。由切削原理可知，切削残留面积的高度主要与进给量、刀尖圆弧半径及刀具的主、副偏角有关。另外，刀刃刃磨质量对加工表面的粗糙度也有很大

影响。

物理原因是指切削过程中的塑性变形、摩擦、积屑瘤、鳞刺以及工艺系统中的高频振动等。切削过程中，刀具刃口圆角及后刀面对工件的挤压与摩擦，会使工件已加工表面发生塑性变形，引起已有残留面积歪扭，使粗糙度变大。中速切削塑性金属时，在前刀面上易形成硬度很高的积屑瘤，随着积屑瘤由小变大和脱落使刀具的几何角度和切削深度发生变化，并导致切削加工的不稳定性，从而严重影响表面粗糙度。

工艺系统中的高频振动使工件与刀具之间的相对位置发生微幅变动，从而使工件表面的粗糙度增大。

由表面粗糙度的形成原因可以看出，影响表面粗糙度的工艺因素主要有下列方面。

a. 刀具几何参数　适当增大前角，刀具易于切入工件，可减小塑性变形，抑制积屑瘤和鳞刺的生长，对减小粗糙度有利。但当速度大于 750m/min 时，增大前角即不起作用。前角也不宜过大，否则刀刃有可能嵌入工件，致使粗糙度变大。

当前角一定时，后角越大，切削刃钝圆半径越小，刀刃越锋利。同时还能减小后刀面与加工表面间的摩擦和挤压，故有利于减小粗糙度。但后角过大，对刀刃强度不利，易产生切削振动，结果反而增大粗糙度。

为了减小切削残留面积高度，以减小粗糙度，可适当增大刀尖圆弧半径 r_ε 和减小主偏角 K_r、副偏角 K_r'。

b. 工件材料　工件材料的塑性、金相组织和热处理性能对加工表面的粗糙度有很大影响。一般而言，材料的塑性越大，加工表面越粗糙。低碳钢工件加工表面粗糙度就不如中碳钢低等。脆性材料易于得到较小的表面粗糙度。

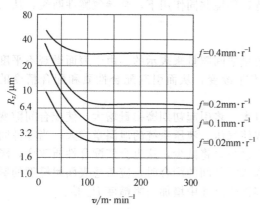

图 11-5　切削速度对粗糙度的影响

工件的金相组织的晶粒越均匀、粒度越细，加工后的表面粗糙度越小。显然，正火和回火有利于表面粗糙度的降低。试验证明，热处理硬度越高，加工所得的表面粗糙度越小。工具钢和合金钢等材料，经淬火后加工螺纹、圆柱面和端面时，能获得 R_a 值小于 $0.2\mu m$ 的表面粗糙度。

c. 切削用量　提高切削速度（v），可减小加工表面的粗糙度，这是由于高速切削时刀具不易产生积屑瘤，同时也可使切屑和加工表面层的塑性变形程度减轻。另外，采用很低的切削速度也有利于表面粗糙度的降低。图 11-5 所示为切削速度（v）与表面粗糙度 R_z 值的关系曲线。

进给量的大小对加工表面粗糙度有较大影响。进给量大时，不仅残留面积的高度大，而且切屑变形也大，切屑与前刀面的摩擦以及后刀面与已加工表面的摩擦都加剧，这一些都使加工表面粗糙度增大。因此，减小进给量对降低表面粗糙度很有利。

切削深度在一定范围内对表面粗糙度的影响不明显，但太大和太小对表面粗糙度的降低不利。太大时，易产生振动；太小时，正常切削往往不能维持，刀刃会在工件表面打滑，产生剧烈摩擦，把已加工表面划伤，从而引起表面粗糙度的恶化。

d. 切削液　切削液的主要作用为润滑、冷却和清洗排屑。在切削过程中，切削液能在刀具的前、后刀面上形成一层润滑油膜，减小金属表面间的直接接触，减轻摩擦及黏结现象，降低切削温度，从而减小切屑的塑性变形，抑制积屑瘤与鳞刺的产生。故切削液对减小加工表面粗糙度有很大作用。具体选用切削液应考虑多种因素。

精加工时主要应减小工件表面粗糙度和提高刀具耐用度。故中、低速切削时应选用润滑性好的极压切削油或高浓度的极压乳化液。高速切削时润滑效果不好，可选用冷却性为主的低浓度乳化液或化学切削液。螺纹加工、拉削和剃齿加工等刀具的导向部分与加工表面的摩擦较严重，要求尽可能减少螺纹和成形刀具的磨损以保持刀具的尺寸和形状精度，故一般应选用润滑性较好的极压油或高浓度的极压乳化液。

粗加工时主要应减小刀具磨损和切削力。在切削一般钢材时，降低切削温度可减小刀具磨损，特别是高速钢刀具，耐温为 600℃ 左右，超过这个临界温度，磨损急剧增加，故宜选冷却性为主的低浓度乳化液或化学切削液。硬质合金刀具耐热性好，常不用切削液。也可用低浓度的乳化液，或化学切削液。这时需要充分冷却，避免从切削区出来的温度很高的硬质合金刀片猝然遇到冷却液，产生巨大的热应力造成裂纹。

另外，加工高强度钢、耐热合金等工件时，由于硬点多，机械擦伤作用大，导热系数低，切削热不易散，故对切削液的润滑和冷却两方面都有较高的要求，对高速钢刀具可用含一定量极压添加剂的极压切削油或极压乳化液。

不连续切削或系统刚度不够易产生振动时，刀刃上作用冲击载荷。切削液有一定的隔膜效果，有助于提高刀具耐用度。所以可选用黏度较高的油，其承载能力较强，能在一定程度上缓和冲击。

以上根据不同的情况进行切削液选择，虽目的有所不同，但对切削表面的表面粗糙度均有不同程度的影响。

（2）影响切削加工表面层物理力学性能的因素

a. 表面层的冷作硬化　在切削过程中，工件表面层由于受到切削力的作用而产生强烈的塑性变形，引起晶粒间剪切滑移，晶格严重扭曲拉长、破碎和纤维化。这时，晶粒间的聚合力增加，表面层的强度和硬度增加。这种现象，称为表面加工硬化。

加工硬化程度决定于产生塑性变形的力、变形速度和切削温度。切削力越大，则塑性变形越大，硬化程度越高；变形速度越大，塑性形变越不充分，硬化程度就越低。切削热提高了表面层的温度，会使已硬化的金属产生回复现象（称为软化）。切削温度高，持续时间长，则软化作用也大。加工硬化最后取决于硬化和软化的综合效果。

影响表面冷作硬化的工艺因素如下。

① 刀具几何参数。刀具后刀面的磨损量增大，则其与工件表面的摩擦增大，使切削力增大，塑性变形增大，因而表面硬化程度也增大。刀刃圆弧半径增大，将使刀具对加工表面的挤压程度增加，引起表面硬化程度加大。减小刀具前角，将使已加工表面的变形程度增大，加工硬化程度和深度也将增加。

② 切削用量。切削速度增大时，刀具与工件的接触时间减少。塑性变形不充分。同

时切削速度增大会使切削温度升高，有助于冷硬回复，故使加工硬化程度减轻。进给量加大时，切削力将增大，塑性变形随之增大，引起冷硬程度增加。切深对加工硬化的影响较小，一般说来，切深越大，加工硬化越强。

③ 工件材料。加工硬化主要取决于材料的塑性变形。因此，工件材料的性能对加工硬化有很大影响。材料的塑性越大，加工硬化也越大。铸铁与钢相比，钢易于加工硬化。低碳钢比高钢易于硬化。

b. 表面层的残余应力 经机械加工后的工件表面层，一般都存在一定的残余应力。残余应力是表面质量的重要指标之一。残余应力的分布深度可达 $25\sim30\mu m$。不同的加工方法和不同的工件材料所引起的残余应力是不同的。例如车削和铣削后的残余应力一般为 200MPa；高速切削及加工合金钢时可达 $1000\sim1100$MPa；磨削时约为 $400\sim700$MPa。残余应力对零件的使用性能影响较大，残余压应力可提高工件表面的耐蚀性和疲劳强度，而残余拉应力则使耐蚀性和疲劳强度降低，若拉应力超过工件材料的疲劳强度极限，则会使工件表面产生裂纹，加速工件损坏。

产生表面层残余应力的原因有以下三方面。

① 热塑性变形的影响。切削加工时产生的切削热引起局部高温，其温度梯度很大，将导致产生残余应力，其过程见图11-6。图 11-6 （a）为切削时从工件表面到内部的温度分布情况。Ⅰ区温度在材料的塑性温度 t_s 以上，此时金属产生热塑性变形；Ⅱ区为过渡区，温度在 t_s 与常温 t_0 之间，这时金属只产生弹性变形；Ⅲ区不受切削热的影响，故不产生变形。切削时由于Ⅰ区处于塑性状态，没有内应力，而Ⅱ区的弹性伸长受到Ⅲ区金属的限制，故产生压应力，同时使Ⅲ区产生拉应力，如图 11-6 （b）所示。开始冷却时，Ⅰ区温度下降到Ⅱ区温度时，体积收缩受Ⅲ区的阻碍而引起拉应力，并使Ⅱ区的压应力增大。由于Ⅱ区金属的收缩，Ⅲ区的拉应力有所减小，如图 11-6 （c）所示。到完全冷却时，Ⅰ区继续收缩，形成较大的残余应力。Ⅱ区热变形消失，完全由Ⅰ区收缩而形成较小的残余压应力，Ⅲ区拉应力消失，也受Ⅰ区影响而形成不大的压应力，如图 11-6 （d）所示。

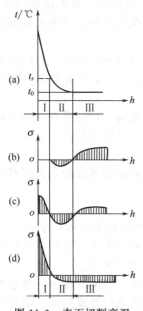

图 11-6 表面切削高温引起残余应力的过程

② 冷塑性变形的影响。切削加工中，由于切削力的作用，已加工表面受到很大的冷塑性变形，使表面金属层的体积发生变化。切削加工后，切削力消失，基本弹性变形趋于恢复，但受到已产生塑性变形表面层的牵制，不可能恢复到原来的状态，因而在表面层形成内应力。在通常情况下，使表面产生伸长塑性变形，结果产生残余压应力。

③ 金属组织变化的影响。切削加工时产生的高温会引起表面层金相组织的变化。不同的金相组织具有不同的比体积（比体积为单位质量所具有的体积），当金相组织的比体积变化时，将产生不同符号和不同大小的残余应力。若相变后引起比体积增大时，则将产生残余压应力。相反，当相变引起比体积减小时，将产生残余拉应力。例如，淬火马氏体

的比体积比较大，奥氏体比体积较小，因此，若相变使淬火马氏体含量减少，则金属组织的体积将减小，结果产生残余拉应力，如果相变使奥氏体含量减少，则将引起金属体积增加，从而产生残余压应力。

实际上加工表面的残余应力是上述二方面综合作用的结果，在一定条件下，可能由某一种或两种原因起主导作用。如在切削加工中，切削热不大时以冷塑性变形为主，表面将产生残余压应力。

11.2.2 磨削加工时的影响因素

（1）影响磨削加工表面粗糙度因素

磨削是多数零件精加工的主要方法。磨削过程比其他切削加工过程复杂。磨削加工的表面粗糙度与其他切削加工有很大的不同，这是由砂轮结构和磨削特点所决定的。砂轮是由大量磨粒用结合剂黏结而成，在磨料和结合剂之间存在一定间隙。磨削加工主要有以下特点。

a. 切削刃的形状和分布带有随机性 磨粒形状是不规则的，它们在砂轮表面上的分布也是杂乱无章的，砂轮经金刚石修整后，磨粒上形成微小的等高棱角，每个棱角相当于一切削刃，一般具有负前角和一定范围的后角。

b. 切削微刃在磨削过程中是变化的 在磨削过程中，磨粒要磨损。一般磨粒的磨损可分为磨耗性磨损、磨粒破碎和磨粒脱落三种形式。磨耗性磨损主要是由于磨粒表面受机械和化学作用，使切削刃磨损和钝化而形成小平面。这种磨损占整个砂轮面积的比例很小，但对磨削性能影响很大。磨粒破碎大多是瞬时热作用及局部应力集中所引起的。这种磨损是砂轮磨损的主要形式。磨拉破碎后就会形成新的切削刃。对于磨粒脱落这种磨损，在正常情况下是比较少的。

在磨削过程中，比较尖锐的磨粒能切下一定厚度的金属，随着磨粒的钝化，切削作用逐渐减弱，直至只能对工件表面起挤压和刻划作用。由于砂轮表面参与磨削的磨粒数目极多，砂轮的线速度又比工件线速度高得多，因此在工件表面上的任意一块小面积上，都受到很多磨粒的切削和刻划作用，最终形成光滑的表面。由于以上特点，磨削过程是比较复杂的。下面就影响磨削表面粗糙度的主要因素作简要叙述。

① 砂轮。砂轮的粒度对加工表面粗糙度的影响颇大。粒度号越大（即磨粒越细），则在单位时间内切削的微刃越多，加工表面的粗糙度就越小。但当粒度细到一定程度后，对降低表面粗糙度就不明显。例如，在精密磨削时，选用 $60^{\#} \sim 80^{\#}$ 粒度的砂轮，经过精细修整后，采用微量切削能获得 R_a 值小于 $0.08 \mu m$ 的表面粗糙度。而用 $240^{\#}$ 粒度的砂轮，同样经过精细修整和采用微量进给切削，其表面粗糙度并不比前者小。这是由于 $60^{\#} \sim 80^{\#}$ 粒度虽粗，但经精细修整后，砂轮表面的每个磨粒都形成许多等高性好的微刃。磨削时，磨粒微刃切入工件的深度是很浅的，并不是整个磨粒都起切削作用，这和 $240^{\#}$ 粒度的砂轮近乎一致。

砂轮的硬度，对于表面粗糙度也有影响。若砂轮太软，则磨粒易脱落，不易加工出表面粗糙度小的表面；若砂轮太硬，则磨粒钝化后不易脱落即自锐能力差，此时砂轮和工件会产生强烈摩擦导致工件表面烧伤，这也不利于降低工件表面粗糙度。所以砂轮的硬度应选用得当，要求磨削表面粗糙度低的工件宜选用中硬砂轮。

砂轮的修整量对磨削表面粗糙度有重大影响。磨削时，砂轮表面上的磨粒并不是都同时参加切削，由于砂粒在砂轮表面上的随机性和不等高性，故参与磨削的砂粒只是其中的一部分。砂轮钝化必须进行修整，若修整导程（即砂轮转一转，金刚石的纵向移动量）和修整比（即修整时的切深与修整导程之比）越小，则砂轮上切削微刃越多，其等高性也越好，加工出的表面粗糙度就越低。

② 磨削用量。砂轮线速度对工件表面粗糙度有显著影响，一般取 35m/s 左右。当提高其速度，则同一时间内参与切削的磨粒微刃增多，每个微刃的去除量减少，残留面积减小，从而减小磨削力和塑性变形，并同时降低工件的表面粗糙度。

减小工件线速度和纵向进给量，有利于降低工件表面粗糙度。但太低会使工件烧伤和产生形状误差。工件线速度根据砂轮线速度确定，砂轮和工件线速度之比一般在 50～140 为宜。

磨削深度对表面粗糙度有较大影响。当磨削深度增大时，每个磨粒的切削负荷就增大，使磨削力和磨削热增加，工件的塑性变形也增加。同时又容易破坏切削刃上的微刃，从而影响砂轮工作表面的质量及其切削性能，使工件表面粗糙度增大。

光磨次数对工件表面粗糙度有很大关系。所谓光磨即无进给磨削，是指在磨削将要结束时，不再进行径向进给，而靠工艺系统的弹性回复获得微量进给进行磨削。随着光磨次数的增加，实际磨削量越来越小，磨削力和磨削热也越来越小，因而工件的表面粗糙度也越来越小。同时，光磨还可以提高工件的几何形状精度。生产实际中，一般光磨次数为 5～10 次。

（2）影响磨削加工表面层物理力学性能的因素

磨削加工中，起主导作用的磨削热会引起表面层金相组织发生变化、残余应力及磨削烧伤等。

a. 表面层金相组织变化与磨削烧伤　磨削加工中，磨粒以很高的速度（一般为 35m/s）和很大的负前角切削薄层金属，在工件表面引起很大的摩擦和摩擦热，其单位切削功率远比一般切削加工为大。由于磨削热的很大一部分传递给工件，使得磨削层的温度很高，一般可达 500～600℃。在某些情况下甚至达 1000℃。这时，就会引起工件表面层的金相组织发生变化，称为磨削烧伤。金相组织的变化与工件材料、磨削温度、冷却速度等有关。

对于淬火钢，当磨削区温度超过马氏体的转变温度（中碳钢为 200～300℃）时，工件表面原来的马氏体将转变成回火屈氏体或索氏体。这与回火、退火时的组织相近，使工件表面的硬度有所降低。这种情况称为回火烧伤。回火烧伤的表面由于氧化膜厚度不同而呈现不同的颜色，如黄、褐、蓝、青等。

当淬火钢表面温度超过相变临界温度（一般中碳钢为 720℃）时，马氏体将转变为奥氏体。若此时进行快速冷却，则会产生二次淬火现象。即表面出现二次淬火马氏体，其硬度比原来的回火马氏体高，但很薄，这种情况称为淬火烧伤。由于二次淬火马氏体薄而脆，故使得表面层的物理力学性能有所降低。若上述情况不进行冷却而以干磨，则因工件冷却缓慢，磨后工件表面硬度急剧下降，这种情况称为退火烧伤。

严重的磨削烧伤将使工件使用寿命成倍下降，有时甚至无法使用。

减轻和消除磨削烧伤的工艺措施如下。

① 选择合适的砂轮。选用脆性较大的磨料和硬度较软的砂轮，提高砂轮的自锐性，使其保持较好的切削能力，减少磨削时的能量消耗。在保证工件粗糙度的前提下，应选择较粗的砂轮粒度。

② 及时合理地修整砂轮。修整太细，容易引起工件烧伤；修整太粗，又影响表面粗糙度，故应合理选择砂轮修整参数。还可以采用开槽砂轮和瓦片砂轮，使砂轮的实际工作表面积减少，增大容屑空间，以防止砂轮表面堵塞。每颗磨粒的切削厚度增加，会减少滑擦能的消耗。使磨削冷却液容易进入磨削区，以改善散热条件。

③ 合理选用磨削用量。提高工件速度，可减少磨削热源与工件表面的接触时间，从而降低工件表面温度；磨削深度应适宜，太大，则产生的热量大，太小将引起磨削时滑擦能的增加；工件纵向进给量越大，因砂轮与工件表面的接触时间相对减少，故磨削区表面温度越低，磨削烧伤越少。为了防止纵向进给量增大而导致表面粗糙，可采用较宽的砂轮。

④ 改善冷却条件。改进磨削冷却液的配方，加大磨削液的流量，提高磨削液的压力，改进磨削液喷嘴结构及采用内冷却方式等，都能使磨削区的温度降低。

b. 表面层的残余应力与磨削裂纹　前面已经指出，机械加工后表面层的残余应力，是由冷态塑性变形、热态塑性变形及金相组织变化等三方面原因的综合结果引起的。对磨削加工，热态塑性变形和相变起主导作用。根据前面的分析可知，这两个原因使磨削表面产生残余应力。当此拉应力超过工件的拉伸强度时，工件表面即产生裂纹。

磨削裂纹来源于残余应力。因此凡能减少或消除残余应力的措施，均可减少或防止磨削裂纹的产生。提高工件速度、减小磨削深度和降低砂轮速度，对减少或防止磨削裂纹有利；工件材料也是一个重要原因，导热性差的高强度合金钢易产生裂纹，硬质合金因其脆性大、抗拉强度低及导热性不好而极易产生裂纹，对碳钢，含碳量越高，越容易产生裂纹。

以上分析了影响表面物理力学性能的两个主要因素。除此之外，表面层的加工硬化也是一个重要因素。如淬火钢外圆的平均硬度层为 $20\sim40\mu m$，磨削时硬化程度为 $25\sim30\mu m$。这与车削时的硬化情况相当。有关磨削硬化的机理及影响因素，与切削加工硬化相近。这里不再详述。

11.3　表面强化工艺

这里所说的表面强化工艺是指通过冷压加工的方法使表面层金属发生冷态塑性变形，以降低表面粗糙度，提高表面硬度，并在表面层产生压缩残余应力的表面强化工艺。冷压加工强化工艺是一种既简便又有明显效果的加工方法，因而应用十分广泛。现仅对滚压加工和喷丸强化方法加以说明。

11.3.1　滚压加工

滚压加工是利用金属产生塑性变形，从而达到改变工件的表面性能、形状和尺寸的目的。

　　滚压时，采用硬度较高的滚压轮或滚珠，对半精加工的零件表面在常温条件下加压，使其受压点产生弹性及塑性变形，进而不但表面粗糙度降低，而且使表面层的金属结构和性能也发生变化，晶粒变细，并向着变形最大的方向延伸，呈纤维状，在表面留下有利的残余应力。滚压加工的目的有三种：一种以强化零件为主，加压大，变形层深（1.5～15mm）；其二以降低表面粗糙度和提高硬度为主；另一种以获得表面形状为主，如滚花、滚轧齿轮、螺纹等。图 11-7 和图 11-8 分别为外圆和内孔的滚压加工示意。

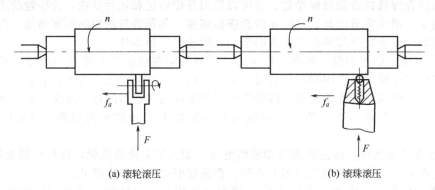

(a) 滚轮滚压　　　　　　　　　　　　(b) 滚珠滚压

图 11-7　外圆滚压示意

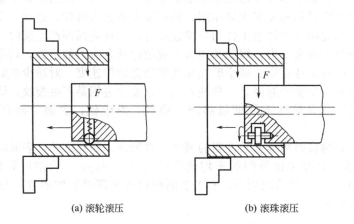

(a) 滚轮滚压　　　　　　　　　　　　(b) 滚珠滚压

图 11-8　内孔滚压示意

　　滚压加工特点如下。

　　① 要求滚压前的表面粗糙度 R_a 不低于 $5\mu m$，压前表面要清洁，直径方向加工余量为 $0.02～0.03mm$。滚压后表面粗糙度为 $R_a 0.63～0.16\mu m$。

　　② 滚压使零件加工表面强化，而形状精度及相互位置精度主要取决于前道工序。

　　③ 滚压对象是塑性的金属零件，并且要求材料组织均匀。例如在铸铁零件上有局部松软组织时，则会产生较大的形状误差。

　　④ 滚压的生产率大大高于研磨和珩磨加工，所以，常常以滚压代替珩磨。

11.3.2　喷丸强化

喷丸强化是利用大量快速运动中的珠丸打击已加工完毕的零件表面，使表面产生冷硬层和残余压应力。这时表面层金属结晶颗粒形状和方向也得到改变，因而有利于提高零件的抗疲劳强度和使用寿命。

喷丸用的珠丸可是铸铁的，也可是切成小段的钢丝（使用一段时间，自然变成球状）其尺寸为 0.2～4mm。小零件表面粗糙度低时，用较细的珠丸。铸铁球丸易损坏，一般情况下宜用钢珠丸。

对零件上有凹槽、凸起等应力集中的部位珠丸一般应小于其圆弧半径，以使这些表面得到强化。

最常用的设备是压缩空气喷丸装置和机械离心式喷丸装置，这些装置能使珠丸以 35～50m/s 的速度喷出。

复 习 题

11-1　机械加工表面质量包括哪些具体内容？

11-2　为什么机器零件总是从表面层开始破坏的？加工表面质量对机器使用性能有哪些影响？

11-3　采用粒度为 36# 的砂轮磨削钢件外圆，其表面粗糙度要求 R_a 为 1.6μm；在相同的磨削用量下，采用粒度为 60# 的砂轮可使 R_a 降低为 0.2μm，这是为什么？

11-4　为什么提高砂轮速度能降低磨削表面的粗糙度数值，而提高工件速度却得到相反的结果？

11-5　为什么在切削加工中一般都会产生冷作硬化现象？

11-6　为什么切削速度增大，硬化现象减小？而进给量增大，硬化现象却增大？

11-7　为什么刀具的切削刃钝圆半径增大及后刀面磨损增大，会使冷作硬化现象增大？而刀具前角增大，却使硬化现象减小？

11-8　在相同的切削条件下，为什么切削钢件比切削工业纯铁冷硬现象小？而切削钢件却比切削有色金属工件的冷硬现象大？

11-9　什么是回火烧伤、淬火烧伤和退火烧伤？

11-10　为什么磨削加工容易产生烧伤？如果工件材料和磨削用量无法改变，减轻烧伤现象的最佳途径是什么？

11-11　为什么磨削高合金钢比普通碳钢容易产生烧伤现象？

11-12　磨削外圆表面时，如果同时提高工件和砂轮的速度，为什么能够减轻烧伤区又不会增大表面粗糙度？

11-13　为什么采用开槽砂轮能够减轻或消除烧伤现象？

11-14　机械加工中，为什么工件表面层金属会产生残余应力？磨削加工工件表面层产生残余应力的原因与切削加工产生残余应力的原因是否相同？为什么？

11-15　试述加工表面产生压缩残余应力的原因，试述加工表面产生拉伸残余应力的原因。

11-16　磨削淬火钢时，因冷却速度不均匀，其表层金属出现二次淬火组织（马氏体），在表层稍深处出现回火组织（近似珠光体的索氏体）。试分析二次淬火层及回火层各产生何种残余应力？

11-17　试解释磨削淬火钢时，磨削表面层的应力状态与磨削深度的实验曲线（见图 11-9）。

11-18　一长方形薄板钢件（假设加工前工件的上、下面是平直的），当磨削平面 A 后，工件产生弯曲变形（见图 11-10），试分析工件产生中凹变形的原因？

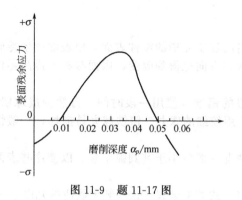

图 11-9　题 11-17 图

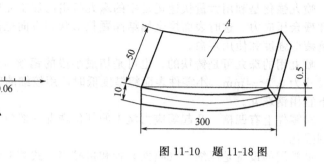

图 11-10　题 11-18 图

12 装配工艺

12.1 概述

12.1.1 装配的概念

任何机器都是由零件、组件和部件等装配而成的。机器中可以独立装配的部分称为装配单元。零件是最小的装配单元。有些零件由于工艺或材料上的原因，常分成几件制造，再套装在一起，称为合件。如组装式蜗轮，为了节省贵重的青铜材料，可将青铜轮缘套装在铸铁轮芯上成为合件。图 12-1 所示的双联齿轮也是合件，因小齿轮轮齿不易加工，故将大小齿轮分开制造，而后再合装在一起。合件在装配中一般作为一个零件而不再拆开。组件由几个零件或合件接合而成，它在机器中没有完整的功能，如一般齿轮箱中的轴系组件就是由轴、齿轴、轴套、键和轴承等零件组成。部件由若干零件、组件接合而成，在机器中具有某一完整的功能，如车床中的主轴箱、进给箱、溜板箱及尾架等。

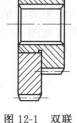

图 12-1　双联齿轮

所谓装配就是按规定的技术要求，将零件、组件或部件等进行配合和连接，使之成为半成品或成品的工艺过程。把零件装配成组件或把零件和组件装配成部件，以及把零件、组件和部件装配成最终产品的过程分别称为组装、部装和总装。

结构简单的产品可以由零件直接装配而成。但对于结构比较复杂，特别是大批量生产的产品，为了便于组织平行或流水线装配，以便缩短装配周期和提高装配效率，则应将产品划分成多个装配单元，进行组装和部装，而后总装成产品。

各种产品由于其结构和性能的不同，其具体装配工艺也不一样，但装配工件的基本内容和方法大致相同。常见的装配工作有清洗、连接、调整、检验和试验等，总装后的试运转、油漆及包装等一般也属装配工作内容。

装配是决定产品质量的重要环节，产品质量最终是由装配工艺来保证的。通过装配又可发现产品设计、零件加工及产品装配中存在的问题，从而为改进和提高质量提供依据。

装配工作量在机器制造过程中占有较大比重，大量生产时，零件加工精度较高，互换性较好，装配工时约为机械加工工时的 20%；对单件、小批生产，因修配工作量大，则装配工时为机械加工工时的 40%～60%。化工机器的制造大多属于中、小批生产，零、部件的互换性差，装配工作量较大。

可见，装配在产品制造过程中占有重要地位，研究和发展新的装配工艺和装配方法，对提高产品质量、提高生产效率及降低制造成本等均有重要意义。

12.1.2 装配精度

（1）装配精度的概念及内容

装配精度是指产品装配后实际达到的精度。机器的装配精度影响其工作性能，对于机床，直接影响被加工零件的精度；对于过程装备则关系到使用稳定性和可靠性。

装配精度要求是产品装配时应达到的最低精度，它是确定零件加工精度要求、选择装配方法和制订装配工艺规程的主要依据。正确规定机器及其部件的装配精度要求是产品设计的重要内容。

对已系列化，通用化和标准化的产品（如通用机床和减速器），其装配精度要求已由国家有关部门规定相应的标准。对一些无标准可循的产品，其装配精度要求可根据用户提出的使用要求，通过分析或参照经实践验证可行的类似产品进行确定。对于重要的产品，不仅要进行分析计算，还需通过试验研究和样机试制才能最后确定其精度要求。

为了保证产品性能的可靠性和精度的保持性，装配精度应略高于规定的精度要求。

装配精度一般包括零部件间的尺寸精度、位置精度、相对运动精度和接触精度等。

a. 尺寸精度　是指零部件间的距离精度和配合精度，包括零部件间的轴向间隙、轴向距离、轴线距离和配合面间的间隙或过盈等的精度。如车床前后两顶尖间的等高度（见图 12-2）、齿轮啮合中非工件齿面间的侧隙及轴承中轴颈与轴承孔的配合间隙等的精度。

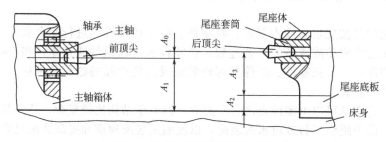

图 12-2　卧式车床前后两顶尖等高度

b. 位置精度　包括零部件间的平行度、同轴度、垂直度和各种跳动等。如卧式铣床和立式铣床的主轴回转中心线对工作台面的平行度和垂直度；卧式车床主轴定心轴颈对主轴锥孔中心线的径向跳动及主轴的轴向窜动等的精度。

c. 相对运动精度　是指有相对运动的零部件间在运动方向和相对速度上的精度。运动方向上的精度多表现为零部件间相对运动时的直线度、平行度和垂直度，如卧式车床上的溜板移动在水平面内的直线度、尾座移动对溜板移动的平行度及横刀架横向移动对主轴轴线的垂直度等。相对速度上的精度即为传动精度，如滚齿机上滚刀主轴与工作台的相对转动及车床上车螺纹时的主轴转动相对刀架移动等的精度。

d. 接触精度　表示两配合表面、接触表面和连接表面间的接触面积大小与接触点分布情况。如锥体配合、齿轮啮合和导轨面之间的接触精度等。接触精度关系到接触刚度的大小和配合质量的优劣。

应当指出，上述各装配精度之间并不是互相独立的，它们彼此间存在一定的关系。如接触精度影响配合精度和相对运动精度的稳定性，位置精度是保证相对运动精度的基础等。

（2）装置精度与零件精度的关系

零件是组成机器及部件的基本单元，其加工精度与产品的装配精度有很大的关系。对于大批量生产，为简化装配工作，使之易于组织流水线装配，常通过控制零件的加工精度来直接保证装配精度要求，如图 12-3 所示的轴、孔配合结构，其孔和轴的加工误差构成配合间隙的累积误差。此时，控制孔（A_1）和轴（A_2）的加工精度即可保证配合间隙（A_0）的装配精度要求。车床装配中，尾座移动对溜板移动的平行度要求也是由床身上的导轨面 A 与导轨面 B 之间的平行度来直接保证的（见图 12-4）。

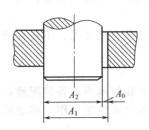

图 12-3　轴和孔的配合结构

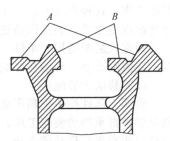

图 12-4　床身导轨

A—溜板移动导轨；B—尾座移动导轨

对于装配精度要求较高、组成零件较多的结构，如果仍由零件的加工精度来直接保证装配精度要求，则由于误差的累积，零件将需很高的加工精度要求，从而给零件加工带来困难，同时加工也不经济，因此在现有生产条件下难以达到加工精度要求。图 12-2 所示的车床两顶尖间的等高度要求（A_0），主要与 A_1、A_2 及 A_3 等尺寸的精度有关，而这些尺寸的精度又分别由主轴箱体、尾座底板、尾座套筒及尾座体等多个零件的加工精度所决定。在这种情况下，由这些零件的加工精度直接保证装配精度要求是很困难的。为此，生产中常采用修配法装配，即尺寸 A_1 和 A_3 按经济精度的公差加工，装配时通过修刮底板，即改变尺寸 A_2 来最后保证 A_0 的精度要求。

从以上分析可知，零件加工精度是保证装配精度要求的基础，但装配精度并不总是完全由零件的加工精度所决定，它是由零件的加工精度和合理的装配方法共同保证的。换言之，零件的加工精度要求取决于产品或部件的装配精度要求及所采用的装配方法。因此，如何正确处理装配精度与零件精度之间的关系是产品设计和制造的一个重要课题。

12.1.3　装配的组织形式

按照产品在装配过程中移动与否，装配组织形式可分为固定式和移动式两种，主要根据产品特点（如质量、尺寸和结构复杂性等）、生产批量和现有生产条件（如工作场地、设备及工人技术条件）等进行选择。装配的组织形式影响装配效率和装配的工艺过程。

（1）固定式装配

固定式装配是将机器或部件安排在固定的工作地点进行装配，装配过程中产品位置不变，需要装配的零件集中在工作地点附近。根据装配地点的集中程度与装配工人流动与否，又可将固定式装配细分为以下三种。

a. 集中固定式装配 全部装配工作由一组工人在一个工作地点集中完成。此时，要求工人技术水平高，装配时间长，多用于单件小批生产。

b. 分散固定式装配 把装配过程分为部装和总装，分别在不同的工作地点由不同组别的工人进行装配，故又称多组固定式装配。这种组织形式要求工人操作专业化，且装配周期较短，可提高装配场地的利用率及装配效率。

c. 固定流水式装配 将产品分散在几个装配地点，并将其装配过程分成若干道独立的装配工序，由几组工人分别按工序的顺序，依次到各个装配地点完成本组所承担工序的装配工作。这种产品不动、工人流动的组织形式是固定式装配的高级形式，其工人操作专业化的程度更高，装配周期更短，装配质量也比较稳定。

固定式装配适用于单件、中、小批生产，特别是质量大、尺寸大、不便移动的重型产品，或因刚性差、移动会影响装配精度的产品。

（2）移动式装配

将零、部件按装配顺序从一个装配地点移动到下一个装配地点，各装配地点的工人分别完成各自承担的装配工序，直到最后一个装配地点完成全部装配工作。移动式装配有自由移动式和强制移动式之分。

a. 自由移动式装配 零部件由人工或机械运输装置传送，各装配点完成装配的时间无严格规定，产品从一个装配点传送到另一装配点的节拍是自由的。这种组织形式有时会造成某些装配点的在装品阻塞或所装零件供应不足，为此，应备有一定量的储备件进行调节。因其移动节拍具有柔性，故常用于多品种产品的装配。

b. 强制移动式装配 零部件用输送带或输送链传送，传送节拍有严格要求。其移动方式有连续式和间歇式两种。前者，工人在产品移动过程中进行操作，装配时间与传送时间重合，故生产率高，但操作条件较差，装配时不便检验和调正；后者，工人在产品停留时间内进行操作，故易于保证装配质量。

移动式装配常组成流水作业线或自动装配线，适用于大批量生产，如汽车、拖拉机、仪器、仪表和家用电器等产品的装配线。

12.2 装配尺寸链

12.2.1 基本概念

装配尺寸链是机器或部件在装配过程中，由相关零件、组件和部件中的相关尺寸所形成的封闭尺寸组。与工艺尺寸链一样，装配尺寸链由封闭环和组成环组成。封闭环不具独立变化的特性，它是通过装配最后形成的；组成环是指那些对封闭环有直接影响的相关零件上的相关尺寸。装配尺寸链的基本特征仍然是尺寸组合的封闭性和关联性，即由一个封闭环和若干个组成环所构成的尺寸链，呈封闭图形，其中任一组成环的变动都将引起封闭环的变动，组成环是自变量，封闭环是因变量。如图 12-5（a）所示的轴组件中，齿轮 1 两端各有一个挡板 2 和 5，右端轴槽装有弹簧卡环 4。轴 3 固定不动，齿轮在轴上回转。

为使齿轮能灵活转动，齿轮两端面与挡板之间应留有间隙，图中将此间隙绘在右边一侧（即 A_0）。A_0 与组件中五个零件的轴向尺寸 $A_1 \sim A_5$ 构成封闭尺寸组，形成该组件的装配尺寸链，如图 12-5（b）所示。间隙 A_0 通过装配最后形成，为对封闭环；$A_1 \sim A_5$ 为对封闭环 A_0 有直接影响的相关尺寸，是组成环。其中，A_3 为增环，A_1、A_2、A_4 和 A_5 为减环。

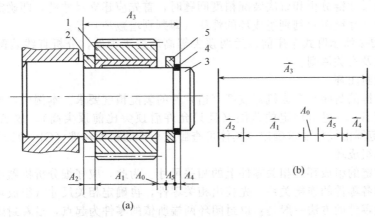

图 12-5　轴组件的结构及其装配尺寸链
1—齿轮；2，5—挡板；3—轴；4—弹簧卡环

应予指出，由于装配尺寸链表达的是产品或部（组）件装配尺寸间的关系，故其尺寸链中的两种环都不是在同一零件或部（组）件上的尺寸。对封闭环，是不同零件或部（组）件的表面之间、或轴心线之间的距离尺寸或相互位置关系（平行度、垂直度或同轴度等），一般多为装配精度指标或某项装配技术要求；对组成环，则为各相关零件上的相关尺寸（指零件图上标注的有关尺寸）或相互位置关系。

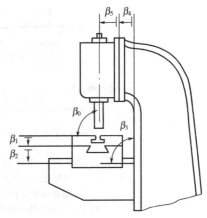

装配尺寸链表示装配精度与零件精度之间的关系。解算装配尺寸链可以定量地分析这种关系，从而在既定的装配精度要求下，经济、合理地确定装配方法和零件的加工精度要求；或在一定的装配方法和零件精度要求下，核算产品可能达到的装配精度。并在结构设计或制造（加工和装配）工艺上采取相应措施，使之达到既保证质量又降低成本的目的。

装配尺寸链可能出现的形式较多，除常见的直线尺寸链外，还有角度尺寸链、平面尺寸链和空间尺寸链。

图 12-6　角度尺寸链示例

直线尺寸链为全部组成环平行于封闭环的尺寸链，如图 12-5 所示。它所涉及的是长度尺寸的精度问题。角度尺寸链是全部环为角度尺寸的尺寸链，如图 12-6 所示的立式铣床角度尺寸链。其封闭环和组成环为角度、平行度或垂直度等，所涉及的是相互位置的精度问题。

以上各尺寸链中，直线尺寸链是最普遍、最基本的尺寸链，其他尺寸链可转化成直线尺寸链的形式进行解算。

应用装配尺寸链分析和解决装配精度问题时，首先应建立尺寸链，即确定封闭环、查找组成环、画尺寸链图及判别组成环的性质（即判别增减环）等。

现以图 12-2 所示卧式车床前、后两顶尖等高度要求为例，分析直线装配尺寸链的建立步骤、方法及有关原则。

（1）确定封闭环

装配尺寸链的封闭环多为机器或部（组）件的装配精度要求。本例中，要求前、后两顶尖的等高度 A_0 不超出规定的范围（且只允许后顶尖比前顶尖高），故 A_0 为封闭环。A_0 值的允许范围由设计要求确定，具体可查卧式车床的精度标准（GB 4020—83）。

（2）查找组成环

装配尺寸链的组成环是相关零件上的相关尺寸。为此，应仔细分析机器或部（组）件的结构，了解各零件的连接关系，先找出相关零件，再确定相关尺寸（组成环）。

查找相关零件的方法一般是：以封闭环两端所依的零件为起点，沿着封闭环位置的方向，以相邻零件的装配基准面为联系，由近及远地查找相关零件，直至找到同一零件或同一基准面把两端封闭为止。

根据以上分析，本例的组成环（参见图 14-7）依次为

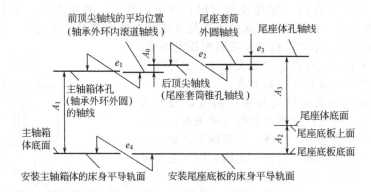

图 12-7 车床前、后两顶尖等高度要求的装配尺寸链

e_1——主轴轴承的外环内滚道（或主轴前锥孔）轴线与外环外圆（即主轴箱体轴承孔）轴线间的同轴度；

A_1——主轴箱体的轴承孔轴线至箱体底面的尺寸；

e_2——尾座套筒锥孔轴线与套筒外圆轴线间的同轴度；

e_3——尾座套筒外圆与尾座体孔间的配合间隙所引起的轴线偏移量；

A_3——尾座体孔轴线至尾座体底面的尺寸；

A_2——尾座底板厚度；

e_4——床身上安装主轴箱体与安装尾座底板的平导轨面之间的平面度

（3）画装配尺寸链图

将封闭环 A_0 及各组成环用规定的符号画成封闭尺寸组，即为装配尺寸链图，如图 12-7 所示。机械产品的结构通常都比较复杂，对装配精度有影响的因素很多，在保证装配精度的前提下，可忽略那些影响较小的因素，使装配尺寸链适当简化。本例中由于 e_1、e_2、e_3、e_4 的数值相对 A_1、A_2、A_3 而言是较小的，对装配精度的影响也较小，故装配尺寸链图可简化成图 12-8 所示的结果。

（4）判别组成环的性质

本例中，组成环 A_1 的变动将引起封闭环 A_0 的反向变动，故 A_1 为减环；A_2 和 A_3 的变动引起 A_0 同向变动，故为增环。

以上为建立直线装配尺寸链的主要步骤和方法。建立尺寸链除应满足关联性和封闭性的原则外，还需符合下列要求。

a. 组成环环数最少原则　当尺寸链封闭环的公差一定，若组成的环数链少，则分配到各组成环的公差愈大，零件加工愈易。因此，在建立装配尺寸链时，应使组成环环数最少。如图 12-5 中的轴组件装配尺寸链，若将其尺寸 A_3 标注成 B_1 减 B_2，则其尺寸链为图 12-9 所示。比较图 12-5 和图 12-9 的尺寸链图可以看出，后者多了一个组成环，其原因是组成环 A_3 由尺寸 B_1 减 B_2 间接获得，即在图 12-5 中相关零件轴 3 上存在两个组成环，这是不合理的。为使组成环环数最少，应使每一相关零件上只有一个组成环列入尺寸链，即组成环环数应等于相关零件的数目。

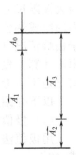

图 12-8　简化的装配尺寸链

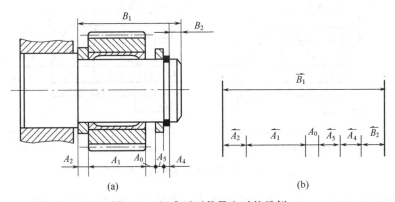

(a)　　　　　　　　(b)

图 12-9　组成环不是最少时的示例

b. 按封闭环的不同位置和方向分别建立装配尺寸链　在同一装配结构中封闭环的数目往往不止一个，例如蜗轮副传动结构，为了保证其正确啮合，应保证蜗杆与蜗轮的轴线距离、两轴线间的垂直度及蜗杆轴线与蜗轮中心平面间的重合度等装配精度要求，此时，需在此三个不同位置和方向分别建立装配尺寸链。

12.2.3　装配尺寸链的计算

装配尺寸链的计算主要有三类问题：解正面问题（正计算），即已知各组成环（基本尺寸、公差及偏差），求解封闭环（基本尺寸、公差及偏差）；解反面问题（逆计算），即已知封闭环，求解各组成环；解中间问题（中间计算），即已知封闭环和部分组成环（如标准件尺寸），求解其余组成环。

无论解哪一类问题，其尺寸链的计算方法均有两种：极值法（即极大极小法）和概率法（即统计法）。极值法是在各环尺寸处于极端情况下来确定封闭环与组成环关系的一种方法。例如，按尺寸链中各增环为最大极限尺寸、各减环为最小极限尺寸来求解封闭环的最大极限尺寸；或反之，求解封闭环的最小极限尺寸。极值法简单、可靠，但逆计算时求得的组成环公差较小，从而使零件加工困难和制造成本增加。事实上尺寸链中各组成环处于极端情况（最大或最小）是极少出现的，故当逆计算求得的组成环公差过小时，常用概率法计算。概率法是应用概率论原理进行尺寸链计算的，根据这一原理，上述极少出现的情况是不予考虑的。

以下介绍直线装配尺寸链的计算公式。

（1）极值算法

用极值法解直线装配尺寸链的计算公式与第 9 章中工艺尺寸链的计算公式相同，可见式（9-1）～式（9-8）。

（2）概率算法

尺寸链中各环参数间的关系如图 12-10 所示。

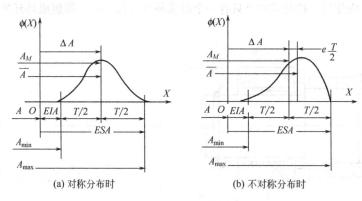

(a) 对称分布时　　　　　　　(b) 不对称分布时

图 12-10　尺寸链中各环参数间的关系

a. 封闭环的基本尺寸 A_0。　该尺寸的计算公式与工艺尺寸链相同，即

$$A_0 = \sum_{i=1}^{m} \vec{A}_i - \sum_{i=m+1}^{n-1} \vec{A}_i \tag{12-1}$$

式中　A_i——第 i 个组成环的基本尺寸；

　　　　n——包括封闭环和组成环在内的尺寸链总环数；

　　　　m——增环的数目。

b. 封闭环的公差 T_{0s}。　前已指出，装配尺寸链的组成环是各相关零件上的相关尺寸或相互位置关系。在制造过程中，这些组成环是彼此独立的随机变量，由概率论的知识可知，作为各组成环合成量的封闭环也是一个随机变量，且封闭环标准偏差 σ_0 与各组成环

标准差 σ_i 之间存在下列关系。

$$\sigma_0 = \sqrt{\sum_{i=1}^{n-1} \sigma_i^2} \qquad (12\text{-}2)$$

① 当各组成环接近正态分布时，则封闭环也接近正态分布。此时，封闭环和各组成环的误差分布范围（即误差量）为 $W_0 = 6\sigma_0$；$W_i = 6\sigma_i$；即 $\sigma_0 = \dfrac{1}{6}W_0$，$\sigma_i = \dfrac{1}{6}W_i$。将 σ_0 和 σ_i 代入式（12-2），可得

$$W_0 = \sqrt{\sum_{i=1}^{n-1} W_i^2}$$

若取封闭环和组成环的误差量 W_0、W_i 分别等于公差值 T_{os} 和 T_i，则上式可转化为

$$T_{os} = \sqrt{\sum_{i=1}^{n-1} T_i^2} \qquad (12\text{-}3)$$

可见，当各组成环呈对称分布时，封闭环公差等于各组成环公差平方和的平方根。

② 当各组成环呈非正态分布时，其误差分布范围应为 $W_i = \dfrac{6\sigma_i}{k_i}$，即 $\sigma_i = k_i \dfrac{1}{6}W_i$。$k_i$ 称为组成环相对分布系数，它表示各组成环的分布曲线与正态分布曲线的相异程度，其值与分布曲线的形状有关，可由表 12-1 查取。

表 12-1　常见的尺寸分布曲线及其 e 和 K 值

分布特征	正态分布	三角分布	均匀分布	瑞利分布	偏态分布	
					外尺寸	内尺寸
分布曲线	-3σ　$+3\sigma$			$e\dfrac{T}{2}$	$e\dfrac{T}{2}$	$e\dfrac{T}{2}$
e	0	0	0	-0.28	0.26	-0.26
k	1	1.22	1.73	1.14	1.17	1.17

注：e 为相对不对称系数；k 为相对分布系数。

对于封闭环，只要尺寸链中组成环的环数足够多，且不存在尺寸分散范围较其余各组成环大很多而又偏离正态分布很大的组成环，则不管各组成环显何种分布，其封闭环总是趋近正态分布，故其标准差仍为 $\sigma_0 = \dfrac{1}{6}W_0$（即 $k_0 = 1$）。

将以上分析所得的 σ_i 和 σ_0 代入式（12-2），可得

$$W_0 = \sqrt{\sum_{i=1}^{n-1} k_i^2 W_i^2}$$

仍取 $W_0 = T_{os}$，$W_i = T_i$，代入上式，得

$$T_{os} = \sqrt{\sum_{i=1}^{n-1} k_i^2 T_i^2} \qquad (12\text{-}4)$$

式（12-4）中，若设各组成环呈正态分布，且其公差值相等，即 $k_i = 1$；$T_i = T_{av,S}$，可求得各组成环的平均公差 $T_{av,S}$ 为

$$T_{av,S} = \frac{T_{os}}{\sqrt{n-1}} = \frac{\sqrt{n-1}}{n-1} T_{os} \tag{14-5}$$

将上式与用极值法求得的组成环平均公差 $T_{av,L} = \dfrac{1}{n-1} T_{oL}$［参见式（9-6）］相比较，可知在同一装配精度要求下（即 $T_{os} = T_{oL}$），由概率法算得的组成环平均公差（$T_{av,S}$）比极值法算得的大 $\sqrt{n-1}$ 倍。组成环数目（$n-1$）愈大，其平均公差扩大愈多，也即零件的加工精度要求降低愈多。可见，概率算法适用于环数较多的尺寸链。

实际的概率法平均公差的扩大倍数比 $\sqrt{n-1}$ 要小一些，因为各组成环未必都是正态分布，其 $k_i > 1$。

还应指出，极值算法的封闭环公差（$T_{oL} = \sum\limits_{i=1}^{n-1} T_i$）包含了封闭环可能出现的全部误差，即产品装配精度的合格率为 100%。概率算法的封闭环公差（T_{os}）是在正态分布下取 $6\sigma_0$ 的误差范围，而误差出现在该范围的概率为 99.73%，故产品装配后存在 0.27% 的不合格率。此不合格率很小，实际上常忽略不计，只有在必要时才通过备件来解决废品问题。

③ 近似估算法。实际生产中，各组成环的误差分布情况往往难以准确确定，为简化计算，可近似假定各组成环误差为对称分布（即 $e_i = 0$）、公差带等于误差分布范围（即 $T_i = W_i = 6\sigma_i$）及各组成环的相对分布系数相等（即 $k_i = k$）。由此按公式（12-4）可得封闭环当量公差 T_{OE} 为

$$T_{OE} = K \sqrt{\sum_{i=1}^{n-1} T_i^2} \tag{12-6}$$

式中，K 建议在 $1.2 \sim 1.7$ 范围内选取，一般取 $K = 1.5$。

应予指出，采用概率近似估算法时，要求尺寸链中组成环的数目不能太少，如当各组成环公差相差不大时，组成环数目不应小于 3（环数多时则无此限）。环数越多，近似估算法的实用性越大。

c. 封闭环的平均尺寸 A_{OM} 和中间偏差 ΔA_0。 由图 12-10 中尺寸链各环参数间的关系可知，当封闭环的基本尺寸 A_0 及公差 T_0 确定以后，如能确定其平均尺寸 A_{OM} 或中间偏差 ΔA_0，则封闭环的极限尺寸 A_{0max} 和 A_{0min} 即可通过公差相对平均尺寸的对称关系方便地求出。

根据概率论原理，封闭环的算术平均值 $\overline{A_0}$ 等于各增环的算术平均值之和减去各减环的算术平均值之和，即

$$\overline{A_0} = \sum_{i=1}^{m} \overrightarrow{A_i} - \sum_{i=m+1}^{n-1} \overleftarrow{A_i} \tag{12-7}$$

① 当各组成环呈对称分布，且误差分布中心与尺寸公差带中点重合时［见图 12-10 (a)］，各环算术平均值 $\overline{A}$ 即等于平均尺寸 A_M。结合式（12-7），可得封闭环平均尺寸为

$$A_{0M} = \sum_{i=1}^{m} \overrightarrow{A_{iM}} - \sum_{i=m+1}^{n-1} \overleftarrow{A_{iM}} \qquad (12\text{-}8)$$

将上式各环尺寸减去基本尺寸（式 12-1），可得封闭环中间偏差为

$$\Delta A_0 = \sum_{i=1}^{m} \Delta \overrightarrow{A_i} - \sum_{i=m+1}^{n-1} \Delta \overleftarrow{A_i} \qquad (12\text{-}9)$$

式中，$\Delta A_i = \dfrac{1}{2}(ESA_i + EIA_i)$，$ESA_i$ 和 EIA_i 分别为各组成环的上偏差和下偏差。

式（12-8）和式（12-9）与极值算法的计算公式相同。

② 当组成环呈非对称分布时［见图 12-10（b）］，各组成环算术平均值 $\overline{A_i}$ 相对公差带中点尺寸（即平均尺寸 A_{iM}）产生一偏移量 $e_i \dfrac{T_i}{2}$。e_i 称相对不对称系数，表示各组成环误差分布的不对称程度，其值可查表 12-1。由图 12-10（b）可知，此时各组成环 $\overline{A_i}$、A_{iM} 之间存在下列关系。

$$\overline{A_i} = A_{iM} + \frac{1}{2} e_i T_i = A_i + \Delta A_i + \frac{1}{2} e_i T_i \qquad (12\text{-}10)$$

将式（12-10）代入式（12-7），并考虑到封闭环仍为正态分布，即 $e_0 = 0$；$\overline{A_0} = A_{0M}$，则可得封闭环平均尺寸为

$$A_{0M} = \sum_{i=1}^{m} (\overrightarrow{A_{iM}} + \frac{1}{2} e_i T_i) - \sum_{i=m+1}^{n-1} (\overleftarrow{A_{iM}} + \frac{1}{2} e_i T_i) \qquad (12\text{-}11)$$

相应封闭环中间偏差为

$$\Delta A_0 = \sum_{i=1}^{m} (\Delta \overrightarrow{A_i} + \frac{1}{2} e_i T_i) - \sum_{i=m+1}^{n-1} (\Delta \overleftarrow{A_i} + \frac{1}{2} e_i T_i) \qquad (12\text{-}12)$$

d. 封闭环的极限偏差

上偏差　$ESA_0 = \Delta A_0 + \dfrac{T_0}{2}$

下偏差　$EIA_0 = \Delta A_0 - \dfrac{T_0}{2}$

$(12\text{-}13)$

e. 封闭环的极限尺寸

最大极限尺寸　$A_{0\max} = A_0 + ESA_0$

最小极限尺寸　$A_{0\min} = A_0 + EIA_0$

$(12\text{-}14)$

式（12-13）和式（12-14）也适用于极值法计算。

以上是封闭环各参数的计算公式，计算时可根据已知条件灵活选用。

12.3　装配方法及其选择

保证产品装配精度要求的中心问题是：选择合理的装配方法；建立并解算装配尺寸链，以确定各组成环的尺寸、公差及极限偏差，或在各组成环尺寸和公差既定的情况下，验算装配精度是否合乎要求。尺寸链的建立与解算与所用的装配方法密切相关，装配方法不同其尺寸链的建立与解算方法也不相同，因此，首先应选择合理的装配方法。

生产中常用的装配方法有互换法、分组法、修配法及调整法等。

12.3.1 互换装配法

按装配时同种零件的互换程度，互换装配法有完全互换法和大数互换法两种。

完全互换法采用极值法计算装配尺寸链，装配时各组成环不需挑选或改变其大小和位置，装配后全部产品都能达到封闭环的公差要求。这种装配方法易于装配和维修，便于组织流水线作业、自动化装配及采用协作方式组织专业化生产等。其缺点是在一定的封闭环公差（即装配精度）要求下，允许的组成环公差较小，即零件的加工精度要求较高。这种装配方法只要组成环公差能满足经济加工精度要求，则无论何种生产类型均可适用，特别在大批量生产时，例如汽车、拖拉机、轴承、缝纫机及自行车等产品的装配中。

大数互换法的装配尺寸链采用概率法计算，装配时各组成环也不需挑选或改变其大小和位置，但装配时有少数零件不能互换，即装配后有少数产品达不到装配精度要求。为此，应采取适当的工艺措施，如更换不合格件或进行产品返修等。与完全互换法相比较，大数互换法可扩大组成环公差，即可降低零件的加工精度要求。选用时应进行经济性论证。只有当组成环公差扩大后所取得的经济效果超过采用上述工艺措施所花的代价时，方可考虑采用大数互换法。此法多用于装配精度要求较高和组成环数目较多的大批量生产的产品装配中，例如机床及仪器仪表等产品的装配。

从以上分析可知，互换装配法的实质就是通过控制零件的加工误差来保证产品的装配精度要求。为了达到这个要求，逆计算时就有一个如何将封闭环公差合理地分配给各组成环，以及如何确定这些组成环的公差带分布等问题。

(1) 组成环公差的大小及其分布位置的确定原则

组成环公差的大小一般按尺寸大小和加工难易程度进行分配。例如，对尺寸相近、加工方法相同的组成环可采用等公差分配原则，即取各组成环公差相等，且等于其平均公差 $T_{av,L}$ 或 $T_{av,s}$；对尺寸大小不同、加工方法相同的组成环可采用等精度分配原则，即各组成环取相同的精度等级，并以平均公差值为基础，由标准公差表最后确定各组成环公差。实际产品中，各组成环的加工方法、尺寸大小和加工难易程度等都不一定相同，此时宜按实际可行性分配公差。具体方法是，先按等公差分配原则初步确定各组成环公差，再根据尺寸大小、加工难易及实际加工可行性（可参考经济加工精度）等进行调整。一般说来，尺寸较大和工艺性较差的组成环应取较大的公差范围；反之，应取较小的公差值。

当组成环为标准尺寸时，其公差大小和分布位置（上、下极限偏差）在标准中已有规定，是既定值。对同时为两个或多个装配尺寸链所共有的组成环（称公共环），其公差和极限偏差应按公差要求最严的那个尺寸链来确定，这样，对其他尺寸链的封闭环也自然满足要求。

公差带的分布位置一般按入体原则标注，即对被包容件或与其相当的尺寸（如轴径及轴肩宽度尺寸），分别取上、下极限偏差为 0 和 $-T_i$；对包容件或与其相当的尺寸（如孔径及轴槽宽度尺寸），分别取上、下极限偏差为 $+T_i$ 和 0。当组成环为中心距时，则标注成对称偏差，即 $\pm\frac{1}{2}T_i$ 的形式。

应予指出，按上述原则确定的公差及极限偏差，应尽可能符合国家标准《公差与配合》的规定，以便于利用标准量规（如卡规和塞规等）进行测量。

（2）互换法的尺寸链计算

若各组成环的公差和极限偏差都按上述原则确定，则封闭环的公差和极限偏差要求往往不能恰好满足，为此需从组成环中选出一组成环，其公差和极限偏差通过计算确定，使之与其他各环相协调，以满足封闭环的公差和极限偏差要求。此选定的组成环称为协调环（又称相依环或从属环），一般选取便于加工和便于采用通用量具测量的环作为协调环。

以下列举实例说明互换装配法尺寸链计算的过程和方法。

例 12-1　图 12-5（a）所示的轴组件装配简图中，要求装配后的轴向间隙（装配精度要求）$A_0 = 0.10 \sim 0.35\text{mm}$（即 $A_0 = 0^{+0.350}_{+0.100}$，公差 $T_0 = 0.25\text{mm}$），已知相关零件的基本尺寸为 $A_1 = 30$，$A_2 = 5$，$A_3 = 43$，$A_4 = 3$，$A_5 = 5$。弹簧卡环 4 为标准件，按标准规定 $A_4 = 3^{0}_{-0.05}$（即公差 $T_4 = 0.05\text{mm}$）。试按完全互换法和大数互换法分别确定各尺寸的公差和上下极限偏差。

解

（1）极值解法（完全互换法）

① 建立并画出装配尺寸链，校验各环基本尺寸。A_0 为封闭环。查得各组成环为 $A_1 \sim A_5$。由此画出装配尺寸链图如图 12-5（b）所示。各组成环中，A_3 为增环，其他各环为减环。总环数 $n = 6$。

封闭环的基本尺寸由式（11-1）算得为

$$A_0 = \vec{A_3} - (\overleftarrow{A_1} + \overleftarrow{A_2} + \overleftarrow{A_4} + \overleftarrow{A_5}) = 43 - (30 + 5 + 3 + 5) = 0$$

符合规定要求，故各组成环的基本尺寸无误。

② 确定各组成环的公差和极限偏差。为验证采用完全互换装配法的可行性，可先按"等公差"法计算出各环所能分配到的平均公差 $T_{av,L}$ 为

$$T_{av,L} = \frac{T_0}{n-1} = \frac{0.25}{6-1} = 0.05\text{mm}$$

按此平均公差及各组成环基本尺寸查标准公差表，可估算出各组成环的平均公差等级约为 IT9~IT10 级。按此平均公差等级确定的公差能够加工，故采用完全互换装配法可行。若平均公差等级高于 8 级，则各组成环按此确定的公差加工即不经济，应考虑采用其他装配方法。

本例中各组成环的加工方法不相同，故不宜采用等公差和等精度原则分配各组成环公差，而应按实际可行性进行分配。考虑到 A_1 尺寸易于保证加工公差，取其为 IT9 级公差；A_2 和 A_5 尺寸的加工公差较难保证，取其为 IT10 级公差。尺寸 A_3 在成批生产中常用通用量具而不用标准极限量规测量，故取为协调环。

根据以上所定的公差等级查标准公差表，可得各组成环公差为

$T_1 = 0.052(\text{IT9})$，$T_2 = 0.048(\text{IT10})$，$T_4 = 0.050(\text{已知})$，$T_5 = 0.048(\text{IT10})$

再按入体原则确定各组成环的上下极限偏差。

$$A_1 = 30^{0}_{-0.052}，\quad A_2 = 5^{0}_{-0.048}，\quad A_4 = 3^{0}_{-0.050}，\quad A_5 = 5^{0}_{-0.048}$$

③ 确定协调环的公差和极限偏差。按式（9-6）可算得协调环 A_3 的公差为

$$T_3 = T_0 - (T_1 + T_2 + T_4 + T_5)$$

$\qquad =0.250-(0.052+0.048+0.05+0.048)$

$\qquad =0.052\text{mm}\ (\text{IT8}\sim\text{IT9})$

由式(11-4)和式(11-5)可求得组成环 A_3 的上下极限偏差,即由

$$ESA_0=ES\overrightarrow{A}_3-(EI\overleftarrow{A}_1+EI\overleftarrow{A}_2+EI\overleftarrow{A}_4+EI\overleftarrow{A}_5)$$

$$\qquad =ES\overrightarrow{A}_3-(-0.052-0.048-0.05-0.048)=ES\overrightarrow{A}_3+0.198$$

求得　$ES\overrightarrow{A}_3=ESA_0-0.198=0.350-0.198=0.152\text{mm}$

又　$EI\overrightarrow{A}_3=ES\overrightarrow{A}_3-T_3=0.152-0.052=0.100\text{mm}$

故　　　$A_3=43^{+0.152}_{+0.100}$

(2) 概率解法（大数互换法）

① 确定各组成环的公差和极限偏差。因缺乏各组成环误差分布情况的统计资料，故采用概率估算公式求各组成环的平均当量公差 $T_{av,E}$。由式（12-6）可得

$$T_{av,E}=\frac{T_0}{K\sqrt{n-1}}=\frac{0.250}{1.5\times\sqrt{6-1}}=0.075\text{mm}$$

式中，取 $k=1.5$。其他参数同前面极值解法。

仿照前面的方法可估算出各组成环平均当量公差的等级约为 IT10 级。根据同样考虑，取尺寸 A_1 的公差等级为 IT10 级；A_2 和 A_5 的公差为 IT11 级。仍取尺寸 A_3 为协调环。

查标准公差表，各组成环公差为

$T_1=0.084(\text{IT10})$, $T_2=0.075(\text{IT11})$, $T_4=0.050(\text{已知})$, $T_5=0.075(\text{IT11})$

按入体原则确定各组成环上下极限偏差为

$$A_1=30_{-0.084}^{\ 0}, \quad A_2=5_{-0.075}^{\ 0}, \quad A_4=3_{-0.050}^{\ 0}, \quad A_5=5_{-0.075}^{\ 0}$$

② 确定协调环的公差和极限偏差。协调环 A_3 的公差可按式（12-6）求得。

因　　　$$T_0=K\sqrt{\sum_{i=1}^{n-1}T_i^2}=K\sqrt{T_1^2+T_2^2+T_3^2+T_4^2+T_5^2}$$

设 $K=1.5$，由上式求得协调环 A_3 的公差为

$$T_3=\sqrt{\left(\frac{T_0}{K}\right)^2-(T_1^2+T_2^2+T_4^2+T_5^2)}$$

$$\qquad =\sqrt{\left(\frac{0.25}{1.5}\right)^2-(0.084^2+0.075^2+0.050^2+0.075^2)}=0.084\text{mm}\ (\text{IT9}\sim\text{IT10})$$

协调环的上下极限偏差可通过中间偏差求得。近似估算中，设各组成环误差为对称分布（参见表 12-1），即 $e_i=0$，由式（12-9）可求得协调环 A_3 的中间偏差 ΔA_3，即

$$\Delta A_0=\sum_{i=1}^{m}\Delta\overrightarrow{A}_i-\sum_{i=m+1}^{n-1}\Delta\overleftarrow{A}_i=\Delta\overrightarrow{A}_3-(\Delta\overleftarrow{A}_1+\Delta\overleftarrow{A}_2+\Delta\overleftarrow{A}_4+\Delta\overleftarrow{A}_5)$$

由此求得 $\Delta\overrightarrow{A}_3$ 为

$$\Delta\overrightarrow{A}_3=\Delta A_0+(\Delta\overleftarrow{A}_1+\Delta\overleftarrow{A}_2+\Delta\overleftarrow{A}_4+\Delta\overleftarrow{A}_5)$$

$$=0.225+(-0.042-0.0375-0.025-0.0375)=0.083\text{mm}$$

式中，ΔA_0 和 ΔA_i 由公式 $\Delta A=\dfrac{1}{2}$（ESA＋EIA）求得。

协调环上下极限偏差由式（12-13）求得为

$$ES\overrightarrow{A_3}=\Delta\overrightarrow{A_3}+\frac{1}{2}T_3=0.083+\frac{1}{2}\times0.084=0.125\text{mm}$$

$$EI\overrightarrow{A_3}=\Delta\overrightarrow{A_3}-\frac{1}{2}T_3=0.083-\frac{1}{2}\times0.084=0.041\text{mm}$$

故　　$A_3=43^{+0.125}_{+0.041}$

从以上计算结果可以看出，在同等封闭环公差（T_0）要求下，按大数互换法确定的各组成环公差等级比按完全互换法确定的要低（平均约低一级），也即其加工比较容易。

12.3.2 分组装配法

（1）概述

当封闭环公差很小、按互换装配法确定的组成环公差很小时，为使零件能按经济精度加工，可将组成环公差扩大若干倍进行加工，并将加工后的零件按组成环实际大小分为若干组，使每一组的组成环公差仍在原来所需的范围内，最后按对应组进行装配。这种装配方法称为分组装配法，其公差通常按极值法计算。因同组零件具有互换性，故又称为分组互换法。

分组法的实质仍是互换法，只不过按对应组互换，它可以在封闭环公差不变的前提下扩大组成环公差。此法增加了测量、分组、配套及零件管理等工作，当组成环环数较多时，这些工作很为繁琐。故分组装配法适用于装配精度要求很高、相关零件不多（一般为2～3个）的大批量生产中。例如内燃机中活塞销孔与活塞销、活塞销与连杆小头孔；滚动轴承内、外环与滚动体以及精密机床中精密偶件间的装配等。

分组法还有下列两种类似形式的装配方法如下。

a. 直接选配法　此法也是先将组成环公差扩大，但零件加工后不经测量分组，凭工人经验直接从待装零件中选择合适的零件进行装配。这种方法的装配质量与装配工时在很大程度上取决于工人的技术水平，故不甚稳定。

一般用于装配精度要求相对不高、装配节奏要求不严及生产批量不大的产品装配中。例如发动机中活塞与活塞环的装配。

b. 复合选配法　此法是分组装配法与直接选配法的复合形式。也是先将组成环公差扩大，零件加工后进行测量、分组，但分组数较少，每一组的零件数较多，公差范围较大。装配在各对应组内凭经验进行选择装配。其特点是既可避免分组装配法分组数过多，又可避免直接选配法的零件挑选范围过大，其装配质量、装配工时及装配节奏的稳定性等均介乎前两种装配方法之间。这种装配方法两配合件的公差可以不相等，常作为分组法的一种补充形式。发动机中气缸与活塞的装配多采用此法。

（2）分组及计算

下面通过实例具体分析分组装配法的分组数和各组成环公差和极限偏差的确定方法。

例 12-2　图 12-11（a）所示为发动机中活塞销与活塞销孔的配合情况，要求在冷态装配时有 0.0025～0.0075mm 的过盈量（即封闭环公差要求为 $T_0 = 0.005\text{mm}$），活塞销和销孔直径的基本尺寸为 28mm。试按分组装配法确定分组数和各组成环的公差和极限偏差。

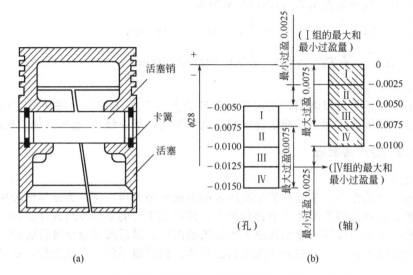

图 12-11　活塞销与活塞销孔的装配关系和分组尺寸公差带

解　首先计算各组成环的平均公差，以便分析本例采用分组装配法的合理性。

$$T_{av,L} = \frac{T_0}{n-1} = \frac{0.005}{3-1} = 0.0025\text{mm}$$

根据此平均公差值和组成环基本尺寸（28mm）查标准公差表，知组成环的平均公差等级约为 IT2 级。显然，此公差等级太高，加工不经济，故不宜采用互换法装配。生产中常采用分组法装配。具体过程如下。

① 确定组成环加工的经济精度及其公差活塞销外圆和销孔拟分别在无心磨床和金刚镗床上加工，查有关工艺手册可知，它们的加工经济公差等级均为 IT6，相应公差值为 0.013mm。

② 扩大组成环公差：为了使组成环公差接近经济加工公差，将设计所要求的公差同方向扩大四倍，即将组成环公差由 0.0025mm 放大到 0.01mm。这样，活塞销和销孔直径的极限偏差分别由 $d = 28^{\ 0}_{-0.0025}$ 和 $D = 28^{-0.0050}_{-0.0075}$ 扩大到 $d = 28^{\ 0}_{-0.010}$ 和 $D = 28^{-0.005}_{-0.015}$。

③ 测量和分组：零件加工后用精密量具测量尺寸，按其偏差大小分成四组，并涂上不同颜色，以便按对应组装配时加以区别。具体分组情况见图 12-11（b）及表 12-2。

④ 按对应组进行装配。由表 12-2 可以看出，零件分组后各组零件的配合过盈量仍符合原来规定的要求。

分组装配法还应注意下列事项。

① 配合件的公差应相等，公差应按同方向扩大，扩大的倍数应等于分组数，如图 12-11（b）所示。

② 分组数不宜过多，以免增加零件的测量、分组、贮存、运输及装配时的工作量。一般分组数为 3～6 组。

③ 分组后各组零件的数量要相等，以便装配时配套。否则将出现某些尺寸的零件剩余积压。为此，装配时常备有一些用作配套的备件。

表 12-2　活塞销与活塞销孔直径分组　　　　　　　　　　　　　　mm

组　别	标志颜色	活塞销直径 d $\phi 28^{0}_{-0.010}$	活塞销孔直径 D $\phi 28^{-0.005}_{-0.015}$	配　合　情　况	
				最小过盈	最大过盈
I	红	$\phi 28^{0}_{-0.0025}$	$\phi 28^{-0.0050}_{-0.0075}$		
II	白	$\phi 28^{-0.0025}_{-0.0050}$	$\phi 28^{-0.0075}_{-0.0100}$	0.0025	0.0075
III	黄	$\phi 28^{-0.0050}_{-0.0075}$	$\phi 28^{-0.0100}_{-0.0125}$		
IV	绿	$\phi 28^{-0.0075}_{-0.0100}$	$\phi 28^{-0.0125}_{-0.0150}$		

④ 配合件的表面粗糙度和形状公差不应随公差的扩大而增大，而应与分组后的公差大小相适应。因为装配精度取决于分组公差，也即取决于配合件原来所要求的公差。

12.3.3　修配装配法

(1) 概述

修配装配法是先将尺寸链中各组成环按经济精度加工，装配时根据实测结果，将预先选定的某一组成环去除部分材料以改变其实际尺寸，或就地配制此环，使封闭环达到其公差与极限偏差要求。此预先选定的环称为修配环（又称补偿环），被修配的零件称修配件。

修配法装配是逐个进行的，且多为手工操作，故被装配零件不能互换。装配时需要熟练的操作技术和一定的实践经验，生产效率低，无节奏，不易组织流水线装配，不宜用于大批量生产。修配法主要用于单件和成批生产，且封闭环公差较小及组成环环数较多时。此时若用分组法装配，则会因组成环太多而难以分组；若用互换法装配，又会因组成环公差太小而使加工不经济。

生产中常用的修配方法可归纳为以下三种。

a. 单件修配法　就是在装配时以预先选定的某一零件为修配件进行修配。如图 12-2 中修配尾座底板的底面使车床前后两顶尖达到等高度要求，以及键连接中修配键两侧面来保证键与键槽的配合精度要求等均属此法。

b. 合并加工修配法　是将两个或多个零件合并在一起进行加工，并在装配时当作一个修配环进行修配的装配方法。合并加工减少了组成环数目，因而扩大了组成环的公差要求和相应减少修配环的修配量。现仍以图 12-2 的车床尾座装配为例，若生产批量较小，可采用合并加工修配法装配。即先把尾座和底板的接触面加工好，并配刮好横向小导轨，再将两者接合成一体，以底板底面为定位基准，镗尾座套筒孔，直接保证套筒孔轴线至底座底面的距离尺寸。图 12-12（a）和图 12-12（b）分别为该装配的原尺寸链和合并加工尺寸链。零件合并加工修配时，尺寸 A_2 和 A_3 合并为 $A_{2,3}$，尺寸链的组成环数目从三个减少为两个。

这种装配方法零件需对号入座，不能互换，因而给加工、装配和管理等带来不便，多用于单件小批生产。

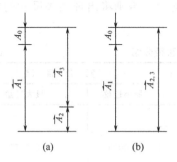

图 12-12　车床尾座装配时的原
尺寸链和合并加工尺寸链

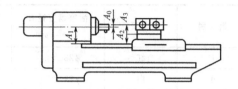

图 12-13　转塔车床上转塔
孔的自身加工修配法

c. 自身加工修配法　这种装配方法就是在机床装配时利用其自身的加工能力，以自己加工自己的方法来达到装配精度要求。其实质就是合并所有组成环进行修配，直接保证封闭环的公差和极限偏差要求。

例如牛头刨床、龙门刨床及龙门铣床等的装配中，常以自刨、自铣工作台台面来达到工作台面与滑枕或导轨在相对运动方向上的平行度要求。又如转塔车床（见图 12-13）转塔上六个孔的加工，为保证多孔轴线与主轴轴线间的等高度要求，可以在车床主轴上安装镗刀作切削运动，转塔作纵向进给运动，依次镗出各孔。

采用修配装配法的主要问题是正确选择修配环，确定修配环的尺寸、极限偏差及最大修配量等。

（2）修配环的选择和计算

a. 修配环的选择　修配环的选择应注意以下要求。

① 修配件应结构简单、质量小、加工面小和易于加工。

② 便于装配和拆卸。

③ 一般不选公共组成环作为修配环，以免保证了一个尺寸链的精度而又破坏另一个尺寸链的精度。

b. 修配环的尺寸及极限偏差的确定　为了保证修配环被修配时具有足够且为最小的修配量，需通过装配尺寸链的计算来正确确定修配环的尺寸及极限偏差。修配法尺寸链一般采用极值法计算并以修配环作为协调环。

解算尺寸链时，首先应了解修配环被修配时对封闭环的影响情况，影响不同其尺寸链的解法也有所不同。此影响情况不外两种：一种是使封闭环尺寸变大；另一种是使封闭环尺寸变小。如图 12-14 所示的机床导轨间隙尺寸链，导轨 1 与压板 3 之间的间隙 A_0 为封闭环，压板 3 为修配件，A_2 为修配环，且为增环。若修刮 D 面，则 A_2 增大，使封闭环尺寸 A_0 变大；若修刮 C 面，则 A_2 减小，使封闭环尺寸 A_0 变小。可见，同一增环的修配环，因修配的部位不同，可能使封闭环尺寸变大，也可能使其变小。同样，当修配环为减环时，则修配时对封闭环的影响也可能出现这两种情况。

以下分别叙述这两种情况时的尺寸链计算。

① 修配环的修配使封闭环尺寸变大时。为保证修配环的修配量足够且最小，封闭环设计所要求的公差和极限尺寸值与修配前的实际值之间的相对关系应如图 12-15（a）所示。图中 T_0、A_{0max} 和 A_{0min} 分别表示封闭环设计所要求的公差和最大、最小极限尺寸；T'_0、A'_{0max} 和 A'_{0min} 分别表示修配前封闭环的实际公差和实际最大、最小极限尺寸；Z_{max} 为最大修配量。当封闭环的实际尺寸小于所要求的最小极限尺寸，即 $A'_0 < A_{0min}$ 时，可通过对修配环的修配，

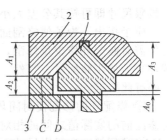

图 12-14　机床导轨间隙尺寸链
1—导轨；2—拖板；3—压板

使封闭环尺寸逐步增大直至满足要求，即修配后的封闭环尺寸 $A''_0 > A_{0min}$ 为止。相反，当 $A'_0 > A_{0max}$ 时，如再进行修配，则封闭环尺寸更大，此时即无法通过修配使封闭环尺寸达到要求。可见，在这种情况下为保证修配量足够，应使 $A'_{0max} \leqslant A_{0max}$。考虑到 T'_0 是各组成环（包括修配环）经济加工公差的累积值为一定值，故当 A'_{0max} 减小时，A'_{0min} 也随之减小，即使最大修配量 Z_{max}（即 $A_{0min} - A'_{0min}$）增大。因此，为使修配量最小，应使 $A'_{0min} = A_{0min}$。根据这一关系，采用极值法解算尺寸链，可列出修配环被修配使封闭环尺寸变大时的极限尺寸关系式为

$$A'_{0max} = A_{0max} = \sum_{i=1}^{m} \overrightarrow{A}_{imax} - \sum_{i=1}^{n-1} \overleftarrow{A}_{imin} \qquad (12-15)$$

上式中，A_{0max} 是设计要求，为已知，$\overrightarrow{A}_{imax}$ 及 $\overleftarrow{A}_{imin}$ 中除修配环外，其他组成环的极限尺寸也为已知。故应用上式可求出修配环的一个极限尺寸。当修配环为增环时如图 12-14，可求出其最大极限尺寸 $\overrightarrow{A}_{max}$；当修配环为减环时（如键连接中，修配键的两侧面来满足键与键槽的配合间隙时），可求出其最小极限尺寸 $\overleftarrow{A}_{min}$。修配环的一个极限尺寸确定后，另

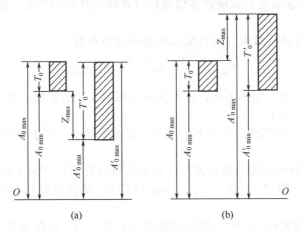

图 12-15　封闭环的要求值与实际值之间的相对关系

一极限尺寸即可按其公差大小予以确定。

应予指出,为了使修刮面接触良好,通常在封闭环尺寸 $A'_0 = A'_{0max}$ ($A'_{0max} = A_{0max}$) 时仍需对修配环作少量修刮,此时应将所求得的修配环尺寸再减去(对增环)或增加(对减环)一最小修配量。当然,并不是所有情况都需留以最小修配量,如键与键槽的修配即不必有此要求。

② 修配环的修配使封闭环尺寸变小时。仿前面分析可知,此时封闭环的设计要求值与修配前的实际值之间的相对关系应按图 12-15 (b) 所示,即应使 $A'_{0min} = A_{0min}$。

修配环的一个极限尺寸可按式(12-16)求得。

$$A'_{0min} = A_{0min} = \sum_{i=1}^{m} \vec{A}_{imin} - \sum_{i=1}^{n-1} \overleftarrow{A}_{imax} \tag{12-16}$$

修配环的另一极限尺寸也可按其经济加工公差值予以确定。同样,为防止修配后 $A''_0 < A_{0min}$,应根据实际情况将求得的修配环尺寸增加或减小一最小修配量。

c. 修配环最大修配量的确定 根据封闭环所要求的和实际的极限尺寸或其公差值,可确定修配环的最大修配量 Z_{max}。由图 12-15 并考虑最小修配量 Z_{min},可得其计算公式。

修配使封闭环尺寸变大时 [见图 12-15 (a)]

$$Z_{max} = A_{0min} - A'_{0min} + Z_{min} \tag{12-17}$$

修配使封闭环尺寸变小时 [见图 12-16 (b)]

$$Z_{max} = A'_{0max} - A_{0max} + Z_{min} \tag{12-18}$$

以上两种情况的最大修配量也可用式(12-19)计算。

$$Z_{max} = T_0' - T_0 + Z_{min} = \sum_{i=1}^{n-1} T_i - T_0 + Z_{min} \tag{12-19}$$

例 12-3 图 12-2 中卧式车床前、后两顶尖等高度要求的简化装配尺寸链如图 12-12 (a) 所示。已知各组成环的基本尺寸为 $A_1 = 202\text{mm}$,$A_2 = 46\text{mm}$,$A_3 = 156\text{mm}$。前、后两顶尖的等高度(即封闭环)要求为 0~0.06mm(只允许尾座高),即 $A_0 = 0^{+0.06}_{0}$,$T_0 = 0.06\text{mm}$。若按修配法装配,试确定各组成环(含修配环)的公差、极限偏差及修配环的最大修配量。

解 若按完全互换法装配,则各组成环的平均公差为

$$T_{av,L} = \frac{T_0}{n-1} = \frac{0.06}{4-1} = 0.02\text{mm}$$

此组成环平均公差太小,加工困难,故不宜采用完全互换法装配。现采用修配法装配,其具体计算步骤和方法如下。

① 选择修配环。因尾座底板的形状简单,表面积较小,便于修刮,故选其为修配件,尺寸 A_2 为修配环。

② 确定各组成环的公差及极限偏差。根据各组成环的经济加工精度确定其公差。A_1 和 A_3 用镗模加工,取 $T_1 = T_3 = 0.10\text{mm}$ (IT9);尾座底板用半精刨加工,取 $T_2 = 0.16\text{mm}$ (IT11)。

各组成环(除修配环 A_2 外)的极限偏差为:A_1、A_3 是孔轴线至底面的位置尺寸,考虑到这两个尺寸的单向偏差不易控制,故取其偏差按对称分布,即 $A_1 = 202 \pm$

0.05，$A_3 = 156 \pm 0.05$。

修配环 A_2 作为协调环，应通过尺寸链计算来确定其极限偏差。

由图 12-12（a）可知，修配环 A_2 为增环，修刮后使封闭环尺寸变小，按式（12-16）可求出 A_2 的一个极限尺寸，即

$$A'_{0\min} = A_{0\min} = \vec{A}_{2\min} + \vec{A}_{3\min} - \vec{A}_{1\max}$$

由上式得

$$\vec{A}_{2\min} = A_{0\min} - \vec{A}_{3\min} + \vec{A}_{1\max} = 0 - 155.95 + 202.05 = 46.1 \text{mm}$$

又 $\qquad A_{2\max} = A_{2\min} + T_2 = 46.1 + 0.16 = 46.26 \text{mm}$

由此得 $\qquad A_2 = 46^{+0.26}_{+0.10}$

实际生产中，为提高底板底面的接触精度，装配时还须作少量修刮，也即修配环 A_2 需附加一最小修配量 $Z_{\min}$。一般取 $Z_{\min} = 0.10 \text{mm}$。由此得修配环 A_2 修刮前的尺寸为

$$A_2' = 46^{+0.26}_{+0.10} + 0.10 = 46^{+0.36}_{+0.20}$$

③ 确定修配环最大修配量。由式（12-19）可得最大修配量为

$$Z_{\max} = T_0' - T_0 + Z_{\min} = 0.36 - 0.06 + 0.10 = 0.4 \text{mm}$$

式中，$T_0' = T_1 + T_2 + T_3 = 0.10 + 0.16 + 0.10 = 0.36 \text{mm}$。

为减小修配量，也可采用合并加工修配法装配，即将组成环 A_2 和 A_3 合并为一个组成环 $A_{2,3}$，其装配尺寸链如图 12-12（b）所示。$A_{2,3} = A_2 + A_3 = 46 + 156 = 202 \text{mm}$，$A_1$ 和 $A_{2,3}$ 用镗模加工，仍取 $T_1 = T_{2,3} = 0.10 \text{mm}$（IT9），$A_1 = 202 \pm 0.05$。修配环 $A_{2,3}$ 作协调环，可仿照上面的计算确定其极限偏差，即

$$\vec{A}_{2,3\min} = A_{0\min} + \vec{A}_{1\max} = 0 + 202.05 = 202.05 \text{mm}$$

又 $\qquad A_{2,3\max} = A_{2,3\min} + T_{2,3} = 202.05 + 0.10 = 202.15 \text{mm}$

由此得 $\qquad A_{2,3} = 202^{+0.15}_{+0.05}$

最小修配量仍取 $Z_{\min} = 0.10 \text{mm}$，则修配环在修刮前的尺寸为

$$A_{2,3}' = 202^{+0.15}_{+0.05} + 0.1 = 202^{+0.25}_{+0.15}$$

最大修配量为

$$Z_{\max} = T_0' - T_0 + Z_{\min} = (T_1 + T_{2,3}) - T_0 + Z_{\min}$$
$$= (0.10 + 0.10) - 0.06 + 0.10 = 0.24 \text{mm}$$

比较以上计算结果可知，采用合并加工修配法可减少修配环的最大修配量，从而可提高装配效率。

12.3.4　调整装配法

调整法与修配法相似，各组成环也按经济精度加工。由此所引起的封闭环累积误差的扩大，在装配时通过调整某一零件（调整环）的位置或尺寸来补偿其影响。因此，调整法和修配法的区别，是调整法不靠去除金属的方法，而是靠改变调整件的位置或更换调整件的方法来保证装配精度。

（1）可动调整法

采用改变调整件的位置来保证装配精度的方法称为可动调整法。

在产品装配中可动调整法的应用较多。图12-16（a）所示为调整套筒的轴向位置以保证齿轮轴向间隙 Δ 的要求，图12-16（b）所示为调整镶条的位置以保证导轨副的配合间隙；图12-16（c）所示为调整楔块的上下位置以调整丝杠螺母副的轴向间隙。

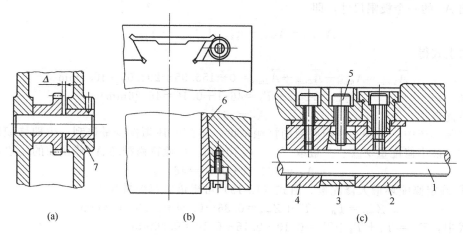

图 12-16　可动调整法应用示例

1—丝杠；2、4—螺母；3—楔块；5—螺钉；6—镶条；7—套筒

可动调整法能获得较理想的装配精度。在产品使用中，由于零件磨损而使装配精度下降时，可重新调整以恢复原有精度。可动调整法适用于装配精度要求高，在工作中容易磨损或变化的产品装配。

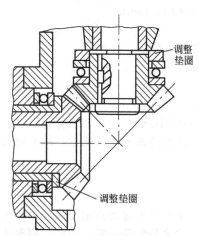

图 12-17　锥齿轮啮合间隙的调整

（2）固定调整法

选定某一零件为调整件，根据装配精度来确定调整件的尺寸，以达到装配精度要求，这就是固定调整法。

采用这种方法，在结构上需要增加一个调整件。常用的有垫圈、垫片和轴套等。

如图 12-17 所示，在装配锥齿轮时需保证其啮合间隙。若用互换法则零件加工精度要求太高，用修配法又比较麻烦。现用两个调整垫圈，装配时可选择不同厚度的垫圈来满足间隙要求。调整垫圈可事先按一定的间隔尺寸做好，如 2.1mm，2.2mm，……，3.0mm，以备选用。

（3）误差抵消调整法

在产品或部件装配时，通过调整某些相关零件误差的大小和方向，使其互相抵消，以提高装配精度，这种方法叫误差抵消调整法。

例如，根据机床精度标准，主轴装配后应在图12-18所示的，A、B 两处检验主轴锥孔中心线的径向圆跳动。影响此项精度的主要因素有：前后轴承内环的内孔对其外滚道的

同轴度误差 e_2 和 e_1，主轴锥孔中心线（C-C）对其轴颈中心线（S-S）的同轴度误差 e_s。因为 e_1、e_2 和 e_s 彼此组合方式不同，其合成误差的结果不同，误差抵消调整法就是利用这一点来提高产品质量的。

图 12-18（a）表示只存在 e_2 时，前轴承所引起的主轴同轴度误差的情况。图 12-18（b）表示只存在 e_1 时，后轴承所引起的主轴同轴度误差的情况。

不难看出，前轴承的精度对主轴径向跳动的影响比后轴承要大，因此前轴承的精度应高于后轴承，一般可高 1～2 级。

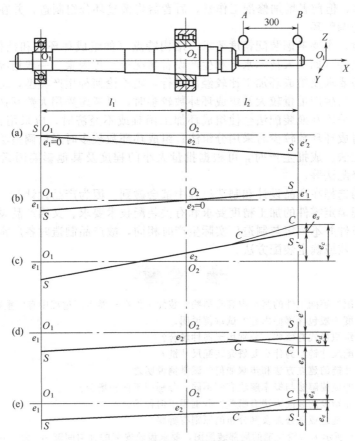

图 12-18 主轴装配中的误差抵消情况

图 12-18（c）表示 e_1 与 e_2 方向相反时对主轴同轴度误差（e'）的影响。图 12-18（d）表示 e_1 与 e_2 方向相同时对主轴同轴度误差（e'）的影响。显然，e_1 与 e_2 方向相同时对主轴同轴度影响较小。图 12-18（c）和图 12-18（d）也表示了 e_s 与 e' 方向相同时对主轴同轴度误差的影响较大。图 12-18（e）表示 e_s 与 e' 反向时对主轴同轴度误差的影响较小。

实际生产中，可事先测出 e_1、e_2 和 e_s 的方向和大小，装配时仔细调整，使 e_1 和 e_2 同向，并与 e_s 反向。就能抵消加工误差，提高装配精度。

12.3.5 装配方法的选择

选择装配方法的基本要求是，在保证装配精度要求的前提下使零件加工和产品装配达到经济可行。各种装配方法因其特点不同，它们所能达到的效果也不一样。由例 12-1～例 12-3 可以看出：按完全互换法确定的组成环公差最小（例中约 IT9～IT10 级），按大数互换法确定的稍大（例中约 IT10～IT11），但前者可保证产品装配后全部合格，后者则可能出现约 0.27% 的不合格产品；按修配法与调整法确定的组成环公差较大（例中约 IT11～IT12 级），但前者增加修配工作量，后者需将调整环分组制造，并在装配时按实测尺寸配上相应的调整环。

具体选择时，主要考虑装配精度要求、结构特点（如组成环环数和结构形状等）、生产类型和生产条件（如工人技术水平和生产设备情况等）等因素。一般情况下，只要能满足封闭环的公差要求及组成环加工比较经济可行，则不论何种生产类型，均应优先采用完全互换装配法。当生产批量较大及组成环环数较多时，可考虑采用大数互换法。当封闭环公差要求较严，采用互换装配法会使组成环加工困难或不经济时，应采用其他装配方法。大量生产时若组成环环数较少时采用分组法；组成环环数较多时采用调整法。单件小批量生产时常用修配法。成批生产时，可根据批量大小的程度及其他影响因素灵活应用分组法、调整法及修配法等。

装配方法的选择在产品设计和制造过程中都会碰到。因为产品设计时，只有确定装配方法后才能合理确定零件的加工精度要求和有关装配技术要求。又因产品设计所依据的生产类型和生产条件并不一定与制造厂实际生产时相同，故产品制造时各厂常根据自身的实际情况，重新审核或确定装配方法。

复 习 题

12-1　何谓装配？装配工件的基本内容有那些？装配工作在机器生产过程中有何重要作用？

12-2　装配精度一般包含哪些内容？试举例说明。

12-3　装配的组织形式有哪些？分别用于何种场合？

12-4　何谓装配尺寸链？为什么要研究装配尺寸链？

12-5　装配尺寸链的建立方法和步骤如何？试举例说明之。

12-6　尺寸链的极值解法与概率解法有何不同？分别用于何种场合？

12-7　保证产品精度的装配方法有哪些？分别用于何种场合？

12-8　确定尺寸链组成环公差及其分布的原则有哪些？

12-9　图 12-19 所示为齿轮与轴的局部装配图，要求齿轮安装的轴向间隙 A_0 为 0.05～0.20mm。已知 $A_1=42.5$mm，$A_2=40$mm，$A_3=2.5$。试分别确定按完全互换法和大数互换法装配时的各组成零件相关尺寸的公差和极限偏差。

12-10　图 12-20 所示为某发动机的活塞连杆组件的装配结构，已知活塞销与连杆小头孔的尺寸为 $\phi22$mm，按装配技术要求，规定其配合间隙为 0.0045～0.0095mm。现按分组法装配，试确定分组数、活塞销和连杆小头孔直径的分组尺寸（极限偏差）及各组最大和最小配合间隙，并列表说明。

12-11　图 12-21 所示为键槽与键的装配结构。已知其尺寸为：$A_1=20$mm，$A_2=20$mm，$A_0=0^{+0.15}_{+0.05}$mm。

① 当大批量生产采用完全互换法装配时，试确定各组成零件相关尺寸的公差及极限偏差。

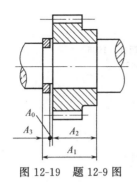

图 12-19　题 12-9 图

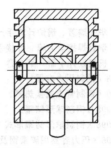

图 12-20　题 12-10 图

② 当小批量生产采用修配法装配时，试确定修配件、各组成零件相关尺寸的公差和极限偏差，并求出最大修配量。

12-12　图 12-22 所示为某机床溜板与导轨的局部装配结构。为保证溜板在导轨上的顺利滑动，要求装配间隙 $A_0 = 0.01 \sim 0.04\text{mm}$。已知尺寸 $A_1 = 30\text{mm}$，A_1 和 A_2 的经济加工公差均为 0.10mm。现采用修配法装配，选 A_2 为修配环，其最小修配量为零。试分别确定以 M 面或 N 面作为修配面时的尺寸 A_2 及其极限偏差，并计算其最大修配量。

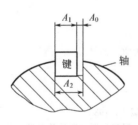

图 12-21　题 12-11 图

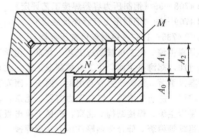

图 12-22　题 14-12 图

参 考 文 献

1 宋贵良，邹广华等编著．锅炉计算手册（下）．沈阳：辽宁科学技术出版社，1995
2 中国机械工程学会焊接学会编．焊接手册．北京：机械工业出版社，1992
3 徐灏等主编．机械设计手册．第3卷．北京：机械工业出版社，1991
4 GB 150—1998《钢制压力容器》
5 GB 151—1989《钢制管壳式换热器》
6 GB 12337—1998《钢制球形储罐》
7 GB 17261—1998《钢制球形储罐形式与基本参数》
8 GB 6654—1996《压力容器用碳素钢及普通低合金钢热轧厚钢板技术条件》
9 《压力容器安全技术监察规程》中华人民共和国劳动部
10 《蒸汽锅炉安全技术监察规程》中华人民共和国劳动人事部
11 《热水锅炉安全技术监察规程》中华人民共和国劳动人事部
12 HG 20581—1998《钢制化工容器材料选用规定》
13 HG 20584—1998《钢制化工容器制造技术条件》
14 HG 20585—1998《钢制低温压力容器技术规格》
15 JB/T 4729—94《旋压封头》
16 JB 4730—94《压力容器无损检测》
17 JB 4708—99《钢制压力容器焊接工艺评定》
18 JB 4709—99《钢制压力容器焊接规程》
19 JB/T 4735—1997《钢制焊接常压容器》
20 郑品森主编．化工机械制造工艺．北京：化学工业出版社，1979
21 姚慧珠，郑海泉主编．化工机械制造工艺．北京：化学工业出版社，1990
22 章燕谋编著．锅炉压力容器用钢．西安：西安交通大学出版社，1984
23 郑津详，陈志平编著．特殊压力容器．北京：化学工业出版社，1997
24 田锡唐主编．焊接结构．北京：机械工业出版社，1982
25 吴祖乾等编著．低合金钢厚壁压力容器焊接．上海：上海科技文献出版社，1982
26 Л.А［苏］安季卡菌，А.К.久柯夫［苏］著．严惠浩译．刘福仁校．锅炉和压力容器的制造．北京：劳动人事出版社，1988
27 王先逵编著．机械制造工艺学．北京：机械工业出版社，1995
28 程耀东主编．机械制造学．北京：中央广播电视大学出版社，1993
29 朱焕池主编．机械制造工艺学．北京：机械工业出版社，1995
30 王启平主编．机械制造工艺．哈尔滨：哈尔滨工业大学出版社，1995
31 荆长生主编．机械制造工艺．西安：西北工业大学出版社，1992
32 郑修本，冯冠大主编．机械制造工艺学．北京：机械工业出版社，1992
33 王信义等编著．机械制造工艺学．北京：北京理工大学出版社，1990
34 赵志修主编．机械制造工艺学．北京：机械工业出版社，1985
35 吴佳常主编．机械制造工艺学．北京：中国标准出版社，1992
36 李纯甫编著．尺寸链分析与计算．北京：中国标准出版社，1990
37 宾鸿赞，曾庆福主编．机械制造工艺学．北京：机械工业出版社，1990
38 王先建编著．机械制造工艺学．北京：清华大学出版社，1989
39 于骏一等编．机械制造工艺学．长春：吉林教育出版社，1986
40 郑焕文主编．机械制造工艺学．沈阳：东北工学院出版社，1988
41 顾崇衔等编著．机械制造工艺学．西安：陕西科学技术出版社，1987
42 黄天铭主编．机械制造工艺学．重庆：重庆大学出版社，1988
43 陈兆年，陈子辰编．机床热态特性学基础．北京：机械工业出版社，1989

44 郑品森，刘文芳主编．机械制造工艺学．北京：中央广播电视大学出版社，1987

45 董锡翰，李益民主编．机械制造工艺学及机床夹具标准试题库．哈尔滨：黑龙江教育出版社，1991

46 陈榕，王树兜编．机械制造工艺学习题集．福州：福建科学技术出版社，1985

47 黄克孚，王先逵主编．机械制造工程学．北京：机械工业出版社，1989

48 赵如福主编．金属机械加工工艺人员手册．第3版．上海：上海科学技术出版社，1990

内　容　提　要

　　《过程装备制造与检测》全书分为绪论、第Ⅰ篇过程装备的检测、第Ⅱ篇过程装备制造工艺、第Ⅲ篇过程机器制造质量要求。

　　绪论中概括了课程讲授内容，以单层卷焊式压力容器为主介绍了其制造工艺，并介绍了国内外压力容器制造的现状及发展情况。同时介绍了机加工零件、产品质量的衡量标准及影响因素。

　　第Ⅰ篇中较详细地介绍了装备用材料、制造和运行中的常见缺陷及在制造和运行中的常用无损检测、定期检测的方法和要求。

　　第Ⅱ篇中以承压壳体的筒节和封头为主，突出介绍了影响壳体质量的关键工序：焊接、成形等工艺内容。

　　第Ⅲ篇中以典型机器零件制造为例，分析了影响机械加工质量的主要因素，介绍了制订机械加工工艺规程的要点和装配要求。

　　全书内容贯彻实施工程教育精神，密切结合工程法规、标准，具有先进的理论上的知识，又有丰富的工程实际上的应用成果，使本书既可作为相关专业普通高校的教材，又可作为工程技术人员的参考书。

　　作为教学用书时，由于各学校的培养方向、授课学时等情况不同，对教材内的工艺过程应有基本的了解，较详细的工艺内容可适当选择，以达到各自的教学基本要求。